国家电网公司
电力科技著作出版项目

交直流分布式可再生能源系统

优化控制

蒲天骄 等 著

中国电力出版社
CHINA ELECTRIC POWER PRESS

内 容 提 要

本书系统性介绍了交直流分布式可再生能源系统优化控制的运行场景生成、长时间尺度优化调度、短时间尺度优化运行和协调控制的基本原理及实现方法。

本书共七章。第一、二章分别介绍交直流分布式可再生能源系统优化控制概述、交直流系统的运行场景生成。第三、四章介绍交直流系统长短时间尺度优化运行方法。第五～七章介绍交直流系统协调控制技术、交直流互补优化运行控制系统及未来展望。

本书可供从事交直流分布式可再生能源系统电网调度人员和设备研发人员阅读，也可供电气工程专业科研人员、高等院校教师和研究生及高年级本科生参考。

图书在版编目（CIP）数据

交直流分布式可再生能源系统优化控制 / 蒲天骄等著. —北京：中国电力出版社，2025.5
ISBN 978-7-5198-8210-5

Ⅰ. ①交… Ⅱ. ①蒲… Ⅲ. ①电力系统–再生能源 Ⅳ. ①TM7②TK01

中国国家版本馆 CIP 数据核字（2023）第 191337 号

出版发行：中国电力出版社
地　　址：北京市东城区北京站西街 19 号（邮政编码 100005）
网　　址：http://www.cepp.sgcc.com.cn
责任编辑：赵　杨（010-63412287）
责任校对：黄　蓓　朱丽芳
装帧设计：张俊霞
责任印制：石　雷

印　　刷：三河市万龙印装有限公司
版　　次：2025 年 5 月第一版
印　　次：2025 年 5 月北京第一次印刷
开　　本：710 毫米×1000 毫米　16 开本
印　　张：19.5　插　页 1
字　　数：352 千字
定　　价：98.00 元

《交直流分布式可再生能源系统优化控制》
编 著 人 员

蒲天骄　裴　玮　董　雷　李　烨　孙英云

穆云飞　张　涛　黄越辉　桑桢城　庄　莹

杨　月　袁宇波　张宸宇

序 言

分布式电源、分布式储能及微电网等的快速发展和不断接入，促使电力系统尤其是低压配电系统的运行方式发生重大变化，同时也对配电系统的灵活调控能力提出了更高的要求。大量分布式能源的广泛接入，改变了传统配电网的单向潮流模式，并对系统的电压分布和供电可靠性产生了显著影响；同时，不同电压等级和不同电压类型电网的互联，也使得配电网呈现出多区域和特性各异的自治运行子网格局，增加了系统运行管理的复杂性。在此背景下，发展面向未来需求的柔性交直流配电系统已经成为国内外的研究热点与学术前沿，它是在传统配电网的基础上部署了灵活可控的柔性设备，并融合了多种形式分布式能源后形成的交直流配电系统，能够对"源—网—荷—储"进行一体化灵活管理，具备实现系统优化运行与协调控制的基础与能力，可有效提升配电系统运行的经济性和可靠性，促进可再生能源消纳。

苏州同里建设了交直流混合配电网示范区，部署 3MW 双向四端口电力电子变压器（AC 10kV、AC 380V、DC ±750V、DC ±375V），实现了交直流配电网灵活组网，并向国际能源变革论坛永久会址等重要直流负荷供电，有效提升了分布式可再生能源的利用效率和消纳能力，同时保证了能源供给可靠性。这对于推动能源转型与绿色发展、引领科技创新，推进我国在交直流混合配电系统领域技术的不断发展具有显著意义。

交直流分布式可再生能源系统这一新兴领域，是目前国内外相关学者的研究热点与学术前沿。本书首次系统性阐述交直流分布式可再生能源系统存在的问题、互补优化运行调控技术与应用现状，填补行业参考书目空白。强调理论与实践密切结合，针对交直流混合系统运行场景生成、状态估计、优化运行、协调控制、系统研发等理论和工程应用等问题开展全方位阐述，将为交直流系统技术的发展和构建提供借鉴参考。

本书编著团队由大量交直流配电网领域的知名专家和学者组成，具备丰富的交直流系统研究基础。本书全面翔实地介绍了交直流系统运行调控理论方法与系统研发应用经验，其中不乏参与工程项目过程中的亲身体会才能得到的真知灼见。本书对于推进分布式可再生能源技术的发展和助力碳达峰碳中和目标的早日实现具有重要意义，技术应用前景非常广阔。

我本人怀着期许的心情，向大家竭诚推荐《交直流分布式可再生能源系统优化控制》。我相信本书将为该领域科研人员、高校师生和工程技术人员的学习提供有益帮助。

2025 年 4 月于天津大学

　　"十三五"期间,我国大力推进风电、光伏等分布式可再生能源的开发利用。随着分布式可再生能源多样化发展,不同能源形式的互补替代能够显著提升系统的综合能源利用效率,但同时也使得可控单元的数量大幅提升,系统的复杂性和不确定性也随之增大。分布式电源、分布式储能及微电网等的快速发展和不断接入,促使电力系统尤其是低压配电系统的运行方式发生重大变化,同时也对配电系统的灵活调控能力提出了更高要求。亟待充分利用新型电力电子设备调控能力,考虑交直流系统的多种运行方式和多种能源产能/用能不确定性,突破交直流混合的多源互补优化运行与系统协调控制技术,实现多种分布式可再生能源的充分消纳和高效利用。

　　近年来,随着电力电子技术突飞猛进的发展,配电网的电力电子化水平日益提高,为有效解决上述难题提供了契机,以电力电子变压器为代表的新型柔性配电装备正逐渐扮演更加重要的角色,掀起了其相关理论探索和工程实际应用的研究热潮。基于电力电子变压器的配电系统支撑了交直流配电网灵活组网,有利于分布式能源在更大范围内互联互补;开放的组网形态,使其具备多向潮流调控和区域协调能力,不同网络间可以进行功率的双向交互,显著提高了系统运行经济性和供电可靠性;融合了信息技术和电能路由技术,通过信息流控制功率流,实现电能的高效传输与优化共享,有利于可再生能源的充分消纳。

　　2017—2020年,中国电力科学研究院有限公司(简称中国电科院)牵头,联合中国科学院电工研究所、华北电力大学、天津大学等共同承担了国家重点研发计划项目课题"交直流混合的分布式可再生能源互补优化运行控制",在含电力电子变压器的交直流混合系统的优化调度和协调控制方面取得了重大技术突破,并在苏州同里实现了示范应用。本书基于该项目研究成果,结合当前交直流系统的建设现状与发展需求,按照交直流分布式可再生能源运行调控概述、状态估计与运行场景生成、电力电子装置运行策略组合、多时间尺度优化调度、交直流电力电子设备协调控制技术、分布式可再生能源运行调控系统及展望等内容详细阐述相关技术方法,并给出应用示例。希望通过本书,帮助读者了解国内外最先进的分布式可再生能源运行调控技术的发展现状与趋势；同时，也能够指导电力行业从业者开展"源—网—荷—储"优化运行与协调控制研究与应用，对支撑高占比可再生能源的充分消纳、高效利用和系统的安全可靠运行具有重要意义。本书的出版能够促进交直流系统相关行业深入技术研究与探讨，不断提高我国在该方向的研究和工程应用水平。

为了加深读者对书中理论内容的理解，各章节均增加了实例验证小节，并对算例结果进行展示和对比分析，其中凝聚了作者多年的科研成果。

蒲天骄、裴玮、董雷、李烨、孙英云、穆云飞参与了本书编写大纲的制订。蒲天骄主持了书稿的撰写工作，负责全书的总体设计和统稿审定。第一章由裴玮、蒲天骄、李烨、庄莹等撰写；第二章由孙英云、董雷、杨月等撰写；第三章由穆云飞、董雷、李烨、张涛等撰写；第四章由董雷、李烨、张涛等撰写；第五章由黄越辉、董雷、桑桢城等撰写；第六章由李烨、袁宇波、张宸宇、桑桢城等撰写；第七章由蒲天骄、裴玮、李烨、庄莹等撰写。

本书在编写过程中，参考了大量的文献资料，在此特向文献资料的作者致谢。

由于作者的学术水平有限，本书内容难免会有不妥和疏漏之处，敬请读者批评指正。

蒲天骄

2025 年 4 月于中国电科院

目 录

序言
前言

第一章 概   述

现如今，社会经济日益发展，人们对能源环境的不断重视，促使大规模新能源发电、高渗透分布式发电及高效率储能系统等蓬勃发展。分布式可再生能源具备经济性、环保性、灵活性等优点，可以实现就地收集和就地消纳，将成为未来分布式能源网络的重要组成部分。可再生能源技术的应用对电力系统灵活接入和有效调控提出新的挑战和更高的要求。为了实现分布式可再生能源的并网消纳，国内外科研人员相继提出了交流系统、直流系统和交直流系统等几种不同形式的电网结构。值得注意的是，交直流系统综合了二者的优势，能够更好地满足高渗透分布式可再生能源接入，以及日益增长的直流负荷的需求，是未来电网的发展趋势。为使读者更好地了解交直流系统的研究现状，本章将对交直流分布式可再生能源系统及其拓扑结构、关键设备、运行调控及研究框架进行全面阐述。

第一节 交直流分布式可再生能源系统

随着全球化石能源的枯竭和环境污染的加重，世界各国开始提高对环保的重视及对能源利用效率的要求，以风力发电（wind turbine，WT）和光伏发电（photovoltaic，PV）为代表的高比例分布式电源、各类交流和直流负荷开始接入电网，对现有交流电力系统的灵活性、消纳分布式能源能力、电能质量等提出了新的挑战和要求。因此，交直流分布式可再生能源系统的概念被提出，并很快成为国内外专家学者的研究热点。本节将从分布式可再生能源大量接入给现有配电网带来的变化和挑战出发，详细阐述交直流分布式可再生能源系统的研究现状及演变过程。

配电网处于电力系统的末端，直接面向电力用户，承担着分配电能、供给电力消费、服务客户的重任。随着新能源、新材料及电力电子技术的快速发展与广泛应用,用户对供电质量、可靠性及运行效率等的要求日益提高,现有交流配电网正面临用电需求定制化和多样化、分布式发电接入规模化、潮流协调控制复杂化等多方面的巨大挑战。主要体现在以下方面。

(1)配电网中用电设备的形态和数量发生了显著的变化,电动汽车(electric vehicle,EV)、储能设备(energy storage system,ESS)、发光二极管(light emitting diode,LED)等直流用电设备广泛使用,要求配电网能够适应更少转换环节的直流接入方式,以提高接入效率。

(2)以风力发电和光伏发电为代表的分布式电源(distributed generation,DG)出力具有波动性和间歇性,同时 EV 快速充电负荷具有冲击性,影响了配电网正常运行,要求配电网能够实现馈线互济,并具有较强的潮流调控能力,更高的运行灵活性,减少 DG、EV 等对配电网的影响。

(3)用户对电能质量和供电可靠性的要求日益提高,但是随着 DG 和电力电子装置大量接入电网,网络中的谐波、谐振、电压波动等问题越来越严重,这就要求配电网具备综合治理能力;同时,为了进一步提高供电可靠性,要求配电网具备灵活的转供能力,甚至具备一定的不间断转供能力。

针对以上规模化 DG、EV 及直流负荷等对配电网带来的新需求和新挑战,已有的主要研究方案包括储能、主动配电网及虚拟电厂等,然而上述方案仍是基于现有网络结构,系统内的直流型分布式电源需通过逆变器接入交流配电网,再通过整流器给直流负荷供电。随着我国能源革命的积极推进,可再生能源产业开始全面规模化发展,高渗透率的可再生能源并网给电网安全运行和能源高效消纳带来了新的挑战和要求。一方面,目前可再生能源多接入交流配电网,交直流变换环节较多,降低了效率,影响了接入的便捷性;另一方面,配电网互联互济和柔性调控能力不足,也限制了分布式可再生能源的充分消纳和高效利用。

相较于传统交流配电网,分布式能源接入的直流配电网可以减少变流环节,具有系统运行效率高、电能质量问题不突出等优势。然而,当前电力系统中用电负载的主要形式仍为交流负荷,同时,直流配电网的发展还受到相关设备研制等多方面因素的限制,因此,目前在实际工程中完全由直流配电网取代交流配电网不具有实际意义。对此,国内外学者提出了交直流分布式可再生能源系统(简称交直流系统),通过在现有配电系统中引入具有高度可控性和灵活性的柔性变换设备,减少变换环节,提高可再生能源消纳率和系统运行效率,同时充分发挥交流和直流配电网的优势,实现优势互补,这是未来配电网的发展方向和战略选择。

交直流系统已成为国内外研究热点。在美国,弗吉尼亚理工大学构建了基于交直流配电网分层连接的混合配电系统；北卡罗来纳大学提出了未来可再生电能传输与管理（future renewable electric energy delivery and management，FREEDM）系统，构建了 DC 400V 系统与 AC 120V 系统，并通过智能能量管理（intelligent energy management，IEM）接口与外部电网连接。瑞士联邦理工学院提出了能量枢纽（energy hub，EH）的概念，并将其概念和模型应用到欧盟的 EPIC-HUB 项目中。EPIC-HUB 项目集成了多种能源和负荷转换单元，能够为多场景下可再生能源的输入和输出提供便捷接口，将系统的能量进行转换、调制和存储，通过对不同能源进行协调管理，从而实现区域间能源的综合优化。针对资源匮乏、负荷日益增长的需求，接入有多种形式蓄电池、光伏发电和风力发电的爱知岛试点项目在日本得到了积极推进。与此同时，我国对交直流系统也开展了积极研究，目前中国电科院、中国科学院电工研究所、清华大学、天津大学、浙江大学等机构相继对交直流系统的结构设计、协调控制技术和优化调度方法等相关内容开展研究。

值得注意的是，上述提到的方案大多采用基于双向变流器的交直流系统方案，将 PV 和 EV 等直流用电设备直接通过直流系统集成。然而基于双向变流器的交直流系统无法实现区域范围内的 DG 消纳和互补运行，也无法实现区域间的功率均衡和潮流调节。近年来，国内外学者进一步提出基于电力电子变压器（power electronic transformer，PET）的交直流系统，该系统可在多个交直流电压等级集成分布式可再生能源，提高控制能力，实现更加灵活安全接入，同时实现系统灵活组网，在更大范围实现互联互补、充分消纳，如图 1-1 所示。

电力电子变压器也称固态变压器（solid state transformer，SST），是由全控型电力电子器件和高频变压器相结合的装置，除了可以实现传统变压器的电压变换、电气隔离和能量传输等功能外，还可实现无功补偿、新能源并网和即插即用等功能，并起到能量路由管理、信息系统融合及多区域交直流电网互联等作用。PET 端口具备潮流调节能力和快速响应特性，可在交直流系统的交流分区与直流分区间构建起柔性调节的通路，在某一分区内"过剩"的分布式能源可通过多端口的互联互济实现跨区消纳。利用双向多端口 PET 构建起交直流系统，可减少电能变换环节，支撑分布式可再生能源的灵活接入，提高能源利用效率。通过多个 PET 互联，可将多个不同电压等级的交直流网络互联，在更大范围实现电能的互联互济，充分消纳可再生能源。

未来电力系统将是由自下而上的区域自治网络通过开放和对等体系互联形成，并在信息交互和电能路由高度融合的框架下，具备精确、连续、快速、灵活的调控手段，由此催生了基于电力电子技术的 PET 设备。PET 即插即用的

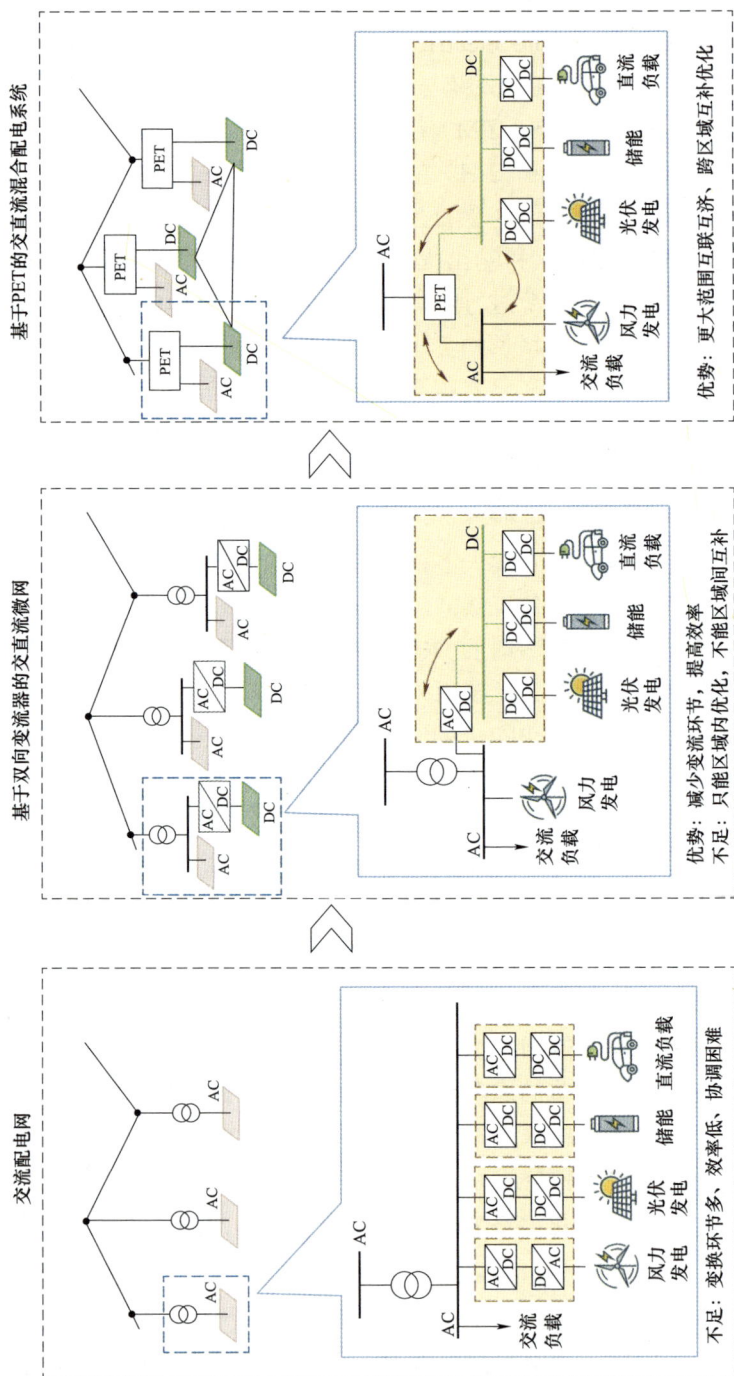

图 1-1 含电力电子变压器的交直流系统及分布式能源接入

端口支撑交直流配电网灵活组网，有利于分布式能源在更大范围内互联互补；开放的组网形态，使其具备多向潮流调控和区域协调能力，不同网络间可以进行功率的双向交互，可显著提高系统运行经济性和供电可靠性；融合了信息技术和电能路由技术，通过信息流控制功率流，以期实现电能的高效传输与优化共享，有利于可再生能源的充分消纳。基于 PET 设备构建的交直流系统，可为未来大量可再生能源的灵活接入、优化配置和安全运行控制提供有效技术手段，是未来重要发展方向，应用前景广阔。

第二节　交直流分布式可再生能源系统拓扑结构及关键设备

交直流系统拓扑结构对运行可靠性、灵活性、经济性等方面都有重要影响。相比传统交流配电网，交直流系统拓扑结构更加灵活多样。尤其是多端口电力电子变压器等关键设备的接入，系统结构和形态更加复杂多样，从根本上改变了配电网络的原有形态和联络支路联通能力，使系统具备了灵活可控、多样化的可行拓扑结构和良好的网络联通性，为增强电网运行的灵活性和供电可靠性带来了本质性的变革。本节将从拓扑和设备两方面出发，详细阐述交直流系统拓扑结构和关键设备的研究现状及演变过程，为实现交直流系统优化运行控制提供理论基础。

一、拓扑结构

交直流系统的混合形态主要有两种：一种是交流子网与直流子网基本相互独立，只通过高压侧或低压侧交流母线耦合；另一种形态则是直流子网与交流子网多端互联。现有的交直流系统一般均是这两种形态之一或是组合。

对于第一种形态，具体可以分为三种类型：

（1）中压交流电网通过电力电子变压器不同端口连接低压交流子网、低压直流子网，在高压侧交流母线耦合，典型形态见图 1-2（a）。

（2）中压交流电网通过中压柔直换流器连接中压直流子网，通过普通变压器连接低压交流子网，典型形态见图 1-2（b）。

（3）中压交流电网首先通过交流变压器降压，再通过双向变流器连接低压直流子网，并与低压交流子网在低压侧耦合，典型形态见图 1-2（c）。

(a) 基于电力电子变压器形态　　　　　　　(b) 基于中压柔直换流器形态

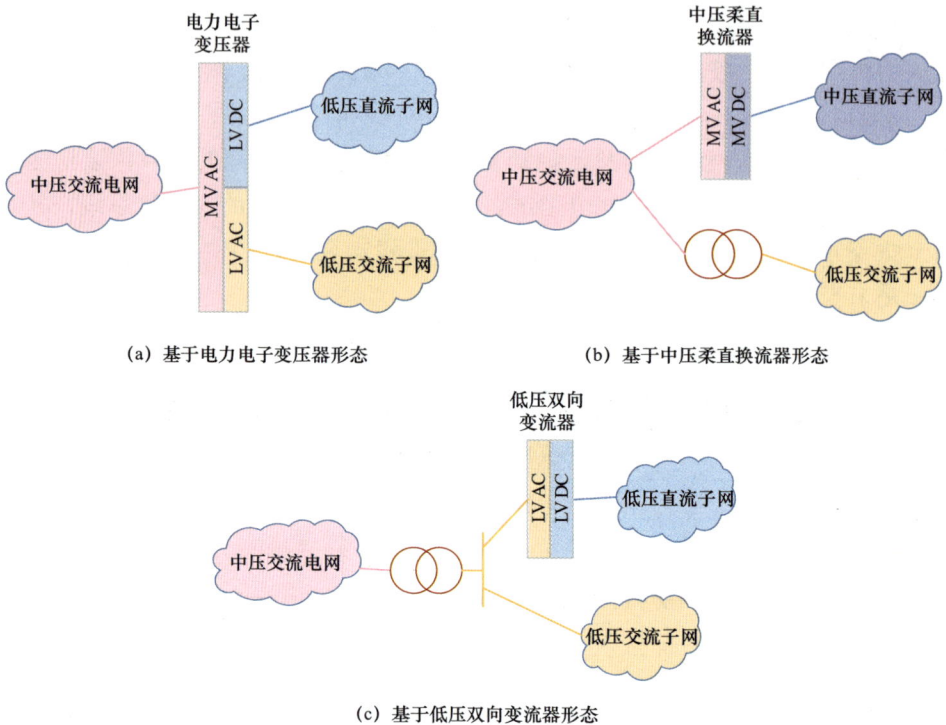

(c) 基于低压双向变流器形态

图 1-2　交流子网与直流子网相互独立的混合形态

对于第二种多端互联的混合形态，交直流系统之间通过互联变流站进行连接，整体的运行控制有赖于各种电力电子变换器，包含承担交直流系统之间潮流控制的互联变流站，以及完成不同直流电压等级转换的 DC/DC 变换器。该类型交直流系统结构不仅可以提供可靠的直流供电，以保障多类型直流负载、发电设备的接入，提高使用效率，还可以利用互联 PET 控制交直流之间，以及不同交流线路之间的潮流，从而优化系统运行，相互支撑电压，提升整体的供电能力、供电效率及分布式发电接入能力。基于电力电子变压器的交直流混合的多端互联系统见图 1-3，该形态直流子网和交流子网可以同为中压，也可以同为低压，还可实现不同电压等级交直流网络的柔性互联。

常见的交直流系统结构有手拉手形、星形、多端并供、环形等，具体结构如图 1-4 所示。

总体上看，直流基本结构互联相对交流互联更加容易，甚至能跨电压互联成环，并能够基于基本结构形成更加复杂的结构。如果拓扑结构相同，构建设备不同，其配置成本、供电能力、运行经济性、扩展能力会有较大不同。不同拓扑结构和构建设备配置方案对应不同的应用需求和应用场景。

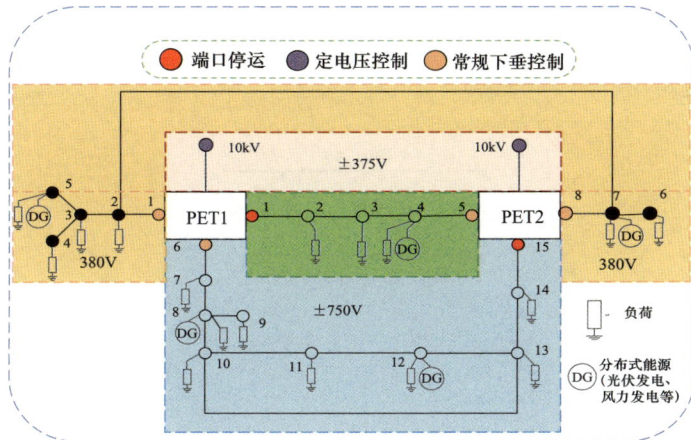

图 1-3 基于电力电子变压器的交直流混合的多端互联系统

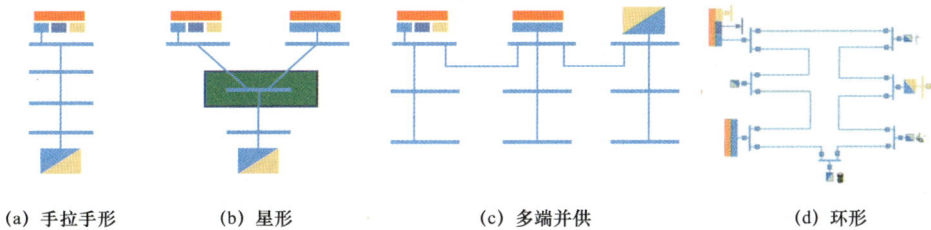

(a) 手拉手形   (b) 星形   (c) 多端并供   (d) 环形

图 1-4 交直流混合系统结构

对多端并供结构构建：相邻直流子网之间通过直流线路互联并供，形成网状结构，这样多个子网之间可以互相传输功率，主要包括基于直流断路器互联方案和基于直流断路器+DC/DC 混合互联方案，如图 1-5 和图 1-6 所示。

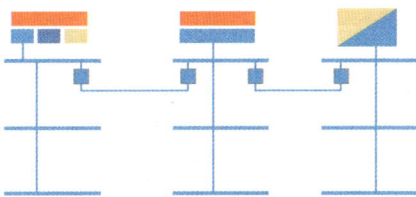

图 1-5 直流断路器互联方案   图 1-6 直流断路器 + DC/DC 混合互联方案

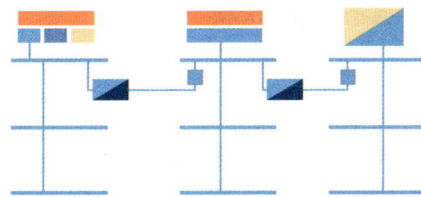

对星形结构构建：相邻直流子网之间通过直流线路连接到某一公共节点，形成星形结构，这样多个子网之间可以互相传输功率，主要包括基于断路器和基于 DC-HUB 两类，基于 DC-HUB 的星形结构如图 1-7 所示。

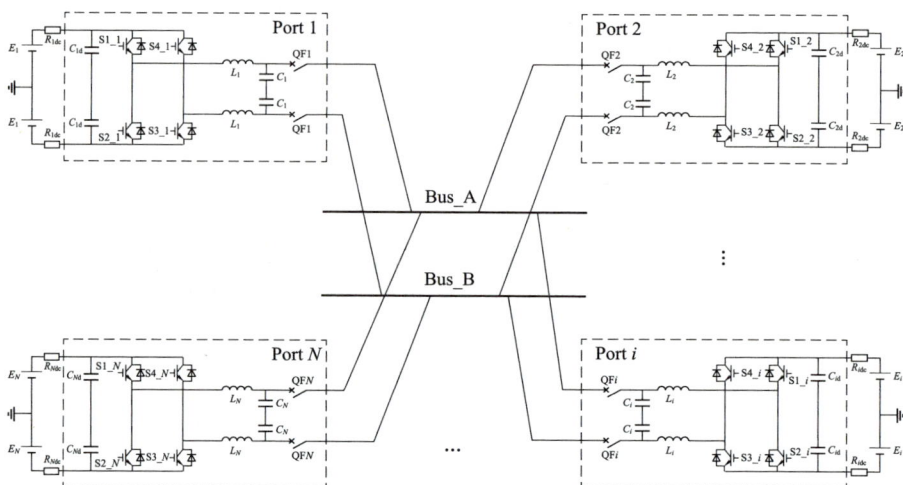

图 1-7　基于 DC-HUB 的星形结构

对环形结构构建：环形结构扩容比较复杂，需要对现有结构进行较大改变，现有的直流断路器也需要全部进行更换。优点在于任一直流线路故障后，只有一条直流线路退出运行，其他部分能够以开环结构继续运行。系统不会存在功率损失，所有电力电子变压器都可以正常工作。

可以看出，交直流系统结合了交流和直流系统的优点，弥补了交流系统在网络损耗、供电可靠性、消纳分布式能源等方面的不足，其特点体现在如下方面：

（1）系统同时包含交流子系统、直流子系统、交直流互联装置。

（2）可以同时向交直流负荷供电，减少电力电子变换环节，降低能量损耗。

（3）交直流系统之间，功率可以双向流动，各子系统也可以独立运行，并且可以运行在并网运行模式和离网运行模式。

二、关键设备

交直流系统中的 PET 承担着控制直流子系统与交流子系统间潮流的重要作用，是实现交直流系统互联和系统内功率均衡互济的关键装置。较传统工频变压器而言，PET 具有潮流灵活控制等优势，随着 DG 在配电网中的大量接入，其发电频率波动、发电功率随机和分布不集中等特点对电网的稳定运行造成了冲击，PET 有潮流控制、电能质量调节、隔离电压波动、失真和谐波传递等优点，同时具有交流和直流端口，可以更加灵活地接入各类 DG。通过 PET 构建交直流系统，可以充分发挥 PET 的优势，提升配电网的运行效率和经济性。

常见的 PET 拓扑结构主要有基于级联 H 桥（cascaded H-bridge，CHB）的

PET、基于模块化多电平换流器（modular multilevel converter，MMC）的 PET 和基于中点钳位式（neutral point clamped，NPC）的 PET 拓扑。

（1）基于 CHB 的 PET 拓扑。基于 CHB 的 PET 拓扑结构如图 1-8 所示，对于高压输入级和中间隔离级，采用多个子单元输入串联输出并联构成，每一个子单元由 AC/DC 变换器和双有源全桥变换器构成。PET 可同时输出低压交流端口和直流端口。由于 CHB 具有便于模块化实现、可扩展性强、冗余设计容易等优点，是 PET 最为常用的拓扑结构之一。针对基于 CHB 的 PET 结构，美国未来可再生电能传输与管理系统中心（FREEDM）研制了单相 AC 7.2kV/DC 400V/AC 240V/AC 120V 的 PET 样机，应用于直流微电网中，同时也研制了单相 AC 3.6kV/DC 200V/AC 120V 的 PET 样机。ABB 集团研制了 AC 15kV/DC

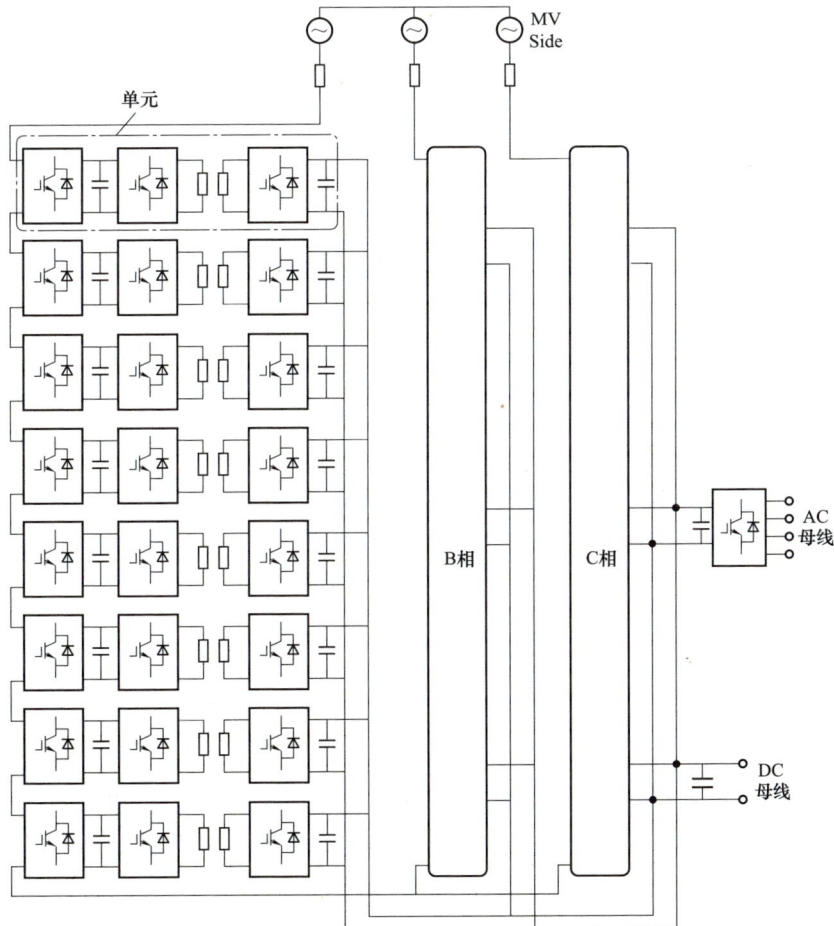

图 1-8 基于 CHB 的 PET 拓扑结构

1800V 的机车牵引车载 PET。华中科技大学研制了三相 AC 10kV/DC 400V/500kVA 的 PET 样机，应用于智能电网。

（2）基于 MMC 的 PET 拓扑。基于 MMC 的 PET 是另一种典型结构，如图 1-9 所示，其主要由三级结构组成，高压输入级采用 MMC 结构，中间隔离级采用输入串联输出并联（input series output parallel，ISOP）型双有源全桥变换器，低压输出级采用三相电压源型逆变器，该拓扑结构中包含全桥（full-bridge，FB）和 H 桥（h-bridge, HB）。针对基于 MMC 的 PET，中国科学院电工研究所先后研制了两代 MMC 型 PET 样机，其电压等级和容量分别为三相 AC 10kV/AC 380V/10kVA 和 AC 10kV/DC 750V/1MVA，并完成挂网运行，主要应用于直流微电网。与基于 CHB 的 PET 相比，该拓扑能够输出稳定可控的高压直流母线，实现高压互联，同时，在同样的电压等级和功率器件耐压水平下，MMC 型拓扑比 CHB 型拓扑需要更少的开关器件和高频变压器，减小了成本。该拓扑结构的主要缺点在于子模块和储能电容数量多，且 PET 功率密度较低。

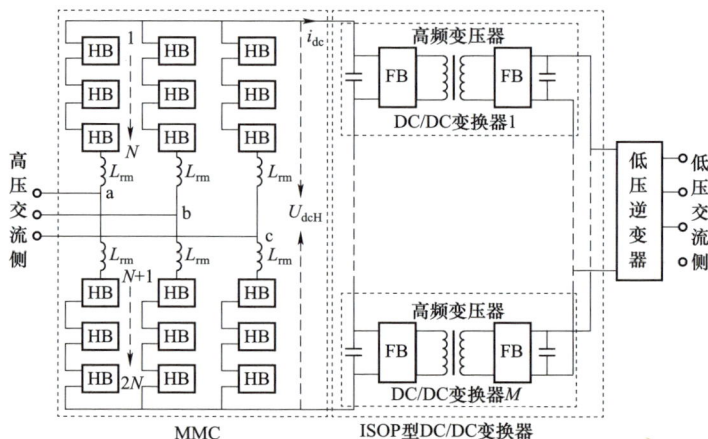

图 1-9　基于 MMC 的 PET 拓扑结构

（3）基于 NPC 的 PET 拓扑。基于 NPC 的 PET 是另一种典型结构，如图 1-10 所示。与基于 MMC 的 PET 拓扑相比，该拓扑的开关器件和电容数量较少，因此功率密度高。针对基于 NPC 的 PET，美国电力研究院（Electric Power Research Institute，EPRI）研制了三相 AC 2.4kV/AC 277V 的 PET 样机，如图 1-10 所示。美国未来可再生电能传输与管理系统中心（FREEDM）采用 15kV SiC 绝缘栅双极型晶体管（insulated gate bipolar transistor，IGBT）和 10kV SiC 金属－氧化物半导体场效应晶体管（metal-oxide-semiconductor field-effect transistor，MOSFET）器件研制了三相 AC 13.8kV/AC 480V 的 PET。该拓扑高压输入级采用三相 NPC 整流器，中间隔离级采用三相双有源桥变换器。

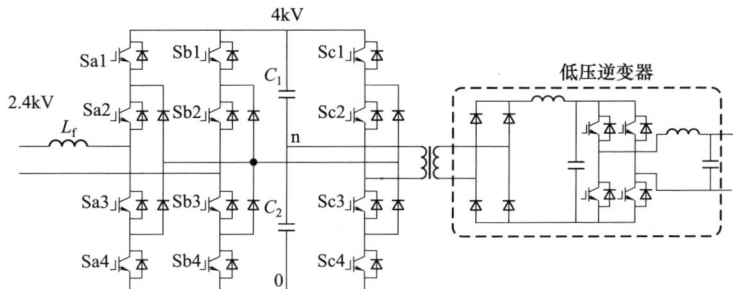

图 1-10 基于 NPC 的 PET 拓扑结构

综上所述，CHB 型拓扑无法获得高压直流母线，不便于多个 PET 的高压互联；MMC 型拓扑虽然能够同时得到高、低压输出端口，但其功率密度较低；而 NPC 型拓扑能够提升功率密度，但是不易实现模块化。不同拓扑结构对应不同的应用需求和应用场景，需结合实际应用进行相应的选择。

第三节 交直流分布式可再生能源系统优化控制

多功能电力电子变压器等关键设备的应用，使交直流系统具备组网灵活、运行控制模式多样、控制对象丰富等特点，增强了交直流系统"源—网—荷—储"间的相互耦合关系。通过协调控制，可以利用 PET 将薄弱交流子网的潮流经直流子网转移至另一安全区域进行互济均衡，同时对 PET 多端之间的协调控制系统而言，意味着系统将具有更宽范围的功率分担能力和供电能力。然而含 PET 的交直流系统结构更加复杂、运行和控制模式更加多变，且不同运行和控制模式对系统潮流计算和运行优化带来了不同影响，给交直流系统的运行控制带来了新的挑战和困难。本节将从交直流分布式可再生能源系统优化控制面临的难题出发，详细阐述控制模式、运行优化和运行调控架构三个方面的研究现状。

一、控制模式

PET 各端口的核心组成器件为电压源换流站，对 PET 交直流端口的控制，可以参考换流站交直流侧的控制。换流站的控制策略灵活多样，电压源换流器

（voltage source converter，VSC）典型控制策略如图 1-11 所示，常见的包括 $P-Q$ 控制、下垂控制、有功/无功电流控制、V_{dc} 控制和 V/f 控制等。

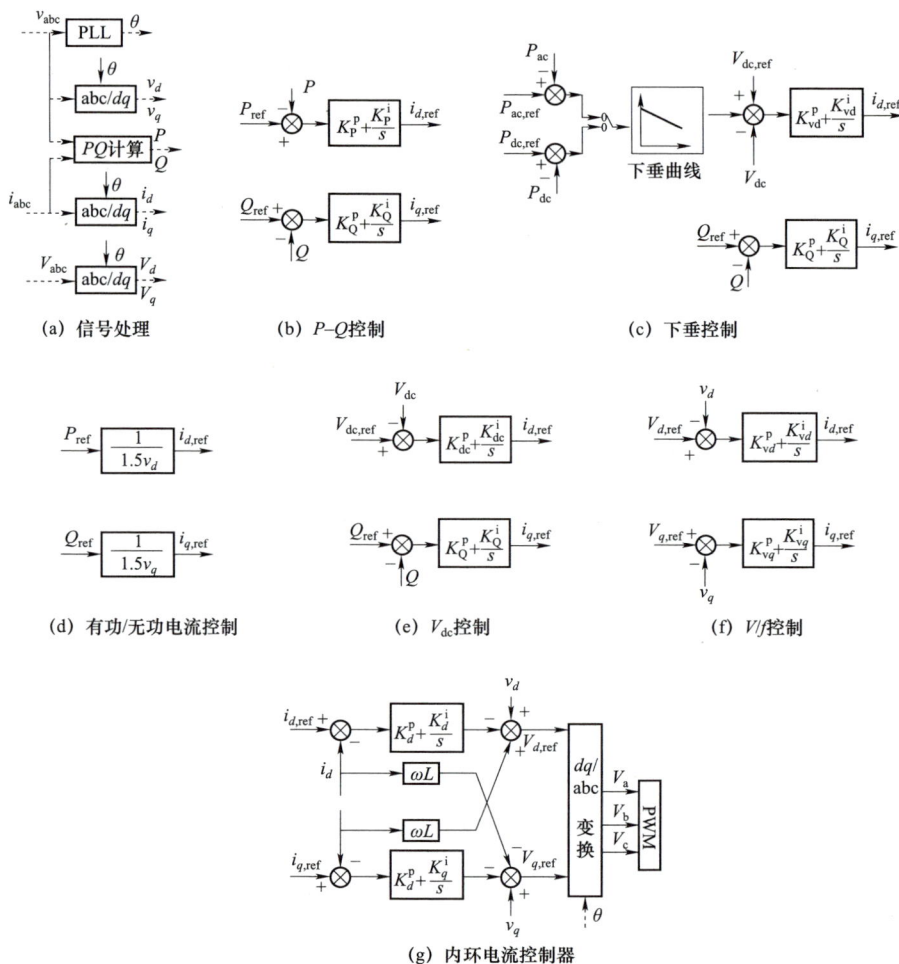

(a) 信号处理　　(b) $P-Q$ 控制　　(c) 下垂控制

(d) 有功/无功电流控制　　(e) V_{dc} 控制　　(f) V/f 控制

(g) 内环电流控制器

图 1-11　VSC 典型控制策略

（1）$P-Q$ 控制。即换流站接受有功功率指令 P_{ref}、无功功率指令 Q_{ref} 的调度。将换流站自身实际的有功功率 P 与 P_{ref} 的差值，以及无功功率 Q 与 Q_{ref} 的差值，经过 PI 控制器分别产生内环电流控制器的并网电流 d 轴分量参考值 $i_{d,ref}$、并网电流 q 轴分量参考值 $i_{q,ref}$，通过内环电流控制器实现对有功/无功功率指令的跟踪响应。

（2）下垂控制。下垂控制又分为电压对功率下垂和电流对电压下垂，下垂控制主要是指各个换流站会按照直流功率-电压斜线和直流电压-电流斜线实现功率分担，保证直流电压稳定。下垂系数 K_P 决定了换流站中不平衡的有功功率分配的多少，较大的 K_P 意味着换流站将分担较小的不平衡功率，较小的 K_P 意味着换流站将分担较多的不平衡功率。

（3）有功/无功电流控制（并网电流控制）。当交流电网为三相对称系统时，v_a、v_b、v_c 经过 abc/dq 变换后可认为其 d 轴分量 v_d 恒定，q 轴分量 v_q 为 0，此时换流站接收到 P_{ref}、Q_{ref} 时可通过瞬时功率理论，直接计算出相应的 $i_{d,ref}$、$i_{q,ref}$。由于直接对有功/无功电流进行闭环控制，此时的功率响应速度要快于 $P-Q$ 控制。

（4）V_{dc} 控制。即控制换流站直流侧电压，保持直流电压稳定。此时将直流侧电压参考值 $V_{dc,ref}$ 与 V_{dc} 的差值经过 PI 控制器产生内环电流控制器的 $i_{d,ref}$，而 $i_{q,ref}$ 则可直接给定，也可通过对无功功率的闭环调节自动产生。在此基础上，通过内环电流控制器实现对直流侧电压的稳定控制。

（5）V/f 控制。即控制换流站交流侧电压，提供稳定的交流电压/频率支撑。此时设定 v_a、v_b、v_c 的 d 轴分量参考值 $V_{d,ref}$，以及 q 轴分量参考值 $V_{q,ref}$，将换流站自身实际的 v_d 与 $V_{d,ref}$ 的差值，以及 v_q 与 $V_{q,ref}$ 的差值，经过 PI 控制器分别产生内环电流控制器的 $i_{d,ref}$、$i_{q,ref}$，并进一步通过内环电流控制器实现对换流站交流侧电压/频率的稳定支撑。在接收到 $i_{d,ref}$、$i_{q,ref}$ 之后，换流站考虑到动态性能增加内环电流控制器。并网电流 d 轴分量与 $i_{d,ref}$ 的差值以及 q 轴分量与 $i_{q,ref}$ 的差值，经过 PI 控制器与电网电压前馈生成 VSC 的 a 相、b 相、c 相输出电压的 dq 轴分量参考值，并进一步通过 dq/abc 变换后生成换流站的脉冲宽度调制（pulse-width modulation，PWM）信号，实现相应的控制目标。

二、运行优化

含电力电子变压器的交直流混合可再生能源系统接入的各种分布式电源、负荷与新型电力设备具有明显的时间尺度差异，增加了系统整体的运行控制难度，同时，"源—荷—储"之间的互补优化运行与协调调度是亟待解决的技术难题。

（一）潮流计算

交直流系统潮流计算与传统交流配电网潮流计算有较大差异，主要体现在以下方面：

（1）交直流系统中存在多端直流网络及多个直流系统，控制方式复杂多样，潮流计算需要计入不同控制方式之间的调整。

（2）交直流系统中，三相不平衡较为常见，直流系统功率注入交流网络，并与交流三相不平衡之间相互影响，这些对系统潮流计算提出了新的要求。

（3）交直流系统中大量电力电子换流器的运行损耗和谐波注入问题较为突出，需要构建较为精细的三相数学模型。

现有交直流潮流计算主要分为统一迭代法和交替迭代法，以及最优潮流方面的研究。统一迭代法利用交流节点电压的幅值和相角与直流系统的电压、电流，以及换流站变比、功率因数、换流站控制角，统一进行迭代求解。文献[22]提出了针对多端交直流电网潮流计算的统一求解法，对交直流系统约束方程进行联立求解，收敛性好，但随着换流器数目的增加，雅克比矩阵规模相应增大，计算效率下降。交替迭代法将直流潮流与交流潮流方程分开迭代求解，交替迭代，直到收敛为止，由于其灵活性和良好继承性，被广泛应用。文献[25]提出了应用于交直流电网潮流计算的交替迭代法，该方法将交直流系统的潮流方程分开进行求解，可以考虑换流站的不同控制方式。文献[26]提出了考虑交直流设备不同控制方式下，含多直流环节配电网潮流计算分析方法。文献[27]针对交直流系统潮流计算方法，通过建立交流网络三相不平衡模型，对换流站模型和其运行控制方式进行详细分析，提出了适用于不平衡三相交流和直流混合配电网的迭代计算方法，该方法交流侧迭代计算时导纳矩阵不变，大大加快求解速度，适用于节点较多的大规模配电网系统。

总体而言，针对交直流系统的潮流计算已开展了一定研究，然而对于含PET的交直流系统，由于PET输入输出接口较多，耦合性更强，其潮流分析与最优潮流优化更为复杂，需充分考虑PET运行特性，研究系统潮流计算方法，为进一步开展交直流系统运行优化控制提供基础。

（二）优化运行

交直流系统中可再生能源消纳的手段主要包括储能、可控发电机、柔性负荷、微网等。当交直流系统中有多个PET互联时，PET可对直流网络间、交流与直流网络间的功率进行调控，其潮流调控能力更加强大，但其优化运行调控也更加复杂困难。因此，如何更加合理地进行交直流系统优化运行控制，在自身经济性最优运行的情况下，灵活调控系统内的功率交换，解决电压波动和越限问题，从而提高交直流系统对可再生能源的消纳能力，同时进一步优化系统的网损，是交直流系统优化运行控制研究的关键。

目前在交直流系统与配电网的优化运行方面已经开展了一部分研究工作，主要对交直流系统的多源调度模型和协调优化进行了研究。文献[28]提出了一种交直流混合主动配电网的分层分布式多源协调优化调度方法,该方法分为局部调度层和区域调度层两级,充分考虑各交直流配电网区域的自主特性,实现交直流混合主动配电网的整体优化调度。文献[29]研究了交直流系统源荷储协调分区优化经济调度,构建了以荷储协调负荷转移策略为上层决策变量,以交直流系统优化运行策略为下层决策变量的源荷储协调二层优化模型。文献[30]提出了一种考虑安全约束的交直流系统协调经济调度方法,通过对换流站的功率调节与储能的充放电优化,实现系统经济运行。文献[31]提出了兼顾系统电能质量与经济性的多微网互联的交直流系统集成聚合运行的技术方案。以电压与标称电压方差最小和系统网损功率最小为优化目标,提出了一种基于柔性直流互联的多微网多目标优化模型,应用 NSGA-Ⅱ算法和交直流混合潮流算法对模型进行了求解,并利用模糊聚类法对 Pareto 最优解集进行筛选,得到最终优化调度方案,提高交直流系统对可再生能源的消纳能力,同时进一步优化系统的网损问题。

但含电力电子变压器的交直流混合可再生能源系统的运行场景更为复杂,电力电子变压器的潮流调控能力可以增强系统运行的可控性和柔韧性,交直流网络互补运行模式和运行策略优化组合灵活多样,如何实现可再生能源充分消纳和高效利用,以及如何实现多能互补优化运行,需要更为深入的研究。

(三)协调控制

交直流系统协调控制研究是实现可再生能源互补优化运行的另一个重要研究内容。文献[32]提出通过储能、AC/DC 变换器协调控制实现交直流混合微电网并网、孤岛两种运行方式下的交直流系统之间的功率平衡。文献[33]研究了交直流混合电网的子网,以及子网互联变流器的协同下垂控制,可以使混合网络能量流动更加平滑。为提高交直流混合微电网中直流母线电压性能,文献[34]提出了两层直流分层控制系统:第一层实现系统的交流电流与直流电压控制;第二层对采用下垂控制引起的直流电压的跌落进行补偿,提高电压质量。

在交直流系统协调控制方面,目前研究主要集中在 AC/DC 变换器的协调控制上。虽然 PET 与 AC/DC 变换器原理类似,但其具有多个端口和潮流调控能力,各端口功率、电压控制策略更灵活,因此,基于 PET 的交直流系统协调控制必然更加复杂。在多 PET 并列运行的情况下,需要考虑多个 PET 间的协同关系,实现交直流系统的稳定运行。当 PET 单端口故障或退出运行时,需要研究 PET 运行模式的快速平滑切换方法,实现交直流系统运行状态平稳过渡。

交直流系统协调控制研究是实现其接入的可再生能源互补优化运行和稳定控制的一个重要研究内容。在交直流系统中，一方面交流和直流电压存在交互影响，需要协调控制；另一方面，直流电压敏感性非常强，直流网可控设备较多，设备切换过程中，电压平稳快速控制是直流电网的控制难题。

总的来说，在基于双向变流器的交直流混合微网的可再生能源互补优化运行控制方面已取得一定成果，对于基于 PET 的交直流系统优化运行控制关键技术难题及示范验证仍有待攻克。因此需充分考虑交直流混联系统运行特性，合理设计系统级的运行控制策略，保障系统安全、可靠运行。

三、运行调控架构

合理的运行调控架构的选择与设计是保证系统优化运行的基础。针对可再生能源接入的交直流系统，主流的运行调控架构有集中式和分层式两种。

（一）集中式控制架构

集中式控制架构主要依靠中央控制器，系统内互联装置、DG 和负载将所有信息通过双向通信网络传递给中央控制器，然后中央控制器根据收集到的信息，利用控制算法对系统各可控单元做出控制决策，集中式控制架构如图 1-12 所示。

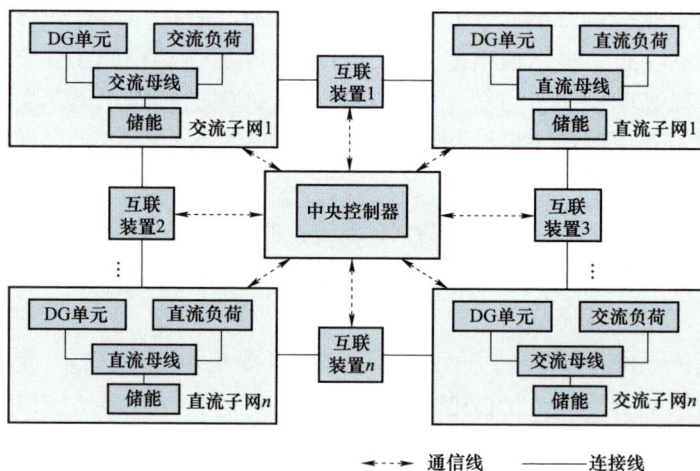

图 1-12　集中式控制架构

集中式控制架构结构简单，其优势在于能够有效利用不同区域的 DG 功率互支持能力来提高系统的电能质量和动态性能。此外，基于集中式控制架构，中央控制器还可以根据系统内供需平衡、外界环境、电力市场交易价格、用户需求电能质量和与电网的交易情况，通过对运行成本、环境效益等目标的分析，对系统总体的运行进行最优规划，并采用集中优化算法进行求解，为系统内部各分布式可控装置提供最优调度指令。目前采用的求解算法主要有混合整形线性规划、动态规划法、蒙特卡罗模拟算法、粒子群算法、遗传算法、退火模拟算法等。

然而集中式控制架构严重依靠通信网络，对于含 PET 的交直流系统而言，其结构更为复杂、运行方式更加多变，且接入 DG 的数量较多、位置分散，相互间距离不一，将会给信息通信系统带来巨大压力，从工程实际考虑，无法实时给出调度指令；另外，考虑到全局调度中心在进行控制指令下达和本地信号上传的过程中存在通信延迟，实际系统运行时实时调度指令无法即时到达各个本地节点，影响了集中式控制架构的应用。

（二）分层式控制架构

由于互联电力系统规模庞大，结构复杂，并分散在地理范围较大的区域，故电力系统中广泛采用分层控制。如果实施集中的统一决策，则系统各部分与集中控制器之间需要交换大量信息，依赖长距离实时通信联系，这在技术上和经济上都是不可取的，而分层控制则解决了这种矛盾。最典型的分层系统是互联电力系统，该系统是根据管理体制、电网结构及电压等级进行划分的，各级电力部门按职责和管辖范围对电网进行控制和管理，形成互相联系的统一整体。

分层式控制架构广泛存在于低压配电网侧，在分层控制架构下，一般需要借助底层 DG 和上层之间建立通信联系，二级控制和三级控制通常需要利用这种联系来实现其功能。一方面，通信可以将底层 DG 的本地信息送入上层进行处理；另一方面，上层控制的命令也可由通信传入下层。但通信一般仅在上下层之间建立一种弱联系，因此当通信或是上层控制器出现故障时，并不会立刻影响 DG 底层的本地控制。目前主流的配电网容量相对较小，但电源种类较多，间歇性能源比例较高。利用分层控制结构在不同的时间尺度上分别实现电气量控制、电能质量调节及经济运行控制，有助于实现微电网的标准化。

在分层式控制架构中，上层控制不需要完全掌握系统的信息，只需要保存下层控制系统的有效信息和资源，结构层次分明，便于管理，综合控制使系统内信息更容易获得，每层控制策略更容易设计，能够有效解决大规模 DG 接入的交直流系统计算量、控制量大等问题，具有很强的分布式控制特性。

一种含 PET 的配电网络分层式控制架构如图 1-13 所示。分层能量管理技术在具体实施中，应通过配电系统运行调度中心发挥全局协调和控制的作用，而各个自治网络中的电力电子变压器采用分布式的能量管理技术进行局域网中的能量协调管理。这样每个局部所需处理的信息量不是很大，可以快速控制达到稳定，增强即插即用的功能，同时可减少与调度中心的通信量和调度中心的计算量。

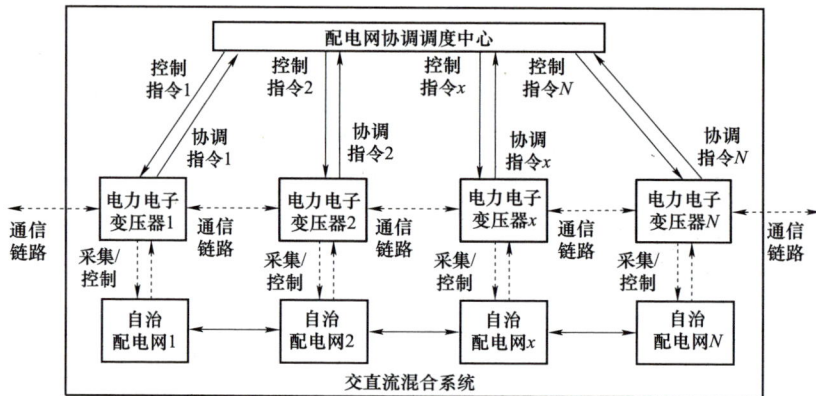

图 1-13 含 PET 的配电网络分层式控制架构

在电力电子变压器便利快速地进行电能变换的基础上，覆盖多节点、多层次的电网通信网络，最终依靠电力电子变压器及分层的能量管理技术实现对配电网中所有支路电能的主动控制和合理分配。分配各个支路功率大小的功能是根据通信网络得到的实时节点信息和负荷信息，做出合理的调控而完成的。电力电子变压器作为执行装置，需要满足正常运行时接收上层调度指令，实现能量的高效传输；故障运行时实现自主控制，保证装置和电网的安全可靠运行。在较高可再生能源渗透率的交直流系统中，利用电力电子变压器执行分层能量管理和优化调度对交直流系统的经济运行和安全稳定有着重要意义。通过对电力电子变压器的合理调度和其自身的控制，不但可以提高电网传输效率和装置利用率，还能提高网络的稳定性和可靠性。

综上所述，集中式控制架构简单，易于实现复杂控制算法和配电网群的全局运行控制，然而对通信网络和配套的中央控制器的性能要求较为严苛。分层式控制架构能够通过局部掌握的信息，快速实现配电网群全局协调控制，却存在结构和控制参数设计较为复杂的问题。因此需结合交直流系统的具体特征与现有控制体系的各自优势，合理选择和设计系统运行调控架构，实现安全、稳定和经济运行。

第四节　交直流分布式可再生能源系统优化控制关键问题与研究框架

一、关键问题

基于 PET 的交直流系统优化运行控制主要存在以下几个方面难点：

（1）组网规划设计方面，多端口 PET 与传统变换器相比结构复杂、元器件众多，并具有多形态、多流向的特征，给组网规划设计带来了新的挑战。如何在考虑 PET 的选址和总容量的设计的同时，计及 PET 多种不同电压等级的交流和直流端口，保证灵活的组网形态，是未来需要解决的难题。

（2）PET 设备研制方面，现有多端口 PET 中，为了实现相互隔离，往往需要 DC 到高频 AC、高频变压器和高频 AC 到 DC 环节，这使得元器件增多且成本明显提高。如何实现适用于 SiC 器件的高效高功率密度 PET 拓扑结构，研究 PET 拓扑结构参数优化设计方法，以及 PET 高频电磁场下的绝缘技术，是未来需解决的难题。

（3）保护设计方面，现有针对 PET 交流端口、中压交流端口的操作过电压和相对地短路是最为严重的故障，需予以特别处理，而低压交流端口的关键问题在于保证保护动作的选择性。对于多台 PET 构成的系统保护层面，各端口的工作模式需要协调配合，以确保局部故障和短时故障的穿越，目前针对这部分的研究还较少。如何实现快速响应控制策略，以及限流功能、分断功能与线路电压调节功能间的快速平滑切换，是未来需要解决的难题。

（4）优化运行技术方面，分布式可再生能源与用能负荷均具有强不确定性和随机性，且交直流系统接入的各种分布式电源、负荷与 PET 等控制设备具有明显的时间尺度差异。如何充分挖掘不确定性运行场景下电力电子变压器等设备的柔性调控能力，研究多时间尺度多源互补优化调度策略和系统协调控制机理，是未来需要解决的难题。

（5）协调控制技术方面，PET 具有灵活性和快速性的特点，多个 PET 之间的协调控制难度大。如何提高系统综合能效、运行可靠性和整体暂稳态性能，实现端口层面解耦控制、多级间联合控制，以及多台多端口 PET 的集群控制，是未来需要解决的难题。

因此，如何在不确定性的运行场景下，充分挖掘 PET 等设备的柔性调控能力，实现其与"源—网—荷—储"之间的优化运行与协调控制，支撑高占比可再生能源的充分消纳、高效利用和系统的安全可靠运行，是基于 PET 的交直流分布式可再生能源优化运行需要解决的关键问题。

（一）运行场景生成关键问题

为实现交直流系统的优化运行，需要对交直流系统的运行情况进行分析，研究基于关键电力电子设备量测的系统实时状态估计技术、交直流系统的未来运行场景生成技术，为系统优化运行提供状态、边界等必要条件。

1. 实时状态估计

针对低压网络模型参数不全的问题，需研究基于系统历史运行数据的交直流系统模型参数辨识方法；针对低压网络量测信息缺失的问题，需研究基于电力电子设备实时量测信息的低压网络状态估计技术，充分利用电力电子设备的高精度量测功能，提高系统可观测性，为协调控制提供数据支持。

2. 未来态势分析

需要根据系统历史运行数据，建立产能/用能预测误差特性模型；结合人工智能在电力系统中的应用，建立产能/用能预测模型；研究系统运行场景的演变规律，提出系统时序场景集生成方法，建立时序相关性的初始场景；研究典型运行场景的各种聚合方法，提出兼顾精确度和计算效率的场景聚合方法。通过"产能/用能预测—场景生成—场景聚合"三个过程得到日前运行经典场景集，对未来系统的运行情况进行预判。

集合实时状态估计和未来运行场景，研究在运行场景变化下的系统连续时间序列运行模拟仿真技术，为可再生能源互补优化提供系统安全运行边界信息。

（二）互补优化关键问题

为实现可再生能源的充分消纳和高效利用，基于交直流系统态势感知信息和 PET 的潮流调控能力，需要研究多 PET 运行策略组合方式、长时间尺度的多能源互补优化调度技术和短时间尺度滚动优化策略。

1. 多 PET 运行策略组合方面

基于不同场景下分布式能源波动情况、储能系统和柔性负荷响应能力，需要研究柔性网络调控能力定量化评估方法，研究考虑网络调控能力的多场景下交直流网络间"源—网—荷—储"互补运行模式，然后在此基础上，研究不同运行模式对电力电子设备调控能力的影响，建立电力电子设备运行状态的选择判据，提出多场景下 PET 运行策略优化组合方法。

2. 长时间尺度互补优化方面

需要分析光热发电系统的运行方式与调度响应能力，研究含储热、光热发电系统的互补优化调度模型；基于 PET 的灵活调控能力，以可再生能源充分消纳和经济利用为目标，建立长时间尺度互补优化调度模型，如针对高占比分布式电源的随机不确定性影响系统安全稳定的问题，基于 PET 的潮流调控能力，协调交直流网络间的可控资源，发挥区域间的功率互动优势，实现交直流网络的互补优化运行。此外，还需研究计及多场景、多主体的多源互补优化调度策略。

3. 短时间尺度滚动优化方面

需要研究不同运行模式下的 PET 运行效率曲线，构建 PET 运行效率模型；计及 PET 的响应能力，实现交直流系统协调优化运行，如针对低压交流配电网络三相不平衡问题，考虑 PET 端口三相独立可调优势，建立降低电压不平衡度的优化模型，实现交直流网络间的有功支撑。建立基于模型预测控制方法的交直流系统短时间尺度滚动优化模型，研究提升可再生能源利用效率的调度修正策略。

（三）协调控制关键问题

为实现交直流系统的安全稳定运行控制，需研究交直流混合可再生能源系统的协调控制机理；研究系统级电压波动控制策略和消除直流电压稳态偏差的协调控制策略；研究故障情况下的系统模式切换和协同控制策略。

1. 协调控制机理方面

针对电力电子变压器等新型设备，需要综合考虑多种工作模式和宽载荷范围，深入研究低损耗软开关技术、低开关频率调制技术等效率优化控制技术，以及设备间协调控制和系统运行模式切换方法，解决电力电子变压器等多设备集成下系统的高效率、高可靠性运行控制问题。

2. 电压协调控制方面

需要研究基于系统扰动观测器的电压控制策略；基于直流电压的灵敏度指标，研究消除直流电压稳态偏差的协调控制策略；研究交直流系统交流侧无功电压协调控制策略。

3. 系统运行模式切换及快速控制方面

针对直流路由器、故障电流控制器等新设备接入，需要计及各自控制特性，研究交直流混联系统故障、关键设备退出或计划停运等情况下的协调控制保护技术，需要研究多端 PET 运行模式的快速平滑切换方法与功率可控单元的协同控制策略，以实现交直流混联系统的安全稳定运行控制。

二、研究框架

围绕上述关键技术问题，本书采取"场景生成—互补优化—协调控制"时序递进的交直流系统优化运行控制研究框架,如图 1-14 所示。首先在运行场景生成方面,研究基于关键电力电子设备量测的系统实时状态估计技术,并给出分布式可再生能源系统的运行场景生成方法,从而降低不确定性对优化运行的影响。在互补优化方面,研究面向多场景的 PET 运行策略优化组合,以可再生能源充分消纳和高效利用为目标的多时间尺度滚动优化策略,实现对多种分布式能源的充分消纳。在协调控制方面,研究交直流系统的协调控制机理;提出计及 PET 等柔性设备的协调控制技术,保障可再生能源系统的稳定运行和供能品质。

运行场景生成可为互补优化提供系统安全运行边界信息和优化调控空间,互补优化实现稳态下的分布式可再生能源的经济高效消纳,而协调控制则进一步保障了不同运行场景下系统的供电品质。

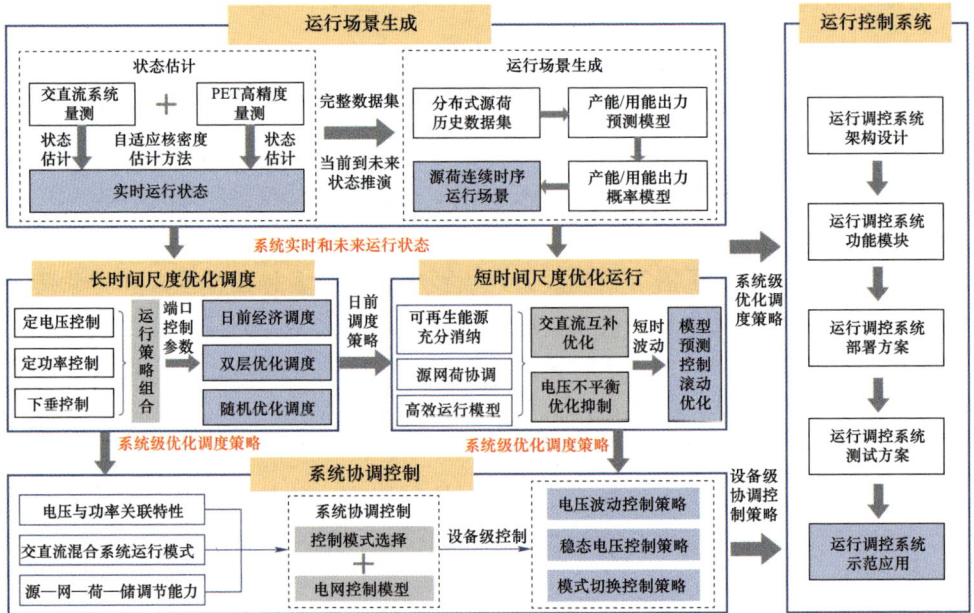

图 1-14　交直流系统优化运行控制研究框架

为实现交直流系统的优化运行,首先需要对交直流系统的运行情况进行分析,提出基于关键电力电子设备量测的系统实时状态估计技术、交直流系统的运行场景生成方法,为系统优化运行提供状态、边界等必要条件。

然后,基于 PET 的潮流调控能力和交直流系统互补优化运行,提出多 PET 运行策略组合方式、多时间尺度的多能源互补优化策略,从而实现可再生能源的充分消纳和高效利用。此外,通过分析系统正常、故障、可再生能源波动等情况，提出不同场景下的运行控制和模式转换策略，以实现交直流系统的安全稳定运行控制。最后介绍使用交直流分布式可再生能源互补优化运行控制系统对示范工程的运行提供支撑。

1. 交直流系统运行场景生成方法

考虑低压网络模型参数不全及量测信息缺失问题，提出基于关键电力电子设备量测信息的低压网络状态估计技术，为运行场景生成提供完整数据集；进而根据系统历史运行数据，分析产能/用能预测误差特性，建立产能/用能出力概率模型，提出系统时序场景集生成方法，提取典型运行场景；基于系统状态估计数据，介绍运行场景变化下系统运行模拟技术，给出时序变化环境下系统安全运行的边界约束。

2. 多功能电力电子变压器运行策略组合方式

根据不同场景下分布式能源波动情况、储能系统和柔性负荷响应能力，提出柔性网络调控能力定量化评估方法，介绍考虑网络调控能力的多场景下交直流网络间"源—荷—储"互补运行模式；建立电力电子设备运行模式的选择判据，分析不同运行模式对电力电子设备调控能力的影响，提出多电力电子变压器运行策略优化组合方法。

3. 多时间尺度滚动优化策略

基于电力电子变压器的潮流调控能力和柔性设备响应能力，建立长时间尺度含储热、光热发电系统的互补优化调度模型，提出计及多场景的多源互补日前优化调度策略；进而建立交直流系统短时间尺度优化运行模型，介绍提升可再生能源利用效率的滚动优化调度修正策略。

4. 交直流可再生能源系统协调控制技术

分析交直流系统中电压与功率的关联特性，提出系统交流侧与直流侧的相互影响，以及交直流系统控制模式的切换条件；介绍电压波动控制策略、消除直流电压稳态偏差的协调控制策略，以及交直流系统交流侧无功电压协调控制策略；针对多功能电力电子变压器退出或停运等情况，提出电力电子变压器运行模式的快速平滑切换方法与功率可控单元的协同控制策略。

5. 交直流分布式可再生能源互补优化运行控制系统

设计可扩展系统架构、支持异步通信的消息总线、信息通信协议和通信机制；设计计及新型电力电子设备多功能特点的一体化数据模型，建立功能模块间的数据交互接口规范；研发各应用模块，设计集成方案，并进行系统集成。

第二章　交直流系统的运行场景生成

　　交直流系统中电源侧的分布式可再生能源接入比例不断提升，其随机性、波动性、间歇性给交直流系统的安全稳定运行带来了巨大挑战。随着负荷侧电力交通的建设及储能装置的应用，终端负荷需求增加且不确定性不断增强，也将增加交直流系统的调控难度，系统中能源供需平衡将由传统的确定性平衡向概率平衡转变。场景生成根据交直流系统中源—荷不确定性的概率特征，利用大量数据信息降低其不确定性，为交直流系统的运行分析和实时调度提供大规模的源—荷生成场景。但场景数过大会增加随机优化问题的计算复杂度，因此需要对离散场景集进行场景约简，约简冗余场景构成源—荷典型场景集，用于随机优化问题求解。同时，交直流系统的网络结构和运行方式等呈现出较高的复杂性，有必要通过有限的量测数据了解单一时间断面的系统状态，进而制订配电网的运行计划，为交直流系统的安全稳定运行提供保障，并为交直流系统的运行场景生成提供丰富的理论数据支撑。

　　本章在交直流系统运行模式的基础上提出了运行场景的概念，首先通过状态估计方法掌握交直流系统单一时间断面上真实的运行状态，其次从系统单时间的状态推演至交直流系统中源—荷不确定性的概率化的时序状态描述，为系统优化决策问题提供可靠的边界条件。建立源—荷不确定性的概率模型，生成大量场景后进行场景的约简，并形成场景集。场景分析法对不确定性刻画的精确性将直接影响优化结果的可靠性，因此可再生能源运行场景构建方法将有效提升电力系统优化方案的可靠性，从而保障高渗透比例可再生能源电网的合理规划、安全经济与稳定运行。

第一节　实时状态估计

　　状态估计可为交直流系统提供可靠的实时运行状态，为此，如何提升交直流系统状态估计的计算精度是本节重点，主要有三个方法：① 构建更为精准的伪量测方程。由于配电网的量测配置方案与输电网不同，难以实现完全配置，往往存在局部不可观测问题，为此，不得不通过在不可观测部分增加伪量测，实现整个配电网的状态估计。如何构造和增加高准确的伪量测信息，将直接影响状态估计的精度。② 配置高精度测量单元。这类方法通过装设精度较高的测量单元，例如智能电能表、相量测量装置（phasor measurement unit，PMU）和 μPMU 等，再融合配电网中不同类型单元的量测数据，来为状态估计提供数据支撑。③ 改进和提升状态估计模型和算法。配电网量测质量比输电网差，准确辨识出其中的坏数据，尤其是杠杆量测出现的坏数据，并加以剔除或降低其影响，是提高状态估计精度的关键策略之一。

含 PET 的交直流系统结构更加复杂、运行方式更加多变，对状态估计的精度要求也更高。但是由于配电网的负荷节点数量一般较为庞大，量测配置数量和数据质量远不及输电网，容易导致配电网的状态估计精度过低，甚至局部可观测性不足，因此配电网可观测性和状态估计精度一直是需要解决的难点。考虑 PET 设备具备对传输功率、端口电压等电气量的高精度的控制能力，本节将从如何有效利用 PET 量测和改进状态估计模型两个角度来论述，以提高交直流系统的状态估计精度。

一、PET伪量测建模及其影响

PET 作为上级配电网、交流配电网和直流配电网三者之间的能量中转站，具有协调网络间能量流动的功能。然而含 PET 的交直流系统结构复杂、运行方式多变，仅依靠传统量测信息的配电网状态估计方法难以满足交直流系统灵活调控的需求。为此，本节将在 PET 的稳态模型及各端口控制方程的基础上，提出基于 PET 控制特性的伪量测建模方法，进而通过实例分析 PET 量测对状态估计精度的影响机理，为寻求更优的状态估计提供支持。

（一）基于 PET 的伪量测方程构建

交直流系统的量测配置相对较少，量测信息不足，需要增加伪量测以提升整个配电网的状态估计精度。考虑交直流系统中往往接入了大量的分布式可再生能源，其中直流配电网中的分布式电源主要通过 DC/DC 换流器并网，交流配电网中的分布式电源主要通过 AC/DC/AC 或 DC/AC 换流器并网，交直流网络之间则通过 PET 实现有效互联，由此引入的电力电子换流器伪量测方程可作为一个精度较高的有效伪量测信息添加到量测系统中，解决交直流系统量测数据的冗余度不足的难题。

1. 虚拟节点的构建

虚拟节点的构建如图 2-1 所示，网络节点是 AC/DC 换流装置在系统中的并网节点，虚拟节点表示换流器端口。对于 PET 的每一个交流端口，都可以通过虚拟节点的方法，将其导纳包含到系统的节点导纳矩阵中。对于接入交流配电网的直流分布式电源，其换流器内部的功率分布也可通过虚拟节点与网络节点建立联系。

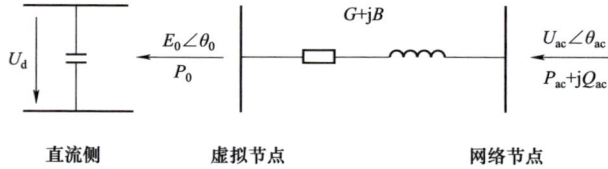

图 2-1 虚拟节点的构建

在本节中，交流配电网选用各节点电压的幅值和相角作为状态变量，虚拟节点电压的幅值和相角需添加至交流配电网的状态变量中。交流配电网的状态变量 $\boldsymbol{x}_{\mathrm{ac}}$ 可表示为

$$\boldsymbol{x}_{\mathrm{ac}} = [\boldsymbol{U}^{\mathrm{abc}}, \boldsymbol{\theta}^{\mathrm{abc}}, \boldsymbol{E}_0^{\mathrm{abc}}, \boldsymbol{\theta}_0^{\mathrm{abc}}]^{\mathrm{T}} \quad (2-1)$$

式中：$\boldsymbol{U}^{\mathrm{abc}}$ 和 $\boldsymbol{\theta}^{\mathrm{abc}}$ 分别为交流配电网各节点电压的幅值和相角；$\boldsymbol{E}_0^{\mathrm{abc}}$ 和 $\boldsymbol{\theta}_0^{\mathrm{abc}}$ 分别为虚拟节点电压的幅值和相角。

虚拟节点的加入使得交流配电网的节点数量增多，节点导纳矩阵的维数相应增加，新的节点导纳矩阵可以在原网络节点导纳矩阵的基础上进行更新。假设交流配电网中有 N 个节点，将与网络节点 i 相连的交流—直流端口第 $(N+1)$ 个节点扩展为虚拟节点 $(N+1)$。则新的节点导纳矩阵可表示为

$$\boldsymbol{Y}' = \begin{bmatrix} \boldsymbol{Y}_{11}^{\mathrm{abc}} & \cdots & \boldsymbol{Y}_{1i}^{\mathrm{abc}} & \cdots & \boldsymbol{Y}_{1N}^{\mathrm{abc}} & \vdots & \boldsymbol{Y}_{1\,N+1}^{\mathrm{abc}} \\ \vdots & \ddots & \vdots & & \vdots & \vdots & \vdots \\ \boldsymbol{Y}_{i1}^{\mathrm{abc}} & \cdots & \boldsymbol{Y}_{ii}^{\mathrm{abc}'} & \cdots & \boldsymbol{Y}_{iN}^{\mathrm{abc}} & \vdots & \boldsymbol{Y}_{i\,N+1}^{\mathrm{abc}} \\ \vdots & & \vdots & \ddots & \vdots & \vdots & \vdots \\ \boldsymbol{Y}_{N1}^{\mathrm{abc}} & \cdots & \boldsymbol{Y}_{Ni}^{\mathrm{abc}} & \cdots & \boldsymbol{Y}_{NN}^{\mathrm{abc}} & \vdots & \boldsymbol{Y}_{N\,N+1}^{\mathrm{abc}} \\ \hdashline \boldsymbol{Y}_{N+11}^{\mathrm{abc}} & \cdots & \boldsymbol{Y}_{N+1\,i}^{\mathrm{abc}} & \cdots & \boldsymbol{Y}_{N+1\,N}^{\mathrm{abc}} & \vdots & \boldsymbol{Y}_{N+1\,N+1}^{\mathrm{abc}} \end{bmatrix} \quad (2-2)$$

式中：$\boldsymbol{Y}'$ 为更新后的 $(N+1)$ 阶节点导纳矩阵；$\boldsymbol{Y}_{iN}^{\mathrm{abc}}$ 为节点 i 和 N 更新后的互导纳矩阵；$\boldsymbol{Y}_{ii}^{\mathrm{abc}'}$ 为节点 i 更新后的自导纳矩阵。

在 AC/DC 换流器的稳态模型中，换流器每一相桥臂的端口功率损耗等效为参数 $G + \mathrm{j}B$。其中：G^{a} 和 B^{a} 分别为 a 相电导、电纳值；G^{b} 和 B^{b} 分别为 b

相电导、电纳值；G^c 和 B^c 分别为 c 相电导、电纳值。因此线路 $i - (N+1)$ 的串联导纳矩阵可表示为

$$y = \begin{bmatrix} G^a + jB^a & & \\ & G^b + jB^b & \\ & & G^c + jB^c \end{bmatrix} \quad (2-3)$$

式（2-2）用虚线对新的节点导纳矩阵 Y' 进行了分块，其中左上角的矩阵对应原节点导纳矩阵 Y。引入虚拟节点后，原节点导纳矩阵 Y 中只有第 i 行 i 列的元素 Y_{ii}^{abc} 有更新，其余元素保持不变，可表示为

$$Y_{ii}^{abc'} = Y_{ii}^{abc} + y \quad (2-4)$$

式中：y 为式（2-3）所给出的线路 $i - (N+1)$ 的串联导纳矩阵。

对于新增的右上、左下、右下三个分块矩阵可表示为

$$Y_{N+1\,i}^{abc} = Y_{i\,N+1}^{abc} = -y \quad (2-5)$$

$$Y_{N+1\,N+1}^{abc} = y \quad (2-6)$$

分块矩阵中的其余元素皆为 0。

按照上述方法依次将所有 AC/DC 端口添加为虚拟节点，并在原网络的节点导纳矩阵基础上进行更新。假设交流配电网中共有 N 个网络节点，其中有 L 个网络节点与 AC/DC 端口相连，则在网络中添加 L 个虚拟节点，并扩展节点导纳矩阵得到交流配电网 $(N+L)$ 阶的节点导纳矩阵。

2. 考虑 PET 调控能力的伪量测方程构建

（1）PET 端口伪量测方程。PET 端口两侧的状态变量可作为 PET 接入点的伪量测，本节考虑的控制变量包括 U_{ac}、P_{ac}、Q_{ac}、U_{dc}、P_{dc}，分别为交流端口电压、交流端口传输有功功率、交流端口传输无功功率、直流端口电压、直流端口传输有功功率。PET 的每个端口都可有不同的控制模式，可以实现端口输出电压和传输功率的分相控制。PET 端口的伪量测方程如表 2-1 所示。

表 2-1　　　　　　　　　　PET 端口的伪量测方程

控制方式	伪量测方程	
定 U_{ac} 控制	$0 = U_{ac}^{\phi,\mathrm{ref}} - U_{ac}^{\phi}$	(2-7)
定 P_{ac} 控制	$0 = P_{ac}^{\phi,\mathrm{ref}} - P_{ac}^{\phi}$	(2-8)
定 Q_{ac} 控制	$0 = Q_{ac}^{\phi,\mathrm{ref}} - Q_{ac}^{\phi}$	(2-9)
定 U_{dc} 控制	$0 = U_{dc}^{\mathrm{ref}} - U_{dc}$	(2-10)
定 P_{dc} 控制	$0 = P_{dc}^{\mathrm{ref}} - P_{dc}$	(2-11)

注　上角标 ref 表示控制对象的参考值；ϕ 表示三相系统（a、b、c 相）。

根据换流器的控制方式，每一个交流端口可以控制一个有功功率和一个无功功率为定值，而每一个直流端口可以控制一个功率为定值。对于多端口 PET 而言，需要松弛一个端口的有功功率控制，以满足 PET 内部的功率损耗平衡约束，为此可根据 PET 的功率平衡约束添加一个虚拟量测方程，即

$$0 = P_{\mathrm{M}} - \sum_{j=1}^{s} P_{\mathrm{ac},j} - \sum_{k=1}^{p} P_{\mathrm{dc},k} - P_{\mathrm{loss}} \qquad (2-12)$$

式中：P_{M} 为主网注入 PET 的有功功率；$P_{\mathrm{ac},j}$ 为 PET 交流端口输出的有功功率；$P_{\mathrm{dc},k}$ 为 PET 直流端口输出的有功功率；P_{loss} 为 PET 的有功损耗；s 为 PET 交流端口的个数；p 为 PET 直流端口的个数。

由于 PET 精准的控制能力，PET 端口状态量的实际值与控制的目标值非常近似，在状态估计算法中可以赋予较大的权重。

（2）分布式电源伪量测方程。

1）分布式电源并入交流电网。经 DC/AC 换流器并网的分布式电源可以同时控制两个状态变量，本节考虑换流器的两种控制模式：① PQ 控制，即控制换流器输出的有功功率和无功功率；② $U_{\mathrm{d}}Q$ 控制，即控制换流器输出的无功功率和直流侧电压。由于交流侧的单相控制较为复杂，一般认为这里的功率控制是控制其输出的三相总功率。对于 DC/AC 换流器，状态变量为换流器所连接的交流节点的电压幅值与相角，以及虚拟节点的电压幅值与相角。

对于 PQ 控制，其各相功率相加得到的总功率与控制目标相等。假设交流电网中节点 i，经由换流器并入了一个 PQ 控制的分布式电源，则有

$$P_{\mathrm{G},i}^{\phi} = G_i^{\phi} U_i^{\phi 2} - U_i^{\phi} E_{0,i}^{\phi} [G_i^{\phi} \cos(\theta_i^{\phi} - \theta_{0,i}^{\phi}) + B_i^{\phi} \sin(\theta_i^{\phi} - \theta_{0,i}^{\phi})] \qquad (2-13)$$

$$P_{\mathrm{G},i}^{\mathrm{ref}} = \sum_{\phi=\mathrm{a}}^{\mathrm{c}} P_{\mathrm{G},i}^{\phi} \qquad (2-14)$$

$$Q_{\mathrm{G},i}^{\phi} = -B_i^{\phi} U_i^{\phi 2} + U_i^{\phi} E_{0,i}^{\phi} [B_i^{\phi} \cos(\theta_i^{\phi} - \theta_{0,i}^{\phi}) - G_i^{\phi} \sin(\theta_i^{\phi} - \theta_{0,i}^{\phi})] \qquad (2-15)$$

$$Q_{\mathrm{G},i}^{\mathrm{ref}} = \sum_{\varphi=\mathrm{a}}^{\mathrm{c}} Q_{\mathrm{G},i}^{\phi} \qquad (2-16)$$

式中：ϕ 为 a、b、c 三相中的任意一相；$P_{\mathrm{G},i}^{\phi}$ 和 $Q_{\mathrm{G},i}^{\phi}$ 分别为分布式电源 ϕ 相输出的有功功率和无功功率；$E_{0,i}^{\phi}$ 和 $\theta_{0,i}^{\phi}$ 分别为该 DC/AC 换流器虚拟节点 ϕ 相的电压幅值与相角；U_i^{ϕ} 和 θ_i^{ϕ} 分别为换流器节点 ϕ 相的电压幅值与相角；G_i^{ϕ} 和 B_i^{ϕ} 分别为三相电导和电纳值；$P_{\mathrm{G},i}^{\mathrm{ref}}$ 和 $Q_{\mathrm{G},i}^{\mathrm{ref}}$ 分别为换流器输出的三相总有功功率和无功功率的控制参考值。

对于 $U_{\mathrm{d}}Q$ 控制，换流器的输出特性与 PQ 控制相似，只需先根据其直流侧潮流计算直流侧注入的功率，将式（2-14）改写为

$$P_{\mathrm{d}}(U_{\mathrm{d}}^{\mathrm{ref}}) = \sum_{\phi=\mathrm{a}}^{\mathrm{c}} P_{\mathrm{G},i}^{\phi} \qquad (2-17)$$

式中：P_{d} 为换流器直流侧输入的功率；$U_{\mathrm{d}}^{\mathrm{ref}}$ 为换流器直流侧电压的控制参考值。

2）分布式电源并入直流电网。在交直流系统中，光伏电池、储能装置、直流负荷等直流设备可以通过 DC/DC 变换器接入直流配电网；一些交流设备，如风力机组，也可以通过 AC/DC 换流器接入直流配电网。不论是经过 DC/DC 换流器，或是经过 AC/DC 换流器，都可以通过换流器控制一个电气量的输出特性。根据系统的运行需求，可分为定电压控制和定功率控制，分布式电源并入直流电网的伪量测方程如表 2-2 所示。

表 2-2　　　　　　　　分布式电源并入直流电网的伪量测方程

控制方式	伪量测方程	
定 U_{ac} 控制	$0 = U_{\mathrm{ac}}^{\mathrm{ref}} - U_{\mathrm{ac}}$	（2-18）
定 P_{ac} 控制	$0 = P_{\mathrm{dc}}^{\mathrm{ref}} - P_{\mathrm{ac}}$	（2-19）

由于换流器的控制特性，上述方程理论上是可以被严格满足的，可设置较高的权重，从而能够提高状态估计的估计精度。

（二）量测方程和雅克比矩阵的修正

1. PET 等电力电子设备对量测方程的修正

当交流配电网中的网络节点与 PET 的交流端口或 DC/AC 换流器的端口相连接时，该节点的注入功率量测需要考虑交直流交换功率的影响。当交流配电网中的网络节点与 PET 或换流器的交流端口相连接时，其节点注入功率量测改写为

$$P_i^{\phi} = U_i^{\phi} \sum_{m=1}^{N} \sum_{\psi=\mathrm{a}}^{\mathrm{c}} \{[\boldsymbol{G}_{im}^{\phi\psi}\cos(\theta_i^{\phi} - \theta_m^{\psi}) + \boldsymbol{B}_{im}^{\phi\psi}\sin(\theta_i^{\phi} - \theta_m^{\psi})]U_m^{\psi}\} - P_{\mathrm{ac},i}^{\phi} \quad (2-20)$$

$$Q_i^{\phi} = U_i^{\phi} \sum_{m=1}^{N} \sum_{\psi=\mathrm{a}}^{\mathrm{c}} \{[\boldsymbol{G}_{im}^{\phi\psi}\sin(\theta_i^{\phi} - \theta_m^{\psi}) - \boldsymbol{B}_{im}^{\phi\psi}\cos(\theta_i^{\phi} - \theta_m^{\psi})]U_m^{\psi}\} - Q_{\mathrm{ac},i}^{\phi} \quad (2-21)$$

式中：P_i^{ϕ} 和 Q_i^{ϕ} 为节点 i 的 ϕ 相的注入有功功率和无功功率；ϕ、ψ 为 a、b、c 三相；$\boldsymbol{G}_{im}^{\phi\psi} = \mathrm{real}(\boldsymbol{Y}_{im}^{\phi\psi})$、$\boldsymbol{B}_{im}^{\phi\psi} = \mathrm{imag}(\boldsymbol{Y}_{im}^{\phi\psi})$，分别为节点 i、m 之间的电导、电纳矩阵；$\boldsymbol{Y}_{im}^{\phi\psi}$ 为节点 i、m 之间的导纳矩阵；U_i^{ϕ} 为节点 i 第 ϕ 相的电压幅值；U_m^{ψ}

为节点 m 第 ψ 相的电压幅值；θ_i^ϕ 为节点 i 第 ϕ 相的相角；θ_m^ψ 为节点 m 第 ψ 相的相角；$P_{\mathrm{ac},i}^\phi$ 和 $Q_{\mathrm{ac},i}^\phi$ 为与节点 i 相连的电力电子设备与交流配电网所交换的有功功率和无功功率。

同样地，直流配电网中节点与 PET 直流端口或换流器直流端口相连接时，该点的注入功率量测也需考虑电力电子设备交换功率的影响。当直流配电网中的网络节点与 PET 或换流器的直流端口相连接时，该点的节点注入功率量测改写为

$$p_{\mathrm{dc},i}=u_{\mathrm{dc},i}\sum_{m=1,m\neq i}^{n}Y_{\mathrm{dc},im}(u_{\mathrm{dc},i}-u_{\mathrm{dc},m})-P_{\mathrm{dc},i} \qquad (2-22)$$

式中：$p_{\mathrm{dc},i}$ 为直流节点 i 的节点注入功率；$u_{\mathrm{dc},i}$ 为直流节点 i 的电压幅值；n 为直流节点个数；$Y_{\mathrm{dc},im}$ 为直流网络导纳矩阵；$P_{\mathrm{dc},i}$ 为节点 i 相连的电力电子设备与直流配电网所交换的功率。

2. 雅可比矩阵表达式

式（2-7）～式（2-22）列出了含 PET 的交直流系统状态估计量测变量与状态变量的数学关系。考虑虚拟节点的建立和低压交流配电网的三相不平衡问题，本节选取的系统状态变量为 $\boldsymbol{x}=[\boldsymbol{U}^{\mathrm{abc}},\boldsymbol{\theta}^{\mathrm{abc}},\boldsymbol{E}_0^{\mathrm{abc}},\boldsymbol{\theta}_0^{\mathrm{abc}},\boldsymbol{u}_{\mathrm{dc}}]^{\mathrm{T}}$。

大部分的量测方程是非线性的，因此迭代求解的过程中需求出各量测函数与状态变量之间的偏导数，即雅可比矩阵 $\boldsymbol{H}$。在状态估计中，由于量测数据是冗余的，因此雅可比矩阵的维数较高。通过对量测变量的合理分类，可将雅可比矩阵分为多个矩阵块分别进行计算。将量测变量分为以下几类：

（1）交流配电网中不与换流器端口相连的节点的有功功率注入量测，记为 $\boldsymbol{Z}_P$。

（2）交流配电网中电压幅值量测，以及电力电子设备的定电压控制伪量测，不与换流器端口相连的网络节点的无功功率注入量测，包含式（2-7），记为 $\boldsymbol{Z}_Q$。

（3）交流配电网中所有的支路有功功率量测，记为 $\boldsymbol{Z}_{P_1}$。

（4）交流配电网中所有的支路无功功率量测，记为 $\boldsymbol{Z}_{Q_1}$。

（5）交流配电网中与换流器端口相连接网络节点的有功功率注入量测，换流器定有功功率控制伪量测，PET 功率平衡约束的虚拟量测，包含式（2-8）、式（2-12）、式（2-13）、式（2-14）、式（2-17）、式（2-20），记为 $\boldsymbol{Z}_{P_s}$。

（6）交流配电网中与换流器端口相连接网络节点的无功功率注入量测，换流器定无功功率控制伪量测，包含式（2-9）、式（2-15）、式（2-16）、式（2-21），记为 $\boldsymbol{Z}_{Q_s}$。

（7）直流配电网中所涉及的所有量测，包含式（2-10）、式（2-11）、

式（2－18）、式（2－19）、式（2－22），记为 $\boldsymbol{Z}_{P_{DC}}$。

将含 PET 的交直流系统中所有的量测按照以上方式分类后，雅可比矩阵 $\boldsymbol{H}$ 可表示为

$$
\boldsymbol{H} = \begin{bmatrix}
\dfrac{\partial \boldsymbol{Z}_P}{\partial \boldsymbol{U}^{abc}} & \dfrac{\partial \boldsymbol{Z}_P}{\partial \boldsymbol{\theta}^{abc}} & 0 & 0 & 0 \\[2mm]
\dfrac{\partial \boldsymbol{Z}_Q}{\partial \boldsymbol{U}^{abc}} & \dfrac{\partial \boldsymbol{Z}_Q}{\partial \boldsymbol{\theta}^{abc}} & 0 & 0 & 0 \\[2mm]
\dfrac{\partial \boldsymbol{Z}_{P_I}}{\partial \boldsymbol{U}^{abc}} & \dfrac{\partial \boldsymbol{Z}_{P_I}}{\partial \boldsymbol{\theta}^{abc}} & 0 & 0 & 0 \\[2mm]
\dfrac{\partial \boldsymbol{Z}_{Q_I}}{\partial \boldsymbol{U}^{abc}} & \dfrac{\partial \boldsymbol{Z}_{Q_I}}{\partial \boldsymbol{\theta}^{abc}} & 0 & 0 & 0 \\[2mm]
\dfrac{\partial \boldsymbol{Z}_{P_S}}{\partial \boldsymbol{U}^{abc}} & \dfrac{\partial \boldsymbol{Z}_{P_S}}{\partial \boldsymbol{\theta}^{abc}} & \dfrac{\partial \boldsymbol{Z}_{P_S}}{\partial \boldsymbol{E}_0^{abc}} & \dfrac{\partial \boldsymbol{Z}_{P_S}}{\partial \boldsymbol{\theta}_0^{abc}} & \dfrac{\partial \boldsymbol{Z}_{P_S}}{\partial \boldsymbol{u}_{dc}} \\[2mm]
\dfrac{\partial \boldsymbol{Z}_{Q_S}}{\partial \boldsymbol{U}^{abc}} & \dfrac{\partial \boldsymbol{Z}_{Q_S}}{\partial \boldsymbol{\theta}^{abc}} & \dfrac{\partial \boldsymbol{Z}_{Q_S}}{\partial \boldsymbol{E}_0^{abc}} & \dfrac{\partial \boldsymbol{Z}_{Q_S}}{\partial \boldsymbol{\theta}_0^{abc}} & 0 \\[2mm]
0 & 0 & 0 & 0 & \dfrac{\partial \boldsymbol{Z}_{P_{DC}}}{\partial \boldsymbol{u}_{dc}}
\end{bmatrix}
\tag{2-23}
$$

（三）算例分析

1. 仿真算例简介

为验证本节 PET 伪量测模型的正确性，构建图 2－2 所示的含一台 PET 的交直流系统算例进行验证。图中，直流配电网节点以①、②等编号，交流配电网节点以 1、2 等编号。该系统的直流母线电压等级为 750V，交流侧为 380V 电压等级的三相不平衡配电网，基准功率取 100kVA，共有 9 个直流节点、13 个交流节点，量测除了图 2－2 中标注的实时量测外，还包括所有节点负荷的注入功率量测（其中节点①和节点 1 为零注入功率量测）。量测标准差按式（2－24）取

$$
d_i = p_r \mid z_i^{\text{true}} \mid / 3
\tag{2-24}
$$

式中：d_i 为量测标准差；p_r 为仪表精度等级；z_i^{true} 为潮流真值。

基础量测数据在潮流真值的基础上叠加随机噪声得到。收敛精度取 0.0001，PET 交直流端口的损耗参数为 $A_{ac} = 0.02$，$A_{dc} = 0.02$。

为对比基于 PET 控制方程的伪量测加入前后的状态估计精度的变化，算例利用基于最小二乘法的状态估计进行计算。量测数据的质量会对状态估计的结果造成影响，且量测数据中的噪声具有随机性，单次状态估计的结果无法准确

衡量状态估计的效果。因此，在潮流真值的基础上分别添加 100 次随机噪声后，采用加权最小二乘法进行状态估计计算。

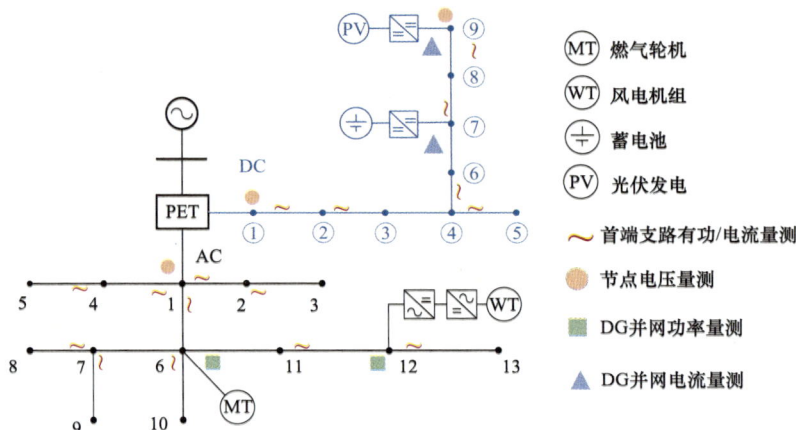

图 2-2　含一台 PET 的交直流系统

2. 状态估计结果分析

为对比验证本节对 PET 等电力电子设备伪量测建模对交直流系统状态估计精度的影响，设计是否考虑 PET 伪量测的两种场景进行分析。在本算例中，低压交流配电网和直流配电网通过 PET 与 10kV 交流配电网并网，PET 的低压交流端口和低压直流端口采用定电压控制策略，PET 的高压交流端口采用定功率控制策略，低压交流配电网处于三相不平衡运行状态。图 2-2 所示算例共含有 4 个分布式电源，其中交流节点 6 处接入的燃气轮机采用直接交流并网方式，其余分布式电源均采用经换流器并网方式。

为验证本节对 PET 等电力电子设备伪量测建模对状态估计精度提升的有效性，分别计算交直流系统中每个状态变量的估计误差，将交直流系统中的状态变量分为交流配电网中的电压幅值、电压相角并进行绘图，结果如图 2-3 所示。图中横轴代表图 2-2 中交流配电网每个节点的编号，每个节点编号对应三个数据点，从左到右依次表示该节点 a、b、c 三相电压幅值和电压相角的状态变量估计误差，虚线为所有估计误差的平均值。直流配电网各节点电压幅值误差如图 2-4 所示。图中，横轴为直流配电网每个节点的编号，数据点对应每个节点的状态变量估计误差，虚线为所有估计误差的平均值。从图中可以看出，交直流系统的所有状态变量的估计精度能够满足配电网的状态估计要求。

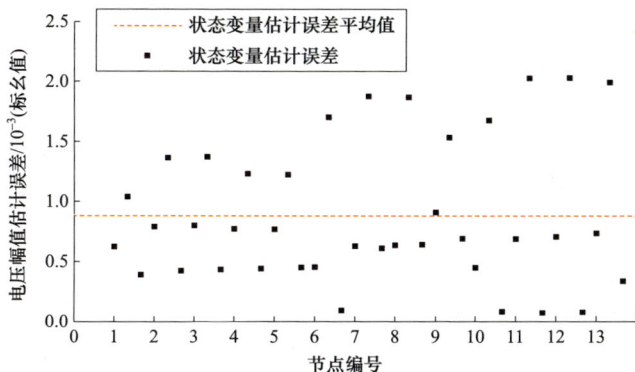

(a) 交流配电网电压幅值误差

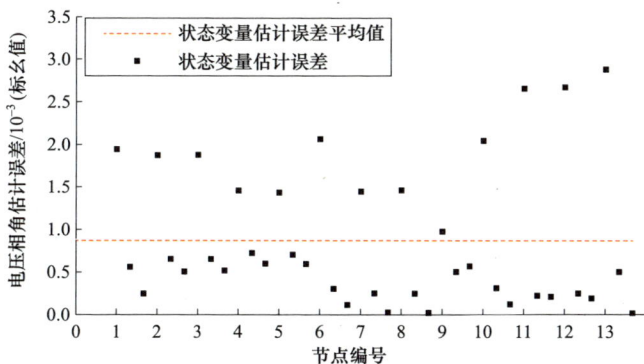

(b) 交流配电网电压相角的误差

图 2−3 交流配电网电压幅值和相角的误差

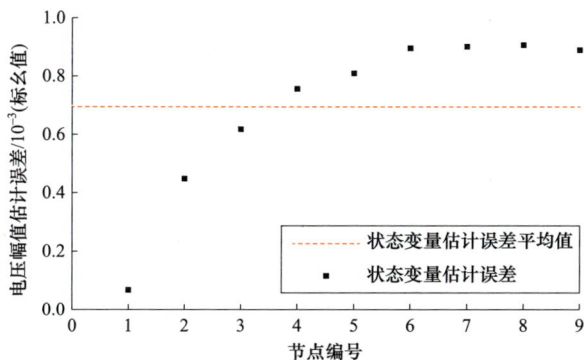

图 2−4 直流配电网电压幅值误差

表 2-3 为交直流系统状态估计结果对比,对比了考虑 PET 伪量测方程前后交直流系统状态估计结果的变化。可以看出,考虑伪量测方程后,交流变量和直流变量状态估计结果的平均误差和最大估计误差,均比未考虑时有明显降低。交流变量的状态估计精度与直流变量相比仍有差距,但是与不考虑伪量测方程相比,两者皆有明显改善。本节所提出的将电力电子设备的控制方程添加为伪量测的方法,对交直流系统的状态估计精度有着明显的改善。

表 2-3   交直流系统状态估计结果对比

状态变量	误差	考虑伪量测方程	不考虑伪量测方程
交流变量	平均误差	0.00093	0.00128
	最大误差	0.00346	0.00488
直流变量	平均误差	0.00063	0.00127
	最大误差	0.00084	0.00157

为研究交直流系统中的分布式电源经换流器并网对状态估计的精确性的影响,保持交直流系统运行状态和实时量测装置配置不变,改变网络接入的分布式电源数量,并进行状态估计计算。表 2-4 展示了并网 DG 数量对状态估计算法的影响。不难看出,随着分布式电源并网个数的增加,由换流器的控制方程添加的伪量测数据被加入状态估计的输入数据中,提高了输入数据的质量和冗余度,状态估计的误差在逐渐减小,状态估计的精度在逐渐提高,说明将电力电子设备的控制方程添加到状态估计的量测数据中,能够提高状态估计的准确性。

表 2-4   并网 DG 数量对状态估计算法的影响

DG 数量	分布式电源位置	平均误差	最大误差
0	—	0.00101	0.00424
2	12, ⑦	0.00100	0.00423
4	6, 12, ⑦, ⑨	0.00090	0.00346
6	6, 9, 12, ⑤, ⑦, ⑨	0.00087	0.00324

3. 不同 PET 控制方式下状态估计结果分析

为验证本节所提出的伪量测构建方法对 PET 采用不同控制方式下的交直

流系统的估计效果，设计如表 2−5 所示的含 PET 的交直流系统的运行场景，对 PET 各运行场景及控制方式下的状态估计精度进行对比分析。PET 的控制模式的具体描述如下：

PET 工作在并网状态：低压输出端口对低压交直流电网提供电压支撑，工作在定电压模式；高压输入端口与 10kV 交流配电网相连，能够满足低压配电网的不平衡功率，工作在定功率模式。

PET 工作在离网状态：高压输入端口断开，功率仅在低压交流配电网和低压直流配电网中流动。

（1）若低压交直流系统的功率皆盈余或不足，则 PET 内不传输有功功率，交直流系统自治运行，PET 仅在低压交流端口提供无功调节功能，处于定无功功率控制。

（2）若低压交直流系统一方功率盈余，而另一方功率不足，则 PET 将功率从盈余的网络传输至不足的网络，低压交直流端口工作在定功率模式。

表 2−5　　　　　　　　含 PET 的交直流系统的运行场景

序号	PET	低压交直流系统	PET 各端口的控制方式		
			高压输入端口	低压直流端口	低压交流端口
1	并网	功率回馈	定 PQ 控制	定 U 控制	定 $U\theta$ 控制
2		功率不足	定 PQ 控制	定 U 控制	定 $U\theta$ 控制
3	离网	AC 功率盈余，DC 功率盈余	—	—	定 Q 控制
4		AC 功率盈余，DC 功率不足	—	定 P 控制	定 PQ 控制
5		AC 功率不足，DC 功率盈余	—	定 P 控制	定 PQ 控制
6		AC 功率不足，DC 功率不足	—	—	定 PQ 控制

保留上一小节场景中分布式电源的接入位置，以及实时量测装置的位置及其量测精度，通过调整交直流系统各节点负荷大小和分布式电源的出力，使其工作在上述 6 种运行场景及其对应的控制方式，进而为每一种控制方式添加对应的伪量测方程。同样采用加权最小二乘法对交直流系统进行状态估计，并计算平均误差及最大估计误差，不同场景下的状态估计结果如表 2−6 所示。

不同场景下的状态估计结果

序号	平均误差	最大误差	序号	平均误差	最大误差
1	0.00091	0.00318	4	000146	0.00334
2	0.00090	0.00346	5	0.00144	0.00334
3	0.00138	0.00335	6	0.00138	0.00335

通过状态估计结果可以看出，针对不同 PET 的控制方式，采用不同伪量测方程，均能够确保状态估计精度满足预期，由此验证了 PET 伪量测方程的引入，在不同运行场景及控制方式下，对交直流系统状态估计精度均有一定的提升作用。

二、基于自适应核密度的状态估计

上一节分析了含 PET 的交直流系统状态估计的特点，提出了基于 PET 控制特性的伪量测方程构建方法。在此基础上，本节将进一步讨论在交直流系统实际量测中可能出现坏数据的场景下，适用于交直流系统的抗差状态估计模型和算法，以进一步提高配电网状态估计的精度。首先，引入自适应核密度理论，构建交直流系统的抗差状态估计模型；然后为克服多维核密度估计理论带来的样本点过多的缺点，给出含 PET 的交直流系统的量测自适应带宽确定方法，以提高坏数据的辨识精度；最后在含坏数据的场景下，通过与上一节状态估计结果的比较，分析本节所提出的抗差模型和方法的有效性。

（一）自适应带宽核密度估计理论

区域 $\boldsymbol{\Omega}$ 为 $\mathbf{R}^n$ 空间上的 n 维立方体，其边长为 σ，体积为 V，则有 $V = \sigma^n$。对于任意一点 $\boldsymbol{x} = \{x_1, x_2, \cdots, x_j \cdots, x_n\} \in \mathbf{R}^n$，其中 j 为 $\boldsymbol{x}$ 的第 j 个分量，则 $\boldsymbol{x}$ 的邻域函数 $\psi(\boldsymbol{x})$ 为

$$\psi(\boldsymbol{x}) = \begin{cases} 1 & \|\boldsymbol{x}\| \leqslant 1 \\ 0 & \text{其他} \end{cases} \tag{2-25}$$

假设有 m 个样本数据，其中第 i 个样本 $\boldsymbol{x}_i = \{x_{i1}, x_{i2}, \cdots, x_{ij} \cdots, x_{in}\}$ 落在区域 $\boldsymbol{\Omega}$ 中，则 $\psi[(\boldsymbol{x} - \boldsymbol{x}_i)/\sigma] = 1$，否则为 0。因而落入 $\boldsymbol{x}$ 邻域的样本数 N_V 为

$$N_V = \sum_{i=1}^{m} \psi\left(\frac{\boldsymbol{x} - \boldsymbol{x}_i}{\sigma}\right) \tag{2-26}$$

则 m 个样本数据所对应的概率密度函数可以表示为

$$\hat{f}_m(x) = \frac{N_V}{mV} = \frac{1}{mV}\sum_{i=1}^{m}\psi\left(\frac{x - x_i}{\sigma}\right) \tag{2-27}$$

式中：$\psi(x)$ 为核密度估计理论中的核函数；为了方便理解，将边长 σ 称为核函数带宽。

基于广义极大似然估计，当概率密度估计值 $\hat{f}_m(x)$ 取得最大值时，所对应的 $\hat{x}$ 即为 x 的估计值。由于样本数据间的可信度不同，在求解最大值时加入每个样本的权重，即

$$\begin{cases} \max J(\hat{x}) = \dfrac{1}{m\sigma\sum\limits_{i=1}^{m}\omega_i\psi}\sum_{i=1}^{m}\omega_i\psi\left(\dfrac{\hat{x} - x_i}{\sigma}\right) \\ \psi(x) \geqslant 0, \ \int \psi(x)\mathrm{d}x = 1 \end{cases} \tag{2-28}$$

式中：$J(\hat{x})$ 为概率密度估计值的最大值；ω_i 为样本 x_i 的权重。

为了保证目标函数在整个 n 维空间中连续可微，核函数选取为

$$\psi(x) = \frac{1}{\sqrt{2\pi}}\exp\left(-\frac{1}{2}\|x\|^2\right) \tag{2-29}$$

由于在电力系统中，不同量测样本之间的量测残差比较大，用统一的核密度带宽求解核密度估计问题，目标函数难以对量测残差做出灵敏的反应。对于精度较高的量测，需要选用一个比较小的带宽；而对于精度较低的量测，需要选用一个比较大的带宽。在这种情况下，需要将一维核密度估计推广为高维核密度估计，σ_j 为第 j 维度的带宽，则式（2-27）改写为

$$\hat{f}_m(\hat{x}) = \frac{1}{m\prod\limits_{j=1}^{n}\sigma_j}\sum_{i=1}^{m}\left[\prod_{j=1}^{n}\psi\left(\frac{\hat{x}_j - x_{j,i}}{\sigma_j}\right)\right] \tag{2-30}$$

式中：σ_j 为 $\hat{x}$ 的分量 $\hat{x}_j$ 的核函数带宽；$x_{j,i}$ 为第 j 个样本的第 i 个分量。

但是，由于多维核估计的核函数是一个乘积核，若使估计达到精度 ε，则所需要的样本点数 m 与 ε 之间呈现指数关系：$m \propto (c/\varepsilon)^{n/4}$，其中 c 为常数，n 为状态变量维数，即维持一定估计精度（如 $\varepsilon < 0.25$）所需的量测数目 m 会随着维数 n 成指数增长，因此当它应用于规模比较大的实际系统时，样本点数将难以满足要求。为了解决这个问题，本节采用自适应核密度估计

的方法，根据不同的样本数目适应不同的核函数带宽（本节所用的观测数据为量测数据，因此后文也将核函数带宽称为量测带宽），相应的概率密度估计表达式为

$$\hat{f}_m(\hat{x}) = \frac{1}{m\sum\limits_{i=1}^{m}\omega_i}\sum_{i=1}^{m}\frac{\omega_i}{\sigma_i}\psi\left(\frac{\hat{x}-x_i}{\sigma_i}\right) \tag{2-31}$$

（二）交直流系统抗差状态估计模型

本节把自适应核密度估计模型应用于交直流系统状态估计问题。考虑交直流系统中的对称交流网络、低压不对称交流网络和直流网络，本节构建状态估计模型为

$$\max_x J(x) = \max_x \sum_{i=1}^{n_A}\left\{\sum_{\phi\in\{a,b,c\}}\frac{\omega_i^\phi}{\sigma_i}\psi\left[\frac{h_i^\phi(x)-z_i^\phi}{\sigma_i}\right]\right\} + \sum_{i=1}^{n_D}\frac{\omega_i}{\sigma_i}\psi\left[\frac{h_i(x)-z_i}{\sigma_i}\right] \tag{2-32}$$

式中：x 为状态变量，包括高压对称交流网络的正序电压幅值和相角、低压不对称交流网络的三相电压幅值和相角，以及直流网络的电压幅值；n_A 为不对称交流网络的测点总数，包括电压测点、有功测点、无功测点和电流测点，每个测点包含 a、b、c 三相量测，因此低压不对称交流网络的量测总数为 $3n_A$；z_i^ϕ 为第 i 个测点的 ϕ 相量测值，$h_i^\phi(x)$ 为其计算值；ω_i^ϕ 为第 i 个测点的 ϕ 相量测权重；σ_i 为第 i 个测点的量测带宽，由于同一测点的三相仪表精度差别不大，本节对于同一测点的 a、b、c 三相量测所采用的带宽是相同的，可以大大降低带宽的计算量；n_D 为高压对称交流网络某相测点数（包括电压测点、有功测点、无功测点和电流测点）和直流网络的测点数（包括电压测点、有功测点和电流测点）之和，每个测点仅有 1 个量测 z_i，其计算值为 $h_i(x)$，带宽为 σ_i，其权重为 ω_i。本节选取量测权重 ω_i^ϕ 和 ω_i 的计算公式为

$$\begin{cases}\omega_i^\phi = \alpha + \exp\left(-\dfrac{d_{i,\phi}^2}{d^2}\right)\\[2mm]\omega_i = \alpha + \exp\left(-\dfrac{d_i^2}{d^2}\right)\\[2mm]d = \sqrt{\dfrac{1}{3n_A+n_D}\left(\sum\limits_{i=1}^{n_A}\sum\limits_{\phi=a}^{c}d_{i,\phi}^2+\sum\limits_{i=1}^{n_D}d_i^2\right)}\end{cases} \tag{2-33}$$

式中：α 为一很小的正数，一般与收敛精度 ε 相同，避免 d_i 和 $d_{i,\phi}$ 与 d 的差距过大导致 ω_i^ϕ 和 ω_i 取值为 0；d_i 为高压对称网络和直流网络中第 i 个测点的量测标准差；$d_{i,\phi}$ 为低压不对称交流网络中第 i 个测点的 ϕ 相量测标准差；d 为所有量测标准差的几何平均值。由于核函数本身的值域范围较小[$\psi(\bullet)\in(0,1)$]，直接用量测方差的倒数作为量测权重，可能会导致其对目标函数的影响远超过残差对目标函数的影响。该量测权重公式拥有与核函数类似的指数表达形式，更能恰当地反映量测标准差对于目标函数的影响。

（三）自适应带宽的确定方法

由自适应带宽核密度估计理论可知，式（2-32）中的核函数的带宽 σ_i 直接影响状态估计的精度。若带宽 σ_i 选取过小，则核函数趋向于狄拉克函数，易发生残差污染，即将正常量测判断为坏数据，如果大量的正常量测被错误剔除，量测系统的冗余度将大幅下降，甚至出现系统不可观测的情况；若带宽 σ_i 选取过大，则核函数对于残差的敏感性降低，易发生残差淹没，即残差较大的量测依然对目标函数有较大的影响，状态估计的精度也无法得到保证。因此，核函数的带宽 σ_i 的选取是至关重要的。

由于量测数远大于状态变量数，考虑到量测往往与其局部的状态变量有直接的强相关特性，若能将量测带宽的计算转换为对状态变量带宽的计算，则可以大大缩短带宽计算的时间。本节构建的状态变量带宽由近似最优带宽、初始带宽和修正带宽三部分组成，下面仅给出直流网络、不对称交流网络以及 PET 量测带宽的确定方法。

1. 直流网络量测带宽的确定

直流网络中的量测包括电压幅值、功率和电流，而状态变量只有电压幅值，不存在相角状态变量，通过电压幅值即可计算出这些量测量的估计值。状态变量数远小于量测数，因此量测带宽转化为状态变量带宽的计算时，可提高带宽的计算效率，所以在确定直流网络的量测带宽时，只需要确定电压幅值状态量的带宽。

（1）近似最优带宽。采用经验公式来计算状态变量的近似最优带宽，即

$$\tilde{\sigma}_{U_{j,\text{opt}}}=1.059\bar{\sigma}_{U_j}n^j \qquad (2-34)$$

式中：$\tilde{\sigma}_{U_{j,\text{opt}}}$ 为节点 j 的电压状态变量 U_j 的近似最优带宽；$\bar{\sigma}_{U_j}$ 和 n^j 分别为 U_j 强相关量测标准差的均方根及强相关量测数。

与 U_j 强相关的量测：节点 j 的电压幅值量测 U_j^{mea}、注入功率量测 P_j^{mea}、注入电流量测 I_j^{mea}，该注入型量测集记为 $\mathcal{Q}_{j,\text{in}}$；与节点 j 相连所有支路两端的支路功率量测和支路电流量测 P_{jk}^{mea}、P_{kj}^{mea} 及 I_{jk}^{mea}、I_{kj}^{mea}（$k\in\mathcal{K}_j$，$\mathcal{K}_j$ 为节点 j 的

邻接节点集），该传输型量测集记为 $\mathcal{Q}_{j,\mathrm{br}}$。量测标准差除了与仪表精度有关外，还与量测值的大小有关。

（2）初始带宽。在迭代的最初几步（本节选择为 3 步），对于状态变量 U_j 的初始带宽，应使其与 U_j 强相关的所有量测的核函数 $\psi(x)$ 的值大于等于 δ_{gd}，$\delta_{\mathrm{gd}} = 0.79655$ 为标准正态分布的四分位数对应的函数值。之所以选择该值，是由于在迭代的最初几步，还不能判断出哪些量测是好数据，哪些量测是坏数据，每个量测都有平等的机会被视为好数据。而四分位数区间的核函数的面积与区间外的核函数面积刚好是各占 50%，从物理含义上看，每个量测都有 50% 的概率被判定为好数据。该约束条件可表示为

$$\psi(z_i) = \exp\left\{-\frac{\max\limits_{i=1,2,\cdots,n^j}[r_i^{(m)}]^2}{2\tilde{\sigma}_{U_j,\mathrm{ini}}^2}\right\} \geq \delta_{\mathrm{gd}} \Rightarrow \tilde{\sigma}_{U_j,\mathrm{ini}} \geq \frac{\max\limits_{i=1,2,\cdots,n^j} r_i^{(m)}}{\sqrt{-2\ln\delta_{\mathrm{gd}}}} \qquad (2-35)$$

式中：$r_i^{(m)} = \left|h_i[x^{(m)}] - z_i\right|$ 为 U_j 的强相关量测 z_i 的第 m 步残差值；δ_{gd} 为残差量测。

（3）修正带宽。把与状态变量 U_j 强相关的量测残差，按绝对值从大到小进行排序，获得序列 $r_1^{(m)}, r_2^{(m)}, \cdots, r_{n^j}^{(m)}$，令该序列中位数处的值为 r_{mid}，则状态变量 V_j 的修正带宽 $\tilde{\sigma}_{U_j,\mathrm{cre}}$ 可表示为

$$\psi(z_i) = \exp\left[-\frac{\max\limits_{i=1,2,\cdots,n^j}(r_{\mathrm{mid}})^2}{2\tilde{\sigma}_{U_j,\mathrm{cre}}^2}\right] \geq \delta_{\mathrm{gd}} \Rightarrow \tilde{\sigma}_{U_j,\mathrm{cre}} \geq \frac{\max\limits_{i=1,2,\cdots,n^j} r_{\mathrm{mid}}}{\sqrt{-2\ln\delta_{\mathrm{gd}}}} \qquad (2-36)$$

若该残差序列长度为偶数，则应选取上中位数。这是因为若与该状态变量强相关的量测存在较多的坏数据，则取下中位数时很可能会使得较多的量测被大幅降权，而导致相关状态变量不可观测的问题。

修正带宽约束保证了中位数量测的核函数满足 $\psi(r_{\mathrm{mid}}) \geq \delta_{\mathrm{gd}}$，即残差大于中位数残差的量测，其核函数值也满足该条件，这些量测在目标函数所占的比重就会降低，而其他量测由于残差较小，在目标函数所占比重会增加。如此迭代下去，坏数据所占权重逐步降低，而好数据所占权重逐步增加，从而达到坏数据辨识的目的。

基于上述状态变量 U_j 的带宽，可得到量测 z_i 在状态估计迭代的最初几步（$m \leq 3$）的带宽 σ_i 为

$$\sigma_i = \begin{cases} \tilde{\sigma}_{U_j} & z_i \in \mathcal{Q}_{j,\mathrm{in}} \\ \min(\tilde{\sigma}_{U_j}, \tilde{\sigma}_{U_k}) & z_i \in \mathcal{Q}_{j,\mathrm{br}} \end{cases} \qquad (2-37)$$

其中，$\tilde{\sigma}_{U_j}$ 和 $\tilde{\sigma}_{U_k}$ 的表达式为

$$\begin{cases} \tilde{\sigma}_{U_j} = \max\left(\tilde{\sigma}_{U_{j,\mathrm{ini}}}, \tilde{\sigma}_{U_{j,\mathrm{opt}}}\right) \\ \tilde{\sigma}_{U_k} = \max\left(\tilde{\sigma}_{U_{k,\mathrm{ini}}}, \tilde{\sigma}_{U_{k,\mathrm{opt}}}\right) \end{cases} \tag{2-38}$$

而在迭代后期，随着好数据和坏数据权重的变化，可能会有部分好数据会被误辨识为坏数据，为了避免该问题，还需要对量测增加标准差约束。

根据加权最小二乘法的原理，将式（2-32）所示估计模型的残差灵敏度方程表示为

$$r = [I - HD^{-1}H^\mathrm{T}F(x)]v = Wv \tag{2-39}$$

式中：r 为量测残差矩阵；I 为实际观测值矩阵；v 为估计误差矩阵；H 为量测雅克比矩阵；$D = H^\mathrm{T}R^{-1}H$ 为信息矩阵；$F(x) = \mathrm{diag}\left[\dfrac{\omega_i}{\sigma_i^3}\exp\left(-\dfrac{r_i^2}{2\sigma_i^2}\right)\right]$；$W$ 为残差灵敏度矩阵。

在迭代接近收敛时，核函数带宽 σ_i 不再减小，残差逐渐趋于定值，W 接近于对角阵且其对角元素 $\omega_{ii} < 1$。因此量测残差 r_i 与估计误差 v_i 的关系可近似表示为 $r_i \approx \omega_{ii}v_i$。若 v_i 服从正态分布 $v_i \sim N(0, d_i^2)$（d_i 为 v_i 的方差），则 $|v_i| > 3d_i$ 的概率不超过 0.27%，即可认为 $r_i \leqslant 3d_i$，进而根据 $r_i \approx \omega_{ii}v_i$ 且 $\omega_{ii} < 1$ 可得到 $r_i \leqslant 3d_i$。因此，对于任意量测的量测残差对应的核函数值可表示为

$$\psi(z_i) = \exp\left(-\frac{r_i^2}{2\sigma_i^2}\right) \geqslant \exp\left[-\frac{(3d_i)^2}{2\sigma_i^2}\right] \Rightarrow \psi(z_i)_{\min} = \exp\left[-\frac{(3d_i)^2}{2\sigma_i^2}\right] \tag{2-40}$$

对于正常量测而言，其相应的核函数值应避免被辨识为坏数据，因此其核函数值需大于 δ_{bd}，令 $\delta_{\mathrm{nor}} = \mathrm{e}^{0.5} > \delta_{\mathrm{bd}}$，则

$$\delta_{\mathrm{nor}} < \psi(z_i)_{\min} \tag{2-41}$$

因此需选择合适的核函数带宽使核函数满足式（2-41）。选取核函数带宽满足以下约束，称为核函数带宽量测标准差约束式，即

$$\sigma_{i,\mathrm{nor}} = \beta d_i \quad 3 \leqslant \beta \leqslant 5 \tag{2-42}$$

在迭代后期（$m > 3$）量测带宽表示为

$$\sigma_i = \begin{cases} \max\{\tilde{\sigma}_{U_j}, \sigma_{i,\mathrm{nor}}\} & z_i \in \mathcal{Q}_{j,\mathrm{in}} \\ \max\{\min(\tilde{\sigma}_{U_j}, \tilde{\sigma}_{U_k}), \sigma_{i,\mathrm{nor}}\} & z_i \in \mathcal{Q}_{j,\mathrm{br}} \end{cases} \tag{2-43}$$

其中，$\tilde{\sigma}_{U_j}$ 和 $\tilde{\sigma}_{U_k}$ 为

$$\begin{cases} \tilde{\sigma}_{U_j} = \max\left(\tilde{\sigma}_{U_{j,\mathrm{cre}}}, \tilde{\sigma}_{U_{j,\mathrm{opt}}}\right) \\ \tilde{\sigma}_{U_k} = \max\left(\tilde{\sigma}_{U_{k,\mathrm{cre}}}, \tilde{\sigma}_{U_{k,\mathrm{opt}}}\right) \end{cases} \tag{2-44}$$

2. 不对称交流网络量测带宽的确定

低压不对称交流网络的量测考虑包括三相电压幅值、有功功率、无功功率、电流，状态变量包括三相电压幅值和相角。本节对同一测点的 a、b、c 三相量测所采用的带宽是相同的，因此按量测带宽确定状态变量带宽时，只需确定一相的电压幅值和相角状态量的带宽。将该相的电压幅值和相角状态量分别用 U_j 和 θ_j 表示。

电压幅值状态量的带宽仍然按式（2−37）和式（2−38）进行计算，不同之处在于，交流网络中与 U_j 强相关的注入型量测集 $\mathcal{Q}_{j,\text{in}}$，为节点 j 的各相电压幅值量测 $U_{j,\phi}^{\text{mea}}$、注入无功量测 $Q_{j,\phi}^{\text{mea}}$、注入电流量测 $I_{j,\phi}^{\text{mea}}$；而传输型量测集 $\mathcal{Q}_{j,\text{br}}$，为与节点 j 相连所有支路两端的支路无功量测和支路电流量测 $Q_{jk,\phi}^{\text{mea}}$、$Q_{kj,\phi}^{\text{mea}}$ 及 $I_{jk,\phi}^{\text{mea}}$、$I_{kj,\phi}^{\text{mea}}$（$\phi=\text{a,b,c}$）。

相角状态量的带宽计算公式形式与式（2−34）～式（2−38）类似，不同之处在于交流网络中与 θ_j 强相关的注入型量测集 $\mathcal{P}_{j,\text{in}}$，为节点 j 的注入有功量测 $P_{j,\phi}^{\text{mea}}$、注入电流量测 $I_{j,\phi}^{\text{mea}}$；而传输型量测集 $\mathcal{P}_{j,\text{br}}$，为与节点 j 相连所有支路两端的支路无功量测和支路电流量测 $Q_{jk,\phi}^{\text{mea}}$、$Q_{kj,\phi}^{\text{mea}}$ 及 $I_{jk,\phi}^{\text{mea}}$、$I_{kj,\phi}^{\text{mea}}$（$\phi=\text{a,b,c}$）。以 $\tilde{\sigma}_{\theta_j,\text{opt}}$、$\tilde{\sigma}_{\theta_j,\text{ini}}$ 和 $\tilde{\sigma}_{\theta_j,\text{cre}}$ 分别为 θ_j 的近似最优带宽、初始带宽和修正带宽。

基于以上分析，量测 z_i^{ϕ}（$\phi=\text{a,b,c}$）在最初几步（$m\leqslant 3$）的带宽 σ_i 为

$$\sigma_i=\begin{cases}\tilde{\sigma}_{\theta_j} & z_i\in\mathcal{P}_{j,\text{in}}\\ \tilde{\sigma}_{U_j} & z_i\in\mathcal{Q}_{j,\text{in}}\\ \min(\tilde{\sigma}_{\theta_j},\tilde{\sigma}_{\theta_k}) & z_i\in\mathcal{P}_{j,\text{br}}\\ \min(\tilde{\sigma}_{U_j},\tilde{\sigma}_{U_k}) & z_i\in\mathcal{Q}_{j,\text{br}}\end{cases} \quad (2-45)$$

其中，$\tilde{\sigma}_{\theta_j}$ 和 $\tilde{\sigma}_{U_j}$ 分别为

$$\begin{cases}\tilde{\sigma}_{\theta_j}=\max\{\tilde{\sigma}_{\theta_j,\text{ini}},\tilde{\sigma}_{\theta_j,\text{opt}}\}\\ \tilde{\sigma}_{U_j}=\max\{\tilde{\sigma}_{U_j,\text{ini}},\tilde{\sigma}_{U_j,\text{opt}}\}\end{cases} \quad (2-46)$$

在迭代后期（$m>3$）量测 z_i^{ϕ} 的带宽 σ_i 为

$$\sigma_i=\begin{cases}\max\{\tilde{\sigma}_{\theta_j},\sigma_{i,\text{nor}}^{\phi}\} & z_i\in\mathcal{P}_{j,\text{in}}\\ \max\{\tilde{\sigma}_{U_j},\sigma_{i,\text{nor}}^{\phi}\} & z_i\in\mathcal{Q}_{j,\text{in}}\\ \max\{\min(\tilde{\sigma}_{\theta_j},\tilde{\sigma}_{\theta_k}),\sigma_{i,\text{nor}}^{\phi}\} & z_i\in\mathcal{P}_{j,\text{br}}\\ \max\{\min(\tilde{\sigma}_{U_j},\tilde{\sigma}_{U_k}),\sigma_{i,\text{nor}}^{\phi}\} & z_i\in\mathcal{Q}_{j,\text{br}}\end{cases} \quad (2-47)$$

其中，$\tilde{\sigma}_{\theta_j}$、$\tilde{\sigma}_{U_j}$ 和量测标准差约束分别为

$$\begin{cases} \tilde{\sigma}_{\theta_j} = \max\{\tilde{\sigma}_{\theta_{j,\text{cre}}}, \tilde{\sigma}_{\theta_{j,\text{opt}}}\} \\ \tilde{\sigma}_{U_j} = \max\{\tilde{\sigma}_{U_{j,\text{cre}}}, \tilde{\sigma}_{U_{j,\text{opt}}}\} \end{cases} \quad (2-48)$$

$$\sigma_{i,\text{nor}}^{\phi} = \beta d_i^{\phi} \quad 3 \leqslant \beta \leqslant 5 \quad (2-49)$$

3. PET 量测带宽的确定

PET 交流端口的稳态计算模型，其端口量测包括端口三相电压幅值 $U_{\text{ac},\phi}^{\text{mea}}$、注入电流 $I_{\text{ac},\phi}^{\text{mea}}$、注入有功 $P_{\text{ac},\phi}^{\text{mea}}$ 和无功 $Q_{\text{ac},\phi}^{\text{mea}}$（$\phi=\text{a,b,c}$），状态量变量包括 U_{ac}^{ϕ}、$\theta_{\text{ac}}^{\phi}$、$E_0^{\phi}$、$\theta_0^{\phi}$，与交流电网的量测和状态量一致；而 PET 的直流端口量测包括端口电压 $U_{\text{dc}}^{\text{mea}}$、注入有功 $P_{\text{dc}}^{\text{mea}}$ 和电流 $I_{\text{dc}}^{\text{mea}}$，状态量变量为 U_{dc} 和 E_{dc}，与直流电网一致，此时 PET 端口量测的计算方程与对应交直流网络的量测计算方程也一致。

根据配电网运行需要，表 2-7 列出了不同控制方式下 PET 量测带宽的计算公式。对于定功率和定电压控制，相应的控制量可认为是精度非常高的量测，因此在整个状态估计迭代过程中，都应该保证该类量测全程参与计算，即不会被降权而误辨识为坏数据。所以该类量测的带宽，在整个迭代过程均按迭代前期所用的带宽确定公式——式（2-37）、式（2-43）和式（2-45）来计算，而 PET 其他量测的带宽则按前面所述的带宽确定方法进行计算。不同控制方式下 PET 量测带宽的计算公式见表 2-7。

表 2-7　　　　　不同控制方式下 PET 量测带宽的计算公式

序号	PET 端口	控制方式	量测	带宽计算公式	
				迭代前期	迭代后期
1	交流	定 P、Q	P/Q	式（2-45）	式（2-45）
			U/I	式（2-45）	式（2-47）
2		定 U	$P/Q/I$	式（2-45）	式（2-47）
			U	式（2-45）	式（2-45）
3	直流	定 U	P/I	式（2-37）	式（2-43）
			U	式（2-37）	式（2-37）
4		定 P	P	式（2-37）	式（2-37）
			U/I	式（2-37）	式（2-43）

（四）算法流程

本节状态估计方法的算法流程图如图 2-5 所示，具体步骤如下。

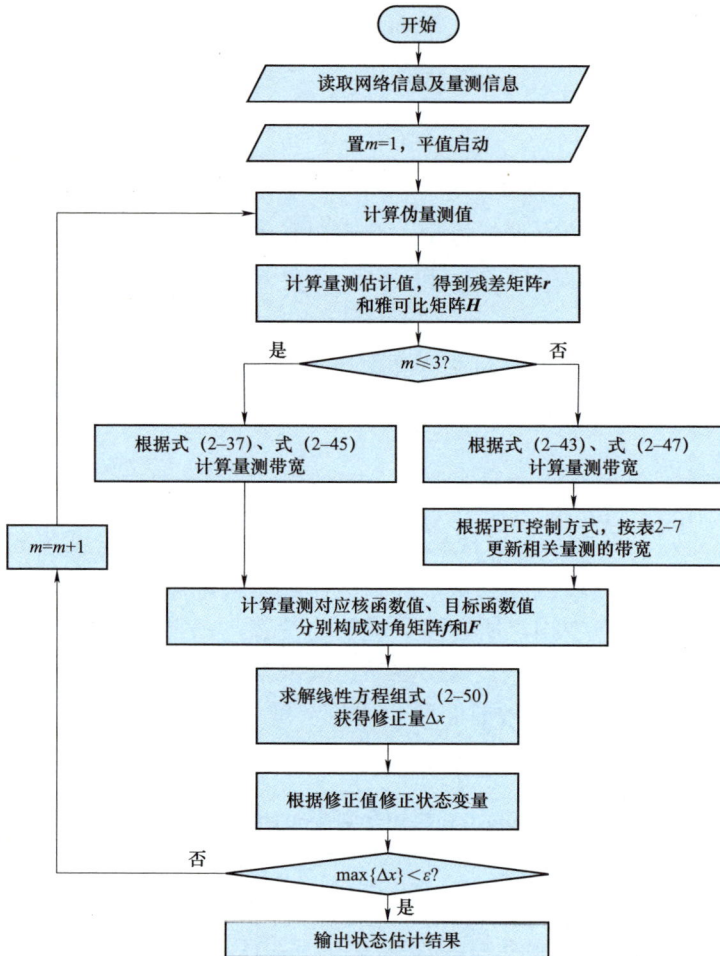

图 2-5 算法流程图

步骤一：读取交直流网络参数、量测数据及其标准差，以及 PET 控制方式。

步骤二：置迭代次数 $m=1$，收敛精度 $\varepsilon=0.0001$，采用牛顿法平值启动计算。

步骤三：计算 PET 各交流端口和直流端口的伪量测。

步骤四：计算包括伪量测的所有量测估计值，得到量测残差，构成残差向量 r，并计算量测雅可比矩阵 H。

步骤五：判断 m 是否小于等于 3，若是，则根据量测的交直流性质和类型，按式（2-37）和式（2-45）计算量测带宽；若否，则根据量测的交直流性质和类型，按式（2-43）和式（2-47）计算量测带宽。

步骤六：根据 PET 控制方式，按表 2-7 量测带宽计算公式更新 PET 量测的带宽。

步骤七：按式（2-32）计算量测权重，并与残差和带宽一并代入式（2-31），得到每个量测对应的核函数值和目标函数值，核函数值构成对角矩阵 f，目标函数值构成对角矩阵 F。

步骤八：按式（2-50）求解出状态变量修正向量，并修正状态量，即

$$H^{\mathrm{T}}F(I-f)H\Delta x^{(k)}=H^{\mathrm{T}}Fr \qquad (2-50)$$

步骤九：判断 $\max\{\Delta x\}<\varepsilon$ 是否成立，若不成立，则说明不满足收敛条件，$m=m+1$，然后转步骤三；若满足收敛条件，则迭代终止。

（五）算例分析

采用图 2-2 所示的含一台 PET 的交直流系统作为算例系统，验证所提方法的有效性。假设 PET 采用恒定电压控制，所有量测精度等级均取为 3%，设置节点 6 和节点④的有功功率注入为坏数据，量测标准差分别记为 d_6 和 d_4，坏数据的误差为 5 倍量测标准差。对比基于加权最小二乘法（weighted least squares，WLS）和提出的三相核密度估计（kernel density，KD）方法对坏数据的辨识结果和配电网估计精度，如表 2-8、图 2-6 和图 2-7 所示，图中节点 6 的有功注入为三相总和，交流网络中的耗时是指运行 10 次交直流网络状态估计总的平均计算时间。图 2-6 为交流网络 a 相状态量的估计误差对比。图 2-7 为直流网络电压幅值估计误差对比。

表 2-8　　　　　　　　　状态估计算法精度对比

系统	算法	耗时/s	坏数据估计误差	电压幅值平均误差	相角平均误差
直流网络	WLS	—	$3.6d_4$	0.00069	—
	KD	—	$0.2d_4$	0.00032	—
交流网络	WLS	0.11	$4.7d_6$	0.00079	0.00077
	KD	0.09	$0.6d_6$	0.00041	0.00028

节点 6 和节点④的出线数明显较其他节点多，因此其功率注入具有杠杆量测的性质，相应设置的有功注入为坏杠杆量测。从表 2-8 可以看出，WLS 对杠杆坏数据的辨识能力弱，使得电压和相角的估计精度受到坏数据的影响明显。而本节（KD）方法能有效辨识坏杠杆量测，有效抑制坏杠杆量测的影响，图 2-6 和图 2-7 的误差曲线也验证了这一结论。从计算时间看，本节方法也因为其具有良好的抗差性能，避免了坏数据引起迭代时间的增加这一问题。

将 PET 的端口节点电压幅值量测的精度等级改为 0.2‰来模拟恒电压控制，PET 量测精度提高时本节算法的计算精度见表 2-9。可以看出，电压幅值量测

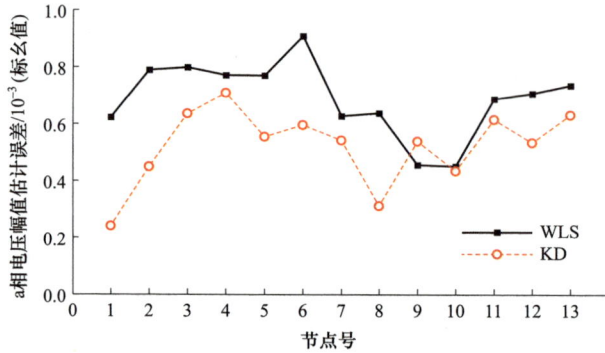

(a) a相电压幅值估计误差对比

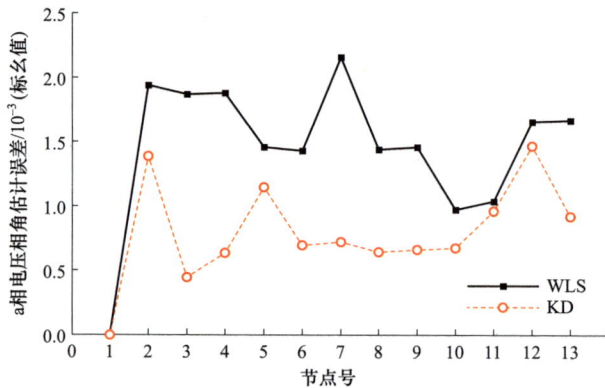

(b) a相电压相角估计误差对比

图 2-6　a 相电压幅值和电压相角估计误差对比

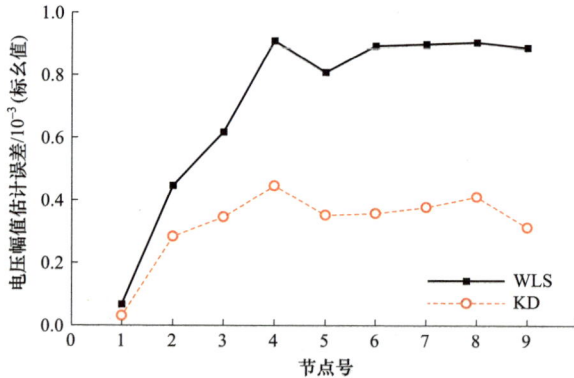

图 2-7　直流网络电压幅值估计误差对比

精度提高后，电压幅值状态量的估计误差有明显的降低。特别是交流网络的电压幅值状态量估计精度，这是由于交流网络只含一个电压幅值量测，其精度的大小直接决定了电压幅值状态量测的估计精度。同时，结合表 2-8、图 2-6

和图 2-7 的计算结果不难得出，除了与 PET 控制方式相关的控制量外，具有杠杆性质的量测点也是影响状态估计精度的关键点。当关键点的量测误差小时，能有效提升状态估计精度，反之则会大大降低状态估计精度。因此在进行量测配置时，为了保证计算精度，需要优先在这些关键点上配置高精度量测仪表。

表 2-9　　　　　PET 量测精度提高时本节算法的计算精度

系统	坏数据估计误差	电压幅值估计平均误差	相角估计平均误差
直流网络	$0.07d_4$	0.00030	—
交流网络	$0.28d_6$	0.00018	0.00025

进一步当支路 1-2 的传输有功量测误差增大一倍，此时注入 PET 端口的量测误差随之增加，以此分析注入 PET 端口的量测精度对状态估计精度的影响，PET 量测误差增加时本节算法的计算精度见表 2-10。可以看出，注入有功误差增加后，对直流网络的影响几乎可以忽略，而交流网络电压和相角的计算精度均有所下降，但由于存在一个高精度电压幅值量测，对幅值的计算精度影响较小。

表 2-10　　　　　PET 量测误差增加时本节算法的计算精度

系统	坏数据估计误差	电压幅值估计平均误差	相角估计平均误差
直流网络	$0.074d_4$	0.00031	—
交流网络	$0.350d_6$	0.00058	0.00092

本节针对实际应用中量测数据中可能存在的坏数据，提出了交直流系统的抗差状态估计方法。首先构建基于自适应核密度理论的交直流系统的状态估计新模型，然后提出交直流系统情况下包含 PET 量测带宽的确定方法。通过对含坏数据的交直流系统进行算例验证，对比了基于传统加权最小二乘法的状态估计和本节提出的抗差状态估计对坏数据的辨识能力和状态估计精度，进一步分析了量测精度变化时本节算法的计算精度变化情况，验证了本节所提方法的有效性。算例分析结果表明，提出的状态估计方法具有较好的坏数据辨识能力，能有效抑制杠杆坏数据对状态估计精度的影响。

第二节　交直流分布式可再生能源系统的运行场景生成

场景分析法可分为场景生成和场景约简。场景分析法对不确定性刻画的精确性将直接影响优化结果的可靠性，因此研究可再生能源场景构建方法将有效提升电力系统优化方案的可靠性，从而保障高渗透比例可再生能源电网的合理规划与安全经济稳定运行。可再生能源场景生成的应用主要分为两大类：① 生成可再生能源随机出力场景应用于电力系统中长期规划；② 结合预测信息生成短期出力场景用于电力系统日前优化调度。场景生成根据交直流系统中源—荷不确定性的概率特征，利用大量数据信息降低其不确定性，为交直流系统的运行分析和实时调度提供大规模的源—荷生成场景。场景分析法的计算效率及计算精度影响着交直流系统评估规划及运行方案的可行性。目前国内外学者对于交直流系统的架构、规划、优化、调度等已展开了研究，但针对交直流系统基础场景分析上的研究较少，故对交直流系统中源—荷不确定特征进行研究，利用场景量化其不确定性特征，并运用于后续的随机优化问题中，使得到期望的优化结果，具有一定前景和意义。

一、源—荷场景特性分析

交直流系统中分布式可再生能源发电逐渐取代传统一次能源发电，风电、光伏并网渗透率不断提高，交直流系统中可再生能源的不确定性显著提升。随着交直流系统中智慧交通的建设，以及储能等灵活性资源的应用，负荷的不确定性也逐渐提升。对交直流系统中可再生能源出力和负荷变化的不确定性进行分析，建立相应的模型，能够供交直流系统中系统规划、机组组合、经济调度等使用。

（一）场景分析步骤

基于概率模型的不确定性建模方法，充分挖掘了源—荷历史样本数据所表征的统计信息，包含的不确定性更多，对于不确定性的描述更加准确。通常建立不确定性变量的概率模型，通过抽样的方法离散化概率模型，形成交直流系统源—荷初始场景集，但交直流系统中源—荷历史数据之间的相关性不断增强，难以用显式的概率模型来描述，而基于神经网络的隐式概率模型能充分挖掘源—荷历史数据之间的相关性特征，具有较好的应用前景。但源—荷初始场景集数目过多，会增加后续随机优化算法的计算复杂度，降低计算效率，需对离散后的场景进行约简，选取最具代表性的场景，即交直流系统中源—荷典型场景集。源—荷典型场景集用有限个场景描述源—荷的不确定性，能提升交直流系统中随机优化问题的效率，同时也能很好地表征源—荷的不确定性特征。

交直流系统中，场景表现形式上可分为静态场景和时序场景。对某个不确定性因素或多个非时序不确定性因素的联合概率模型抽样，得到的离散样本称为静态场景。静态场景不存在时序特征，但可包含空间特征。静态场景多应用于交直流系统中非时序优化决策问题,如最优潮流、静态经济调度问题等。而时序场景指的是对连续时段随机变量概率模型抽样得到的具有时序相关性特征的随机向量,其多对应于机组组合、经济调度、系统规划等。本节的研究对象是交直流系统中可再生能源出力日前场景和负荷日内变化场景,在研究中需有效融合以下时空特征的知识,以精确刻画交直流系统中的源—荷场景:① 时序特征,时序场景需要满足其波动性与随机性,并且体现一定的时序相关性;② 空间特征,针对多源场景生成,需要体现多源数据之间的相关性。

交直流系统中场景分析法建模流程可分为三个过程:建立不确定性变量的概率模型、抽样和场景约简,如图 2-8 所示。首先对交直流系统中可再生能源出力和负荷日内变化的不确定性建立概率模型,通过抽样的方法形成源—荷初始场景集,用有限个场景数来表征源—荷不确定性特征,即场景生成;再将源—荷初始场景集中的冗余场景去除形成源—荷典型场景集使其与初始场景集最为相似,即场景约简。场景约简的内容在本章第三节中详细介绍。

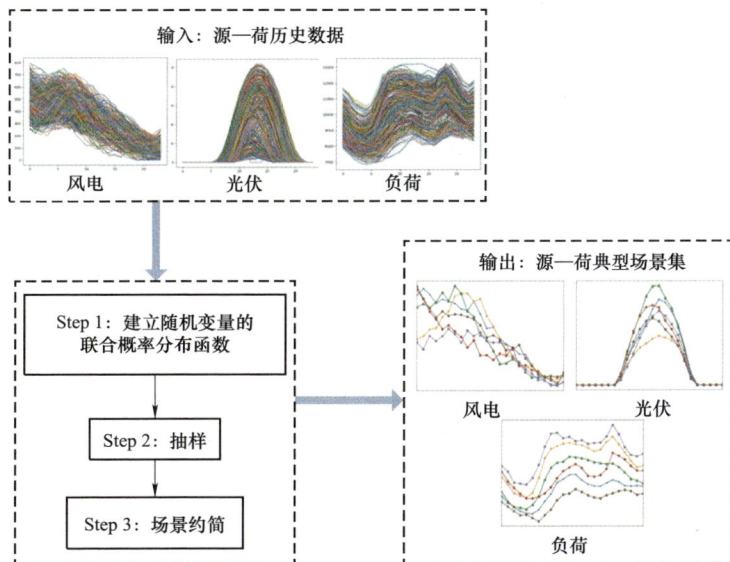

图 2-8 场景分析法建模流程图

场景生成是指对交直流系统中存在的不确定性进行建模,充分利用不确定性中的确定性信息将不确定性量化,并给出一定条件下的确定性离散概率场景,可视为在概率预测基础上进行离散的概率场景生成。不确定性因素的选取通常与决策问题相关,现有的研究大多选取可再生能源出力和负荷需求、预测误差、波动特性等作为研究对象,本节选取交直流系统中可再生能源出力和负荷需求作为不确定性因素。与直接采用概率模型相比,场景生成利用大量场景描述源—荷不确定性，能将概率模型的理论创新更好地应用于实际电力系统随机优化问题中。生成的场景与概率模型相比，能够采用离散的确定样本来描述不确定性因素的概率分布情况，充分反映不确定性因素的时序特征与空间特征。

场景生成与概率预测存在相似性，均需要采用概率模型来拟合不确定性因素的概率分布。可再生能源出力及负荷变化可视为随机过程，每一个时刻均视为一个随机变量，在此考虑两组 n 个时段的随机过程，可表示为 $\boldsymbol{X} = (x_{t1}, x_{t2}, \cdots, x_{tn})$，$\boldsymbol{Y} = (y_{t1}, y_{t2}, \cdots, y_{tn})$。考虑到不同时刻间的随机变量存在时序相关性，且两组随机过程之间存在互相关性，因此需要考虑随机变量之间的时序特征与空间特征，采用联合概率密度分布 $P(\boldsymbol{X}, \boldsymbol{Y})$ 来描述源—荷随机过程的不确定性。

场景生成后需将概率模型离散化形成离散概率场景。采用场景采样方法，保留非同源数据间的相关性和同源数据内的时序性，设采样获得 N 个源—荷离散概率场景，使用集合 $\boldsymbol{S} = (s_1, s_2, \cdots, s_N)$ 表示获取的场景集

$$\boldsymbol{S} = \left[\begin{pmatrix} x_{t1}^1, x_{t2}^1, \cdots, x_{tn}^1 \\ y_{t1}^1, y_{t2}^1, \cdots, y_{tn}^1 \end{pmatrix}, \begin{pmatrix} x_{t1}^2, x_{t2}^2, \cdots, x_{tn}^2 \\ y_{t1}^2, y_{t2}^2, \cdots, y_{tn}^2 \end{pmatrix}, \cdots, \begin{pmatrix} x_{t1}^N, x_{t2}^N, \cdots, x_{tn}^N \\ y_{t1}^N, y_{t2}^N, \cdots, y_{tn}^N \end{pmatrix} \right] \quad (2-51)$$

离散概率场景所对应的离散概率可记为 $\hat{p}(\boldsymbol{X}, \boldsymbol{Y}) = (p_1, p_2, \cdots, p_N)$。场景采样本质符合大数定理，即对概率模型重复采样多次，采样场景集的离散概率分布近似于概率模型所描述的概率信息。因此离散概率 $\hat{p}(\boldsymbol{X}, \boldsymbol{Y})$ 可近似等价于原始联合概率分布 $p(\boldsymbol{X}, \boldsymbol{Y})$。

（二）源—荷场景特性分析

交直流系统中接入大量分布式可再生能源发电，融合了基于电动汽车的智慧交通网络，并含有储能等灵活性资源，导致交直流系统具有很强的源—荷不确定性特征。在建立交直流系统的源—荷不确定模型之前，应对交直流系统中的可再生能源出力场景及负荷场景的特性进行分析，并考虑源—荷之间的相关性。风力、光伏发电具有一定的随机性、波动性和间歇性，负荷变化也具有一定的随机性和波动性。随机性用来描述随机变量表现出来的不确定性特征；波动性用来描述随机变量表现出来的大幅上升或下降特征；间歇性用来描述随机变量表现出来的不连贯且在短时间内存在剧烈跳跃性特征。在对交直流系统中可再生能源出力和负荷变化的不确定性建模之前需对其特性进行分析，研究其时序变化特征和变化规律，以及源—荷之间的相关性特征。

1. 风电出力场景特性

风电出力依靠风速作用于风机的叶片，叶片带动传动轴产生转矩，从而把风的动能转化为机械能，传动轴带动发电机的转子转动，把机械能转化为电能，

从而实现风力发电。风电输出功率由风能决定，但风受风速、风向、气压、温度等多重因素的影响，具有随机性、波动性和间歇性等特点，故风电出力也具有这些特性，给交直流系统的安全稳定运行带来了巨大挑战，需对风电出力场景的特性进行分析。

图 2-9 给出了比利时某风电场全年风电出力特性曲线，图 2-10 为全年数据中随机选取的连续多日风电出力特性曲线，图 2-11 为春、夏、秋、冬四季平均风电出力变化曲线。

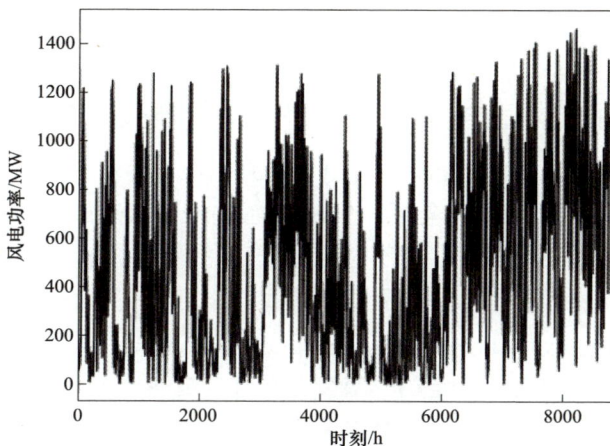

图 2-9　全年风电出力特性

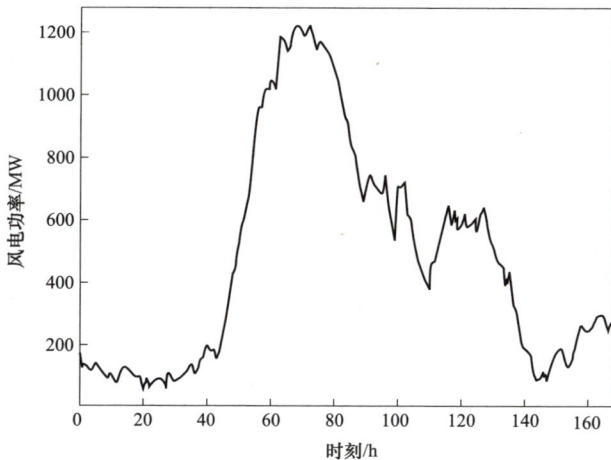

图 2-10　连续多日风电出力特性

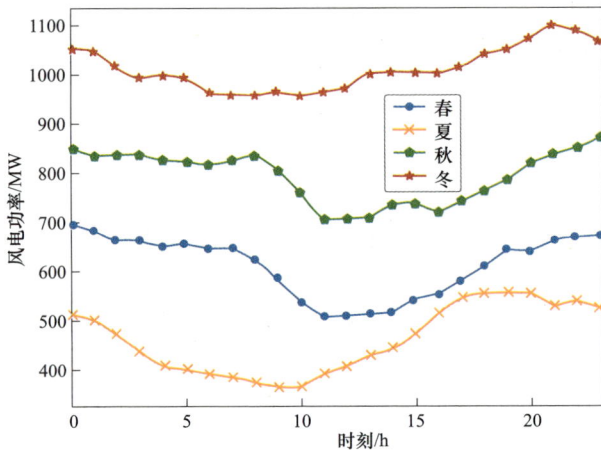

图2-11 春、夏、秋、冬四季平均风电出力变化曲线

通过各变化曲线可以看出，风电出力具有明显的随机性、波动性和间歇性。如图2-9和图2-10所示，全年各个时刻的风电出力均表现出一定的随机性，短时间内风电出力波动明显，相邻时刻数据变化较大，出现大幅度的上升和下降。风力发电的出力特性具有明显的间歇性，图2-9中存在风电出力为零的时刻，且任意时段内风电出力变化不具有连续性，不能做到平滑输出。从图2-11可以看出，风电出力具有一定的季节变化特性，冬季风较大，故冬季风电出力较大，反之夏季出力较小。故对交直流系统中风电出力的不确定性建模时，需考虑风电出力场景的随机性、波动性、间歇性，以及日内和季节变化特性。

2. 光伏出力场景特性

光伏出力是指光伏电池组件或光伏系统在特定时间内输出的电功率。光伏发电技术具有无污染、无噪声、环境友好、不受地域限制、操作维护简单、运行成本低、可就近供电等特点，且太阳能取之不尽用之不竭，故光伏发电应用前景将十分广阔。但光伏发电功率受光照强度、角度的影响，且光照与气候、季节、区域强烈相关，甚至日内的变化也非常明显，随机性强。光伏发电的随机性、波动性和间歇性给交直流系统电网侧的安全稳定运行带来了许多问题，且随着光伏渗透率的不断增加，带来的影响也更加严重，因此在对光伏出力场景的不确定性建模前需对其变化特性进行分析。

选择大量光伏历史出力数据进行分析，能够充分考虑光伏出力场景的特性。图2-12为比利时某光伏电站全年光伏出力特性曲线，图2-13为全年数据中随机选取的连续多日光伏出力特性曲线，图2-14为春、夏、秋、冬四季平均光伏出力变化曲线。通过对各变化曲线进行分析，可以看出光伏出力具有明显的随机性、波动性和十分强烈的间歇性。

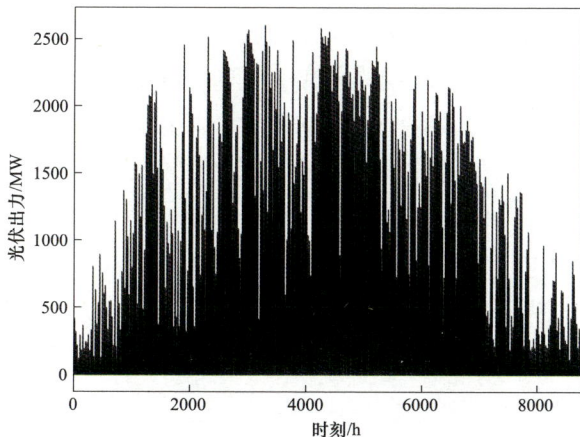

图 2-12 全年光伏出力特性

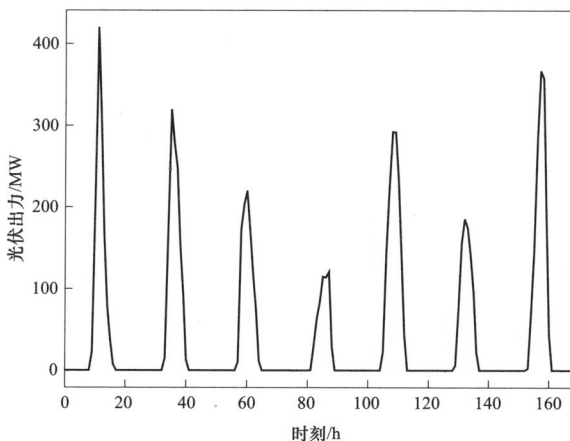

图 2-13 连续多日光伏出力特性

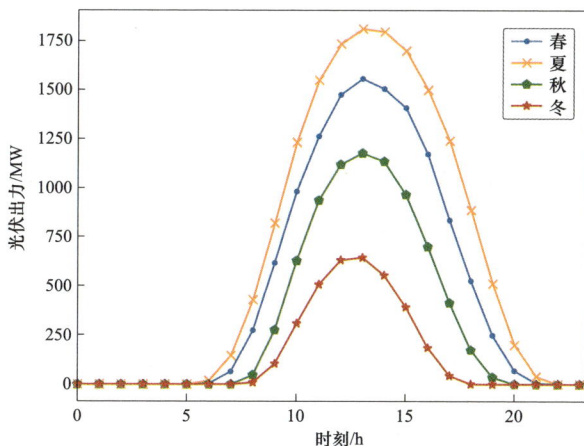

图 2-14 春、夏、秋、冬四季平均光伏出力变化曲线

从图 2-12 可以看出，全年光伏出力具有一定的随机性和波动性，且存在多个光伏出力为零的时刻，说明光伏出力具有很强的间歇性。从图 2-13 可以看出，日内光伏出力变化具有一定的周期性、相似性，日内光伏出力随着光照强度的变化呈先上升后下降的趋势，夜晚无光照，光伏出力为零，不同日的光伏出力曲线变化十分一致，都受太阳辐射的影响。从图 2-14 可以看出，光伏出力具有一定的季节性变化特征，夏季太阳辐射强度比较高，因此夏季光伏出力较大，冬季太阳辐射强度低，冬季光伏出力较小。对交直流系统中光伏出力的不确定性建模时，需考虑光伏出力场景的随机性、波动性、间歇性，以及日内和季节变化特性。

3. 负荷场景特性

电力负荷是交直流系统中的重要组成部分，作为电能的消耗者对交直流系统的规划、运行有着重要影响。负荷的变化对交直流系统的电压稳定影响较大，剧烈的波动甚至会造成电压崩溃，从而导致整个区域的负荷被迫停电，且可能会继续扩大影响，造成全系统事故。由于生产和生活秩序的规律变化，交直流系统中的电力负荷有着较强的周期性，但电力负荷受许多因素的影响，比如气象变化、社会经济等，交直流系统中电力交通的建设和储能装置的应用也影响着电力负荷的变化。故对交直流系统中电力负荷变化特性进行分析具有十分重要的意义。

图 2-15 给出了比利时某区域全年负荷变化特性曲线，图 2-16 为随机选取全年数据中连续多日的负荷变化曲线，图 2-17 为春、夏、秋、冬四季平均负荷变化曲线。从图 2-15 和图 2-16 可以看出，电力负荷具有一定的波动性和随机性，相对而言，全年的负荷变化整体看起来较为平稳，但由于存在许多不确定性因素，变化曲线表现出一定的随机性，由于电力负荷的变化与人类生产和生活规律具有高度的一致，故电力负荷会出现一定的波动性。从图 2-17 可以看出，电力负荷具有日内变化特性和季节变化特性，日内白天负荷大，夜间负荷小，具有明显的周期性和峰谷特性，电力负荷也受季节的影响，各个季节的负荷变化存在明显差异，比如冬天由于供暖等原因相对来说负荷较大，故对于交直流系统中的负荷场景，需考虑其随机性、波动性，以及日内和季节变化特性。

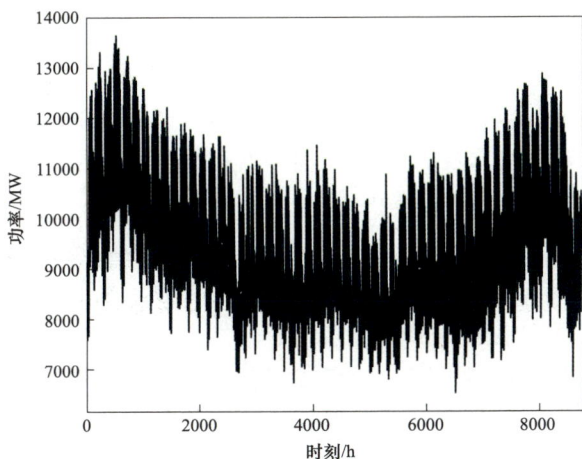

图 2-15　全年负荷变化特性曲线

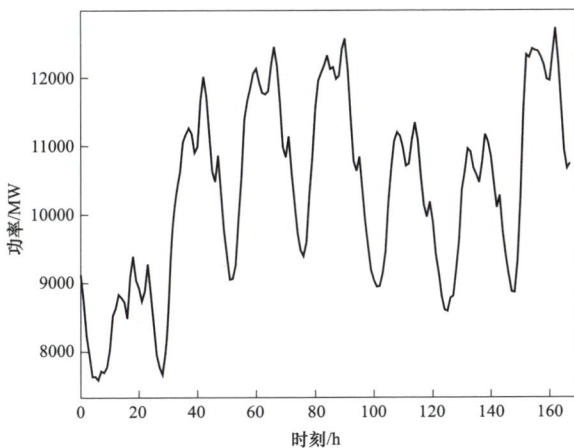

图 2-16　连续多日负荷变化曲线

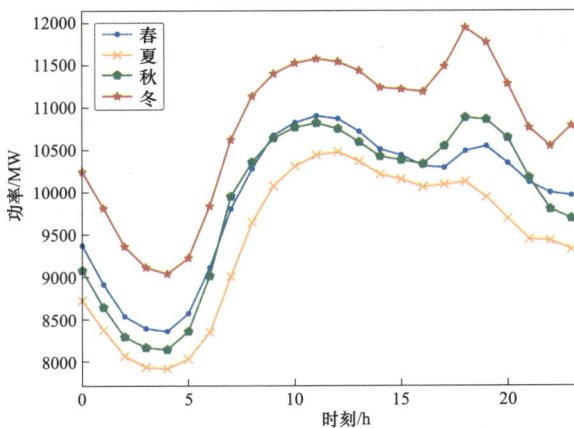

图 2-17　春、夏、秋、冬四季平均负荷变化曲线

4. 源—荷场景相关性分析

交直流系统中可再生能源出力场景和负荷变化场景展现出可再生能源的随机性、波动性和间歇性，同时电力负荷也具有一定的随机性和波动性，交直流系统中的源—荷场景具有很强的不确定性和相关性特征，需对其进行建模分析，并应用于后续随机优化问题中。

交直流系统源—荷的不确定性建模中的源包含多个光伏出力场景、多个风电出力场景，故源—荷场景之间存在复杂的相关性。本节将交直流系统源—荷场景之间的相关性归纳为两部分：

（1）同一类型的数据不同时刻点之间存在时序相关性。风电出力、光伏出力和负荷变化在相邻时刻点上具有很强的时序相关性。

（2）不同类型的数据之间存在空间相关性。不同地理分布的风电场或光伏电站之间存在空间相关性。

二、源—荷场景生成方法

（一）场景生成方法分类

交直流系统中分布式可再生能源发电、基于电动汽车的电力交通的建设和储能装置的应用都给其带来了不确定性，近年来许多学者针对电力系统中不确定性优化问题展开了研究。电力系统领域有效应对不确定性因素的优化决策方法包含鲁棒优化、分布鲁棒优化和随机优化。鲁棒优化采用不确定性集合刻画不确定性因素。分布鲁棒优化建立不确定性因素概率分布的模糊集进行决策优化。而随机优化将概率模型离散化形成概率场景来描述不确定性因素。相比不确定性集合和概率分布模糊集，基于概率模型的场景生成方法充分挖掘了数据集表征的统计信息，对不确定性因素的描述更加准确，但与此同时也带来了建模困难的问题。现有概率模型的建模方法可分为统计学方法和人工智能模型，随机变量的概率模型无法直接应用于随机优化中，通常需要通过抽样的方法离散化其概率模型形成离散概率分布，形成初始场景集。

1. 统计学方法

源—荷不确定性的概率模型可通过随机变量的联合概率分布来表示，在传统的概率模型中通常假定随机变量满足已有的参数分布，已知随机变量的分布形式但未知分布参数，通过挖掘数据中的统计信息估计出未知参数，即参数估计法。现有文献对风速、光照强度、可再生能源出力及电力负荷的预测误差和波动特性展开了研究。通常认为风速满足威布尔分布，光照强度满足 Beta 分布，通过风速/光照强度与机组输出功率的关系可以得到风/光功率的分布特性。

随机变量的变化特征一般不符合某一具体的参数分布，为了提高参数估计法的准确度，有文献将混合高斯分布、混合 t−location 分布作为先验分布，再进行参数估计。但参数估计法的精度依赖于先验分布的选取，具有较强的主观性。不同地区可再生能源出力和负荷变化的波动性和随机性不相同，不服从相同的概率分布，故参数估计法适用性差，具有一定的局限性。非参数估计法不去假定随机变量的概率分布，而是直接从数据样本中获得概率信息，通过累积经验分布或核密度估计构建随机变量的概率模型，相比参数估计法对不确定性的描述更加准确。表 2−11 给出了参数估计和非参数估计对比，分析了随机变量和概率分布选取上的不同，以及各自的优缺点。

表 2−11　　　　　　　　　　　　参数估计和非参数估计对比

概率模型	方法	随机变量	优缺点
参数估计	威布尔分布	风速	方法简单且可快速求解，但模型的精度依赖于先验分布的选取，主观性强，无法准确地用先验分布拟合出不确定性特征，适用性差
	Beta 分布	光照、预测误差	
	正态分布	预测误差	
	t−location 分布	波动特性	
非参数估计	累积经验分布	波动特性	对概率分布不做假定，基于历史数据构建概率模型，准确性高、适用性强
	核密度估计	风/光功率/负荷	

参数估计与非参数估计仅用于对独立随机变量进行概率建模。但对于交直流系统中的源—荷场景，需要充分考虑时序特征与空间特征。在概率建模中需要融入时—空特征建模，刻画包含时序特征与空间特征的多元联合概率分布。下面分别对上述时序特征和空间特征建模方法进行相应的总结。

时序建模需要反映同源数据在时序上的相关性、波动性，以及随机性特征。不同时刻间随机变量的相关性可用自回归滑动平均（autoregressive moving average，ARMA）模型描述，假设时序值可以由历史值的线性组合和噪声序列来表示

$$X_t = \varepsilon_t + \sum_{i=1}^{p} \varphi_i X_{t-i} + \sum_{j=1}^{q} \theta_j \varepsilon_{t-j} \qquad (2-52)$$

式中：X_t 为 t 时刻的时序值；ε_t 为 t 时刻的噪声量，通常拟合为正态分布；φ、θ 分别为自回归系数、滑动平均系数。

ARMA 仅适用于平稳时序建模，只能捕捉随机变量之间的线性关系，无法应对交直流混合系统中源—荷场景的复杂非线性关系。

马尔可夫链（markov chain，MC）利用数据样本对时序特征进行非参数化的建模，马尔可夫过程是指某一时刻的状态只与前一时刻的状态有关，其可通过状态转移概率矩阵来描述时序特征。交直流系统中源—荷时序数据可视为具有马尔可夫过程特征的时间序列。能够利用马尔可夫链生成不同的状态转移矩阵，对光伏出力的时间序列进行了模拟。一阶马尔可夫过程仅考虑相邻时刻的时序特征，若需要考虑更高阶的马尔可夫过程，其计算量也将提高。

交直流系统中源—荷数据受到地理分布的连续性，存在不同程度的相关性。进行空间特征建模可以有效反映非同源数据之间的空间相关性。Copula 函数通过联合多个随机变量各自的边缘分布函数，构成联合分布函数，从而描述随机变量之间的空间相关性。假设 $x_1, x_2, \cdots, x_N$ 为 N 个随机变量，$F_1(x_1), F_2(x_2), \cdots, F_N(x_N)$ 为各自的边缘分布，$H(x_1, x_2, \cdots, x_N)$ 为其联合分布，则 $C(\cdot)$ 为一个存在的连接函数，使得式（2－53）成立。常见的连接函数有高斯 Coupula 和学生 T 分布 Coupula 等。

$$H(x_1, x_2, \cdots, x_N) = C[F_1(x_1), F_2(x_2), \cdots, F_N(x_N)] \quad (2-53)$$

将风电出力视为随机变量，确定其边缘分布为多元正态分布，分别选取高斯 Copula 和学生 T 分布 Copula 为联合函数构建空间相关性模型。或者采用核密度估计确定多风电出力的边缘分布，选取不同的 Copula 函数生成具有时空相关性的风电场景。Copula 函数可以较好地拟合随机变量之间的非线性关系。单一 Copula 函数选取的难度在于尾部特性受源—荷数据地理分布的影响，且高维数据计算量大。混合 Copula 线性组合不同的 Copula 函数能真实地反映出源—荷数据之间的非对称关系，准确地描述其联合概率分布特性。

2. 人工智能方法

人工智能技术近年来得到了快速的发展，深度神经网络可以拟合高维随机变量之间的非线性映射关系，对数据特征的挖掘能力较强，可基于交直流系统中源—荷历史数据直接生成具有时空相关性的源—荷场景来描述源—荷不确定性。与传统统计学方法相比，人工智能模型无须建立显式的概率模型、时序以及空间特征模型。不同结构的神经网络对时—空特征的提取也表现出不同的性能与特点。长短期记忆神经网络（long short-term memory network，LSTM）常用于对时序特征建模与提取，而卷积神经网络（convolutional neural network，CNN）常用于对空间特征建模与提取。

近年来用于数据分布拟合的生成式网络在电力系统场景概率建模领域的应用越来越多，主要包括自动编码器（auto－encoder，AE）与生成对抗网络（generative adversarial nets，GAN）。文献［45］提出了基于变分自编码器（variational auto-encoders，VAE）的配电网中多源—荷场景生成方法。许多学者对 GAN 的网络结构进行改进，训练出准确率更高的随机变量生成模型，包括 SeqGAN、WGAN-GP、Bayesian GAN 等方法。在强大的数据支撑下，上述模型具有优秀的生成表现，而在数据量匮乏的情况下，可以使用基于迁移学习的方法，避免模型的过拟合严重、模型的性能显著降低等问题。基于深度神经网络的隐式模型具有适用性广泛、对数据拟合能力强的特性，但神经网络在训练中存在稳定性与可解释性较差的问题，仍需要进一步展开研究。

3. 场景抽样方法

随机变量的概率模型无法直接应用于随机优化中，通常需要通过抽样的方法离散化其概率模型形成离散概率分布，形成初始场景集。常用的抽样方法有蒙特卡罗抽样、拉丁超立方抽样等。蒙特卡罗抽样具有简单快速的特点，但当抽样的样本数较少时难以反映样本的概率分布，需要足够大的抽样数，因此计算效率不高。拉丁超立方抽样属于分层抽样，少量的抽样点也可以很好地反映随机变量的分布特征，抽样效果优于蒙特卡罗抽样。但蒙特卡罗抽样和拉丁超立方抽样认定各离散场景的概率相等，导致原概率分布信息损失较大，基于 Wasserstein 距离的抽样方法，利用 Wasserstein 距离将连续的概率分布函数转化为含精确概率信息的分位点，从而得到抽样结果。

场景生成方法能对交直流系统中的源—荷不确定性进行建模，利用有限个离散的场景描述源—荷历史数据的概率分布情况，反映随机变量的不确定性特征。相对于单一的可再生能源出力场景或是单一的负荷日内变化场景，包含风电、光伏的多种可再生能源场景和负荷场景的高维源—荷不确定性变量场景，其概率模型难以得到，现有场景生成研究方法还存在以下问题：

（1）统计学方法是显式场景生成模型，需要人为设定随机变量服从的概率分布，利用历史数据确定拟合的概率分布中的参数，最后通过抽样形成源—荷初始场景集。显式场景生成模型依赖于人为设定的概率分布函数，而往往随机变量的实际概率分布并不服从某个特定的概率分布，故导致最终生成的样本质量不高。且交直流系统中的源—荷场景具有高维非线性特征，难以用显式的概率分布函数来描述。

（2）人工智能方法是隐式场景生成模型，隐式场景生成模型无须事先设定概率分布函数，而是通过训练好生成模型后输入噪声或条件值，便可得到相应的场景，能较好地提取交直流系统中源—荷场景的不确定性特征。VAE 和 GAN 是人工智能方法中较为成熟的生成模型，在电力系统场景生成任务得到了广泛的应用。但 VAE 只能近似推理实际功率曲线的对数似然的下界，导致其生成的新样本质量不高，而 GAN 存在训练过程不稳定和调参困难等问题，至今依旧没有较好的解决方式。

（3）基于数据驱动方法的模型需要历史出力数据作为训练数据。然而对于新并网的风电、光伏机组而言，历史数据不足，难以覆盖所有出力情况。

（二）生成模型 VAE 与 CGAN

1. 变分自编码器 VAE

VAE 是深度学习领域一类重要的生成模型，由编码器（Encoder）和解码器（Decoder）两个结构独立的部分组成，编码器将输入数据空间映射到隐变量空间上去，即将高维的随机变量数据特征映射到具有特定分布的低维数据特征上，解码器接收到这个低维的特征向量，将其映射回原来的数据空间，重构高维数据特征。

VAE 核心是变分推断，将数据的近似后验分布刻画为识别网络，以便通过可处理的近似分布来近似较难处理的后验分布。假定真实样本 x 与隐变量 z 之间存在特殊的映射关系，为使生成场景更加合理，隐变量 z 必须服从高斯分布。

图 2-18 为 VAE 结构图，将真实样本输入编码器中，编码器输出两个特征向量，分别为均值向量 μ 和标准差向量 σ，与服从标准正态分布的噪声 ε 构成隐变量 z，最终将隐变量 z 输入解码器生成样本。

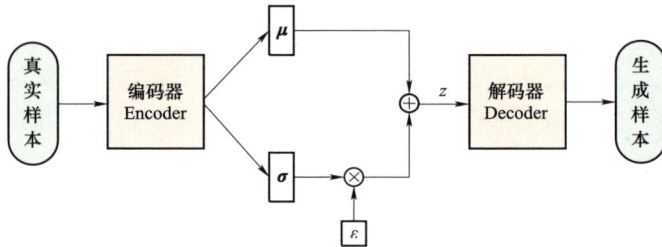

图 2-18　VAE 结构图

隐变量 z 和输入数据分布 $p(x)$ 之间存在映射关系，输入数据 x 和隐变量 z 构成联合概率密度分布 $p(z,x)$，VAE 的目标函数为最小化后验分布 $p_\theta(z,x)$ 与先验分布 $q_\phi(z,x)$ 之间的 KL 散度，即

$$\min \mathrm{KL}\left[p_\theta(z,x)\big\|q_\phi(z,x)\right] = \min \int p_\theta(z,x)\ln\frac{p_\theta(z,x)}{q_\phi(z,x)}\mathrm{d}z\mathrm{d}x \qquad (2-54)$$

直接优化最大似然估计较为困难，故利用变分推断对最大似然函数下界进行优化，故可得到最终的损失函数 Loss，即

$$\mathrm{Loss} = E_{p(z|x)}\left[-\ln q(x|z)\right] + \mathrm{KL}\left[p(z|x)\big\|q(z)\right] \qquad (2-55)$$

2. 条件生成对抗网络 CGAN

GAN 是基于二元博弈论提出的一种无监督学习模型，由生成器（Generator）

和判别器（Discriminator）两部分构成，生成器拟合输入噪声分布和真实数据样本之间的映射关系，判别器判别生成器生成样本的真假，通过生成器和判别器之间的博弈学习得到较为强大的生成器，使得生成器生成样本的分布尽可能符合真实数据样本的分布。条件对抗生成网络（conditional generative adversarial network，CGAN）解决了传统 GAN 仅能拟合某一数据集的概率分布的弊端，属于半监督学习，保留了 GAN 中生成器和判别器结构，并在生成器和判别器的输入中加入了条件值，能够生成指定条件下的样本概率分布。

图 2-19 为 CGAN 结构图，生成器的输入为噪声向量 z、条件值 c，输出生成样本 y，生成器通过生成网络的非线性映射能力将噪声向量 z、条件值 c 映射为 y，判别器输入为条件值 c、生成样本 y 和真实样本 x，判别器通过判别生成样本的真假，使生成器捕捉真实样本的条件概率分布。

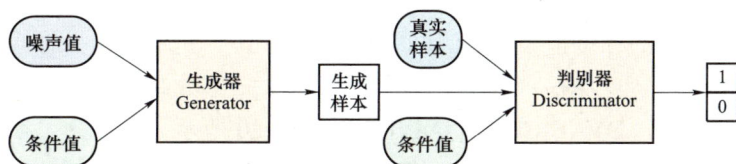

图 2-19　CGAN 结构图

噪声向量 z 和条件值 c 拼接后输入生成网络，得到生成样本 $y = G(z|c)$，判别器除了判别生成样本 y 的真实性，还需判别其是否符合条件值 c。CGAN 中生成器和判别器的损失函数为

$$G(\text{Loss}) = -E_{y \sim p(y)}[\log D(y|c)] \qquad (2-56)$$

$$D(\text{Loss}) = -E_{x \sim p(x)}[\log(x|c)] - E_{y \sim p(y)}\{\log[1 - D(y|c)]\} \qquad (2-57)$$

式中：$G(\cdot)$ 为生成器计算；$D(\cdot)$ 为判别器计算。

CGAN 的目标函数是两者之间的极大值极小值博弈，即

$$\text{Loss}_{\text{CGAN}} = \min_G \max_D V(D,G) = E_{x \sim p(x)}[\log(x|c)] + E_{y \sim p(y)}\{\log[1 - D(y|c)]\}$$

$$(2-58)$$

（三）基于 DVAE-CGAN 的源—荷场景生成方法

VAE 通过编码器学习源—荷历史数据的概率分布，再通过解码器重构数据形成源—荷生成场景，但由于 VAE 采用均方误差等损失函数来衡量源—荷生成场景和源—荷历史数据的误差，导致生成样本的精确度较低。CGAN 中的判别器对原始数据和生成数据的相似度度量精度较高，但训练过程中较难收敛且存在调参困难的问题。因此本节利用 VAE 和 CGAN 的优势，结合 VAE 的编码器

和 CGAN 的判别器，形成基于 DVAE－CGAN 的源—荷场景生成模型，并采用不同指标评价生成源—荷日前场景的有效性和准确性。

1. DVAE－CGAN 基本模型

VAE 利用原始可再生能源和负荷数据获取概率分布，但在交直流系统中只靠重构历史样本获得好的特征是不够的，这些特征应该具备一定的抗干扰能力，即当源—荷历史数据发生一定程度的扰动时，如数据缺失、数据错误等，生成的特征仍然保持不变，故引入 VAE 的改进形式，去噪变分自动编码器（denoising variational auto－encoder，DVAE）。DVAE 在 VAE 的基础上给训练数据添加噪声。DVAE 必须学习未被噪声污染的原始输入数据的特征，因此 DVAE 更加鲁棒，具有更好的泛化能力。传统 VAE 只能生成随机数据，无法生成指定条件下的数据，故对 VAE 结构进行改进，编码网络的输出多了一个标签值 y，输入交直流系统中的源—荷历史数据到编码器中，编码网络无监督学习输入源—荷数据的标签值 y。解码网络通过标签值 y 和隐变量 z 即可生成源—荷日前场景样本。DVAE－CGAN 整个网络包含三部分结构：编码网络、生成网络和判别网络，DVAE-CGAN 结构图如图 2－20 所示。

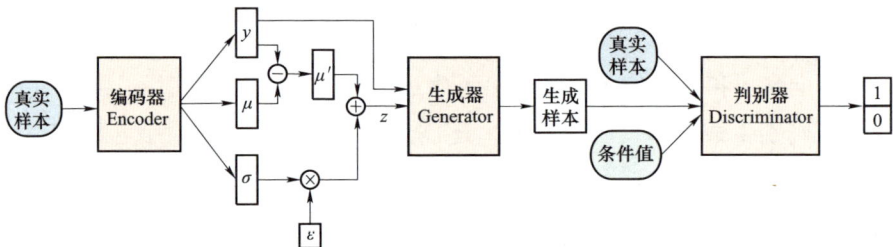

图 2－20　DVAE－CGAN 结构图

交直流系统中源—荷历史数据具有相关性特征，源—荷数据之前存在相关性，可再生能源出力和负荷变化都受气象条件的影响，源/荷数据不同时刻点上存在相关性，可再生能源出力/负荷变化后一时刻受到之前时刻的影响，存在时序相关性，故为了有效提取源—荷数据之间的相关性特征，需要对 DVAE－CGAN 网络结构进行合理的设计，本节采用卷积神经网络（convolutional neural network，CNN）提取交直流系统源—荷数据的相关性特征。首先输入真实样本，编码器通过学习条件概率分布 $p(z|x,c)$ 将输入数据样本映射到隐变量 z，并输出真实样本的标签值 y，将隐变量 z 和标签值 y 输入到生成器中，生成网络通过从学习的分布 $p(z|x,c)$ 采样生成样本，判别网络用于判别生成样本的真假。将模型训练好后，可通过生成器生成指定条件下的源—荷生成场景。

改进的 DVAE 损失函数中数据的重构误差需要在对应标签值下计算，故改进的 DVAE 损失函数为

$$\text{Loss}_{\text{DVAE}} = E_{p(z|x,c)}[-\ln q(x|z, y)] + \text{KL}\,[p(z|x, y)\|q(z|y)] \qquad （2-59）$$

DVAE – CGAN 生成模型的目标函数为最小优化 DVAE 和 CGAN 的损失函数，即

$$\text{Loss}_{\text{DVAE–CGAN}} = \text{Loss}_{\text{CGAN}} + \text{Loss}_{\text{DVAE}} \qquad （2-60）$$

综上所述，基于 DVAE – CGAN 的源—荷场景生成模型的整体流程如图 2 – 21 所示。

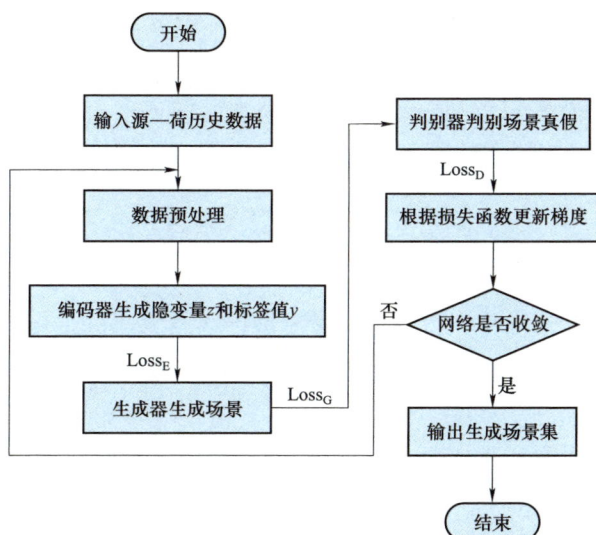

图 2 – 21　DVAE – CGAN 生成模型流程图

2. 源—荷日前场景生成方法评价指标

为保证生成场景的质量，DVAE – CGAN 生成的源—荷场景需要最大程度拟合源—荷历史数据的不确定性特征。从有效性和准确性两个方面出发，使用自相关系数和偏自相关系数对生成源—荷日前场景的有效性进行评价，使用功率区间宽度（power interval width，PIW）和覆盖率（coverage rate，CR）对生成源—荷日前场景的准确性进行评价。

（1）自相关系数和偏自相关系数。自相关系数用来描述源—荷日前场景在不同时刻间隔下的相关程度，度量历史序列对此刻的场景序列产生的影响，定义为

$$R(\tau) = \frac{E\,[(X_t - \mu)(X_{t+\tau} - \mu)]}{\sigma^2} \qquad （2-61）$$

式中：τ 为时间间隔；X_t、$X_{t+\tau}$ 分别为源—荷历史数据或生成的源—荷日前场景在时刻 t、$t+\tau$ 的功率值，μ、σ 分别为场景的均值和标准差。自相关系数随着时间间隔的变长逐渐减小。

偏自相关系数用来描述生成的源—荷日前场景在不同时刻点下的相关程度，度量同一序列不同时刻点的相关性，偏自相关系数随着时刻点间隔的增大逐渐减小，定义为

$$\rho(\tau) = \frac{E\{[(X_t - E(X_t)][X_{t-\tau} - E(X_{t-\tau})]\}}{\sigma^2} \qquad (2-62)$$

（2）功率区间宽度和覆盖率。功率区间宽度表示生成的源—荷日前场景表征不确定性特征的能力。覆盖率表示置信区间对真实样本的覆盖情况。单独选择功率区间宽度或覆盖率作为准确率的评价指标是无效的，二者应同时对生成的源—荷日前场景的准确性进行评价，当功率区间宽度逐渐减小而覆盖率逐渐增大时，对不确定性特征的表征能力越强。功率区间宽度的定义式为

$$\text{PIW}_{1-\alpha} = \frac{\sum\limits_{n=1}^{N}(X_{n,1-\alpha}^{\max} - X_{n,1-\alpha}^{\min})}{N} \qquad (2-63)$$

式中：N 为生成源—荷初始场景集场景总数；$X_{n,1-\alpha}^{\max}$、$X_{n,1-\alpha}^{\min}$ 分别为第 n 个源—荷场景在置信度 $1-\alpha$ 下的功率最大值和最小值；$\text{PIW}_{1-\alpha}$ 为置信度 $1-\alpha$ 下的功率区间宽度。

覆盖率的定义式为

$$\text{CR}_{1-\alpha} = \frac{N_{1-\alpha}}{N} \times 100\% \qquad (2-64)$$

式中：$N_{1-\alpha}$ 为置信度 $1-\alpha$ 下真实样本落入置信区间的总数；$\text{CR}_{1-\alpha}$ 为置信度 $1-\alpha$ 下的覆盖率。

（四）基于迁移学习的小样本源—荷场景生成方法

基于数据驱动方法的源—荷场景生成模型需要大量的源—荷场景历史出力数据作为训练数据。然而对于新并网的光伏机组而言，历史数据不足，难以构成覆盖所有出力情况的训练集。当历史数据不足时，模型将出现显著的过拟合，导致预测精度降低。为了解决该类小样本条件下的光伏出力预测问题，本节提出基于迁移学习的新并网光伏机组出力预测方法。首先，将训练好的源—荷场景生成模型迁移至小样本条件的源—荷场景上，从而使得小样本条件的电源设备或负荷能够从多个已训练的预测模型中学习输入与输出的映射关系。其次，利用新运行产生的新数据对迁移后模型进行持续的在线优化与更新，进一

步提高模型泛化性，降低预测误差。同时，采用权重最优化方法对多个迁移模型进行集成，根据各个迁移模型的实际预测效果赋予子模型权重，提高整体预测准确率。

1. 迁移学习

随着机器学习的应用场景越来越广泛，传统的有监督机器学习方法开始面临诸多问题。例如，在实际应用有监督机器学习方法时，需要建立机器学习模型的对象，并不总是具有足量的数据集供模型进行训练，导致模型的过拟合严重，当面对不常见的数据时，模型的性能将显著降低；当对两个类似的任务建立机器学习模型时，由于两个任务的输入集与输出集不同，必须要分别建立模型训练，然而实际上两个任务中输入与输出的映射关系可能较为类似，分别建立模型将导致计算上的冗余。因此，如何跨数据、跨任务地进行机器学习，充分利用已有的数据资源，降低对训练数据量的需求，是当前机器学习中亟须解决的一个问题。

迁移学习是解决上述问题的一个重要思路。迁移学习指将某个领域上学习到的知识或模式应用到不同但相关的领域或任务中。与传统机器学习不同的是，迁移学习旨在对历史任务遗留的信息进行再次利用，从而提炼出有效信息，快速构建用于新任务的模型，从而达到加快模型训练速度或降低模型训练所需数据量的效果。迁移学习定义了领域与任务，领域代表某个时刻的某个特定领域，而任务则代表需要完成的事件。迁移学习主要研究领域与领域之间的知识迁移，首先，需要找到可迁移对象，即不同领域之间有哪些知识可供迁移；其次，需要针对具体的问题与迁移对象研究迁移方法，即设计出恰当的算法来提取和迁移不同领域间的共有知识，从而完成相关任务。

基于迁移内容与对象的区别，迁移学习又可分为样本迁移、特征迁移、模型迁移、参数迁移等类型。样本迁移指直接将源领域中的样本直接或间接放入目标领域中用于训练，要求源任务与目标任务具有高度类似的输入输出映射关系。特征迁移主要分为两种形式：第一种类似于迁移样本，直接将输入特征经过权重调整等处理后归入目标任务作为训练数据；第二种则需建立源领域与目标领域间的特征映射关系，从而提高源领域中的特征数据被迁移至目标领域后的适应性，提升迁移学习的效果。模型迁移指预先针对源任务构建模型，并经源领域内部的足量样本训练后迁移至目标领域，且在一定条件下保留模型的结构，该方法要求针对源任务构建的模型本身具有高度可迁移性。参数迁移同样要求针对源任务构建模型并充分训练，再根据目标任务与源任务模型的异同，在各模型间进行参数共享或组合多个源任务模型来解决目标领域中的问题。根据具体任务的区别，一般选择其中一类或几类迁移方式实现迁移学习。

2. 模型迁移

对于新并网的风电光伏机组，根据机组装设角度、机组本身的光电转化效率、周围建筑物反光与挡光情况等因素，不同的机组可能具有不同的固有特性，无法直接将其他机组的样本迁移至新机组上。不同的负荷同样也存在上述问题。然而对于源—荷场景问题，从环境信息到可再生能源出力或负荷特性的映射关系具有一定共性，因此可预先利用相关历史数据构建源任务的模型，并将该模型迁移至新任务上，从而学习环境特征与光伏出力间的非线性映射关系。在此基础上，再利用新累积的运行数据进行再训练，从而产生新源—荷场景。综上所述，本节提出采用模型迁移的方法，将成熟的源—荷场景生成模型迁移至新源—荷场景上，以解决小样本数据问题，该迁移分为离线训练与在线更新两个步骤。

（1）可迁移模型的离线训练。模型迁移的第一步为模型预训练，即为目标任务寻找恰当的源任务，并构建易于迁移的模型。采用深度神经网络作为迁移学习的模型。深度神经网络具有强大的表示能力，能够有效描述环境数据与光伏出力间的非线性关系。此外，深度神经网络具有明确的层级结构，能够逐层提取输入数据中的隐藏映射关系，而这些映射关系通常是相似任务共享的，因此深度神经网络的功能在迁移前后几乎没有变化。预训练的过程无须与实时数据进行交互，可在新机组投运前离线完成。

（2）迁移后的在线更新。模型迁移的第二步为模型迁移后的在线更新，即在新机组投运后，利用运行生成的新数据实时更新模型参数，提高模型性能。

将已有生成模型迁移后，由于各源—荷模型特性有差别，直接对新并网的风电光伏机组和负荷进行预测的预测误差较大，随着时间逐渐累积可用于训练的数据。然而，在每个周期新产生的数据量较少，仅使用该部分数据进行训练时产生过拟合的可能性较高。考虑以上问题，构建模型在线更新方法如图2-22所示。

在每个更新周期中，该方法分为两步：对新数据的学习与全数据集下的微调。第一步，采用本周期内机组及负荷运行产生的新数据进行学习，旨在学习新数据的信息；第二步，在一个更低的学习率下，对机组投运以来的所有数据进行再次学习，微调模型参数，提高模型整体的泛化率。

在机组投运较长时间后，由于总训练轮次越来越多，模型产生过拟合的可能性也将逐渐升高。因而在线更新阶段采用的学习率为

$$\mathrm{lr} = \mathrm{lr}_0 \alpha^T \tag{2-65}$$

式中：lr_0 为学习率的初值；α 为学习率的衰减系数；T 为机组投运的周期数目。

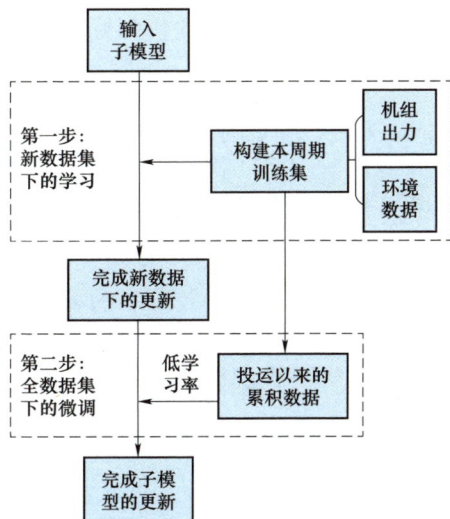

图 2-22　模型在线更新方法

式（2-65）给定的学习率将根据时间推演发生指数衰减。在模型投运初期，子模型的预测误差较高，因此较高的学习率将有助于模型参数迅速向最优值靠近；而在模型投运后期，子模型的预测误差已经接近数据的随机误差，而较低的学习率能够避免因随机误差带来的模型参数剧烈振荡，提高模型的泛化效果。

3. 基于权重最优化的多迁移模型集成

对于单个新投运的小样本机组而言，其周围可能存在多个具有足量历史数据的机组可作为迁移模型使用。因此，可分别对各机组进行离线训练，并将之迁移至小样本机组上。多个已有源—荷场景的预测模型经过迁移后，与新投运机组的独立模型一同构成了用于新投运机组集成预测的模型。然而，该集成模型中各个子模型预测性能差异较大，且将随着设备投运不断更新，对集成方法的限制较大。传统基于学习的集成方法通常要求历史数据量大且子模型的性能表现平均，已不适用于本问题。因此，本节提出权重最优化方法对多个子模型进行集成。

最优权重求解的思想是基于上一时间周期内产生的新数据，以周期内集成预测值的平均绝对误差最小为目标，计算每个子模型的最优权重，并应用在新一个周期的集成模型出力预测中。集成模型在 t 时刻的集成预测结果为

$$P_{f,t} = \sum_{i}^{N} \omega_i P_{f,i,t} \qquad (2-66)$$

式中：ω_i 为第 i 个子模型的权重；$P_{f,i,t}$ 为第 i 个子模型在 t 时刻的出力预测结果；N 为集成预测模型中子模型的个数。

模型一般采用平均绝对误差作为性能评价指标，该集成模型在一个时间周期下的平均绝对误差为

$$P_{\text{MAE}} = \frac{1}{T} \sum_{t}^{T} \left| \sum_{i}^{N} \omega_i P_{\text{f},i,t} - P_{\text{act},t} \right| \tag{2-67}$$

式中：$P_{\text{act},t}$ 为 t 时刻可再生能源设备或负荷的实际出力值；T 为一个时间周期下的数据采样数量。

忽略系数 $1/T$，则周期内平均绝对误差最小的权重为

$$\omega_i = \arg\min_{\omega_i} \sum_{t}^{T} \left| \sum_{i}^{N} \omega_i P_{\text{f},i,t} - P_{\text{act},t} \right| \tag{2-68}$$

考虑到源—荷场景在不同时刻下误差值相互独立，则可将子模型的预测值拆分为真实值部分与误差部分，即

$$P_{\text{f},i,t} = P_{\text{act},t} + \varepsilon_{i,t} \tag{2-69}$$

式中：$\varepsilon_{i,t}$ 为 t 时刻第 i 个的子模型的预测误差。

假设所有子模型权重和为 1，即 $\sum_{i}^{N} \omega_i = 1$，将式（2-69）带入式（2-68），可得最优权重的计算式为

$$\omega_i = \arg\min_{\omega_i} \sum_{t}^{T} \left| \sum_{i}^{N} \omega_i \varepsilon_{i,t} \right| \tag{2-70}$$

该优化问题的约束条件有

$$\omega_i \geqslant 0 \quad \forall i \tag{2-71}$$

$$\sum_{i}^{N} \omega_i = 1 \tag{2-72}$$

需要注意的是，该算法假设所有子模型的权重和为 1，这要求所有子模型的预测结果不应全部高于实际值或全部低于实际值，否则最优权重和应当小于 1 或大于 1。由于预测模型的误差通常以实际值为均值呈现某种随机分布的形式，该情况出现的可能性极小。同时，在线模型更新阶段中，随着模型性能提高，该假设条件对结果产生影响的可能性还将继续降低，因此可忽略该假设对优化问题解的影响。

特别地，进行新模型的第一个时间周期内预测时，无法通过上一时间周期的数据求解最优权重，因而指定所有子模型的权重为

$$\omega_i = 1/N \tag{2-73}$$

最优权重求解方法通过最小化周期内集成预测结果的平均绝对误差，从而求取每个更新周期内各子模型在集成模型中的最佳权重。与 stacking 等需要学

习的集成方法相比，一方面，该方法能够通过权重取 0 来避免性能较差的子模型对总体预测性能产生影响，因而无须要求集成模型中的每个子模型都具有良好的性能；另一方面，子模型在每个时间周期内的预测权重仅与该子模型上一周期的模型预测表现有关，因而能迅速响应各子模型于在线更新阶段的性能变化，避免了集成学习方法带来的过拟合风险。

综上所述，小样本场景出力预测方法流程图如图 2 - 23 所示，分为离线训练、模型迁移、在线更新与集成预测三个步骤。

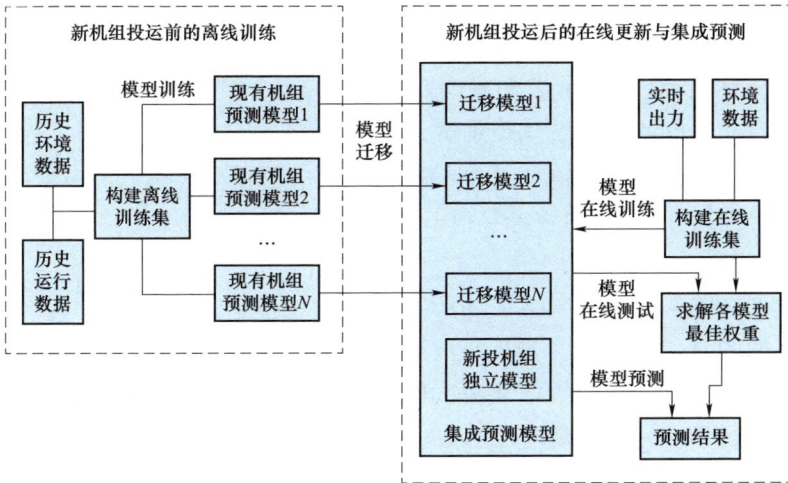

图 2 - 23　小样本场景出力预测方法流程图

（1）离线训练：采集历史环境数据与历史运行数据，构建离线训练集，对已有光伏机组分别构建预测模型并训练。

（2）模型迁移：依据现有机组与新投运机组的联系，将现有机组的预测模型迁移至新机组的预测模型上，构成迁移模型集合。

（3）在线更新与集成预测：在每个更新周期，采集新产生的出力数据与环境数据，构建在线训练集，对迁移模型进行再训练；同时根据上一周期的数据求解各模型的最优权重，计算本周期的集成预测结果。

（五）源—荷日前场景生成算例

1．源—荷日前场景生成结果

本节算例采用 2018—2019 年比利时 Elia 电力运营商提供的风电、光伏和负荷实测数据来仿真交直流系统中源—荷日前场景生成的训练和测试样本，其中包含 2 处风电、3 处光伏和区域负荷数据。训练数据的时间间隔为 1h，共 730 天数据，选择 700 天的数据作为训练集、30 天的数据作为测试集，对

DVAE-CGAN 场景生成方法进行验证，训练前对数据集进行归一化处理。

DVAE-CGAN 的场景生成方法的训练流程如下：

（1）将源—荷历史数据进行归一化处理后输入 DVAE-CGAN 的编码器中。编码器输出均值向量 μ、标准差向量 σ 和条件值 y，与服从标准正态分布的噪声 ε 构成隐变量 z。

（2）将编码器生成的条件值和隐变量 z 输入到生成器中，生成源—荷日前场景。

（3）将源—荷生成场景和历史数据样本输入判别器，判别器对真实样本和生成样本进行判别，并输出判别值。

（4）计算编码器、生成器和判别器的损失函数，采用 RMSprop 优化算法更新网络权重，当网络收敛时结束训练。

（5）提取 DVAE-CGAN 中的编码器和生成器模型，输入历史数据样本到编码器中得到标签值 y，再将标签值 y 和隐变量 z 输入生成网络，生成源—荷日前场景。

通过 DVAE-CGAN 网络训练，生成器损失函数值逐渐减小，表明网络训练收敛，如图 2-24 所示，当训练次数为 400 次左右时，DVAE-CGAN 模型收敛。为验证模型的有效性，从测试集中取一天的源—荷数据作为测试样本，生成源—荷场景。为更直观对比生成源—荷日前场景和真实源—荷数据之间的差异，各类数据均以归一化后的数据进行展示，如图 2-25 所示。从图 2-25 可以看出，生成的源—荷场景无明显波动，曲线的变化趋势与真实数据基本一致，说明区域内 2 组风电场景、3 组光伏场景和负荷场景在时间序列上的出力特征与历史数据保持一致。

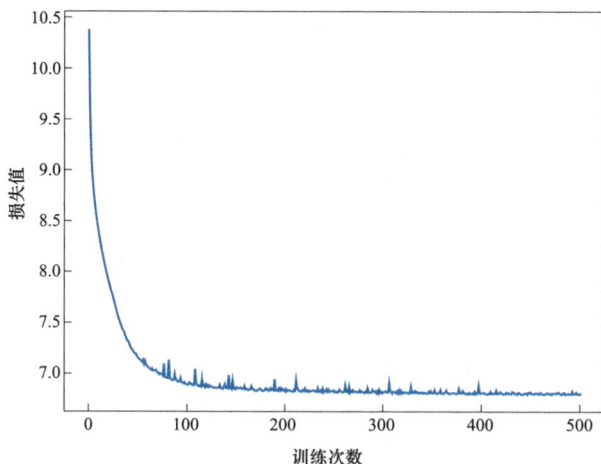

图 2-24 DVAE-CGAN 生成器损失函数

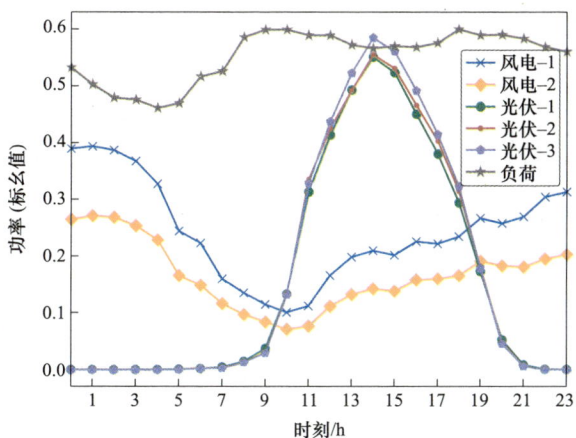

(a) 源—荷历史数据

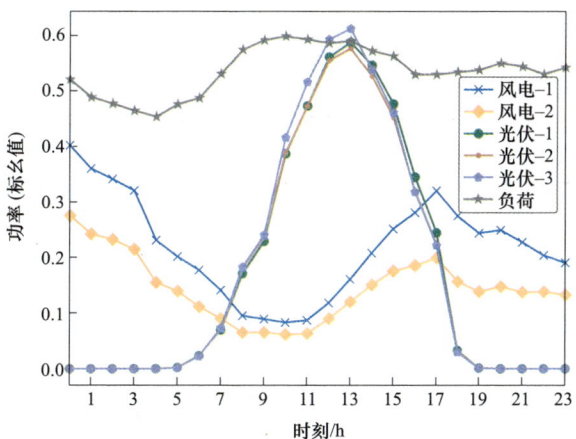

(b) 源—荷生成样本

图 2 – 25　源—荷历史数据与生成样本对比

　　为验证 DVAE – CGAN 源—荷场景生成方法对于不同类型数据的泛化能力，图 2 – 26 给出同类型日前场景生成结果。图 2 – 26 中实线为源—荷历史数据，虚线为源—荷生成样本，可以看出，生成源—荷日前场景的整体趋势与源—荷历史数据基本一致。源—荷历史数据能够较好融合在生成源—荷场景集中，说明本节所提 DVAE – CGAN 模型能够有效生成源—荷场景。

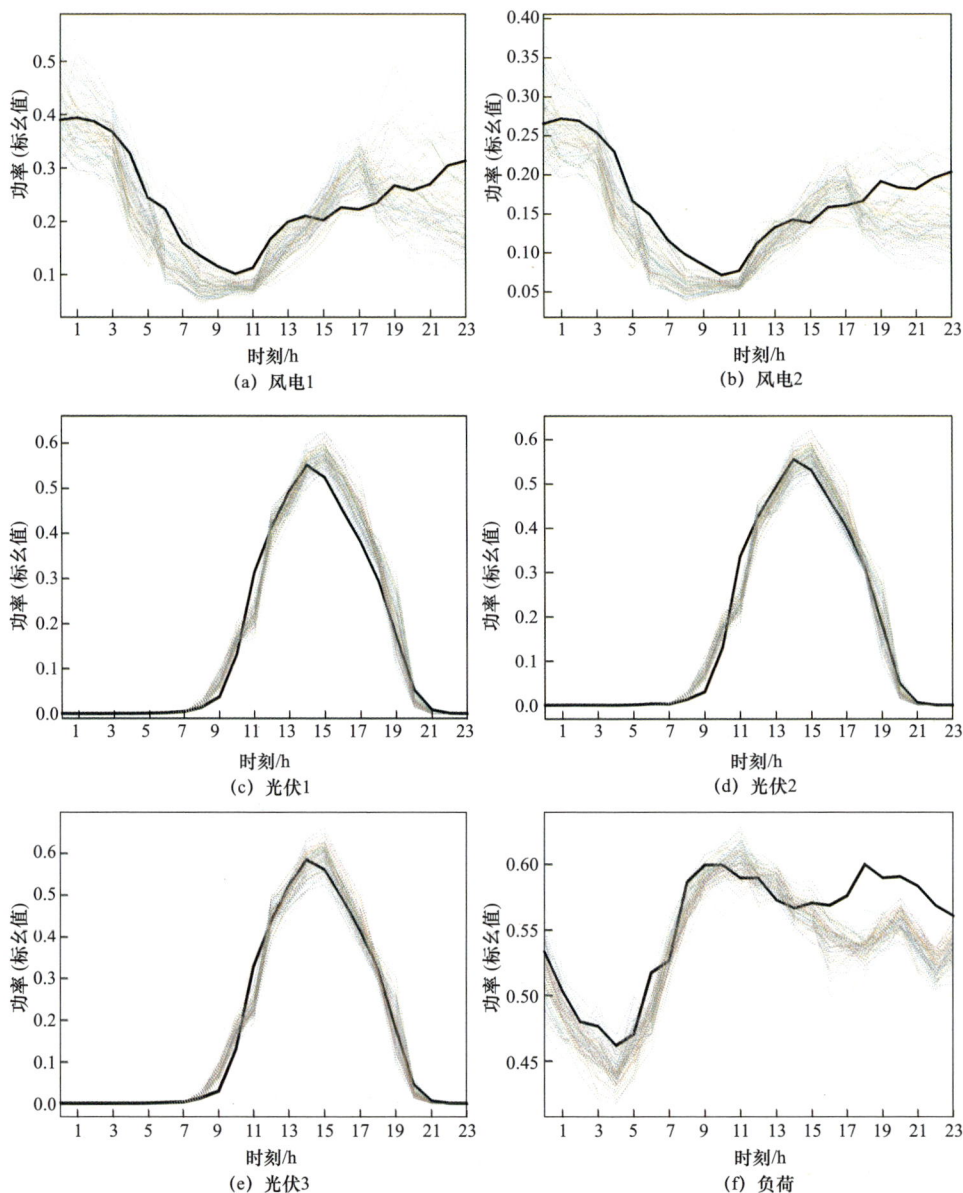

图 2-26 同类型日前场景生成结果

2. DVAE-CGAN 生成方法评价

为验证 DVAE-CGAN 生成模型的有效性，图 2-27 给出了不同类型生成场景和源—荷历史数据的时间间隔在 1~6h 的风电/光伏/负荷场景自相关系数和偏自相关系数，并使用箱形图进行表示。

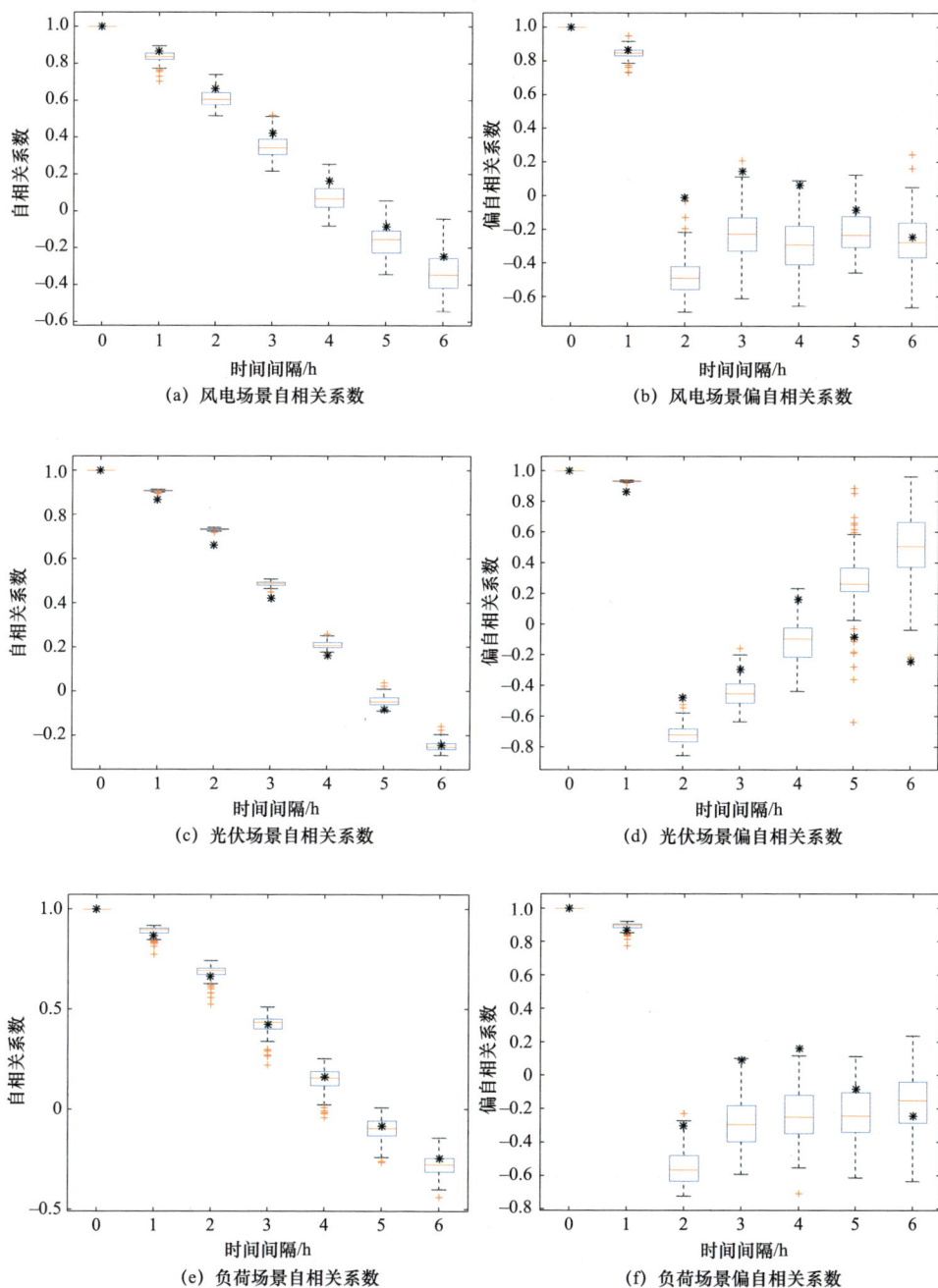

（a）风电场景自相关系数　　　　　　　（b）风电场景偏自相关系数

（c）光伏场景自相关系数　　　　　　　（d）光伏场景偏自相关系数

（e）负荷场景自相关系数　　　　　　　（f）负荷场景偏自相关系数

图 2-27　风电/光伏/负荷场景自相关系数和偏自相关系数

　　图 2-27 中箱形图表示生成的风电/光伏/负荷日前场景相关系数的分布情况，星号表示风电/光伏/负荷实际历史数据的相关关系。从图 2-27 可以看出随

着时间间隔的增大，源—荷场景的自相关系数逐渐减小，当时间间隔大于 2h 时，时刻点之间的偏自相关系数逐渐减小，而在 1h 内有着很强的偏自相关性。因此，DVAE-CGAN 生成的日前场景的相关性系数变化特征和实际数据样本具有较高的一致性，生成的源—荷日前场景具有一定的有效性。

3. 场景生成方法对比

为验证 DVAE-CGAN 生成的源—荷日前场景的准确性，算例选取 500 天生成样本数据，分别计算风电、光伏、负荷场景的覆盖率和功率区间宽度，并与基于 VAE 的场景生成方法进行对比，DVAE-CGAN 与 VAE 指标计算结果如表 2-12 所示。

表 2-12　　　　　　　　　　DVAE-CGAN 与 VAE 指标计算结果

置信度	DVAE-CGAN		VAE	
	覆盖率	功率区间宽度	覆盖率	功率区间宽度
风电场景				
100%	95.32%	298.59	93.45%	287.63
95%	92.73%	257.42	90.36%	249.82
90%	89.16%	206.23	88.03%	216.49
光伏场景				
100%	90.73%	354.71	88.25%	329.83
95%	88.06%	314.80	85.96%	302.75
90%	85.24%	284.79	81.89%	276.54
负荷场景				
100%	84.91%	198.53	83.28%	207.64
95%	81.05%	146.25	80.97%	168.91
90%	78.94%	97.80	78.47%	117.52

从表 2-12 可以看出，当取相同的置信度时，基于 DVAE-CGAN 的场景生成方法生成的风电/光伏/负荷场景的覆盖率更高。当置信区间不同但覆盖率相近时，基于 DVAE-CGAN 的场景生成方法生成的风电/光伏/负荷场景的功率区间宽度更小，例如95%置信度下 DVAE-CGAN 模型生成的光伏场景与100%置信度下 VAE 生成的光伏场景相比，覆盖率相近，但 DVAE-CGAN 模型生成场景的功率区间宽度更小。表明本节所提场景生成模型对于风电/光伏/负荷的不确定性具有更好的表征，能够较为准确地描述交直流系统中源—荷场景的不确定性特性。

DVAE-CGAN 场景生成模型是隐式场景生成模型，无须事先设定概率分布函数，训练好生成模型后，输入源—荷历史数据可得到相应的源—荷生成场景。通过对比分析源—荷生成场景与源—荷历史数据的自相关系数、偏自相关系数，可知 DVAE - CGAN 场景生成模型可以更加有效地描述交直流系统中源—荷的不确定性。通过与 VAE 模型比对生成源—荷场景的覆盖率和功率区间宽度，可得 DVAE - CGAN 生成模型对于交直流系统中源—荷不确定性的描述更加准确。

第三节　交直流分布式可再生能源系统的运行场景约简

场景分析法对不确定性刻画的精确性将直接影响优化结果的可靠性，因此研究可再生能源场景构建方法将有效提升电力系统优化方案的可靠性，从而保障高渗透比例可再生能源电网的合理规划与安全经济稳定运行。可再生能源场景生成的应用主要可分为两大类：① 生成可再生能源随机出力场景应用于电力系统中长期规划；② 结合预测信息生成短期出力场景用于电力系统日前优化调度。场景分析法可分为场景生成和场景约简。场景生成技术需要构建可再生能源出力不确定性模型，并从中提取出初始场景集，而场景约简技术则需要从大量的初始场景中选取少量场景构成经典场景集。生成的源—荷初始场景集无法直接用于交直流系统的随机优化问题中，因为源—荷初始场景集中含有很多相似场景，相似场景对随机优化的结果不会产生太大的影响，但会大大地降低随机优化的计算效率，故需对交直流系统中源—荷初始场景集进行场景约简。

一、场景约简方法介绍

场景分析法是一种针对可再生能源不确定性进行离散化描述的方法，因此构建可再生能源出力不确定性模型是场景生成技术研究的基础，现有研究主要通过物理方法、统计方法及学习方法展开研究。而针对多时间断面的场景一般需要结合场景树法、自回归滑动平均模型、马尔可夫链模型等时间序列构建方法，来刻画可再生能源时序相关性特征。不确定性模型所包含的概率信息无法直接应用于电力系统规划与调度优化问题，因此需要将不确定性模型进行离散化形成场景。通常需要通过抽样方法提取其初始场景集，常用的抽样方法主要有蒙特卡罗抽样法及拉丁超立方抽样法。在场景生成方面，提高不确定性模型的精确性，以及反映可再生能源出力特征，是研究场景生成技术的关键。

通过抽样得到的初始场景集较为庞大，这给后期优化求解带来了巨大的计算量。因此需要将大量初始场景进行约简，保留少数典型场景，以提高其应用于随机优化的效率。现有场景约简方法多为启发式算法，包括 K-medoids 聚类算法、K-means 聚类算法、选择消减法、数学规划法。在场景约简方面，提高约简前后场景集之间的概率分布相似性是研究的关键。

对于电力系统随机优化问题求解，若经典场景集数量过少，解的质量就会下降，从而导致优化结果承担的风险增加。反之若经典场景集数量过多，虽然能保证解的精确性，但随机优化的计算规模会变大，求解效率降低。因此聚类数的大小会直接影响场景技术应用在电力系统中的可靠性与计算效率，所以需要对场景聚类数进行有效性分析。

总体而言，国内外学者已开展了可再生能源场景分析法的大量研究，针对场景生成、场景约简、聚类有效性研究有了一定的基础。但近年来随着可再生能源并网的渗透率不断提高，以及人工智能技术的发展，如何构建更精准更高效的可再生能源场景引起了学术界的广泛关注。

场景约简问题可以从约简方法及聚类有效性分析两大方面展开研究，场景约简技术分类如图 2-28 所示。

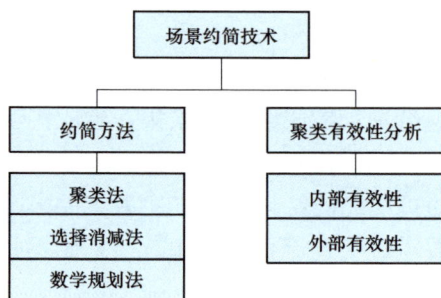

图 2-28 场景约简技术分类

（一）时间序建模研究现状

1. 聚类法

聚类分析一般会按照一定的距离测度对研究数据集进行分类，聚类过程中使得在同一个类内的样本具有尽量大的相似性，而在不同类中的样本具有尽量大的差异性。在迭代过程中通过某一准则更替聚类中心，并以规定的距离测度对数据再次进行分类。

聚类法中最常见的算法是 K-medoids 聚类算法与 K-means 聚类算法，其区别在于 K-means 算法的中心选择是对类内样本求取均值，生成一个新的样本，而 K-medoids 聚类算法是选择类内的中心样本。聚类算法实现过程简单，在处理大型数据集时效率高。聚类法在面对几何分类明显的样本集时，其聚类中心选择较为精确，场景约简效果较好。而聚类法在面对几何分类不明显的样本集时，其中心的选择精度将下降。

2. 选择消减法

选择消减法主要包括前向选择法和后向选择法两类。选择消减法主要是通过概率距离确定需要消减或保留的场景，通过迭代来不断消减和提取出新的场景，直到剩余的场景数满足要求。选择消减法有多种不同计算方法，各种算法在基本算法的基础上做了进一步改进和优化，如采取不同的判定方式消减与保留场景。有研究提出以距离最小作为场景约简目标，或在场景约简过程引入约简前后场景集之间的相关性损失来引导场景选择。

3. 数学规划法

随着计算机性能的不断提升，面对中小规模的场景约简问题，可通过构建混合整数线性规划来进行求解。如考虑不确定性因素的边缘概率分布约束构建混合整数线性规划（mixed-integer linear programming，MILP）场景约简模型，该模型适用于不确定性因素有着确定的状态且没有耦合的情况下，较适用于单一时刻场景约简。以约简前后场景集之间的 Wasserstein 距离最小为目标函数，并增加了对极限场景的选取约束，构建场景约简 MILP 模型。

数学规划法的优点是通过运筹学方法求解能够获得场景约简最优解。数学规划法比启发式算法有着更好的收敛性，不会陷入局部解。在中小规模场景约简中进行最优场景约简求解有着很好的应用前景，但数学规划法对计算要求较高，在大规模的场景约简问题中计算效率将有明显下降。

（二）聚类有效性研究现状

现有聚类有效性分析方法多数使用内部有效性指标，内部有效性指标主要基于场景集的几何结构信息，从紧致性、分离性、连通性和重叠性等方面对聚类效果进行评价。内部场景集主要来源于统计学指标，在电力场景中应用较多的有方差比（Calinski Harabasz, CH）指标、概率分布差异度指标、戴维斯－波尔丁指数（Davies Bouldin, DB）指标等。而外部有效性指标主要对可再生能源场景集的自身特性进行分析，一般聚类有效性分析会通过拐点法获得最佳聚类数。

斯坦福提出了间隔统计量（gap statistic, GS）指标用于聚类有效性评价，其通过特征场景集与随机场景集在聚类过程中距离指标差异最大化对最佳聚类数做出选择。而针对电力系统场景外部有效性指标的研究较少，研究表明，场景约简过程会对可再生能源场景输出不确定性和场景波动幅度造成一定损失，会对电力系统随机优化解造成一定影响。几何特性指标有着对噪声场景敏感的特点，较适用于分类明显的场景集。而电力系统场景有着黏连性强、几何分类不明显的特征。因此采用单一几何特性指标对电力系统场景分析不能全面地反映其聚类的有效性，并且未考虑电力系统场景集固有特征的损失，分析存在一定的片面性。

二、基于 Wasserstein 距离的场景约简技术

通过场景生成得到的初始场景集会给随机优化求解带来巨大的计算量，因此需要进行场景约简保留少数典型场景，以提高其应用于随机优化的效率，但现有场景约简研究仍存在以下问题：

（1）现有场景约简方法多为启发式算法，其只能针对场景约简问题进行近似求解，并且启发式算法容易受到场景集几何结构的影响，针对不同类型的样本约简效果也不一致，部分聚类算法对初始聚类点的选择有着不可控的特性，因此启发式算法求解不稳定且适用性不强。

（2）现有几何特性聚类有效性分析方法不适合用于时序性电力系统场景集约简，其缺少对电力系统场景特征的分析，亟须构建能有效反映电力系统场景特征的聚类有效性指标体系。

电力系统随机优化中使用更多的是时序场景，相较于单一时刻场景，时序性场景往往需要更多的场景数才能精确描述其包含的不确定性因素，这就给后期优化求解带来了更大的计算量。场景约简将选择少量且具有代表性的经典场景代替初始场景集。场景约简提高了随机优化问题求解的效率，但同时也给随机因素的概率分布引入了损失，从而影响随机优化的结果，因此兼顾计算效率和拟合精度是研究场景约简技术的主要目标。如何精确、高效地对场景约简问题求解是场景约简技术的核心目标。

鉴于上述问题，本节分析了场景约简与随机优化之间的关系，指出 Wasserstein 距离可以衡量场景约简对于随机优化结果的影响，因此提出了基于 Wasserstein 概率距离的场景约简 0－1 规划模型，并且根据电力系统场景特性及场景集几何结构特性构建聚类有效性指标体系，通过多方面特征分析确定最佳聚类数，进行可再生能源场景约简。

（一）基于 Wasserstein 距离的场景约简分析

场景的生成与约简过程均是为后续随机优化问题构建精确的输入边界条件，而对于场景约简最主要的目标是为了提升随机优化的计算效率。但初始场景集经过约简后对随机优化求解结果必然会产生影响，如何去衡量这个影响来引导场景约简是其核心目标，在此考虑一个随机优化问题

$$\min E_p f(w,x) = \int f(w,x) P(\mathrm{d}w) \tag{2-74}$$

式中：w 为随机变量；x 为决策变量。

在随机优化稳定性理论领域已有学者对此进行了研究，针对随机优化问题，给出了 ζ 描述两个概率分布之间对于随机优化问题影响的差异。ζ 为结构概率测度（probability metrics with ζ – structure），其数学表达式为

$$d_F(P,Q) = \sup | \int f(w) P(\mathrm{d}w) - \int f(w') Q(\mathrm{d}w') | \tag{2-75}$$

而 ζ 结构概率测度满足

$$d_F(P,Q) \leqslant \hat{\mu}_c(P,Q) = \inf\{\int c(w,w') \, \mathrm{d}(w,w')\} \tag{2-76}$$

式中：$\hat{\mu}_c(P,Q)$ 为康托洛维奇（Kantorovich）泛函，如果概率分布 P 与 Q 的 ζ 结构概率测度能够等于其 Kantorovich 泛函，那么约简后的概率分布 Q 求得的随机优化模型的最优值与未约简的原始概率分布 P 求得的随机优化模型的最优值是最接近的，其中 sup 为上确界函数，inf 为下确界函数。

可以发现，$\hat{\mu}_c(P,Q)$ 即为对于分布间 Wasserstein 距离的定义，因此场景约简的目标与场景生成的目标具有相似性，但并不完全一致。在场景生成的过程中，通过 Kantorovich – Rubinstein – Wasserstein 距离来拟合生成样本与真实样本之间的概率距离，保证其不确定性建模精确性。而在场景约简过程中，提取简化的样本分布 Q 来对原随机问题进行近似求解，通过 Wasserstein 距离来衡量其样本间差异使随机优化结果最为接近。两者不同的是在场景生成问题中，其 Wasserstein 距离求解为两个已知分布之间的距离。而场景约简中，约简后的概率分布 Q 是未知的。因此场景约简问题可以理解为，对概率分布 P 求取 Kantorovich 泛函最小化的概率分布 Q。

在场景约简这个问题中，Wasserstein 距离求解过程等价为一个线性规划问题，而概率分布 Q 的选定又为一个寻优过程。因此场景约简问题是一个典型的 NP – hard 问题，对其求解通常基于众多的启发式算法。聚类算法有着初始聚类点的选择不可控的特性，选择消减法前一保留（消减）的选择会影响后续的保留（消减）的过程。现有的启发式算法都会受到场景集几何结构特性的影响，运用于不同类型的场景下，不同启发式算法有着不同的优缺点。启发式算法容易陷入局部解而导致其适用性不强，因此需要构建适用性更强的场景约简方法，随着计算机计算能力的不断提高，针对中小规模场景约简方法可设计合理的线性规划模型进行最优化求解，而针对大规模场景仍需要开发通用性更强的约简算法对其进行求解。

在本节中考虑存在初始场景集概率分布 S 与经典场景集概率分布 S'，场景约简过程可视为使用经典场景集概率分布 S' 对初始场景集概率分布 S 进行拟

合的过程，通过生成初始场景集后概率分布 S' 是已知的。在定义场景间距离测度 $d(x_1, x_2)$ 后，使用 Wasserstein 距离即可描述两个场景集分布之间的距离。通过寻找满足聚类数条件且与初始场景集 Wasserstein 距离最小的一组场景集，即可得到经典场景集。因此本节以 Wasserstein 距离最小为目标，设计场景约简线性规划模型，以寻求场景约简的最优解。

（二）场景约简模型

1. 场景集间 Wasserstein 距离

Wasserstein 距离可直接用于描述两个已知离散概率分布之间的距离。在此考虑对初始场景集 S 与经典场景集 S' 之间的距离进行描述，假设经典场景集中的场景均取自初始场景集中，因此 S' 是 S 的一个非空子集。场景与之对应的离散概率可由离散概率分布 $P = \{(s_i, p_i), i \in S\}$ 与 $P' = \{(s_{i'}, p_{i'}), i' \in S'\}$ 表示，其中，s_i 为第 i 个场景，p_i 为场景 s_i 发生的概率，场景离散概率需满足 $\sum_{i \in S} p_i = 1$，以及 $\sum_{i' \in S'} p_{i'} = 1$。因此初始场景集与经典场景集之间的 Wasserstein 概率距离可由 LP 模型表示为

$$W(P, P') = \min_{\{\eta_{i,i'} \geq 0\}} \sum_{i \in S, i' \in S'} \eta_{i,i'} c(s_i, s_{i'})$$

$$\text{s.t.} \quad \sum_{i \in S} \eta_{i,i'} = p_{i'} \quad \forall i' \in S' \qquad (2-77)$$

$$\sum_{i' \in S'} \eta_{i,i'} = p_i \quad \forall i \in S$$

式中：$W(\cdot)$ 为 Wasserstein 距离计算函数；$c(s_i, s_{i'})$ 为场景 s_i 与场景 $s_{i'}$ 之间的距离测度；$\eta_{i,i'}$ 为概率分配决策变量。约束条件为概率分配决策变量 $\eta_{i,i'}$ 需满足 p_i 与 $p_{i'}$ 的边缘概率分布，即初始场景分配出去的概率之和等于该初始场景的概率，而经典场景的概率等于分配至该经典场景的概率之和。

本节中多维场景间的距离测度 $c(s_i, s_{i'})$ 采用欧氏距离进行描述，即

$$c(s_i, s_{i'}) = \sqrt{\sum_{t=1}^{T} (s_i^t - s_{i'}^t)^2} \qquad (2-78)$$

式中：s_i^t 为场景 s_i 在 t 时刻的值；$s_{i'}^t$ 为场景 $s_{i'}$ 在 t 时刻的值。

场景集间的 Wasserstein 距离越小，表明场景集之间概率分布越接近。因此场景约简模型的目标是在给定场景数的情况下，从初始场景集中选择对应数量的场景，并分配离散概率值，构成经典场景集，尽可能使其与初始场景集之间的 Wasserstein 概率距离最小。因此可将场景约简模型视为一个经典的选址–分配双层问题，即下层问题对经典场景做出选择，上层问题针对经典场景集进行

最优概率分配，求取该场景选择下的 Wasserstein 距离。

在场景约简问题中，经典场景集概率分布 P' 是待求的未知量，通过模型式（2-79）可知经典场景的边缘概率 $p_{i'}$ 可通过上层问题求取 Wasserstein 距离而分配的联合概率密度来描述。

$$p_{i'} = \sum_{i \in S} \eta_{i,i'} \quad \forall i' \in S' \qquad (2-79)$$

因此上层问题可通过模型式（2-79）剔除经典场景边缘概率 $p_{i'}$ 的约束得到，即

$$W(P,P') = \min_{\{\eta_{i,i'} \geq 0\}} \sum_{i \in S, i' \in S'} \eta_{i,i'} c(s_i, s_{i'})$$
$$\text{s.t.} \sum_{i' \in S'} \eta_{i,i'} = p_i \quad \forall i \in S \qquad (2-80)$$

式中：$\eta_{i,i'}$ 表示场景集之间的概率分配。在选定经典场景集的情况下，初始场景始终会分配至与其距离测度最小的经典场景中，以保证其引入的概率距离（Wasserstein 距离）值最小，这种分配方式被称为最优分配规则。概率分配决策变量 $\eta_{i,i'}$ 在模型中为连续实数变量，使用大量连续变量会导致模型求解效率低下。根据最优分配规则可知，任意一初始场景概率仅会分配至一个被选中的经典场景，且该场景与其距离测度最小，不会出现将一场景概率值分配至多个经典场景中的情况。因此 $\eta_{i,i'}$ 变量在求解结果中仅会出现两种值 $\eta_{i,i'} = p_i$ 或 $\eta_{i,i'} = 0$。对约简模型引入一组 0-1 分配决策变量 $x_{i,i'}$，用 $p_i x_{i,i'}$ 代替概率分配决策变量 $\eta_{i,i'}$ 进行模型简化。当 $x_{i,i'} = 1$ 时，表示场景 s_i 被分配至场景 $s_{i'}$；当 $x_{i,i'} = 0$ 时，表示场景 s_i 未被分配至场景 $s_{i'}$。因此，上层问题模型可以转化为如式（2-81）所示，约束可理解为每个初始场景仅可被分配至一个经典场景中。

$$W(P,P') = \sum_{i \in S, i' \in S'} p_i x_{i,i'} c(s_i, s_{i'})$$
$$\text{s.t.} \sum_{i' \in S} x_{i,i'} = 1 \quad \forall i \in S \qquad (2-81)$$

对于下层问题，需要在已知聚类数的情况下对经典场景进行选择。在此引入第二组 0-1 场景选择变量 k_i 来描述对初始场景集中场景的选择状态。下层问题的模型为

$$\sum_{i \in S} k_i = K \qquad (2-82)$$

式中：K 为经典场景个数，即最佳聚类数，其需通过场景聚类有效性分析得到。$k_i = 1$ 时表示场景 s_i 被选中作为经典场景集，反之 $k_i = 0$ 时表示场景 s_i 未被选中。

上层问题的概率分配是建立在下层场景选择确定的基础上，因此下层问题对上层问题存在分配约束，在场景约简模型中初始场景概率仅可被分配至选中

的场景中去，即 $k_i=1$。对于未被选中的场景是不能进行概率分配的，因此需要考虑分配决策变量 $x_{i,i'}$ 与场景选择变量 k_i 之间的关系。在此通过图 2-29 所示的 0-1 变量矩阵示意图更直观地反映 k_i 与 $x_{i,i'}$ 之间的分配关系。

$$\boldsymbol{X}_{i,i'} = \begin{bmatrix} x_{1,1} & x_{1,2} & x_{1,3} & \cdots & x_{1,N_1} \\ x_{2,1} & x_{2,2} & x_{2,3} & \cdots & x_{2,N_1} \\ x_{3,1} & x_{3,2} & x_{3,3} & \cdots & x_{3,N_1} \\ \vdots & \vdots & \vdots & \ddots & \vdots \\ x_{N_1,1} & x_{N_1,2} & x_{N_1,3} & \cdots & x_{N_1,N_1} \end{bmatrix}$$

$$\boldsymbol{K}_i = \begin{bmatrix} k_1 & k_2 & k_3 & \cdots & k_{N_1} \end{bmatrix}$$

图 2-29　0-1 变量矩阵示意图

假设初始场景集中有 N_1 个场景，通过图 2-29 可将 $x_{i,i'}$ 表示为一个 (N_1, N_1) 的 0-1 变量。k_i 为一个 $(1, N_1)$ 的 0-1 变量矩阵。当场景 s_i 被选中时，$k_i=1$，其对应列的决策变量 $x_{i,i'}(\forall i' \in S')$ 才可取 1 进行场景分配，分配遵循最优分配原则。若 i 场景未被选中时 $k_i=0$，则对应列的变量 $x_{i,i'}(\forall i \in S)$ 恒为 0。通过上述变量矩阵之间关系的描述，需要对模型引入式（2-83）所示的逻辑约束，以保证上下层问题的耦合

$$x_{i,i'} \leqslant k_i \quad \forall i,i' \in S \tag{2-83}$$

约束式（2-83）的含义是初始场景仅可分配至选中的场景，不能分配至未被选中的场景。

2. 场景约简 0-1 规划模型

通过上述建模分析，结合上层问题模型式（2-81）、约束式（2-82）和式（2-83）即可得到场景约简模型。由于上层问题模型中 S' 是待求未知量，并不能直接用于构建模型。在考虑场景选择分配后，加入了场景选择约束式（2-82）与分配约束式（2-83），当 $i' \notin S'$ 时，$x_{i,i'}(\forall i \in S)$ 恒为 0，其并不会影响目标值，因此可将上层问题中 $i' \notin S'$ 松弛为 $i' \in S$，松弛后即可得到场景约简 0-1 规划模型，即

$$\min f = \sum_{i,i' \in S} p_i x_{i,i'} c(s_i, s_{i'})$$

$$\text{s.t.} \quad \sum_{i \in S} k_i = K$$

$$\sum_{i' \in S} x_{i,i'} = 1 \quad \forall i \in S \tag{2-84}$$

$$x_{i,i'} \leqslant k_{i'} \quad \forall i,i' \in S$$

本节所提出的基于 Wasserstein 距离的场景约简 0−1 规划模型中包含 $x_{i,i'}$ 与 k_i 两类 0−1 变量。对该场景约简模型进行求解后，可得到最优场景分配值 $x_{i,i'}$ 以及最优场景选择值 k_i，根据式（2−80）对 $\eta_{i,i'}$ 进行转换，可得到经典场景概率 $p_{i'}$ 的计算公式为

$$p_{i'} = \sum_{i \in S} p_i x_{i,i'}, \quad \forall i' \in S \qquad (2-85)$$

$p_{i'} > 0$ 表示该场景被选中；$p_{i'} = 0$ 表示该场景未被选中。

（三）场景聚类有效性分析

在场景约简技术中，聚类数的大小对场景约简结果有着不可忽视的影响，但如今诸多研究中针对聚类有效性的分析并不完善。在电力系统随机优化问题求解中，若经典场景集中场景数太小，场景集对不确定因素的描述就会不准确，从而影响随机优化的结果，在对电力系统规划及调度进行研究中，可能会导致系统运行承担的风险增加。反之，若经典场景集中场景数过大，虽能保证解的精确性，但作为边界条件输入随机优化，其计算量会变大、求解效率降低。因此，聚类数的大小会直接影响场景技术应用在电力系统中的可靠性与计算效率，所以需要进行场景聚类有效性分析，制定相关聚类有效性指标来确定最佳聚类数。

现有的聚类有效性分析方法在场景几何分类明显的情况下有着较好的效果。因为现有聚类有效性分析方法多数使用内部有效性指标，内部有效性指标主要基于场景集的几何结构信息，从类内紧致性、类间分离性等方面对聚类效果进行评价。但电力系统场景有着分类不明显、场景黏连程度大的特点，几何结构特性模糊，可以说多数电力系统场景集并没有明显的几何分类现象。使用内部有效性指标对电力系统场景进行分析，往往并不能获取有效的最佳聚类数，并且缺少对电力系统场景自身特性损失的分析。因此，本节根据场景集几何结构特性以及电力系统固有特性给出两类指标。第一类为内部有效性指标，其主要反映场景集聚类的几何结构特征，从类内紧致性与类间分离性两方面体现；第二类为外部有效性指标，从电力系统场景集的自身特性进行提出，保证在聚类有效性分析中体现可再生能源出力特征的损失情况。

功率大小与功率波动大小是电力系统时序场景中两个关键性的因素。功率大小能够反映可再生能源出力水平，以保障电力系统中的功率守恒，而功率波动大小在电力系统中对机组功率爬坡以及储能充放电功率具有一定的影响。本节中所述的功率波动大小以相邻时刻功率大小的差值表示为

$$\Delta P = P(t+1) - P(t) \qquad (2-86)$$

式中：ΔP 为功率波动；$P(t)$ 为 t 时刻功率。

场景分析法在电力系统中主要有两大类应用情况：① 电力系统中长期规划设计；② 电力系统短期优化调度。短期优化调度中主要涉及日前型场景，可再生能源日前型场景可理解为由预测值与预测偏差量两部分组成，预测值引导着可再生能源出力的总体趋势，而不同的预测偏差量给出力大小引入了不确定性，但预测偏差量对于出力的总体趋势影响不大。日前型场景功率波动大小主要来源于预测值，总体趋势对于功率波动影响较大，预测偏差量对功率波动大小的影响较小。而中长期型场景在电力系统规划设计中更多考虑的是功率大小，而较少考虑功率波动大小的影响。在场景约简过程中，其场景集覆盖的功率区间会逐渐减小，因此外部有效性指标由场景功率大小的不确定性体现。

本节共给出了三个聚类有效性指标，其中类内紧致性指标与类间分离性指标属于内部有效性指标，而功率大小不确定性指标属于外部有效性指标，各个指标的含义及计算公式如下所示。

1. 类内紧致性（class compactness，CC）指标

Wasserstein 距离引导场景集间进行最优化分配，因此场景集中的类内紧致性可通过 Wasserstein 距离大小来描述。在相同聚类数情况下 Wasserstein 距离的最优性由场景约简模型的目标函数保证，并且随聚类数的增大，Wasserstein 距离呈现逐渐下降的趋势，没有明显的拐点。因此取 Wasserstein 距离随聚类数增大的下降速率作为聚类有效性指标，对场景集类内的紧致性变化情况进行衡量。

$$CC = f(K-1) - f(K) \qquad (2-87)$$

式中：CC 为类内紧致性指标；K 为聚类数；$f(K)$ 为聚类数为 K 时经典场景集与初始场景集之间的 Wasserstein 距离。

2. 类间分离性（class separability，CS）指标

类间分离性指标由每个聚类中心到中心场景的距离测度之和表示，其描述着经典场景集类间的分离性。随着聚类数的增加逐渐增大，场景类间越稀疏，则类间分离性指标越大，当聚类数过大时，类间分离性会趋于平缓，出现拐点，当类间分离性增长趋于平缓时，说明存在分类间过于紧密，这将减小场景约简的意义。

$$CS = \sum_{i \in S, i \in S'} p_i c(s_i, s_c) \qquad (2-88)$$

式中：CS 为类间分离性指标；s_i 为第 i 个经典场景；p_i 为经典场景概率；s_c 为初始场景集的中心场景，中心场景为初始场景集中与各场景距离之和最小的场景，可由式（2-89）得到。

$$d_{sc} = \min\{\sum_{i \in S} c(s_i, s_c), \forall c \in \boldsymbol{S}\} \qquad (2-89)$$

式中：d_{sc} 为场景集中所选中心场景与各场景距离之和最小值。

3. 功率大小不确定性（uncertainty，UN）指标

功率大小不确定性是影响电力系统随机优化的重要因素。由于场景约简时场景集间的距离测度采用欧式距离来衡量，其并不能反映场景集功率大小的不确定性。随着场景约简，极端场景减少，场景集覆盖的功率区间将缩小。当场景数过少时，其经典场景集覆盖的功率区间将明显小于初始场景集所覆盖的功率区间，因此以功率区间大小来描述功率大小的不确定性，即

$$P^{UN} = \sum_{i' \in S'} p_{i'} \sum_{t=1}^{T} |P_{i'}(t) - \overline{P(t)}| \qquad (2-90)$$

式中：P^{UN} 为功率大小不确定性指标；$P_{i'}(t)$ 为经典场景集 $s_{i'}$ 在 t 时刻的功率值；$\overline{P(t)}$ 为初始场景集功率平均值场景在 t 时刻的功率值。

针对以上给出的指标，通过拐点法（elbow method）可以分别得到三种指标对应最佳聚类数。为了能从电力系统场景几何结构特性以及自身特性等方面，更全面地描述场景聚类的有效性，研究取各个指标对应最佳聚类数中的最大值作为场景约简的最佳聚类数，以保证所选场景能同时满足内部、外部特性，即

$$N_2 = \max\{N_{2CC}, N_{2CS}, N_{2UN}\} \qquad (2-91)$$

式中：N_2 为最佳聚类数。

场景约简过程的具体流程如图 2-30 所示，首先对初始场景集在一定聚类数区间内进行聚类有效性分析，以确定场景约简的最佳聚类数，其次依据确定的最佳聚类数进行场景约简计算，获得经典场景集及经典场景概率。

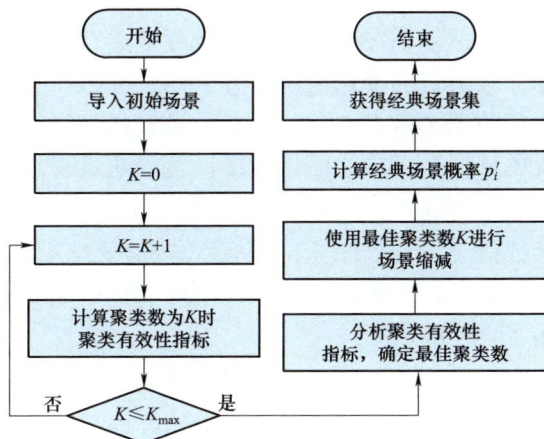

图 2-30　场景约简流程图

（四）可再生能源场景约简应用

可再生能源场景约简算例在 MATLAB 2017a 环境下验证，对 0－1 规划模型调用 CPLEX12.7 求解，计算机 CPU Intel Core i7 4790 3.60GHz，内存 32G DDR3。

1. 可再生能源场景约简

日前场景约简能够更直观地展现约简后经典场景集对可再生能源不确定性的描述。场景约简仿真算例基于训练完成后的 CGAN 生成风电日前场景集，以爱尔兰岛 2010 年 2 月 2 日的风功率预测值为基础，生成 300 个风电初始场景集，如图 2－31 所示，作为日前场景约简的输入条件。

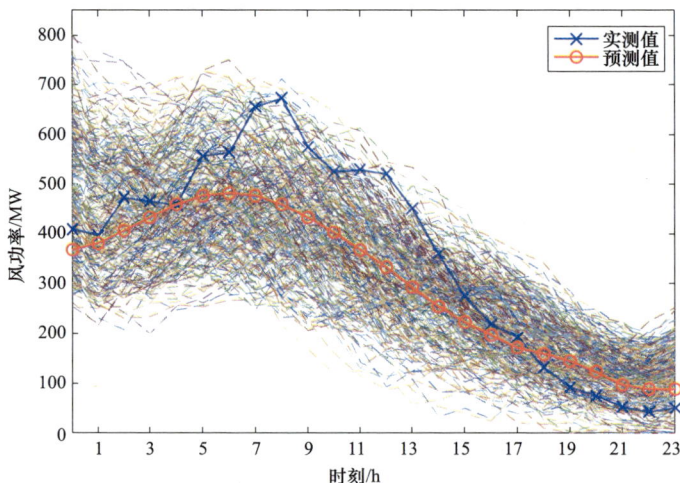

图 2－31　风电初始场景集

采用聚类有效性指标体系对初始场景集进行聚类有效性分析，计算分析三种聚类有效性指标随聚类数的变化情况。图 2－32 为 CC、CS、UN 三种聚类有效性指标值标幺化后随聚类数在 0～20 变化的场景约简指标图。

根据图 2－32 场景约简指标的变化情况，可以通过拐点法获取合理的聚类数，在此对三种指标分别取 $N_{2CC}=4$，$N_{2CS}=6$，$N_{2UN}=6$。为保证约简场景集能够包含多方面特征信息，选择 $N_2=6$ 作为最佳聚类数，代入场景约简 0－1 规划模型，对初始场景集进行约简，并计算各个经典场景的概率值。约简后的风电经典场景集如图 2－33 所示。

图 2－33 中给出了 6 个日前风电经典场景情况及当天风电预测－实测风电数据，可以看到约简后的 6 个日前风电场景能较好地反映实测与预测之间的偏差范围以及功率波动情况，验证了本节所提场景约简方法的有效性。

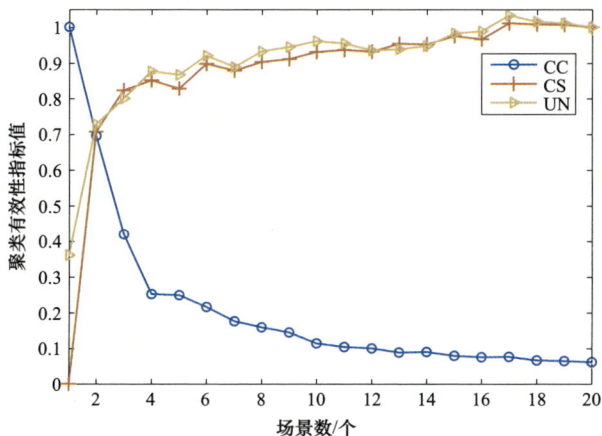

图 2-32　场景约简指标

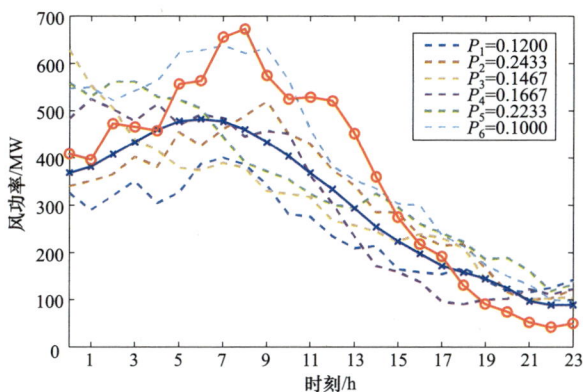

图 2-33　约简后的风电经典场景集

2. 方法对比

在电力系统时序场景中，日前型场景集与中长期场景集在几何结构上有着不同的特点，为验证场景约简模型的适用性，在此针对两类场景约简进行仿真分析。将本节所提出的 0-1 规划模型与传统的四种场景约简方法（K-means、K-medoids、FFS、SBR）对两类场景进行仿真比较，比较各种方法的拟合精度、适用性与计算效率。

在对比方法中 K-means、K-medoids 聚类法算法流程较为固定，在此不做过多的论述。而 FFS 与 SBR 算法的改进方法较多，其效果也各有差异，多数改进算法降低了场景选择判据的计算复杂度，以提升计算效率，但会降低约简精确性。在此采用 FFS 及 SBR 的算法流程进行仿真，FFS 与 BRS 的场景选择流程与判据如下所示：

（1）快速前向选择法（fast forward selection，FFS）。

Step1：$J^{[0]} = \{1, \cdots, N\}$

Step2：$u_i = \min\limits_{u \in J^{[i-1]}} \sum\limits_{k \notin J^{[i-1]} \setminus \{u\}} p_k \min\limits_{k \notin J^{[i-1]} \setminus \{u\}} c(s_k, s_j)$

Step3：$J^{[i]} = J^{[i-1]} \setminus \{u_i\}$

（2）同步回代消减法（simultaneous backward reduction，SBR）。

Step1：$J^{[0]} = \varnothing$

Step2：$l_i = \min\limits_{l \notin J^{[i-1]}} \sum\limits_{k \in J^{[i-1]} \bigcup \{l\}} p_k \min\limits_{j \in J^{[i-1]} \bigcup \{l\}} c(s_k, s_j)$

Step3：$J^{[i]} = J^{[i-1]} \bigcup \{l_i\}$

式中：s_k 和 s_j 为第 k 个和第 j 个场景；p_k 为离散场景概率；$c(\cdot)$ 为距离测度。

上述 FFS 及 SBR 算法流程中，J 均为弃用集。FFS 算法初始化时将所有场景均放置在弃用集中，每次从弃用集中挑选出代表场景 u_i 放入经典场景集，并从弃用集中删除挑选出的场景。而 SBR 算法初始化时弃用集 J 为空集 $\varnothing$，每次从初始场景集中挑选出弃用场景 l_i 放入弃用集中。因此若针对初始场景数为 N_1 的场景集约简至 N_2 个经典场景的问题，FFS 算法需要循环挑选场景 N_1 次，而 SBR 算法需要循环挑选场景（$N_1 - N_2$）次。

在算例仿真中长期型初始场景直接选用爱尔兰岛风功率历史数据。五种场景约简方法的目标均为场景集之间概率距离最小（即 Wasserstein 距离最小），因此可通过经典场景集与初始场景集之间的 Wasserstein 距离对五种约简方法进行比较。通过本节提出的聚类有效性指标取得最佳聚类数后，对两类不同的初始场景集进行约简，给出场景约简时间与 Wasserstein 距离进行比较。由于 K-means 与 K-medoids 算法在初始点选取上具有随机性，存在着不稳定性，仿真中给出两次仿真结果。其中涉及 CPLEX 求解时 mipgap 设置为 0.01，threads 设置为 1。日前型场景约简计算结果和长期型场景约简计算结果分别如表 2-13 与表 2-14 所示。

表 2-13   日前型场景约简计算结果

约简方法	300 个初始场景（K=6）		500 个初始场景（K=8）		800 个初始场景（K=10）	
	计算时间/s	目标函数值	计算时间/s	目标函数值	计算时间/s	目标函数值
0-1 规划	4.05	319.657	27.44	308.294	140.52	301.673
K-means	1.40/1.32	336.217/341.706	2.00/2.05	321.982/321.780	3.18/3.12	311.195/315.330
K-medoids	1.24/1.20	332.436/328.147	1.82/1.78	319.762/328.724	2.49/2.28	312.727/314.106
FFS	0.53	319.657	0.75	312.542	1.54	307.431
SBR	7.63	327.327	119.82	314.998	1015.73	304.348

表 2–14 　　　　　　　　　　　　　　长期型场景约简计算结果

约简方法	300 个初始场景（$K=5$）		500 个初始场景（$K=10$）		800 个初始场景（$K=14$）	
	计算时间/s	目标函数值	计算时间/s	目标函数值	计算时间/s	目标函数值
0–1 规划	2.74	519.440	30.09	484.412	102.01	512.117
K–means	1.78/1.68	549.183/523.640	2.52/2.50	540.202/519.900	3.77/3.93	550.402/548.581
K–medoids	1.47/1.51	542.443/525.536	1.94/1.93	539.436/503.592	2.62/2.59	546.806/535.296
FFS	0.72	551.453	1.01	502.696	2.19	527.537
SBR	14.54	544.843	171.84	504.712	1260.61	528.345

　　在拟合精度方面，由表 2–13 与表 2–14 对比可知，K–means、K–medoids 聚类法稳定性较差，其结果易受到随机初始点选择影响。在处理分类不明显、黏连程度较大的日前型场景时拟合精度不高，在处理离散性较强的长期型场景时拟合精度较高。而 FFS、SBR 聚类算法在处理分类不明显的日前型场景约简时拟合精度较高，而对于离散性较强的长期型场景约简时精度下降。本节提出的 0–1 规划模型在两类场景集不同规模下约简均有着最小的目标函数值，表明该方法对于场景约简有着更好的拟合精度与适用性。

　　在计算效率方面，FFS 有着最优的计算效率，0–1 规划模型在中小规模初始场景集约简时计算效率较高。随着初始场景集的规模增大，0–1 规划模型的计算速度相较于 K–means、K–medoids、FFS 出现了更明显的下降，但与 SBR 相比仍有一定优势。这是因为 K–mediods、K–means、FFS 算法的时间复杂度为 $O(n)$，SBR 算法的时间复杂度为 $O(n^2)$，而本节提出的 0–1 规划模型利用 CPLEX 求解器，使用分支法进行求解时间复杂度最坏程度将达到 $O(2^n)$。随着初始场景规模的扩大，0–1 规划模型计算时间将会出现明显的增加，并且场景约简 0–1 规划模型为非凸模型，求解较为困难，因此 0–1 规划模型较适合于中小规模的场景约简。

三、基于 Sinkhorn 距离的场景约简技术

　　场景约简方法可以从源—荷初始场景集中选择少量具有代表性的源—荷典型场景代替源—荷初始场景集，从而有效提升优化问题的计算效率。选择的源—荷场景及场景数量均会影响随机优化问题的优化决策，因此选择合适的场景数，并选取具有代表性的场景是场景约简的关键。现有场景约简研究方法还存在以下问题：

　　（1）现有场景约简方法在保证模型准确率时对于大规模的场景计算效率不高，计算效率提升又会失去准确率。需提出准确率和计算效率兼顾的源—荷场

景约简方法，同时能够应对高维大规模源—荷初始场景集。

（2）典型场景集最佳场景数的确定受交直流系统中源—荷历史数据特征的限制，现有研究方法无法准确地给出最佳场景数，需结合交直流系统中源—荷场景的特征提出适合的最佳场景数确定方法。

针对上述问题，本节首先建立了交直流系统中源—荷场景约简的数学模型，基于 Sinkhorn 距离提出了场景约简求解方法，包含最优源—荷典型集的确定和最佳源—荷场景数的判定两部分内容。本节所提 sinkhorn 场景约简（sinkhorn scenario reduction, SSR）法能有效应对高维大规模源—荷初始场景集。

（一）场景约简变分问题

在场景约简中，压缩场景数的同时也会造成优化决策问题无法考虑所有场景，从而引入优化决策的偏差。因此场景约简问题的目标是希望场景约简前后对应随机优化结果的偏差最小。结构概率测度 d_F 可直观地描述概率分布差异对于随机优化问题影响的差异

$$d_F(P,Q) = \sup \left| \int f(\omega)P(\mathrm{d}\omega) - \int f(\omega')Q(\mathrm{d}\omega') \right| \qquad (2-92)$$

式中：P 和 Q 分别为两个不同的概率分布；ω 为随机变量；$f(\omega)$ 为随机优化目标函数值，且结构概率测度满足

$$d_F(P,Q) \leqslant \hat{\mu}_c(P,Q) = \inf\{\int \pi(\omega,\omega')\mathrm{d}(\omega,\omega')\} \qquad (2-93)$$

式中：$\hat{\mu}_c(P,Q)$ 为 Wasserstein 泛函；π 为概率分配决策变量。

场景约简问题可以理解为对概率分布 P 求取使 Wasserstein 距离达到最小值的概率分布 Q。场景约简可转化为一个 Wasserstein 距离的变分问题，其数学模型可定义为

$$\{Y,Q\} = \arg\min_{Y,Q} \left[\min_{\pi\in\Pi(P,Q)} \sum_{i=1}^{n}\sum_{j=1}^{k} \mathrm{d}(x_i,y_i)\pi_{ij} \right] \qquad (2-94)$$

式中：x_i 为初始场景；y_i 为离散场景。即寻找离散场景集 Y 和离散概率分布 Q，使得其与初始场景集概率分布之间的 Wasserstein 距离最小。通过求解 Wasserstein 距离的变分问题，可以获得典型场景集 Y，以及对应场景的概率分布 Q。当典型场景集 Y 已知时，概率分布 Q 将遵循最优分配原则，将初始场景集的概率分配到与之距离测度最小的典型场景中。

若固定典型场景集数 k，则通过式（2-94）即可完成对场景约简问题的求解。当 $k=n$ 时，Wasserstein 距离最小值为 0，典型场景集等于初始场景集。因此当 k 越大时，典型场景数量越多，通过求解 Wasserstein 变分问题获得的典型场景集能够更好地拟合初始场景集。但同时也会降低优化决策问题的求解效

率。但场景数太少，无法表征可再生能源的不确定性特征，会引入优化决策偏差，故在场景约简中最优场景数 $k*$ 也很重要。

至此，可以将交直流系统中源—荷场景约简问题划分为三个环节：① 通过聚类有效性确定最优源—荷场景数 $k*$；② 求解 Wasserstein 变分问题，确定源—荷典型场景集 Y；③ 求解最优分配问题，获得概率分布 Q。

（二）基于 sinkhorn scenario reduction 的场景约简分析

1. 最优场景集的确定

当源—荷典型场景集 Y 给定时，源—荷初始场景会分配至与其距离测度最小的源—荷典型场景，从而确保场景集约简前后 Wasserstein 距离最小。在硬聚类中，初始场景集中的场景仅归属于某一个典型场景，隶属度 $\chi \in \{0,1\}$。硬聚类对应的传输矩阵是一个稀疏矩阵，非零元素等于最优场景数，隶属度为离散变量，将导致最优传输为非凸问题。因此本节引入 Sinkhorn 距离，即对 Wasserstein 距离熵正则化，改善传输矩阵过稀疏的情况，此时的传输矩阵类似于模糊聚类问题中的隶属度矩阵，$\chi \in [0,1]$，初始场景集中的场景以一定的概率分配到典型场景集的每个场景中，即软聚类。

在场景约简目标函数中引入熵正则，传输矩阵 $\boldsymbol{\Pi}$ 的信息熵定义为

$$H(\boldsymbol{\Pi}) = -\sum_{i,j} \chi_{ij} \log \chi_{ij} \tag{2-95}$$

此时场景约简问题的数学模型变为

$$\begin{aligned} W_p^\lambda(P,Q) &= \min_{\boldsymbol{\Pi} \mathbf{1}_k = P, \boldsymbol{\Pi} \geqslant 0} \left[\langle \boldsymbol{\Pi}, \boldsymbol{M}_{XY} \rangle - \frac{1}{\lambda} H(\boldsymbol{\Pi}) \right] \\ &= \min_{\boldsymbol{\Pi} \mathbf{1}_k = P, \boldsymbol{\Pi} \geqslant 0} \left(\sum_{i,j} m_{ij} \chi_{ij} + \frac{1}{\lambda} \sum_{i,j} \chi_{ij} \log \chi_{ij} \right) \end{aligned} \tag{2-96}$$

式中：$\boldsymbol{M}_{XY}$ 为距离矩阵；$m_{i,j}$ 为距离矩阵中的元素；λ 为正则化系数。

构建拉格朗日函数 $L(\boldsymbol{\Pi}, \boldsymbol{\alpha})$

$$L(\boldsymbol{\Pi}, \boldsymbol{\alpha}) = \sum_{i,j} m_{ij} \chi_{ij} + \frac{1}{\lambda} \sum_{i,j} \chi_{ij} \log \chi_{ij} + \boldsymbol{\alpha}^{\mathrm{T}} (\boldsymbol{\Pi} \mathbf{1}_k - P) \tag{2-97}$$

考虑拉格朗日函数的偏导数，可得

$$\frac{\partial L}{\partial \chi_{ij}} = m_{ij} + \frac{1}{\lambda} \log \chi_{ij} + \boldsymbol{\alpha}_i = 0 \tag{2-98}$$

$$\frac{\partial L}{\partial y_j} = \sum_i \partial \chi_{ij} m_{ij} / \partial y_j = 0 \tag{2-99}$$

$$\frac{\partial L}{\partial \boldsymbol{\alpha}} = \boldsymbol{\Pi} \mathbf{1}_k - P = 0 \tag{2-100}$$

通过式（2-98）和式（2-100）可求解出传输矩阵 $\boldsymbol{\tau}$

$$\tau_{ij} = \frac{1}{n} \cdot \frac{\exp\left[-(\lambda m_{ij}+1)\right]}{\sum_{j=1}^{k} \exp\left[-(\lambda m_{ij}+1)\right]} \qquad (2-101)$$

再由 $Q = \boldsymbol{\Pi}^{\mathrm{T}} \mathbf{1}_n$ 可求得源—荷典型场景集 $\boldsymbol{Y}$ 的离散概率分布 Q。

可求得源—荷典型场景集 $\boldsymbol{Y}$ 的迭代公式

$$\boldsymbol{Y} = \boldsymbol{X} \boldsymbol{\Pi}^{\mathrm{T}} \mathrm{diag}\left(Q^{-1}\right) \qquad (2-102)$$

式中：$\boldsymbol{X}$ 为初始场景集；$\boldsymbol{Y}$ 为典型场景集。

通过式（2-101）、式（2-102）进行不动点迭代，可求出最优的源—荷典型场景集。

2. 最佳场景数的判定

由于交直流系统中源—荷场景的重合度和黏连性较强，通过有效性指标无法准确地判断出源—荷典型场景集的最佳场景数。场景约简的目的在于使约简后的典型场景集和初始场景集之间的 Sinkhorn 距离最小，但随着典型场景数的增加，典型场景集更能表征源—荷的不确定性特征，典型场景集和初始场景集越相似，Sinkhorn 距离越小，但场景数过多，将给电力系统随机优化问题带来更大的计算量，故无法用 Sinkhorn 距离来判断出最佳场景数。

为确定典型场景集最佳场景数，在目标函数 Sinkhorn 距离 $W_p^{\lambda}(P,Q)$ 中引入关于典型场景数 k 的惩罚项，对典型场景数较大时的目标函数做一定的惩罚，如式（2-103）所示

$$\tilde{W}_p^{\lambda}(P,Q) = W_p^{\lambda}(P,Q) + \alpha \mathrm{e}^{\sqrt{k}} \qquad (2-103)$$

式中：$\tilde{W}_p^{\lambda}(P,Q)$ 为正则化的 Sinkhorn 距离；k 为典型场景集的最佳场景数；α 为正则系数，与初始场景规模有关。随着典型场景数逐渐增大，Sinkhorn 距离呈下降趋势，加上惩罚项后，Sinkhorn 距离变化曲线将会出现一个拐点，拐点出现在式（2-103）取最小值时，对应的典型场景数为最佳场景数。

3. SSR 法

结合上述两小节的判定方法，提出了基于 Sinkhorn 距离的交直流系统中源—荷场景约简求解方法——sinkhorn scenario reduction（SSR 法）。SSR 法首先确定最佳源—荷典型场景数 k，利用式（2-101）求解出传输矩阵 $\boldsymbol{\tau}$，从而得到离散概率分布 Q，利用式（2-102）更新源—荷典型场景集 $\boldsymbol{Y}$，通过两者的交替迭代获得交直流系统中最优源—荷典型场景集。

场景约简可分为离散场景约简和连续场景约简两种形式。离散场景约简形成的典型场景从初始场景集中选取，但连续场景约简会依据模型生成新的场景

作为典型场景集。K－means、FCM、GMM 等连续场景约简方法通过模型生成的新场景较为平滑，损失了一定的相关性特征。对于交直流系统中源—荷场景约简问题，应尽可能保证源—荷典型场景集与源—荷初始场景集中的场景具有相同的相关性特征，从而减少给后续随机优化问题带来的误差。

本节所提 SSR 法生成的最优源—荷典型场景集中的离散场景 Y，并不是从源—荷初始场景集中选取的，而是依据式（2－103）生成的新场景，可选取初始场景集中距离与所得典型场景最近的场景代替原典型场景集，实现源—荷典型场景集重构，将连续场景约简转化为离散场景约简。

通过在目标函数中引入关于典型场景数的正则项，来判定最佳场景数，最佳场景数对应的典型场景集为最优场景集，SSR 法的伪代码如表 2－15 所示。

表 2－15　　　　　　　　　SSR 法 伪 代 码

sinkhorn scenario reduction
Step1：输入初始场景集 X 及其离散概率分布 P，输入典型场景集最大场景数 K 和迭代次数 T_1
Step2：初始化典型场景集 Y
Step3：利用 SSR 法进行场景约简
for $k=1,\cdots,K$: 　　for $t=1,\cdots,T_1$: 　　　　① 计算距离矩阵 $M(X,Y)=\|X-Y\|_2$ 　　　　② 计算传输矩阵 $\tau_{ij}=\dfrac{1}{n}\cdot\dfrac{\exp[-(\lambda m_{ij}+1)]}{\sum\limits_{j=1}^{k}\exp[-(\lambda m_{ij}+1)]}$ 　　　　③ 计算离散概率分布 $Q=\boldsymbol{\Pi}^{\mathrm{T}}\mathbf{1}_n$ 　　　　④ 计算典型场景集 $Y=X\boldsymbol{\Pi}^{\mathrm{T}}\mathrm{diag}(Q^{-1})$ 　　　　⑤ 计算 $W_p^{\lambda}(P,Q)+\alpha\mathrm{e}^{\sqrt{k}}$ 确定最佳场景数 k 　　end end
Step4：输出最佳场景数 k、最优场景集 Y、离散概率分布 Q

（三）可再生能源场景约简应用

算例仿真基于 Python3.7 环境，算例首先确定源—荷典型场景集的最佳场景数，通过 SSR 法对源—荷初始场景集进行场景约简，并将所提方法与连续场景约简方法 K－means、FCM、GMM 模型，以及离散场景约简方法 K－medoids、FFS、0－1 规划模型进行比较。

1. 最佳场景数的确定

通过正则化 Sinkhorn 距离 $\tilde{W}_p^\lambda(P_s, P_{s'})$ 随场景数 k 的变化来确定源—荷典型场景集的最佳场景数。设约简场景个数 $k = 2, \cdots, 20$，源—荷初始场景集源—荷场景数 $N = 500$，图 2-34 给出了正则化 Sinkhorn 距离变化曲线。从图 2-34 可以看出，当约简场景个数为 6 时，$\tilde{W}_p$ 达到最小值，选取 $k = 6$ 为源—荷初始场景集 $N = 500$ 时的最佳场景数。

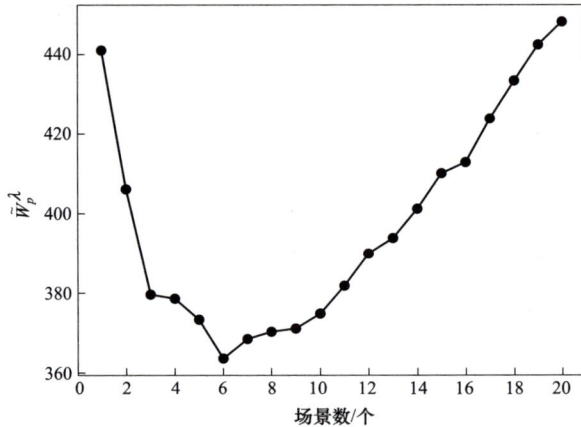

图 2-34　正则化 Sinkhorn 距离变化曲线

2. 最优场景集结果分析

取初始场景个数 $N = 500$，最佳场景数 $k = 6$，对源—荷初始场景集进行约简，为更加直观地展示场景约简的结果，选取源—荷典型场景集中风电、光伏、负荷的约简结果分别进行展示，如图 2-35 所示，图 2-35 中包含风电/光伏/负荷典型场景集及各场景的概率。

图 2-35 为源—荷初始场景个数 $N = 500$ 时，SSR 法随迭代次数逐渐收敛的结果，图 2-36 展示了 SSR 法收敛图，可以看出算法在迭代次数为 80 左右时达到收敛。

3. 场景约简方法结果对比

SSR 法将 Wasserstein 距离熵正则化后进行求解，传输矩阵非稀疏化，初始场景不是严格隶属于某一个典型场景，而是以不同的概率分配给典型场景集中的每个场景，类似于聚类分析中的模糊聚类方法。K-means 是硬聚类方法，精度高且计算速度快，将本节所提场景约简方法与模糊聚类 FCM、GMM 和硬聚类 K-means 进行对比分析。FCM、GMM 和 K-means 是连续场景约简，故 SSR 法生成典型场景集后未进行场景重构。FFS、K-medoids 和 0-1 规划法为离散场景约简方法，具有较好的精确性和适用性，将本节所提 SSR 法与其进行对比分析。

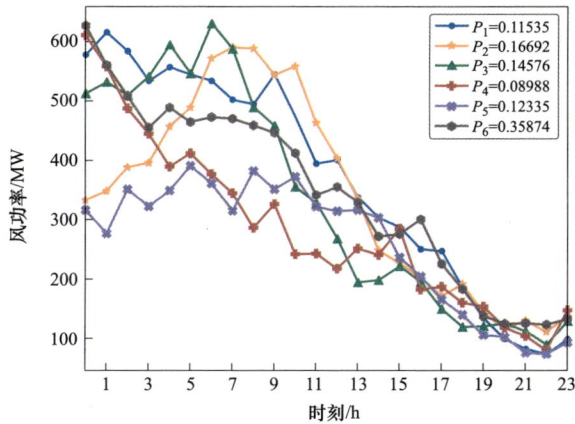

(a) 风电

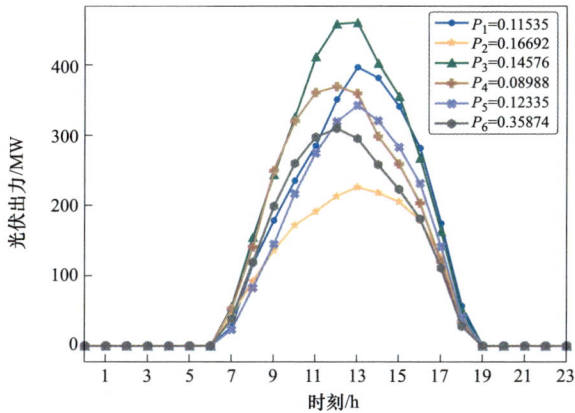

(b) 光伏

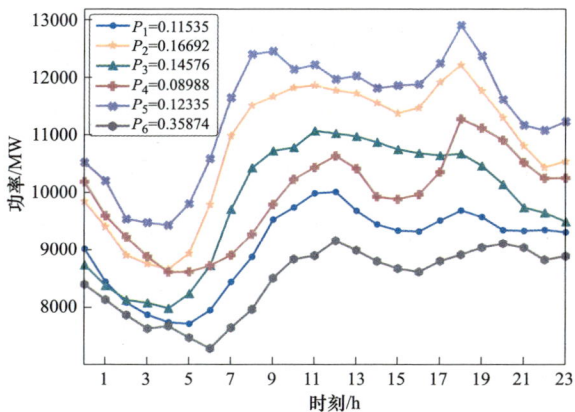

(c) 负荷

图 2-35　源—荷典型场景集

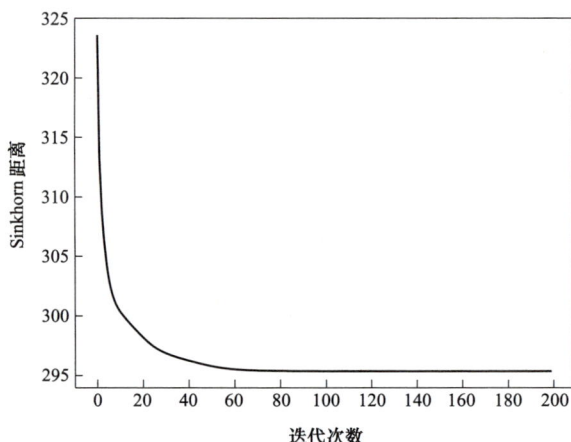

图 2-36　SSR 法收敛图

确定不同初始场景规模下的最佳典型场景数后进行约简，表 2-16 给出了五种场景约简方法对比结果，如计算时间和目标函数值，目标函数均为初始场景集与典型场景集之间的 Wasserstein 距离。由表 2-16 可知，相比连续约简方法 FCM 和 GMM，面对不同规模的初始场景集时，本节所提 SSR 法获得的 Wasserstein 距离更小，拟合精度更高，具有较为优异的计算效率，虽然计算速度不如 K-means，但计算精度相近。在离散场景约简中，0-1 规划法无法有效处理大规模场景约简问题。随着初始场景规模的逐渐增大，SSR 法的计算效率远高于 K-medoids 和 FFS，计算精度介于两者之间。综合连续场景约简与离散场景约简算例结果，SSR 法能够应对大规模初始场景，在保持较高计算效率的同时不失拟合精度。

表 2-16　　　　　　　　　　　　场景约简方法对比结果

约简方法		N=5000、K=12		N=10000、K=13		N=20000、K=15	
		计算时间	Wasserstein 距离	计算时间	Wasserstein 距离	计算时间	Wasserstein 距离
连续约简	SSR	2.921s	199.557	6.066s	197.711	11.827s	194.498
	K-means	0.776s	199.738	2.481s	197.713	6.532s	194.510
	FCM	14.2min	205.163	23.7min	203.639	74.1min	201.681
	GMM	1.512s	259.415	3.970s	271.129	7.641s	272.774
离散约简	SSR	2.921s	216.059	6.066s	211.416	11.827s	207.814
	K-medoids	27.649s	219.269	2.83min	218.843	8.57min	214.831
	FFS	5.750s	212.062	22.267s	209.231	2.27min	204.652
	0-1 规划	2.967h	211.947	—	—	—	—

第三章   交直流系统长时间尺度优化调度

　　分布式可再生能源的迅猛增长，使交直流变换环节在配电网中所占的比重不断提升。但这些环节之间缺乏有机协调与配合，严重影响了分布式可再生能源充分消纳和高效利用。同时，大量分布式可再生能源并网也对配电系统的灵活性资源调控提出了更高的要求。国内外学者提出了基于电力电子变压器（PET）的交直流系统构建方案，可在一定程度上提高分布式可再生能源利用效率。含 PET 的交直流系统以 PET 作为分布式能源系统的核心，利用 PET 的功率调节能力，控制交流网络和直流网络之间的功率流传递，从而解决大量分布式电源接入电网引起的电能多向流动和调度调控管理复杂的问题，进而为实现交直流系统日前优化提供可行调度思路。本章共分为五个小节：介绍了 PET 各端口运行策略的组合方式及其策略优化方法；基于给定的 PET 控制策略，论述了含 PET 的日前优化调度方法，其中考虑了 PET 损耗及负荷响应能力等因素的影响；结合交直流混合微网运行场景，介绍了多主体下 PET 参与微网调度的分析方法与优化调度模型；结合第二章的场景生成方法，介绍了计及可再生能源不确定性的含 PET 的交直流系统随机优化调度方法。

第一节   PET 运行策略建模

　　利用多端口 PET 可在多个交直流电压等级集成分布式可再生能源，实现系统灵活组网，协调控制网络间功率，促进区域范围内多能互补，提高系统综合能效。在实际应用中，PET 各端口会连接不同电压等级的交流和直流子网，各子网间、子网与主网间都由电力电子变压器隔开，中间变换环节比较复杂，如何进行功率分配是一个难点问题，由此带来的直流子网电压和频率控制的问题也就比较突出，此时对 PET 各端口功率进行合理控制显得至关重要。为此，本节提出了一种广义交直流下垂控制方法，对 PET 各端口进行控制，协调各端口间功率流动。该控制方法将传统控制方式的模式切换转换为系数调整，可以通过系数设置实现多种不同的控制方式，可以很方便地通过优化的方法实现 PET 各端口运行控制模式的优化组合方案。

一、PET 端口控制策略

（一）端口控制策略

PET 各端口的核心组成器件为电压源换流站，对 PET 交直流端口的控制可以参考换流站交直流侧的控制。当前，对电压源换流站直流侧的控制方式主要有定直流电压控制、定有功功率控制和下垂控制，根据这三种控制方式的不同组合，整个直流系统的控制策略组合可分为主从控制、电压裕度控制和下垂控制。这三种控制策略组合应用相对比较成熟，有各自的适用场景，但是其弊端也逐渐凸显。其中，主从控制若是其中主站发生了故障或者退出运行，可能会导致整个系统的停运；电压裕度控制相比主从控制提高了系统可靠性，但其在模式切换时会出现振荡问题；下垂控制是一种有差控制方式，无法实现特定需求下的定功率控制、定电压控制。与此同时，随着可再生能源的接入，系统不确定性大大增强，在不同场景下，PET 同一个端口可能需要运行于不同模式，这给 PET 各端口运行控制策略组合提出了更高的要求。现有研究对 PET 交流端口的控制还没有有效的控制方法，多简单处理为 $P-Q$ 或 $P-U$ 节点，而没有考虑到交直流系统中的交流系统的频率响应问题。

（二）交直流多端口 PET 的控制策略

PET 端口根据其连接的网络性质不同可分为直流端口和交流端口，直流网络中，直流电压的稳定直接关系着系统的安全稳定运行，因此对直流电压进行合理的控制就显得非常重要。当前，在多端柔性直流输电系统中，直流侧的控制方式主要有定有功功率控制、下垂控制和定直流电压控制。其中，定有功功率控制中保持端口受端、送端功率恒定；下垂控制可以就地实现多个端口之间的功率协调控制，且不需要相互间的互联通信，其缺点是不能保证特定需求下将电压、功率稳定在一个固定值的要求；定直流电压控制指保证换流站的直流电压为设定值，平衡整个网络的不平衡功率。由这三种控制方式组成的系统直流侧控制策略组合方式主要有主从控制（master slave control）、电压裕度控制（voltage margin control）和下垂控制（voltage droop control）。直流侧三种控制方式的原理如图 3-1 所示。

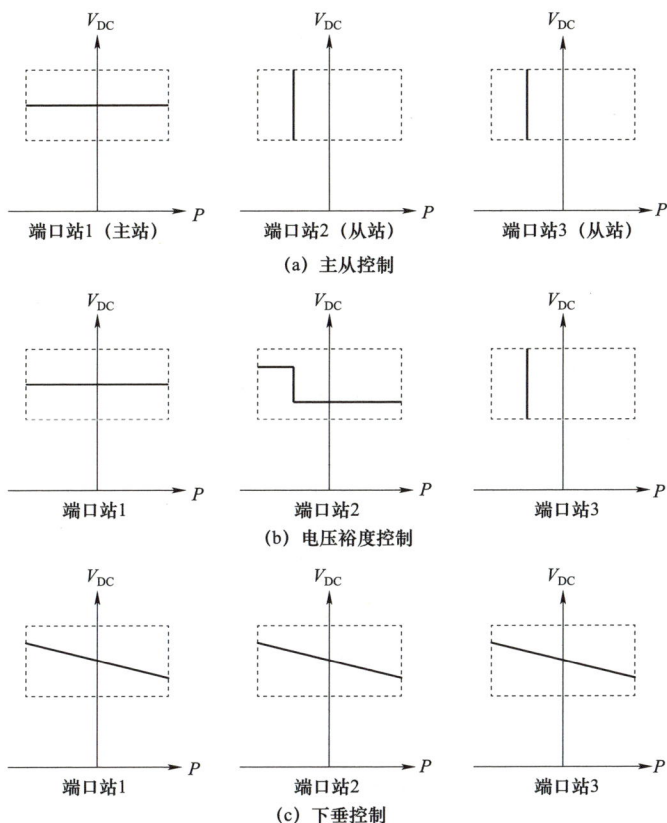

图 3-1　直流侧三种控制方式

1. 主从控制

主从控制中，选择各端口中的一个运行于定直流电压控制模式，也称为主站，主站相当于交流网络中的平衡节点，通过控制整个直流系统功率的平衡（输入功率等于输出功率和损耗之和）来维持整个直流系统电压的恒定；其他剩余端口则运行于定有功功率控制模式，也称为从站。主从控制下系统的安全稳定运行主要依赖于主站的正常运行，在主站退出运行或者发生故障的情况下，整个直流系统也将随之停运。

2. 电压裕度控制

电压裕度控制是在主从控制情况下定直流电压控制端口（主站）发生故障或者退出运行后，后备的某个定有功功率端口检测到系统直流电压的偏差而自动切换为新的定直流电压控制模式。该控制方式无须站间通信，但是备用端口在由定有功功率控制切换到定直流电压控制时，若电压偏差过小会出现振荡，甚至导致系统失稳。

3. 下垂控制

下垂控制指系统中含有多个端口时，由所有端口共同承担系统电压调节和功率分配的任务，根据每个端口自身的 $I-U$（或 $P-U$）特性曲线斜率，决定该端口所具备的电压调节和功率分配的能力，通过各端口的协调合作，实现整个网络的功率平衡。当其中某一个端口发生故障或者退出运行后，系统剩余端口也可以继续维持整个系统的安全稳定运行。下垂控制相比主从控制可靠性更高，且没有电压裕度控制的振荡问题，因此，为保证直流系统的安全稳定运行，电压下垂控制是 VSC-MTDC 控制方式发展的重要趋势，但是下垂控制是一种有差控制方式，无法实现特定需求下的定功率控制、定电压控制等。

（三）现有 PET 控制策略组合的不足

以上三种现有的控制策略组合方式会出现各种对应的问题，可能出现系统无法正常运行的情况，其中，主从控制对端口的主站要求较高，主站故障后，系统难以控制；电压裕度控制在主控制器切换时容易出现振荡；下垂控制策略组合是一种有差控制，无法实现特定需求下的定直流电压控制和定有功功率控制。为此，国内外专家学者提出了各种相应的改进措施。文献［54］比较了 VSC-MTDC 系统中现有几种常见的直流电压控制方法的优缺点。文献［55］在功率调整中引入公共直流电压为参考电压，提出了一种改进的直流电压下垂控制方法，提高系统运行的稳定性。文献［56］分析了 VSC-MTDC 系统采用下垂控制方法时，系统直流线路电压降落对直流电网潮流及系统功率平衡的影响。文献［57］提出了一种多点直流电压控制策略，该方法联合了直流电压裕度控制和下垂控制的特点，缺点是不当的裕度选择可能会导致系统稳定工作时的功率振荡现象。

交流网络中，当前对端口交流侧的直接控制方式还有待研究，多简单处理为 $P-Q$ 或者 $P-U$ 节点，对含有多个交流端口时各端口运行控制策略的组合模式的研究也鲜有涉及。

综上，就端口控制来讲，一方面，上述几种现有的直流侧控制方式各自存在一定的弊端或者缺陷，后期提出的改进方案也只是针对提高系统稳定性方面，即从系统安全性考虑，没有考虑到系统的经济性问题；另一方面，当前对交流端口的直接控制方法还亟须研究，而电力电子变压器同时含有多个交流和直流端口，对 PET 的控制需要同时考虑交流端口和直流端口的控制，所以当前还缺少一种对 PET 各交直流端口进行协调控制的有效方法。如何通过合理选择电力电子变压器各端口运行控制模式，得到电力电子变压器各端口运行控制策略的优化组合方案，同时保证系统的安全性和经济性，这值得深入研究。

二、广义交直流下垂控制模型

多端口 PET 拓扑结构如图 3-2 所示，PET 端口运行模式的组合从一定程度上来说是各换流站控制方式的组合。

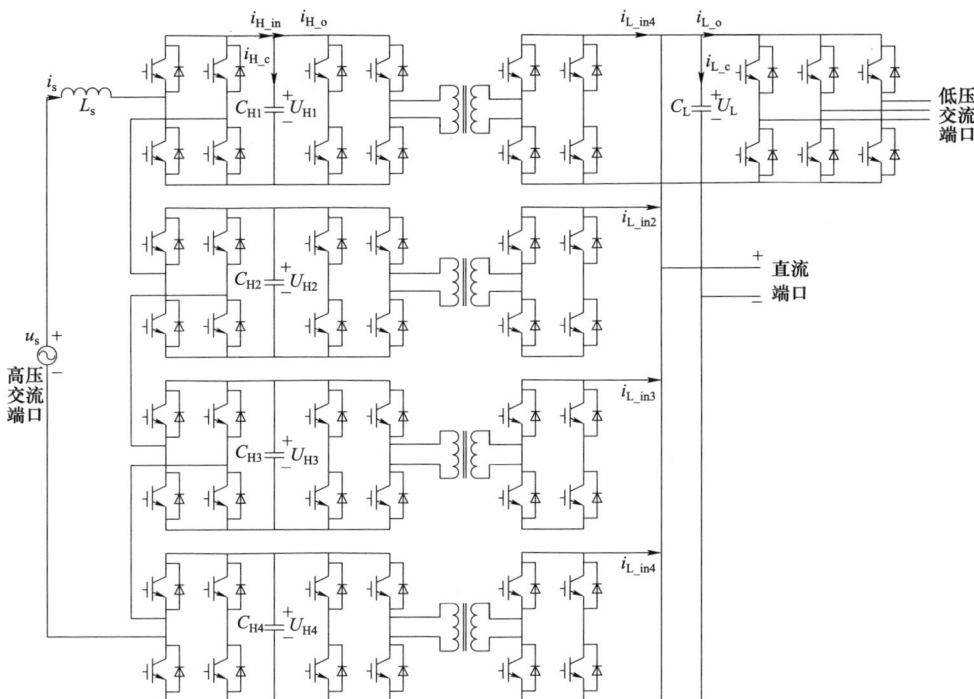

图 3-2　多端口 PET 拓扑结构

多端口 PET 同时含有直流端口和交流端口，其中直流端口连接直流子网，交流端口连接交流子网，且各端口间耦合性较强，因此对 PET 端口的控制需要同时考虑交流端口和直流端口。当前，对端口直流侧的控制方式主要有定电压控制、定有功功率控制和下垂控制，根据这三种控制方式的不同组合，整个系统的控制策略组合模式主要可分为主从控制、电压裕度控制和下垂控制，但是这三种控制策略组合均存在弊端。针对以上问题，本节同时考虑多端口 PET 同时含有多个交流和直流端口，且相互之间耦合较强的特点，提出了一种广义交直流下垂控制方法，对 PET 各交直流端口进行控制，协调各端口间功率流动。该控制方法将传统控制方式的模式切换转换为系数调整，易于实现 PET 运行策略的优化组合，且同时考虑了 PET 交直流端口的控制，可以有效响应系统的电压和频率波动，保证系统运行的经济性和安全性。

（一）含 PET 的交直流系统

图 3-3 所示为由多端口 PET 连接的交直流系统总体结构图，主要包括连接各网络的多端口 PET、交流子网、直流子网和主网，各子网内根据实际情况接有光伏、风电等分布式可再生能源及相应的负荷。PET 各端口连接着不同子网，各子网运行工况不同，且由于 PET 自身结构原因，各端口有着很强的耦合性，研究如何通过对 PET 各端口功率进行合理控制，实现系统的优化运行是非常有必要的。

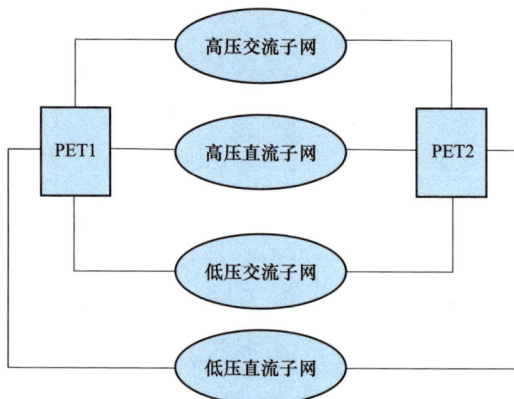

图 3-3　多端口 PET 连接的交直流系统

图 3-3 中，两台四端口 PET 将配电网隔离为多个电压等级不同、电压和频率彼此独立的交直流子网，子网间的交换功率实质上就是相应 PET 端口的输出功率。现有端口功率控制方式仅考虑了单个端口，而实际上由于 PET 本身各端口之间的强耦合性，各个端口间的功率有很大的关联性。因此在设计 PET 端口功率控制模式时，只考虑一个是不合理的，必须综合考虑各个端口功率之间的协调控制，不仅需考虑当前子网的功率平衡需求，还需考虑 PET 自身及子网间功率交换的需求，在保证各子网电压、频率稳定的前提下实现全网范围内的协调优化运行，此时就需要考虑 PET 各个端口的运行策略组合问题。

如上所述，多 PET 交直流混合网络中端口功率控制模式是一个全新的问题，除了考虑直流端口控制策略，还需要考虑交流端口的控制策略。与之较为近似的是传统交直流混合微电网中联络逆变器（ILC）的功率控制模式。按是否需要通信，ILC 功率控制模式可大致分为通信网络和基于下垂控制两大类，二者各有其优缺点。与混合微网功率控制模式相比，多 PET 交直流混合网络中 PET 端口功率控制模式无疑更加复杂，组合更加多样。而可再生能源的大量接入，更加剧了对 PET 端口控制方式多样性的要求，而如何通过电力电子变压器各端口运行策略的优化组合，实现在保证系统电压、频率稳定性的同时，提高系统的经济性，也是不可忽略的。

（二）PET 各端口的广义下垂控制

对多端口 PET 端口进行控制时需要同时控制其交流端口和直流端口，本节提出了适用于直流端口控制的广义电压下垂控制方法和适用于交流端口控制的广义频率下垂控制方法，在此基础上，结合 PET 本身各端口功率间的关系，整合得到了适用于多端口 PET 各端口协调控制的广义交直流下垂控制方法，适用于同时含有多个交流和直流端口的电力电子变压器端口的控制问题。广义交直流下垂控制是一种可以对交直流系统进行统一协调控制的控制策略，可以实现各交直流子网间的功率自动分配，保证系统频率、电压稳定。广义交直流下垂控制通过广义下垂系数的调整，实现不同的端口运行控制模式，得到各端口的控制系数组合，即可得到相应的运行策略的组合方案，实现系统优化运行。

1. 广义电压下垂控制

对于直流网络，网络功率的流动依赖于直流电压的控制，因此保持直流电压的稳定非常重要，对于 PET，如何合理设置其直流端口控制策略以保证其所连接直流子网的电压也就至关重要。本节提出适用于多端口 PET 直流端口电压控制的广义电压下垂控制方法（generalized voltage droop control，GVDC），将传统直流侧控制方式中的定电压控制、下垂控制、定功率控制整合到一起，统一用直角坐标系下的一条直线表示（直线的通用表达式），该直线即为 GVDC 的特性曲线。广义电压下垂控制原理图如图 3-4 所示，认为定电压控制是斜率为零的下垂控制，定有功功率控制是斜率为无穷大的下垂控制，参考平面坐标系直线的通用表达式，将 GVDC 控制特性表示为

$$\alpha_d U_d + \beta_d P_d + \gamma_d = 0 \qquad (3-1)$$

式中：α_d、β_d、γ_d 为控制系数；U_d、P_d 分别为相应直流端口电压和有功功率。

根据 α_d、β_d、γ_d 的不同取值情况，确定不同斜率的端口下垂控制方式：

（1）若 $\alpha_d = 0$、$\beta_d \neq 0$、$\gamma_d \neq 0$，可得斜率为无穷大的下垂控制，实现定直流有功功率控制，$P_{dref} = -\gamma_d / \beta_d$。

（2）若 $\alpha_d \neq 0$、$\beta_d = 0$、$\gamma_d \neq 0$，可得斜率为零的下垂控制，实现定直流电压控制，$U_{d.ref} = -\gamma_d / \alpha_d$。

（3）若 $\alpha_d \neq 0$、$\beta_d \neq 0$、$\gamma_d \neq 0$，可得斜率为 $-\beta_d / \alpha_d$ 的普通下垂控制方式。

2. 广义频率下垂控制

PET 交流端口连接的是交流子网，当交流子网频率发生变化时，PET 可通过调节注入交流子网的有功功率，参与频率控制，保证交流子网的安全稳定运

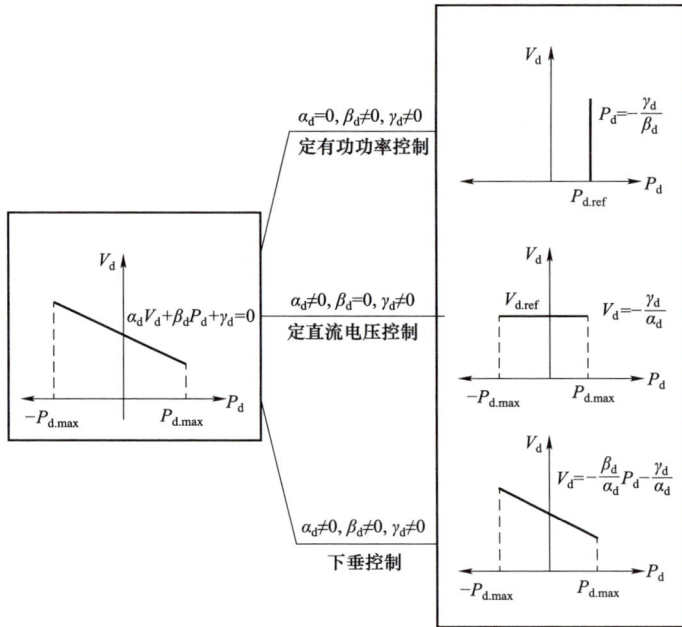

图 3-4　广义电压下垂控制原理图

行。传统交流网络中系统频率控制主要通过频率-有功功率下垂控制方式实现，但同样，下垂控制方式虽然能够实现功率的合理分配，但它是一种有差控制，无法实现交流子网特定情况下需要的定有功功率控制和定频率控制。本节参考上述直流端口广义电压下垂控制方法，在交流系统频率-有功功率下垂控制的基础上，加入定频率控制、定交流有功功率控制，提出适用于端口交流侧控制的广义频率下垂控制（generalized frequency droop control，GFDC），用以实现PET交流端口的定频率控制、定有功功率控制和常规下垂控制，其原理和直流端口的广义电压下垂控制方式类似，特性表达式如下

$$\alpha_a f + \beta_a P_a + \gamma_a = 0 \qquad (3-2)$$

式中：α_a、β_a、γ_a 为控制系数；f、P_a 分别为交流端口频率和有功功率。

类比直流端口广义电压下垂控制，对 GFDC：

（1）若 $\alpha_a=0$、$\beta_a \neq 0$、$\gamma_a \neq 0$，可得斜率为无穷大的下垂控制，实现定交流有功功率控制，$P_{a.ref} = -\gamma_a / \beta_a$。

（2）若 $\alpha_a \neq 0$、$\beta_a=0$、$\gamma_a \neq 0$，可得斜率为零的下垂控制，实现定频率控制，$f_{ref} = -\gamma_a / \alpha_a$。

（3）若 $\alpha_a \neq 0$、$\beta_a \neq 0$、$\gamma_a \neq 0$，可得斜率为 $-\beta_a / \alpha_a$ 的普通下垂控制方式。

综上可得广义频率下垂控制原理图如图 3-5 所示。

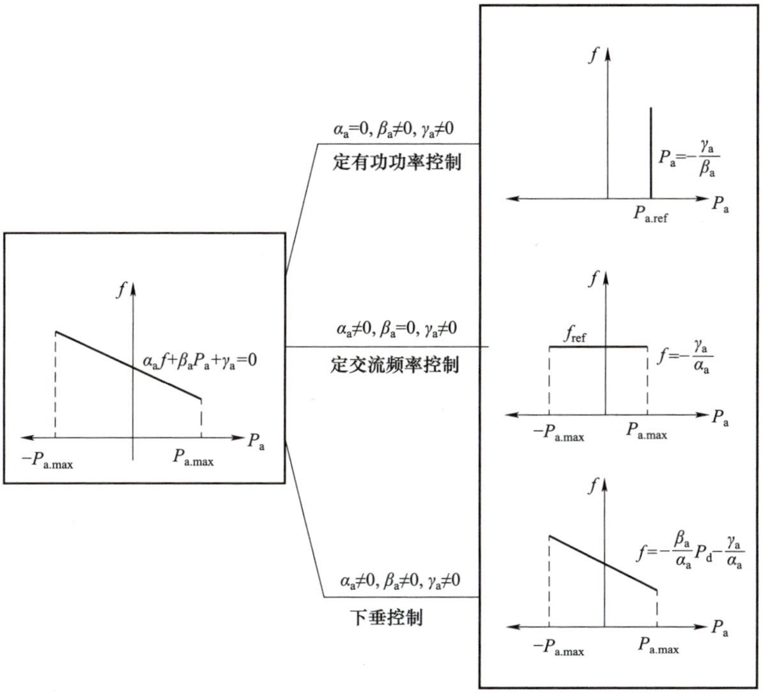

图 3-5 广义频率下垂控制原理图

3. 广义交直流下垂控制

对于多端口电力电子变压器来讲，同时含有多个交流端口和直流端口，若对其直流端口采用 GVDC 控制方式，交流端口采用 GFDC 控制方式，可得适用于整个多端口 PET 控制的广义交直流下垂控制（GADDC）特性为

$$
\begin{bmatrix}
\begin{array}{cccccc}
\alpha_{\mathrm{d},1} & \beta_{\mathrm{d},1} & \cdots & 0 & 0 \\
\vdots & \vdots & \ddots & \vdots & \vdots & \mathbf{0} \\
0 & 0 & \cdots & \alpha_{\mathrm{d},m} & \beta_{\mathrm{d},m} \\
\hline
& & \mathbf{0} & & &
\begin{array}{ccccc}
\alpha_{\mathrm{d},1} & \beta_{\mathrm{a},1} & \cdots & 0 & 0 \\
\vdots & \vdots & \ddots & \vdots & \vdots \\
0 & 0 & \cdots & \alpha_{\mathrm{a},n} & \beta_{\mathrm{a},n}
\end{array}
\end{array}
\end{bmatrix}
\begin{bmatrix}
V_{\mathrm{d},1} \\
P_{\mathrm{d},1} \\
\vdots \\
V_{\mathrm{d},m} \\
P_{\mathrm{d},m} \\
f_1 \\
P_{\mathrm{a},1} \\
\vdots \\
f_n \\
P_{\mathrm{a},n}
\end{bmatrix}
+
\begin{bmatrix}
\gamma_{\mathrm{d},1} \\
\vdots \\
\gamma_{\mathrm{d},m} \\
\gamma_{\mathrm{a},1} \\
\vdots \\
\gamma_{\mathrm{a},n}
\end{bmatrix}
= 0
$$

$$(3-3)$$

式中：$\alpha_{d,i}$、$\beta_{d,i}$、$\gamma_{d,i}$（$i=1,2,\cdots,m$）为 PET 第 i 个直流端口控制系数；$U_{d,i}$、$P_{d,i}$ 分别为该直流端口电压及有功功率；$\alpha_{a,j}$、$\beta_{a,j}$、$\gamma_{a,j}$（$j=1,2,\cdots,n$）为 PET 第 j 个交流端口控制系数；$P_{a,j}$、f_j 分别为该交流端口有功功率和所连接网络的频率；m 为 PET 直流端口数；n 为交流端口数。

当存在直流电压、交流频率偏差时，可得到

$$\alpha_{d,i}\Delta U_{d,i} + \beta_{d,i}\Delta P_{d,i} = 0 \tag{3-4}$$

$$\alpha_{a,j}\Delta f_j + \beta_{a,j}\Delta P_{a,j} = 0 \tag{3-5}$$

式中：$\Delta U_{d,i}$、$\Delta P_{d,i}$ 分别为直流端口 i 电压偏差和有功功率不平衡量；$\Delta P_{a,j}$、Δf_j 分别为交流端口 j 有功功率不平衡量和所连接网络的频率偏差。

忽略 PET 本身损耗，PET 自身功率平衡关系可表示为

$$\sum_{i=1}^{m}\Delta P_{d,i} + \sum_{j=1}^{n}\Delta P_{a,j} = 0 \tag{3-6}$$

由式（3-4）、式（3-5）化简可得

$$\begin{aligned}
&\sum_{i=1}^{m}\alpha_{d,i}\beta_{d,1}\cdots\beta_{d,i-1}\beta_{d,i+1}\cdots\beta_{d,m}\beta_{a,1}\cdots\beta_{a,n}\Delta V_{d,i} + \\
&\sum_{j=1}^{n}\alpha_{a,j}\beta_{a,1}\cdots\beta_{a,j-1}\beta_{a,j+1}\cdots\beta_{a,n}\beta_{d,1}\cdots\beta_{d,m}\Delta f_j = 0
\end{aligned} \tag{3-7}$$

由式（3-7）可以看出，采用广义交直流下垂控制时，PET 各端口特征信号（直流电压、交流频率）间存在相应的关系，即任何直流端口电压的变化即会产生相应的交流频率的变化，任何交流频率的变化也会引起直流电压的变化，进而由 GVDC 或 GVFC 对端口功率进行控制，实现各端口间的相互支撑，提高了系统的电压和频率响应。

第二节　运行策略优化组合方法

实际系统中由于可再生能源的波动会导致系统电压、频率的波动，这时就需要有可靠的控制策略保证系统的稳定。本节针对考虑光伏、风电等可再生能源出力不确定性的电力电子变压器运行策略优化组合问题，基于鲁棒优化方法，得到极端场景下的控制策略，构建了考虑不确定性的长时间尺度优化模型，并采用双层优化方法对模型进行求解，得到 PET 控制策略优化组合方案，使得当可再生能源出力在不确定集中任意变换时，系统运行安全均能保证。

一、鲁棒优化理论

可再生能源的大量接入导致配电网不确定性大大增强，且由于其所固有的间歇性、波动性和低预测性，系统安全运行难以保证，传统的确定性优化方法已不能满足系统实际需求，需要寻找新的解决办法。当前，在考虑可再生能源出力不确定性问题时，多采用备用准则法、随机规划法、鲁棒优化法等方法。其中，相比于备用准则法，鲁棒优化法能严格保证不确定事件发生的可靠性，相比于随机规划法，鲁棒优化不需要事先给定不确定变量的具体概率分布情况，而是通过建立不确定集合表示，具有较好泛化性，因此应用更为广泛。

鲁棒优化利用区间扰动信息进行最优决策，使得在不确定因素所有可能的实现下，系统各种安全约束均能满足。含不确定量的鲁棒优化模型可表示为

$$\begin{cases} \min \quad f(x) \\ \text{s.t.} \quad g_i(x,d_i) \leq 0 \qquad \forall d_i \in D, i=1,2,\cdots,m \end{cases} \tag{3-8}$$

式中：$x \in \mathbf{R}^n$ 为决策变量；d_i 为不确定变量，属于不确定集合 D，鲁棒优化中，D 为有界闭集；f、g 分别为目标函数和约束条件。

鲁棒优化不需要知道不确定量的具体概率分布，模型中，不确定参数处于一个有界、闭合的不确定集中，只要最终不确定量的取值在该不确定集范围内，模型的解就一定可行。可见，鲁棒优化方法的关键在于确定各不确定量的不确定集形式，在优化求解过程中，根据所选择的不确定集边界搜寻最恶劣情况下的最优解。不确定集的类型表明了最终解的保守性，也影响着整个模型的求解效率，常见的鲁棒优化模型不确定集主要有盒式不确定集、多面体不确定集、椭圆不确定集以及 $N-k$ 不确定集等。

（一）盒式或多面体不确定集

盒式不确定集以区间的形式描述不确定变量的波动范围，具体可表示为

$$D = \{d : D_i^l \leq d_i \leq D_i^u, \ \forall i \in \Omega\} \tag{3-9}$$

式中：D 为不确定集合；d 为不确定变量；D_i^u、D_i^l 分别为不确定变量波动的上下界；i 为不确定变量的编号，构成集合 Ω。

有时为控制不确定量的保守程度，在盒式不确定集中加入具有 $1-$ 范数形式的不确定度约束，即可构成多面体不确定集形式，即

$$D = \{d : D_i^l \leq d_i \leq D_i^u, \ \forall i \in \Omega, \ \sum_{i \in \Omega} \psi_i d_i \leq \psi_0\} \tag{3-10}$$

式中：ψ_i 为各不确定变量的权重；ψ_0 为所有不确定变量加权和的上限。

（二）椭圆不确定集

椭圆不确定集可用于描述多个不确定变量间的相关性，具体描述为

$$D = \{d : (d - \hat{d})^{\mathrm{T}} \Sigma^{-1} (d - \hat{d}) \leqslant \gamma\} \tag{3-11}$$

式中：$\hat{d}_i$ 为不确定量的期望值，也是椭圆的中心；Σ 为不确定变量的协方差矩阵，决定椭圆向各个方向扩展的程度；γ 为缩放因子，决定不确定集的大小，进而决定不确定量的保守性。

（三）$N-k$ 不确定集

发生 $N-k$ 扰动时，系统不确定变量表示为 N 维 0-1 向量，0 表示故障，1 表示正常。$N-k$ 不确定集常用于表示系统故障的不确定性，具体形式可表示为

$$D = \{d \in \{0,1\}^N : \|d\|_1 \geqslant N - k\} \tag{3-12}$$

式中：k 值大小可控制该不确定集的保守程度。

上述几种不确定集中，盒式（多面体）不确定集、椭圆不确定集适用于节点注入功率、电价、可再生能源发电等连续不确定参数，$N-k$ 不确定集多用于不确定参数为故障状态或者其他离散变量的情况。

二、鲁棒优化模型

为得到考虑可再生能源不确定性的电力电子变压器各端口运行策略的优化组合方案，本节采用鲁棒优化的方法处理可再生能源发电的不确定性，构建了考虑 PET 控制策略的长时间尺度优化模型，通过对该优化模型的求解，即可得到最终的电力电子变压器各端口运行控制策略的优化组合方案，以应对包含极端场景在内的所有场景，保证系统的经济性与安全性。下面对所搭建的长时间尺度鲁棒优化模型的目标函数及各种约束条件进行阐述。

（一）目标函数

为保证可再生能源充分消纳，本节构建目标函数为从主网购电量最少，具体表达式为

$$\min f[P_{\mathrm{d}}(t), P_{\mathrm{a}}(t), P_{\mathrm{dg}}(t)] = \min \sum_{t=1}^{T} P_{\mathrm{grid}}(t) \Delta T \tag{3-13}$$

式中：T 为调度周期所划分的单位阶段数，t 为某一时段，认为在单位阶段内，各分布式电源发电及负荷有功功率保持不变；$P_{\mathrm{d}}(t)$、$P_{\mathrm{a}}(t)$ 分别为 t 时段 PET 直流端口和交流端口有功功率；$P_{\mathrm{grid}}(t)$ 为从主网流向 PET 的有功功率；$P_{\mathrm{dg}}(t)$ 为可再生能源出力，包括光伏和风电，是不确定变量，属于不确定集合 U。根据

历史运行数据，考虑光伏和风电出力波动范围位于盒式不确定集内

$$U = \left\{ \begin{array}{l} [P_{PV}(t), P_{Wind}(t)]: \\ P_{PV}^{min}(t) \leqslant P_{PV}(t) \leqslant P_{PV}^{max}(t): \\ P_{Wind}^{min}(t) \leqslant P_{Wind}(t) \leqslant P_{Wind}^{max}(t) \end{array} \right\} \qquad (3-14)$$

式中：$P_{PV}(t)$ 为光伏发电功率；$P_{PV}^{max}(t)$、$P_{PV}^{min}(t)$ 分别为光伏发电功率的上限、下限；$P_{Wind}(t)$ 为风力发电机发电功率；$P_{Wind}^{max}(t)$、$P_{Wind}^{min}(t)$ 分别为风力发电机发电功率上限、下限。

（二）约束条件

1. 交流网络节点功率平衡约束

$$\dot{S}_{l,i}(t) + \sum \dot{S}_{ij}(t) - \dot{S}_{dg,i}(t) - \dot{S}_{a,i}(t) = 0 \qquad (3-15)$$

$$\dot{S}_{ij}(t) = \dot{U}_{ac,i}(t) \hat{I}_{ac,ij}(t) \qquad (3-16)$$

式中：$\dot{U}_{ac,i}(t)$ 为交流节点 i 电压；$\dot{I}_{ac,ij}(t)$ 为节点 i 流向节点 j 的电流；j 为网络中与节点 i 相连的节点；$\dot{S}_{l,i}(t)$ 为节点 i 所接负荷的复功率；$\dot{S}_{ij}(t)$ 为支路 ij 流过的复功率，以流出节点 i 为正；$\dot{S}_{dg,i}(t)$ 为节点 i 处的可再生能源注入电网的复功率；若节点 i 与 PET 端口相连，$\dot{S}_{a,i}(t)$ 为 PET 端口注入节点 i 的复功率，否则 $\dot{S}_{a,i}(t)$ 为零。

2. 直流网络节点功率平衡约束

$$P_{dc,l,i}(t) + \sum P_{dc,ij}(t) - P_{dc,dq,i}(t) - P_{d,i}(t) = 0 \qquad (3-17)$$

$$P_{dc,ij}(t) = U_{dc,i}(t) I_{dc,ij}(t) \qquad (3-18)$$

式中：$U_{dc,i}(t)$ 为直流节点电压；$I_{dc,ij}(t)$ 为节点 i 流向节点 j 的电流；j 为网络中与节点 i 相连的节点；$P_{dc,l,i}(t)$ 为节点 i 所接的负荷有功功率；$P_{dc,ij}(t)$ 为支路 ij 流过的功率，以流出节点 i 为正；$P_{dc,dg,i}(t)$ 为节点 i 所接入的可再生能源功率；若节点 i 与 PET 端口相连，则 $P_{d,i}(t)$ 为 PET 端口注入节点 i 的功率，否则 $P_{d,i}(t)$ 为零。

3. PET 功率平衡约束

$$\sum_{i=1}^{m} \Delta P_{d,i} + \sum_{j=1}^{n} \Delta P_{a,j} = 0 \qquad (3-19)$$

式中：忽略 PET 本身功率损耗，$P_{d,i}$ 为 PET 直流端口 i 有功功率；$P_{a,j}(t)$ 为 PET 交流端口 j 有功功率。

4. 广义交直流下垂控制约束

$$
\begin{cases}
\alpha_{d,i} U_{d,i}(t) + \beta_{d,i} P_{d,i}(t) + \gamma_{d,i} = 0 \\
\alpha_{a,j} f_j(t) + \beta_{a,i} P_{a,j}(t) + \gamma_{a,j} = 0 \\
\alpha_{d,i} \Delta U_{d,i}(t) + \beta_{d,i} \Delta P_{d,i}(t) = 0 \\
\alpha_{a,j} \Delta f_j(t) + \beta_{a,j} \Delta P_{a,j}(t) = 0 \\
\Delta U_{d,i}(t) = U_{d,i}(t) - U_{d,i}^{pre}(t) \\
\Delta f_j(t) = f_j(t) - f_j^{pre}(t) \\
\Delta P_{d,i}(t) = P_{d,i}(t) - P_{d,i}^{pre}(t) \\
\Delta P_{a,j}(t) = P_{a,j}(t) - P_{a,j}^{pre}(t) \\
\alpha_{d,i} \geqslant 0, \quad \beta_{d,i} \geqslant 0, \quad \gamma_{d,i} < 0 \\
\alpha_{a,i} \geqslant 0, \quad \beta_{a,i} \geqslant 0, \quad \gamma_{a,i} < 0
\end{cases}
\tag{3-20}
$$

式中：$U_{d,i}(t)$ 为 PET 第 i 个直流端口电压；$P_{d,i}(t)$ 为 PET 第 i 个直流端口有功功率；$U_{d,i}^{pre}(t)$、$P_{d,i}^{pre}(t)$ 分别为由可再生能源预测值计算得到的直流端口电压及有功功率期望值；$\Delta U_{d,i}(t)$ 为直流电压实际值与期望值的偏差；$\Delta P_{d,i}(t)$ 为直流功率实际值与期望值的偏差；$f_j(t)$ 为 PET 第 j 个交流端口所连接交流网络的频率；$P_{a,j}(t)$ 为第 j 个端口的有功功率；$P_{a,j}^{pre}(t)$、$f_j^{pre}(t)$ 分别为由可再生能源预测值计算得到的交流端口有功功率及所连接交流网络的频率期望值；$\Delta f_j(t)$ 为交流网络频率实际值与期望值的偏差；$\Delta P_{a,j}(t)$ 为交流端口有功功率实际值与期望值的偏差。

5. PET 端口量约束

$$
U_{d,i}^{min} \leqslant U_{d,i}(t) \leqslant U_{d,i}^{max}
\tag{3-21}
$$

$$
| f_j^{min} \leqslant f_j(t) \leqslant f_j^{max}
\tag{3-22}
$$

$$
| P_{d,i}(t) | \leqslant P_{d,i}^{max}
\tag{3-23}
$$

$$
| P_{a,j}(t) | \leqslant P_{a,j}^{max}
\tag{3-24}
$$

式中：$U_{d,i}^{max}$、$U_{d,i}^{min}$ 分别为 PET 直流端口 i 电压上下限；$P_{d,i}^{max}$ 为 PET 直流端口 i 有功功率限值；f_j^{max}、f_j^{min} 分别为 PET 交流端口 j 所连接交流网络的频率；$P_{a,j}^{max}$ 为 PET 交流端口 j 有功功率限值。

6. 安全运行约束

$$
U_{dc,i}^{min} \leqslant U_{dc,i}(t) \leqslant U_{dc,i}^{max}
\tag{3-25}
$$

$$
U_{ac,j}^{min} \leqslant | \dot{U}_{ac,j}(t) | \leqslant U_{ac,j}^{max}
\tag{3-26}
$$

式中：$U_{dc,i}^{max}$、$U_{dc,j}^{max}$ 分别为直流节点 i 电压上下限；$U_{ac,j}^{max}$、$U_{ac,j}^{min}$ 分别为交流节点

j 电压向量模值上下限。

三、鲁棒优化模型求解

上述所建立的长时间尺度鲁棒优化模型是一个含不确定量的优化模型，难以直接用现有的确定性求解方法进行求解，为准确有效求解由式（3−13）～式（3−26）所构成的含不确定变量的长时间尺度鲁棒优化模型，本节将其转化为确定性双层优化模型进行求解。其中，上层优化模型求解从主网购电量最少时的 PET 各端口功率及控制系数，得到 PET 各端口运行策略优化组合；下层优化模型求解极端场景下的可再生能源出力情况。

（一）上层优化模型求解

上层优化求解满足极端场景的 PET 各端口控制系数，得到 PET 端口控制策略组合，目标函数为从主网购电量最少，决策变量为 PET 各端口功率。

目标函数为

$$\min F = \min \sum_{t=1}^{T} P_{\text{grid}}(t)\Delta T \qquad (3-27)$$

约束条件包括式（3−3）～式（3−6）、式（3−15）～式（3−18），以及式（3−21）～式（3−26）。

（二）下层优化模型求解

由于直流端口电压和交流端口频率为不同性质的量，不能直接相加，按式（3−28）和式（3−29）分别对其进行标幺化处理，统一各端口特征量，使其位于相同的单位范围内

$$U_{\text{d},i}^{*}(t) = \frac{U_{\text{d},i}(t) - 0.5(U_{\text{d},i}^{\max} + U_{\text{d},i}^{\min})}{0.5(U_{\text{d},i}^{\max} - U_{\text{d},i}^{\min})} \qquad (3-28)$$

$$f_{j}^{*}(t) = \frac{f_{j}(t) - 0.5(f_{j}^{\max} + f_{j}^{\min})}{0.5(f_{j}^{\max} - f_{j}^{\min})} \qquad (3-29)$$

上标*代表相应变量的标幺值,处理后下层优化目标函数为调度周期内 PET 所连接的直流子网所有节点电压偏差绝对值与所有交流子网频率偏差绝对值之和最大，具体表示为

$$\max F = \max \sum_{t=1}^{T}\left[\sum_{i=1}^{p}|\Delta U_{\text{dc},i}^{*}(t)| + \sum_{j=1}^{q}|\Delta f_{j}^{*}(t)|\right] \qquad (3-30)$$

式中：p 为 PET 所连接直流子网的节点编号；q 为 PET 所连接交流子网的节点编号；$\Delta U_{\text{dc},i}^{*}(t)$、$\Delta f_{j}^{*}(t)$ 分别为直流节点 i 电压、交流节点 j 频率标幺值与相应

期望值之间的偏差。下层优化约束条件包括式（3-14）～式（3-18）和式（3-25）、式（3-26）。

上层优化通过设置决策变量的值影响下层优化，限制下层优化的约束条件，下层优化的结果同样会传入上层，反过来影响上层优化决策，通过两层优化模型的不断交替迭代求解得到最终模型的求解结果。模型求解流程图如图 3-6 所示。

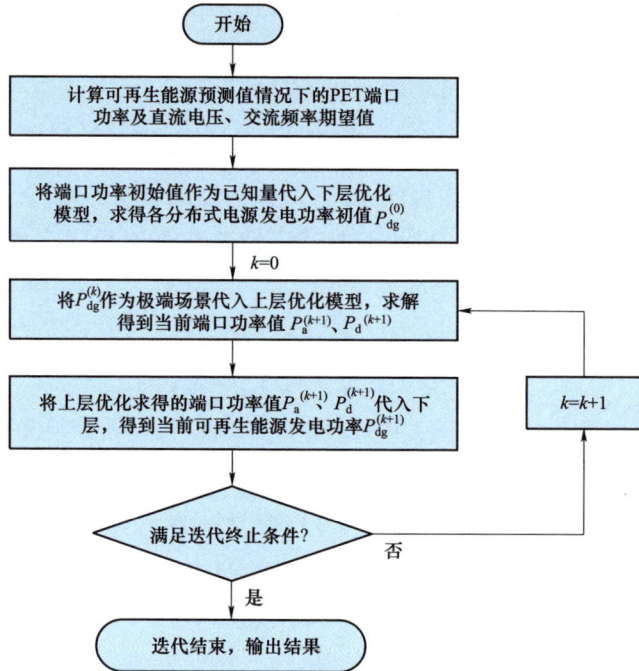

图 3-6 模型求解流程图

步骤一：以分布式电源预测值为已知量，计算 PET 各端口功率初始值及直流电压、交流频率，作为后面步骤的期望值。

步骤二：将端口功率初值作为已知量代入下层优化模型，求解此时的可再生能源当前出力。

步骤三：以可再生能源当前出力为最恶劣场景求解上层优化模型，得到此时 PET 的端口功率值。

步骤四：将上层优化模型的解代入下层，求解得到新的最恶劣场景下的可再生能源出力情况。

步骤五：根据收敛判据判断是否满足收敛条件，若满足收敛条件则输出最终的策略组合结果，若不满足则返回步骤三继续进行迭代求解，直至收敛。

四、算例分析

本节基于负荷和 DG 功率输出的预测数据,构建配电网日前优化调度模型,以 PET 所连接各子网中分布式可再生能源充分消纳为目标,同时构建一系列相关约束条件,搭建考虑 PET 控制策略的交直流系统长时间尺度优化调度模型,通过全局优化的方法直接得到了 PET 各端口广义下垂控制的控制系数优化组合,进而确定 PET 端口运行控制策略的优化组合方案及各端口功率分配的情况。

1. 算例简介

为验证所提的 PET 广义交直流下垂控制策略及长时间尺度鲁棒优化模型的有效性,本节搭建了图 3-7 所示的由两台四端口 PET 连接的仿真算例系统,该系统同时含有交流子网和直流子网的算例系统,每台 PET 分别连接 10kV 主网、380V 交流子网、±750V 直流子网和±375V 直流子网。其中 PET 的 380V 交流端口额定容量为 500kVA,±375V 直流端口额定容量为 500kW,±750V 直流端口额定容量为 2MW,10kV 交流主网端口额定容量为 3MVA。

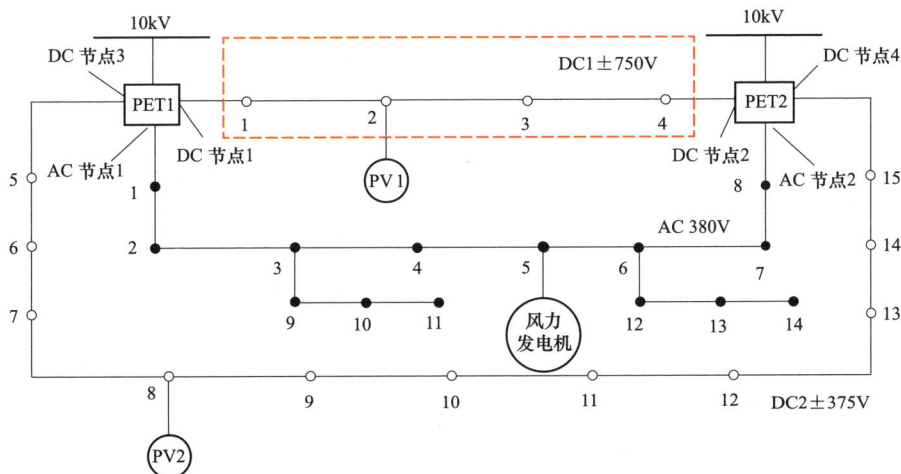

图 3-7　两台四端口 PET 连接的仿真算例系统

可再生能源主要考虑了风电和光伏系统,风电接入交流子网,光伏接入直流子网,各可再生能源预测误差分别设置为±20%(光伏指的是发电量不为零的部分)。设以一天 24h 为调度周期,调度时间间隔为 1h,直流电压标幺值允许变化范围为±0.05,交流频率标幺值允许变化范围为±0.004。各分布式电源配置情况如表 3-1 所示,一天内光伏、风电预测出力如图 3-8 所示。各节点负荷按图 3-9 所示的归一化日负荷曲线规律变化。

表 3-1 各分布式电源配置情况

序号	连接节点	电源类型	容量峰值
1	AC5	风电机组	200kW
2	DC2	光伏系统	1MW
3	DC8	光伏系统	2MW

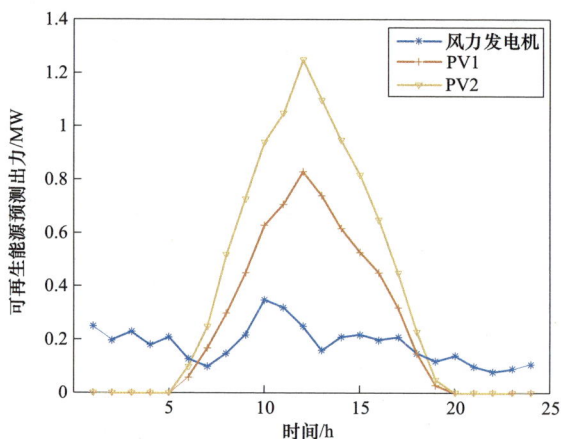

图 3-8 一天内光伏、风电预测出力

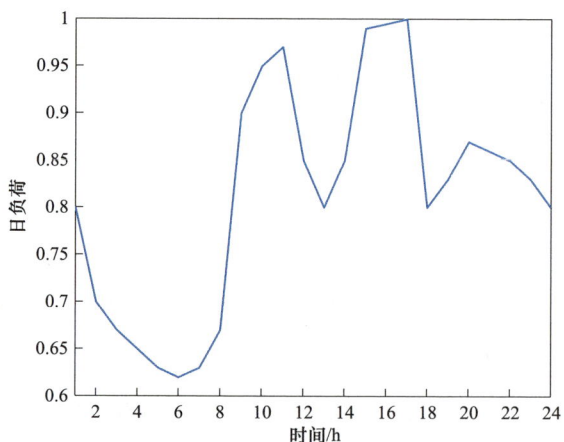

图 3-9 归一化日负荷曲线

2. 运行策略优化组合

基于双层优化分解算法，在 MATLAB 上调用 IPOPT 求解器，对所搭建的长时间尺度鲁棒优化模型进行求解，得到 PET 直流端口和交流端口控制系数，分别如表 3-2 和表 3-3 所示。

表 3-2　　　　　　　　　　直 流 端 口 控 制 系 数

系数	端口 1	端口 2	端口 3	端口 4
α_d	0.0073	4.4657	0.0033	0.0022
β_d	0.0010	1.4809	0.0010	0.0010
γ_d	-0.0092	-4.8230	-0.0044	-0.0043
β_d / α_d	0.1376	0.3316	0.3017	0.4610

表 3-3　　　　　　　　　　交 流 端 口 控 制 系 数

系数	端口 1	端口 2
α_d	6.8359	5.1993
β_d	0.0417	0.0879
γ_d	-6.9217	-5.4334
β_d / α_d	0.0061	0.0167

表 3-2、表 3-3 中，PET 交直流端口控制系数均不为零，结合广义交直流下垂控制特性，可以推断此时各端口均运行于下垂控制模式。类比传统交流电网发电机的调差系数，定义 β/α 为 PET 各端口的"调差系数"，调差系数大小代表了该端口的功率调节能力大小，调差系数越小，功率调节能力越强。极端情况，调差系数为零代表定特征信号控制；调差系数为无穷大则表示定有功功率控制。由表 3-2、表 3-3 可以看出，直流端口中端口 1、3 调差系数较小，调节能力较强，承担相应子网不平衡功率较多；交流端口中端口 1 调差系数较端口 2 小，承担子网不平衡功率较多。

（1）可再生能源预测误差变化仿真分析。为验证本节基于广义交直流下垂控制方法的电力电子变压器运行策略优化组合方法对可再生能源预测准确度的适应性，将可再生能源预测误差由最初的 20%变为 50%，改变后直流端口和交流端口控制系数分别如表 3-4 和表 3-5 所示。

表 3-4　　　　　　　　　　改变后直流端口控制系数

系数	端口 1	端口 2	端口 3	端口 4
α_d	0.8373	0.0334	0.1396	0.0383
β_d	2.4298×10^{-15}	0.0044	0	0.0079
γ_d	-0.8791	-0.0352	-0.1396	-0.0399
β_d / α_d	0.2902×10^{-16}	0.1317	0	0.2063

表 3-5   改变后交流端口控制系数

系数	端口 1	端口 2
α_d	0.1406	0
β_d	0	0.6467
γ_d	-0.1406	-0.2716
β_d / α_d	0	∞

由表 3-4、表 3-5 中结果可知，当可再生能源预测误差由 20% 增大为 50% 后，PET 交直流端口的三个广义交直流下垂控制系数均发生了变化，对应的运行策略也发生了变化，具体表现为，PET 端口运行模式由全部下垂的组合变成了同时含有定特征信号控制、定有功功率控制和下垂控制的组合模式。其中，直流子网中，端口 1 调差系数很小，接近于零，近乎运行于定直流电压控制，端口 3 调差系数为零，运行于定直流电压控制，端口 2、4 运行于下垂控制模式；交流子网中，端口 1 调差系数为零，运行于定频率控制，承担整个交流子网的不平衡功率，由于交流子网只有一个统一的频率，端口 2 调差系数变为无穷大，运行于定有功功率控制，不承担功率调节任务。出现这种 PET 端口策略组合方案变化主要是因为可再生能源不确定性增大后，当处于极端场景时，直流电压、交流频率偏差较未改变之前增大很多，此时仅采用下垂控制不能保证系统的安全稳定运行，故其中一些端口由下垂控制变成了定电压控制或定频率控制，以保证系统的安全稳定运行。

（2）可再生能源接入位置变化仿真分析。当可再生能源接入位置发生变化时，会导致相应子网的特征信号发生变化。对直流子网来讲，网络中端口电压各不相同，可再生能源接入位置对不同直流端口的端口电压的影响也不同，因此各端口调差系数大小的选取也与此有关，从而影响整个 PET 端口运行模式组合的选择。为验证可再生能源接入位置变化时本节 PET 端口运行策略优化组合方法的适应性，在直流子网内移动接入的 PV 位置，观察 PET 端口调差系数的变化情况，设当某一直流子网内 PV 位置变化时，另一子网的 PV 位置保持不变。

直流端口调差系数随 PV 位置变化情况如图 3-10 所示，由图可知，PV 接入位置发生变化时，在本节场景下，PET 各端口仍运行于下垂控制模式，但调差系数发生了变化，端口控制策略能力组合也发生了变化。在单个直流子网内，随 PV 位置移动，离 PV 越近的端口调差系数越小，调节能力越强，可控制电压偏移越少；相反，离 PV 越远的端口调差系数越大，电压偏移越多。这是因为，离 PV 越近的端口，PV 功率波动导致的端口功率波动越大，此时为了保证该端口的电压，需要更小的调差系数以保障更强的功率调节能力。另外，功率调节能力强的端口越靠近 PV，可以就近响应其功率波动，减少功率传输带来的网损，进而减少了从主网购电量。

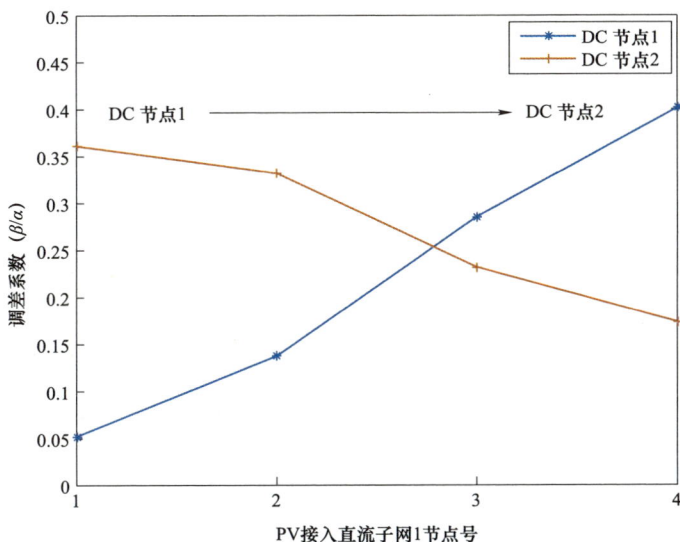

(a) PV在子网1中移动时直流端口调差系数

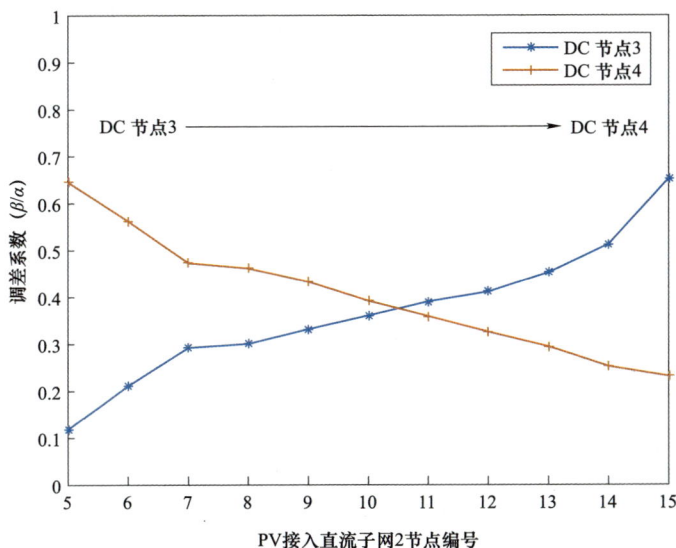

(b) PV在子网2中移动时直流端口调差系数

图 3-10　直流端口调差系数随 PV 位置变化情况

　　对于交流子网来讲，只有一个统一的频率，可再生能源接入位置变化时，该子网内的 PET 各交流端口频率变化相同，故端口调差系数大小的选取与可再生能源位置无关。传统交流系统中调差系数大小与系统负荷分布有关，这里同样研究交流子网端口调差系数大小与该子网负荷分布的关系。按距离两个 PET

的远近，将交流子网划分为 PET1 区域和 PET2 区域，观察端口调差系数与所在区域净负荷（负荷有功功率减去可再生能源发电功率）大小的关系。交直流子网区域划分如图 3−11 所示，各时段 PET1 区域和 PET2 区域所含交流子网净负荷分布情况如图 3−12 所示。

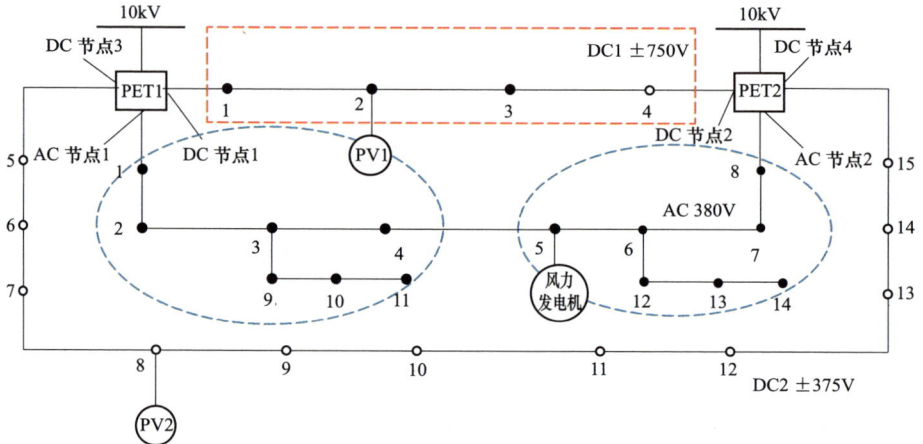

图 3−11　交流子网区域划分

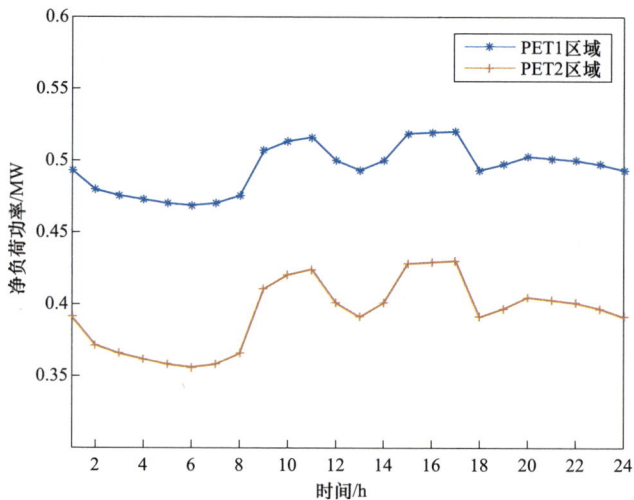

图 3−12　交流子网净负荷分布情况

由图 3−12 可知，交流子网中 PET1 区域的净负荷要大于 PET2 区域，本节目标函数为从主网购电最少，调差系数小的端口承担所在子网更多的不平衡功率，可以减少功率流动带来的功率损耗。故可再生能源波动时，为使从主网购电量最少，优化结果为负荷重的 PET1 端口调差系数更小，承担更多的不平衡功率。即总体来讲，交流端口运行模式的组合情况从某种程度上来讲与子网内的负荷分布存在一定的关系，负荷重的端口调差系数往往会更小一些。

3. 策略组合控制效果比较

当可再生能源波动，使得所在子网功率缺额大，进而导致相应的直流电压、交流频率偏差大时，需要有较强的端口功率调节能力保证系统的安全稳定运行。为验证系统电压、频率出现较大偏差时所得到的运行策略组合方案的控制效果，对比在极端场景下，经本节鲁棒优化得到的端口策略组合方案及常规确定性优化得到的策略组合方案控制后，PET 直流端口电压及交流端口频率如图 3－13、图 3－14 所示。

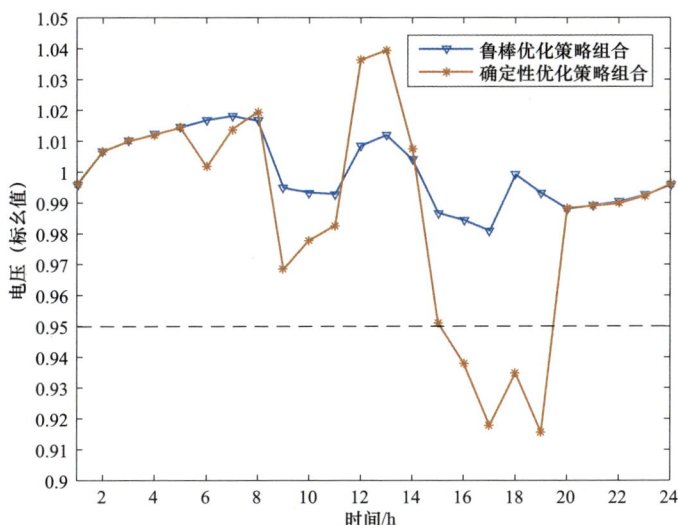

图 3－13　直流端口电压

由图 3－13 可知，可再生能源波动出现极端场景导致直流电压下降最大时，确定性优化组合策略在晚上负荷上升且光伏发电量为零时，存在电压越下限的情况，不能保证系统的安全稳定运行。本节鲁棒优化组合策略控制后电压则要高于确定性优化，且没有发生越限。这是因为鲁棒优化在一开始策略组合的求解时，就考虑了包括极端场景在内的各种情况，所以在极端场景下仍可以将端口电压很好地控制在安全约束范围内；而确定性优化在求解时没有考虑电压偏差很大的极端情况，导致实际电压偏差大时端口调节能力不够，最终电压降低较多，甚至超出安全界限。同样可分析图 3－14 交流端口频率的变化，鲁棒优化策略组合控制后频率值也整体高于确定性优化，更有利于系统的安全稳定运行，以上对比分析结果表明了本节方法更适用于可再生能源大量接入的情况。

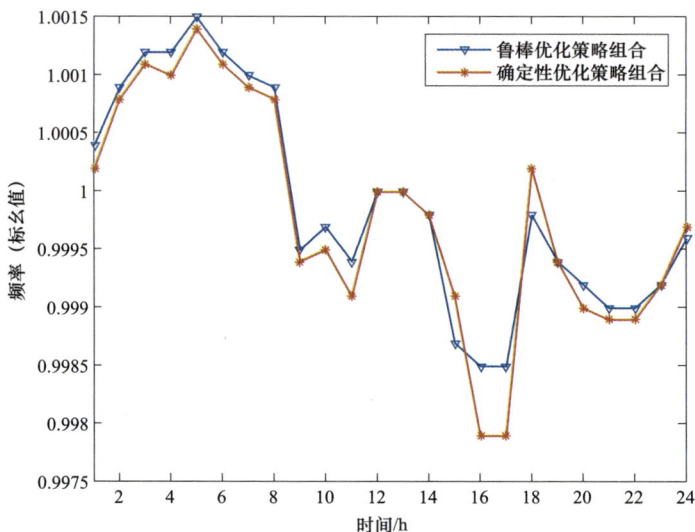

图 3-14　交流端口频率

表 3-6 给出了不同策略组合下从主网的购电总量。由表中数据可以看出，鲁棒优化组合策略下从主网购电量要高于确定性优化组合策略，这是因为，鲁棒优化考虑了可再生能源的不确定性问题，要求极端场景下电压、频率均在允许范围内，求解时牺牲了部分经济性，以保证系统的安全性，符合其保守的特点。

表 3-6　　　　　　　　　　不同策略组合下从主网购电量

策略组合方法	从主网购电量/MWh
鲁棒优化	69.6454
确定性优化	69.0327

第三节　交直流分布式可再生能源系统日前优化调度

利用 PET 的功率调节功能，可以对交流网络和直流网络之间的功率传递进行控制，实现多类型可再生能源协调互补消纳；此外，通过对分布式能源的合理应用，降低系统的运行成本，实现交直流系统运行的经济化。通常含 PET 的交直流系统的日前优化调度模型的优化目标是实现含 PET 的交直流系统总运行费用最小，充分发挥 PET 的灵活调控能力，以提高系统运行经济性。

一、忽略 PET 损耗的日前优化调度

（一）目标函数

目标函数是交直流系统的运行费用最小，而运行费用具体包括发电机的发电费用、从主网购电的费用以及电池充放电成本，其数学表达式为

$$\min C = \sum_t (C_{\text{MT}_t} + C_{\text{B}_t} + C_{\text{Mo}_t}) = \sum_t (\rho_{\text{MT}} P_{\text{MT}_t} + C_{\text{B}_t} + \rho_{\text{Mo}} P_{\text{Mo}_t})$$

（3-31）

式中：$C_{\text{MT}_t} = \rho_{\text{MT}} P_{\text{MT}_t}$，为微型燃气轮机在时间 t 内的发电成本；ρ_{MT} 为微型燃气轮机在 t 时刻的单位发电成本；$P_{\text{MT},t}$ 为 t 时刻微型燃气轮机有功出力；$C_{\text{B}_t} = [c_{\text{B}} k_{\text{SOC}_{\min}} (1 - \text{SOC}^{\min})] P_{\text{B}_t}$，为 t 时刻的电池成本；c_{B} 为电池的基本成本系数；$k_{\text{SOC}_{\min}}$ 是与电池的最小充电状态相关联的标量函数，可以根据制造信息得出；$\text{SOC}^{\min}$ 为电池的最小充电状态；$P_{\text{B},t}$ 为 t 时刻储能的充电功率；$C_{\text{Mo}_t} = \rho_{\text{Mo}} P_{\text{Mo}_t}$ 为 t 时刻交直流系统在主网购电所花费成本；ρ_{Mo} 为主网在 t 时刻的实时电价，P_{Mo_t} 为 t 时刻交直流系统从主网所购电量。

（二）约束条件

对于电力电子变压器、微型燃气轮机、储能电池、风力发电机、光伏、负荷的约束，前文已经提及。除此之外，系统还应满足交流系统和直流系统的功率平衡约束。

交流系统的功率平衡约束

$$P_{\text{MT}_t} + P_{\text{WP}_t} + P_{\text{ACi}_t} = P_{L_{\text{AC}_t}} + P_{\text{ACo}_t}$$

（3-32）

式中：P_{WP_t} 为 t 时刻风力发电机功率；P_{ACi_t} 为 t 时刻注入交流电网的有功功率；$P_{L_{\text{AC}t}}$ 为 t 时刻交流负荷的负荷功率；P_{ACo_t} 为 t 时刻注入 PET 交流端口的有功功率。

直流系统的功率平衡约束

$$P_{\text{PV}_t} + P_{\text{PV-WP}_t} + P_{\text{DCi}_t} = P_{\text{B}_t} + P_{L_{\text{DC}t}} + P_{\text{DCo}_t}$$

（3-33）

式中：P_{PV_t} 为 t 时刻光伏电池的发电功率；$P_{\text{PV-WP}_t}$ 为 t 时刻光伏风力发电系统的发电功率；P_{DCi_t} 为 t 时刻注入直流电网的有功功率；P_{DCo_t} 为 t 时刻注入 PET 直流端口的有功功率，$P_{L_{\text{DC}t}}$ 为 t 时刻直流负荷的负荷功率。

（三）算例系统简介

含 PET 的交直流系统结构图如图 3-15 所示，系统由交流网络和直流网络组成，交流网络电压等级为 380V，直流网络电压等级为 400V，并由 PET 进行

能量的传输，PET 三个端口除与交流和直流网络连接外，还有一个端口与主网直接相连，当交直流系统中能量供应不足或者从主网购电经济性更好的时候，系统会从主网端口处购电，并通过 PET 注入交直流系统中，以保证能量的供需平衡。

　　交流系统中包含微型燃气轮机、风力发电机、交流负荷，微型燃气轮机容量 $P_{\mathrm{MT}}^{\max}=300\mathrm{kW}$。其中每个时刻微型燃气轮机（microturbine，MT）的发电量考虑为控制变量，风机出力及交流负荷的负荷量为给定值。交流网络可以通过自身微型燃气轮机的供能及风机出力来满足负荷的需求；此外，PET 的引入，使得此网络获取能量的途径更加广泛。一方面，当交流网络电能盈余、直流网络电能不足，或者交流网络电能不足、直流网络电能盈余时，可以通过从其中一个网络向另外一个网络输送电能来平衡供需的差值；另一方面，当交流网络和直流网络同时处于电能不足的状态时，还可以通过 PET 从主网获取电能。

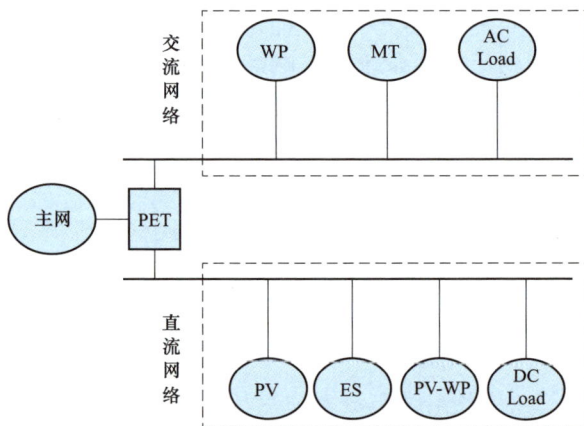

图 3-15　含 PET 的交直流系统结构图

　　直流系统包括光伏发电（photovoltaic array，PV）单元、电池储能装置（energy system，ES）、风力发电（wind turbine，WT）装置、直流负荷（DC load），电池储能装置储存电能的上限值 $B_{\mathrm{cap}}=200\mathrm{kW}$，每小时电池充放电量上限 $P_{\mathrm{Bch}}^{\max}=P_{\mathrm{Bdch}}^{\max}=40\mathrm{kW}$。其中，每个时刻电池储能装置的储能量、光伏发电量为控制变量。在本节中，对于光伏风力发电装置的具体原理不进行研究，其在 24h 内的具体发电量假设为给定值，同样直流负荷的负荷量为给定值。对于电池的状态，由优化的解来决定其在每小时内是充电还是放电。电池在充电时可以视为负荷，当其放电时，可以视为发电装置。

　　PET 的可控制变量包括主网侧有功无功输出 P_{Mo_t} 和 Q_{Mo_t}，以及交流系统和直流系统侧的有功注入 P_{ACo_t} 和 P_{DCo_t}。在本算例中，为保证交直流系统能尽可能实现自给自足，同时也兼顾系统的安全性和稳定性，对于主网的注入功率 P_{Mo_t}，最大值限定为 60kW；对于交流系统和直流系统侧的有功注入 P_{ACo_t} 和 P_{DCo_t}，本节设定其最大功率为 150kW。

（四）算例分析

基于 MATLAB 平台的 Yalmip 工具箱，对本算例涉及的优化调度问题进行求解。图 3－16 中给出了 24h 内 PET 交直流端口输出功率图，值为正则表示功率从交流/直流系统流出；值为负则表示功率注入交流/直流系统。从中可以看出，在 1～8h，由于光伏发电量很少，直流系统中有功功率供不应求，功率从交流系统流入直流系统；在 9～16h，由于光伏发电装置开始工作，直流系统开始有能量盈余，电能又开始从直流系统注入交流系统；在 17～24h，由于光伏发电量再次为 0，直流系统中功率再次供不应求，而此时交流系统中存在盈余功率，功率再次由交流系统流入直流系统。在此情况下，系统 24h 内的总运行成本为 2356.7 元。

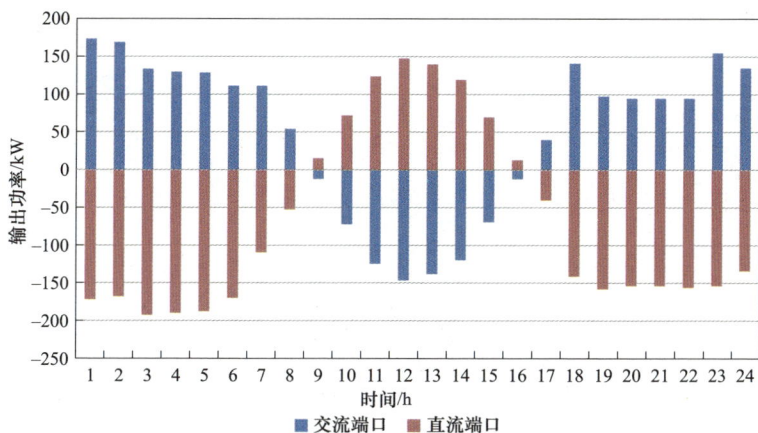

图 3－16　24h 内 PET 交直流端口输出功率

图 3－17 展示了主网功率注入和电池充放电安排优化结果；图 3－18 给出了光伏发电与电池充放电安排的关系，为形象展示出光伏发电与电池充放电之间的关系，此处光伏发电的功率值和电池充放电的功率值选择了不同的坐标刻度。在图 3－17 中可以看出，当主网的购电价格比交直流系统自发电便宜时，系统会从主网购入电能，例如 3～6h、19～22h，这两个时间段正好是一天内电网电价的谷值，此时交直流系统存在主网购电行为。通过图 3－17、图 3－18 可以发现，电池充电过程在有主网功率注入和光伏电池发电的时刻发生：在 3～

6h，此时主网购电电价低，所以交直流系统大量从主网进行购电，所购电能不仅用于平衡自身存在的功率差值，还用于电池的充电；在 9～16h，由于直流系统中光伏出力很大，不仅能满足直流系统的需求，还能满足交流系统的需求，而盈余功率则储存在电池之中。

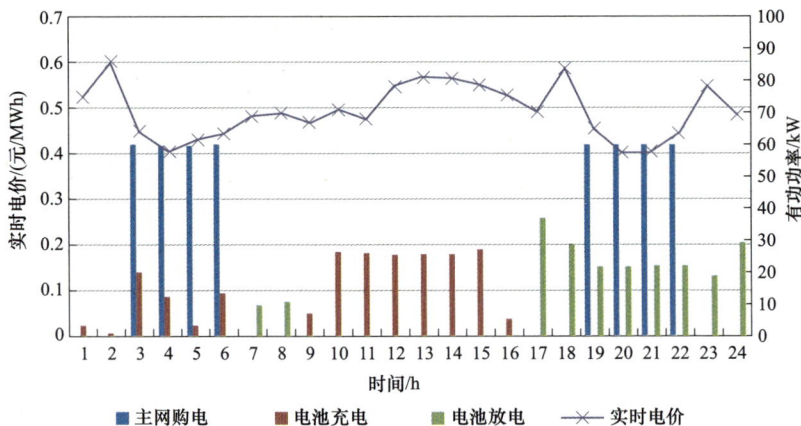

图 3-17 主网功率注入和电池充放电安排

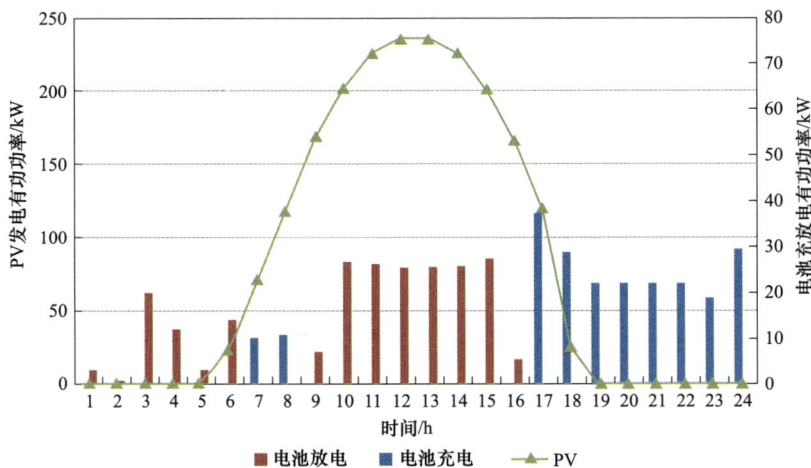

图 3-18 光伏发电与电池充放电安排

在 1～6h，电池进行充电，在这个时间段内系统可以从主网购电，这也证明了优化的全局性：在主网价格低的时刻买电储存在电池中，在主网价格高、系统负荷大的时刻进行放电；在 9～16h，光伏电池处于电能生产的高峰时段，直流侧功率有盈余，所以电池进行充电；在 16h 之后，当直流侧功率供不应求时，电池进行放电来释放电能。通过电池在不同时段的充放电，实现了系统的供需平衡及经济性，而且有效提高了系统的安全性。

二、计及 PET 损耗的日前优化调度

本节第一部分在进行交直流系统日前优化调度时，不计及 PET 的损耗，并对系统调度的结果进行了分析。国内外专家学者提出了 PET 的多种拓扑结构，但对 PET 的运行效率对运行调度的影响仍然没有统一的定论。为便于计算，本节将建立计及线性化损耗的 PET 优化模型，并讨论 PET 效率对于系统优化调度方案的影响。此外，本节在算例系统中还加入了可控负荷。

（一）交直流系统模型

1. 计及损耗的 PET 优化调度模型

风电、光伏等可再生能源发电设备的输出功率受天气因素影响，导致不同时间段直流系统和交流系统中能量存在波动情况。而 PET 因其具备强大的端口调控能力，可以独立对各个端口进行控制，从而协调网络间的功率流动，在调度建模中可以实现各个端口的解耦。

PET 作为能量传输的中间枢纽，其内部存在一定的功率损耗，在此定义 η 为 PET 的功率转换系数。本节以三端口 PET 为例建立 PET 的含损调度模型，对于三端口 PET，其有

$$P_{\mathrm{AC}i_t} + P_{\mathrm{DC}i_t} + P_{\mathrm{Mi}_t} = \eta(P_{\mathrm{AC}o_t} + P_{\mathrm{DC}o_t} + P_{\mathrm{Mo}_t}) \qquad （3-34）$$

式中：$P_{\mathrm{AC}i_t}$、$P_{\mathrm{DC}i_t}$、P_{Mi_t} 分别为在 t 时刻从 PET 流向交流区域、直流区域、主网区域的功率；$P_{\mathrm{AC}o_t}$、$P_{\mathrm{DC}o_t}$、P_{Mo_t} 分别为在 t 时刻从交流区域、直流区域、主网区域流向 PET 功率。$P_{\mathrm{AC}i_t}$、$P_{\mathrm{DC}i_t}$、P_{Mi_t}、$P_{\mathrm{AC}o_t}$、$P_{\mathrm{DC}o_t}$、P_{Mo_t} 都为正值。在优化过程中，控制变量的个数会影响优化计算的速度，而减少控制变量的数量可以提高计算效率，因此可将上述六个恒为正的物理量简化为三个可正可负的物理量，来提高优化调度的计算速度

$$P_{\mathrm{M}_t} = P_{\mathrm{Mo}_t} - P_{\mathrm{Mi}_t} \qquad （3-35）$$

$$P_{\mathrm{AC}_t} = P_{\mathrm{AC}o_t} - P_{\mathrm{AC}i_t} \qquad （3-36）$$

$$P_{\mathrm{DC}_t} = P_{\mathrm{DC}o_t} - P_{\mathrm{DC}i_t} \qquad （3-37）$$

式中：P_{M_t} 为 t 时刻主网区域与 PET 的交互功率，正值代表功率由主网区域流向 PET，负值代表功率由 PET 流向主网区域；P_{AC_t} 为 t 时刻交流区域与 PET 的交互功率，正值代表功率由交流区域流向 PET，负值代表功率由 PET 流向交流区域；P_{DC_t} 为 t 时刻直流区域与 PET 的交互功率，正值代表功率由直流区域流向 PET，负值代表功率由 PET 流向直流区域。

经简化之后，PET 的输入功率将无法确定，本节通过引入 PET 净输入功率这一物理量来解决此问题。

$$
\begin{aligned}
P_{\mathrm{PET}_t} &= P_{\mathrm{Mo}_t} + P_{\mathrm{ACo}_t} + P_{\mathrm{DCo}_t} \\
&= \frac{P_{\mathrm{Mo}_t} + P_{\mathrm{ACo}_t} + P_{\mathrm{DCo}_t} + \eta(P_{\mathrm{Mo}_t} + P_{\mathrm{ACo}_t} + P_{\mathrm{DCo}_t})}{1+\eta} \\
&= \frac{P_{\mathrm{Mo}_t} + P_{\mathrm{ACo}_t} + P_{\mathrm{DCo}_t} + P_{\mathrm{Mi}_t} + P_{\mathrm{ACi}_t} + P_{\mathrm{DCi}_t}}{1+\eta} \\
&= \frac{|P_{\mathrm{M}_t}| + |P_{\mathrm{AC}_t}| + |P_{\mathrm{DC}_t}|}{1+\eta}
\end{aligned}
\tag{3-38}
$$

式中：η 为 PET 的功率转换系数；P_{PET_t} 为在 t 时刻 PET 净输入功率，表示在 t 时刻从主网、交流区域、直流区域输入 PET 的总功率之和。

PET 存在损耗，故有

$$
P_{\mathrm{M}_t} + P_{\mathrm{AC}_t} + P_{\mathrm{DC}_t} = (1-\eta)P_{\mathrm{PET}_t}
\tag{3-39}
$$

对比式（3-38）和式（3-39），消去两式中的净输入功率 P_{PET_t}，得到 PET 的优化模型为

$$
P_{\mathrm{M}_t} + P_{\mathrm{AC}_t} + P_{\mathrm{DC}_t} - \frac{1-\eta}{1+\eta}(|P_{\mathrm{M}_t}| + |P_{\mathrm{AC}_t}| + |P_{\mathrm{DC}_t}|) = 0
\tag{3-40}
$$

此外，为保证 PET 运行在安全状态，对于其三个端口的交互功率，存在以下功率上限约束

$$
|P_{\mathrm{M}_t}| \leqslant P_{\mathrm{M}}
\tag{3-41}
$$

$$
|P_{\mathrm{AC}_t}| \leqslant P_{\mathrm{AC}}
\tag{3-42}
$$

$$
|P_{\mathrm{DC}_t}| \leqslant P_{\mathrm{DC}}
\tag{3-43}
$$

式中：P_{M} 为 PET 与主网最大交互功率；P_{AC} 为 PET 与交流区域最大交互功率；P_{DC} 为 PET 与直流区域最大交互功率。

2. 储能电池调度模型

对于储能系统，将在上节模型基础上，进一步考虑其运行损耗，涉及如下三方面因素。首先，储能系统在每一时刻会存在自身放电，因此下一时刻储能系统的储能量，等于上一时刻储能系统自放电后所剩余电能与这一时刻充放电能量的和；其次，储能系统每一刻充放电存在充电上限值及放电上限值；此外，储能系统在最终时刻的储能量，要与初始时刻的储能量相同，以保证储能系统长期运行。三方面约束分别表示为

$$P_{\mathrm{B}_t} = (1-\sigma)P_{\mathrm{B}_{t-1}} + P_{\mathrm{BS}_t} \qquad (3-44)$$

$$-P_{\mathrm{D\,max}} \leqslant P_{\mathrm{BS}_t} \leqslant P_{\mathrm{C\,max}} \qquad (3-45)$$

$$P_{\mathrm{B}_1} = P_{\mathrm{B}_N} \qquad (3-46)$$

式中：P_{B_t} 为储能系统在 t 时刻的储能量；$P_{\mathrm{B}_{t-1}}$ 为储能系统在 $t-1$ 时刻的储能量；P_{BS_t} 为储能系统在 t 时刻的充放电量，为正值时表示在 t 时刻储能系统充电，为负值时表示在 t 时刻储能系统放电；σ 为自放电系数；$P_{\mathrm{D\,max}}$ 为储能系统单位时刻的放电上限值；$P_{\mathrm{C\,max}}$ 为储能系统单位时刻的充电上限值；P_{B_1} 为储能系统在初始时刻的储能量；P_{B_N} 为储能系统在最终时刻的储能量。

系统中涉及的其他设备，如光伏、风电、燃气轮机等设备，仍采用上一节所给模型，在此不再赘述。

（二）日前优化调度模型

与上一节相比，PET 和储能设备模型考虑了运行过程中的功率损耗；此外，模型中还将计及可控负荷响应能力，为此在系统中加入了可控负荷。因此需要对优化模型的目标函数和约束条件进行改进。

1. 目标函数

本节以系统的运行费用最小为目标函数，建立交直流混合微网日前优化调度的模型，运行费用将综合考虑设备维护成本、微型燃气轮机发电成本、储能损耗成本、购售电成本以及可控负荷削减成本。

（1）设备维护成本。微网中的设备在运行过程中会需要额外的养护，本模型中考虑风力发电机及光伏的维护成本，设备的维护成本与其输出功率有关，即

$$F_1 = \sum_{t=1}^{N}(m_{\mathrm{WT}}P_{\mathrm{WT}_t} + m_{\mathrm{PV}}P_{\mathrm{PV}_t}) \qquad (3-47)$$

式中：N 为一个运行周期的总时段数；m_{WT}、m_{PV} 分别为风力发电机、光伏的设备维护成本系数；P_{WT_t}、P_{PV_t} 分别为在 t 时刻风力发电机、光伏的发电功率。

（2）微型燃气轮机发电成本。微型燃气轮机在发电过程中存在发电成本，其成本可表示为

$$F_2 = m_{\mathrm{MT}}\sum_{t=1}^{N}|P_{\mathrm{MT}_t}| \qquad (3-48)$$

式中：m_{MT} 为微型燃气轮机的发电成本系数。

（3）购售电成本。交直流系统除了交流区域和直流区域外，还与主网相连。当自身系统中存在电能盈余时，可以通过将盈余的电能卖给主网来实现盈利；

当自身系统中电能不足时，可通过向主网购电来平衡交直流系统的电能不足。因此，购售电的总成本为购电成本与售电盈利的总和，即有

$$\begin{cases} F_3 = C_{\text{buy}} + C_{\text{sell}} \\ C_{\text{buy}} = \sum_{t=1}^{N} m_{\text{Mbuy}_t} P_{\text{M}_t} \quad P_{\text{M}_t} \geqslant 0 \\ C_{\text{sell}} = \sum_{t=1}^{N} m_{\text{Msell}_t} P_{\text{M}_t} \quad P_{\text{M}_t} < 0 \end{cases} \quad (3-49)$$

式中：C_{buy} 为总购电费用，为正值；C_{sell} 为总售电费用，为负值；m_{Mbuy_t} 为在 t 时刻的主网购电系数；m_{Msell_t} 为在 t 时刻的主网售电系数。

（4）储能损耗成本。储能系统在微网运行过程中会不断地充电和放电，在充放电过程中会存在电能的损耗，此损耗与储能系统充放电的功率有关。因此储能损耗成本为

$$F_4 = \sum_{t=1}^{N} m_{\text{B}} \mid P_{\text{B}_t} \mid \quad (3-50)$$

式中：m_{B} 为储能的损耗成本系数。

（5）可控负荷削减成本。当系统供不应求时，会对系统中可控负荷进行削减，此成本包括 t 时刻可控交流负荷和直流负荷的削减成本

$$F_5 = \sum_{t=1}^{N} [m_{\Delta_{\text{L}}} (\Delta_{\text{AC}_t} + \Delta_{\text{DC}_t})] \quad (3-51)$$

式中：$m_{\Delta_{\text{L}}}$ 为可控负荷在 t 时刻的单位削减成本；Δ_{AC_t} 和 Δ_{DC_t} 分别为 t 时刻交流电网和直流电网削减负荷量。

综上所述，本节建立的日前优化调度目标函数为

$$\min f = \sum_{i=1}^{5} F_i \quad (3-52)$$

2. 约束条件

运行约束方面，主要考虑交直流混合微网中各部分元件的运行约束以及系统的功率平衡约束。

系统在运行中应满足功率平衡约束，在本系统中有

$$P_{\text{AC}_t} = P_{\text{MI}_t} + P_{\text{WI}_t} - P_{\text{ACL}_t} \quad (3-53)$$

$$P_{\text{DC}_t} = P_{\text{PV}_t} - P_{\text{BS}_t} - P_{\text{DCL}_t} \quad (3-54)$$

将式（3-53）、式（3-54）带入式（3-40），得到系统的功率平衡约束

$$P_{M_t} + P_{MT_t} + P_{WT_t} - P_{ACL_t} + P_{PV_t} - P_{BS_t} - P_{DCL_t} -$$

$$\frac{1-\eta}{1+\eta}(|P_{M_t}| + |P_{MI_t} + P_{WI_t} - P_{ACL_t}| + |P_{PV_t} - P_{BS_t} - P_{DCL_t}|) = 0 \qquad (3-55)$$

对于微型燃气轮机的约束，在前文已给出；对于 PET、储能电池及可控负荷的约束，则由本节给出。

（三）算例分析

1. 算例系统简介

以某地实际含 PET 的交直流系统为例，某地能源中心拓扑结构如图 3-19 所示，系统由交流网络和直流网络组成，两者依靠 PET 进行能量的传输，PET 的三个端口除与交流网络和直流网络连接外，还有一个端口与主网直接相连。当交直流系统中能量供应不足或者从主网购电经济性更好的时候，系统会从主网购电，并通过 PET 注入交直流系统，以保证能量的供需平衡。

交流系统中包含微型燃气轮机、风力发电机、交流可控负荷以及交流不可控负荷，其中每个时刻微型燃气轮机的发电量及交流可控负荷的削减量为控制变量，风力发电机出力及交流不可控负荷的负荷量为给定值。

直流系统包括光伏发电单元、电池储能装置、直流可控负荷及直流不可控负荷。其中，每个时刻电池储能装置储能量、光伏发电量，以及直流可控负荷的削减量为控制变量，光伏出力及直流不可控负荷的负荷量为给定值。对于电池的状态，由优化的解来决定其在每个时刻内是充电还是放电。电池在充电时可以视为负荷，放电时可以视为发电装置。

本算例对系统进行日前优化调度，取优化调度步长为 1h，忽略储能电池自放电系数 σ，某地实际含 PET 的交直流系统参数如表 3-7 所示。

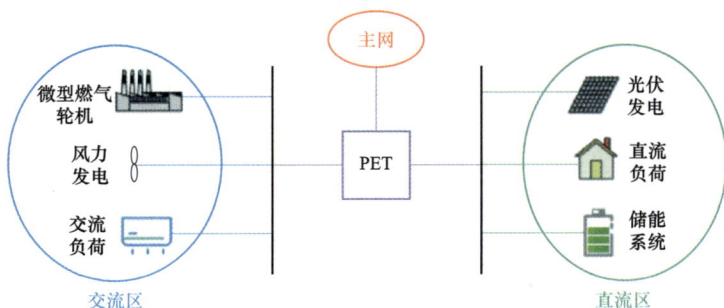

图 3-19 某地能源中心拓扑结构图

表 3-7   某地实际含 PET 的交直流系统参数

参数	数值
微型燃气轮机单位时刻最大出力 P_{MT}^{max}	150kW
斜坡上升功率上限 R_{UMT}	60kW
斜坡下降功率上限 R_{DMT}	60kW
微型燃气轮机发电成本系数 m_{MT}	0.45 元/kWh
储能电池容量	200kWh
储能电池单位时刻充电上限值 R_{Cmax}	40kW
储能电池单位时刻放电上限值 R_{Dmax}	40kW
储能电池损耗成本系数 m_B	0.02 元/kWh
风力发电机最大输出功率	200kW
风力发电机设备维护成本系数	0.025 元/kWh
光伏配置的最大输出功率	200kW
光伏设备维护成本系数	0.023 元/kWh
PET 功率转换效率 η	0.95
主网端口注入功率最大值 P_M	60kW
交流系统端口有功注入上限值 P_{AC}	150kW
直流系统端口有功注入上限值 P_{DC}	150kW
交流可控负荷削减上限 Δ_{AC}^{max}	50kW
直流可控负荷削减上限 Δ_{DC}^{max}	10kW
交直流可控负荷削减成本系数 m_{Δ_L}	0.55 元/kWh

2. 算例结果及分析

图 3-20 给出了日前 PET 交直流端口输出功率的优化结果，值为正表示

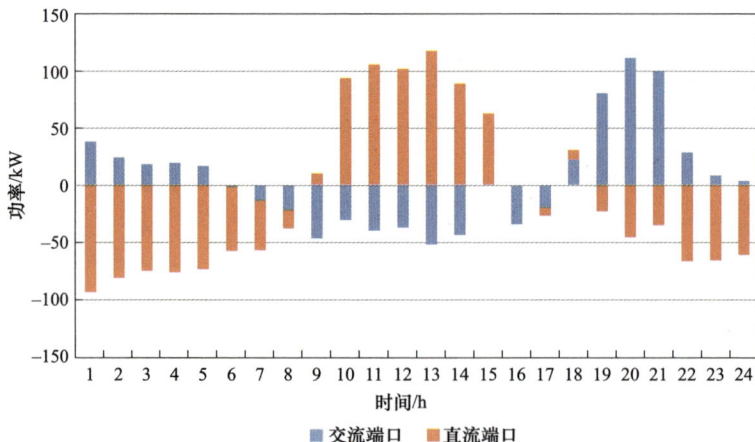

图 3-20   PET 交直流端口输出功率

功率从交流/直流系统流出，值为负则表示功率注入交流/直流系统。表3-8给出了 PET 三端口的状态值，包括 PET 所连接的交流系统、直流系统及主网三部分的状态值及运行状态。

表 3-8   PET 三端口的状态值（$\eta = 0.95$）

时间/h	AC 盈余/kW	AC 状态	DC 盈余/kW	DC 状态	主网交互/kW	主网状态
1	38.4367	功率盈余	−93.4488	功率不足	59.9304	购电
2	25.1553	功率盈余	−80.83	功率不足	59.929	购电
3	18.5615	功率盈余	−74.5683	功率不足	59.9315	购电
4	19.4971	功率盈余	−75.4555	功率不足	59.9297	购电
5	17.3258	功率盈余	−73.3931	功率不足	59.93	购电
6	−1.0755	功率不足	−55.87	功率不足	59.9427	购电
7	−12.4919	功率不足	−44.4433	功率不足	59.9317	购电
8	−21.6821	功率不足	−16.1142	功率不足	39.7856	购电
9	−46.714	功率不足	10.1093	功率盈余	39.0633	购电
10	−29.6849	功率不足	93.8689	功率盈余	−59.4905	售电
11	−39.9254	功率不足	104.9801	功率盈余	−59.8057	售电
12	−37.0023	功率不足	101.7519	功率盈余	−59.662	售电
13	−52.1249	功率不足	117.6472	功率盈余	−59.6399	售电
14	−42.9168	功率不足	88.5794	功率盈余	−41.2337	售电
15	0	自给自足	62.4399	功率盈余	−59.3179	售电
16	−34.3307	功率不足	1.0035	功率盈余	35.1342	购电
17	−19.4185	功率不足	−6.8165	功率不足	27.6158	购电
18	22.2617	功率盈余	8.8322	功率盈余	−29.5392	售电
19	79.7042	功率盈余	−22.9887	功率不足	−52.7303	售电
20	110.9776	功率盈余	−45.8919	功率不足	−59.5369	售电
21	99.3962	功率盈余	−34.667	功率不足	−59.7595	售电
22	28.9923	功率盈余	−66.3632	功率不足	40.8636	购电
23	9.0006	功率盈余	−65.4885	功率不足	59.9346	购电
24	4.3102	功率盈余	−61.0315	功率不足	59.9335	购电

从计算结果可以看出，在 1～5h，直流网络由于光伏出力为 0 而功率不足，此时交流网络功率盈余，功率由交流网络流向直流网络，来实现可再生能源的充分消纳。根据实时电价可知，此时主网购电电价为谷时电价，明显低于微型

燃气轮机的单位发电成本，故主网购电量也达到上限制，以尽可能减少微型燃气轮机出力来降低运行成本。

在 6～8h，直流网络光伏出力不能满足负荷需求，而交流网络也由于风机出力下降而供不应求，此时直流网络和交流网络都处于功率不足状态，系统从主网购电来满足其功率需求。在 6h 时，主网购电已达到上限，仍不能满足交直流系统的功率需求，此时将出现负荷削减现象。

在 9～14h，直流网络由于光伏出力增多开始出现盈余，交流网络由于风速持续下降而功率不足，此时功率由直流网络流向交流网络。可以看到在 9h 时，主网为购电状态；而在 10～14h，主网为售电状态。这是由于在 9h 时，主网为平时电价，而在 10～14h 时，主网为峰时电价，此时微型燃气轮机发电成本及负荷削减成本均低于向主网售电的成本，此时间段交直流系统向主网售电，一直保持在端口上限值，以提高系统运行收益。

在 15h 时，交流网络正好达到自给自足状态，由于此时仍为峰时电价，此时直流网络的盈余全部输送至主网，来降低运行成本。

在 16h 时，直流网络功率有所盈余，交流网络功率不足，直流网络的盈余功率不足以平衡交流网络的功率缺额，因为此时主网为平时电价，从主网购电比负荷削减成本低，因此从主网购电来平衡不足的功率。

在 17h 时，交流网络和直流网络都处于功率不足状态，此时系统运行状态同 7～8h。

在 18h 时，交流网络和直流网络都处于功率盈余状态，主网处于峰时电价，负荷削减成本低于向主网售电的成本，交流网络和直流网络都出现负荷削减，盈余的电能都卖至主网。

在 19～24h，直流网络由于光伏出力下降处于功率不足状态，交流网络由于风速上升处于功率盈余状态。在 19～21h，由于主网处于峰时电价，此时交流网络微型燃气轮机满载运行，盈余功率除去传输至直流网络外，还卖至主网以实现最大获利；在 22～24h，主网处于谷时电价，交直流系统从主网购电成本更低，故交直流网络向主网购电量保持在端口上限值。

图 3-21 给出了储能、主网交互功率与主网购电成本的关系图，储能为正值时表示充电，为负值时表示放电；主网交互功率为正表示功率从主网流向交直流系统，为负表示功率从交直流系统流向主网。从图中可以看出，储能与主网交互功率的行为与主网购电成本有很强的关联性。当主网购电成本低时，储能进行充电，交直流系统从主网购电；当主网购电成本高时，储能进行放电，交直流系统向主网售电，这体现了优化调度的全局性与经济性。

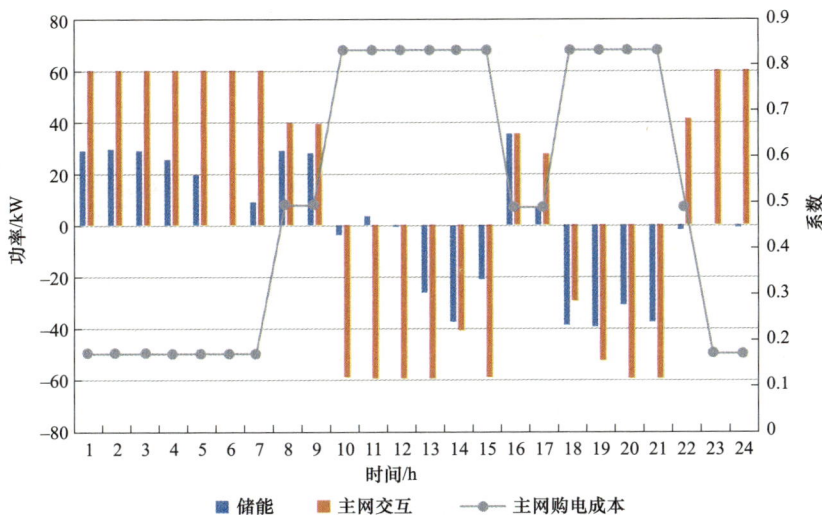

图 3−21　储能、主网交互功率与主网购电成本的关系图

3．PET 效率对优化调度的影响

国内外专家学者提出了 PET 的多种拓扑结构，不同类型 PET 的运行效率各不相同。本节讨论 PET 效率对优化调度的影响，分别取 $\eta=0.92$、0.95、0.98，对系统进行日前优化调度，表 3−8 中给出了 $\eta=0.95$ 时 24h 内 PET 三端口的状态值，表 3−9、表 3−10 分别给出 $\eta=0.92$、0.98 时 PET 三端口的状态值。

表 3−9　　　　　　PET 三端口的状态值（$\eta=0.92$）

时间/h	AC 盈余/kW	AC 状态	DC 盈余/kW	DC 状态	主网交互/kW	主网状态
1	39.3305	功率盈余	−91.3209	功率不足	59.9314	购电
2	26.4831	功率盈余	−79.4993	功率不足	59.9292	购电
3	20.1794	功率盈余	−73.7006	功率不足	59.9299	购电
4	19.6413	功率盈余	−73.2066	功率不足	59.9311	购电
5	16.7852	功率盈余	−70.5792	功率不足	59.9313	购电
6	−5.1108	功率不足	−50.0338	功率不足	59.9397	购电
7	−11.6599	功率不足	−43.4771	功率不足	59.9315	购电
8	−2.6284	功率不足	−15.9854	功率不足	20.2324	购电
9	−47.3736	功率不足	5.1519	功率盈余	46.3412	购电
10	−21.1363	功率不足	87.835	功率盈余	−59.6718	售电
11	−35.4169	功率不足	103.3783	功率盈余	−59.6911	售电
12	−31.0332	功率不足	98.5991	功率盈余	−59.6779	售电
13	−47.2914	功率不足	114.6195	功率盈余	−58.1586	售电
14	−42.8775	功率不足	86.4543	功率盈余	−36.6605	售电

时间/h	AC 盈余/kW	AC 状态	DC 盈余/kW	DC 状态	主网交互/kW	主网状态
15	6.255	功率盈余	57.2203	功率盈余	−58.3972	售电
16	−7.2574	功率不足	−3.012	功率不足	11.1624	购电
17	−14.6794	功率不足	−2.1893	功率不足	18.3354	购电
18	18.0439	功率盈余	9.254	功率盈余	−25.1141	售电
19	74.2589	功率盈余	−23.0386	功率不足	−45.2796	售电
20	100.5276	功率盈余	−32.7535	功率不足	−59.7319	售电
21	91.9872	功率盈余	−27.8716	功率不足	−56.7566	售电
22	47.9888	功率盈余	−58.2614	功率不足	15.3388	购电
23	11.4715	功率盈余	−65.6873	功率不足	59.9278	购电
24	7.3472	功率盈余	−61.8941	功率不足	59.929	购电

表 3−10　　　　　**PET 三端口的状态值（$\eta = 0.98$）**

时间/h	AC 盈余/kW	AC 状态	DC 盈余/kW	DC 状态	主网交互/kW	主网状态
1	38.7996	功率盈余	−96.7593	功率不足	59.9344	购电
2	26.5949	功率盈余	−84.7957	功率不足	59.9314	购电
3	18.5435	功率盈余	−76.9054	功率不足	59.9314	购电
4	21.6929	功率盈余	−79.9937	功率不足	59.9333	购电
5	15.5209	功率盈余	−73.9448	功率不足	59.933	购电
6	−6.0607	功率不足	−52.6823	功率不足	59.9418	购电
7	−13.0326	功率不足	−45.7013	功率不足	59.9326	购电
8	−31.4731	功率不足	−13.4504	功率不足	45.8404	购电
9	−56.3367	功率不足	15.589	功率盈余	41.8975	购电
10	−37.5878	功率不足	99.2906	功率盈余	−59.7169	售电
11	−42.1289	功率不足	103.9664	功率盈余	−59.7582	售电
12	−41.2975	功率不足	103.0447	功率盈余	−59.6863	售电
13	−61.8419	功率不足	124.0498	功率盈余	−59.7269	售电
14	−42.8139	功率不足	90.6133	功率盈余	−45.987	售电
15	2.505	功率盈余	58.4197	功率盈余	−59.7062	售电
16	−47.9723	功率不足	8.4718	功率盈余	40.4797	购电
17	−29.4037	功率不足	−6.4087	功率不足	36.5433	购电
18	30.7847	功率盈余	11.9445	功率盈余	−41.8747	售电
19	80.0215	功率盈余	−22.7613	功率不足	−55.6598	售电
20	115.6782	功率盈余	−53.9296	功率不足	−59.435	售电
21	103.7384	功率盈余	−41.963	功率不足	−59.7008	售电
22	27.0366	功率盈余	−69.5233	功率不足	43.9055	购电
23	7.1944	功率盈余	−65.7804	功率不足	59.9285	购电
24	2.1587	功率盈余	−60.8503	功率不足	59.9334	购电

对比表 3-9 与表 3-8，交流系统和直流系统的状态值只在 15h 时的 AC 状态、16h 时的 DC 状态有所变化；对比表 3-10 与表 3-8，交流系统和直流系统的状态值，只在 15h 时的 AC 状态有所变化。分析数据可知，由于 PET 效率发生变化，AC 盈余与 DC 盈余的数据也相应有所浮动，原本处于临界状态的数值在波动后可能出现变化。

表 3-11 中给出了三种运行效率下系统的总运行成本，由表中数据可知，含 PET 系统总运行成本随 PET 效率的增高而降低。

表 3-11　　　　　　　　不同 PET 效率下系统运行成本

PET 转换效率	总成本/元
0.92	1638.7
0.95	1615.4
0.98	1588.6

第四节　考虑多主体的双层优化调度

微网系统目前是 PET 的一个重要应用对象。考虑到未来微网的发展趋势，同时为充分发挥 PET 的端口调控能力，本节将 PET 应用于交直流混联微网。考虑 PET 不同端口连接不同主体，在优化调度中，不同主体均以实现自身经济最优为目标。当一个主体达到经济最优时，另外的主体难以同时为经济最优，整个系统也不一定处于经济最优的状态。为解决不同主体间利益的冲突，本节引入一个双层优化调度方法，通过库恩塔克条件（Karush-Kuhn-Tucker condition，KKT）将双层优化模型等效转化为单层模型进行求解，实现交直流混合微网中新能源的充分消纳与高效利用。首先，针对混合微网系统中的交直流微网及 PET 进行优化建模。其次，构建混合微网系统的双层优化模型，兼顾 PET 与交直流微网各自的运行目标。优化模型中上层的优化对象是 PET，下层的优化对象是交直流微网，通过 KKT 条件将双层优化模型等效转化为单层模型进行求解。最后，分别对计及 PET 与计及 AC/DC 变换器两种类型的交直流系统，进行优化与对比分析。

一、交直流系统简化模型

考虑到本节重点关注如何解决 PET 不同端口产生利益冲突时的优化调度问题，对于单一 PET 端口内部的子系统，不需要过于复杂，因为本节忽略具体的可再生能源模型，仅考虑每个交流微网或者直流微网中只包括一个等效的分布式能源装置和一个负荷，即对交直流混合微网模型做出如下简化：

（1）对微网内的分布式能源（如风力发电机、光伏设备及储能系统等）进行统一建模，并等效为一个大容量的 DG 机组。

（2）假设交流微网内的负荷类型为交流负荷，直流微网内的负荷类型为直流负荷。

基于上述假设，交流微网与直流微网的数学模型具有一定的相似性，包括功率平衡方程、DG 出力约束、负荷削减约束。以交流微网为例，其数学模型为

$$P_{DG}^{AC} = P_L^{AC} - P_{IL}^{AC} + P^{AC} \tag{3-56}$$

$$0 \leqslant P_{DG}^{AC} \leqslant P_{DG,max}^{AC} \tag{3-57}$$

$$0 \leqslant P_{IL}^{AC} \leqslant P_{IL,max}^{AC} \tag{3-58}$$

式中：P_{DG}^{AC} 为交流微网中 DG 的输出功率；P^{AC} 为交流微网对外输送功率；P_L^{AC} 为交流微网的负荷功率；P_{IL}^{AC} 为交流微网负荷的削减功率；$P_{DG,max}^{AC}$ 为交流微网中 DG 出力最大值；$P_{IL,max}^{AC}$ 为交流微网中负荷削减功率的最大值。

直流微网的数学模型仅需将式（3-56）～式（3-58）中涉及变量的上标由 AC 改为 DC 即可。

PET 是混合微网系统中交流微网与直流微网的连通环节，同时也是联系混合微网与上级电网的耦合环节。PET 由高频变压器与电力电子变换电路构成，包含高低压交流端口与直流端口，具有变压、隔离及能量传输的特点，可进一步实现不同微网间的互联，以及对不同端口功率的控制。以三端口 PET 为例，计及电力电子变压器的交直流微网系统结构图如图 3-22 所示，其稳态模型包括功率平衡方程、端口功率约束，即

$$P_{PET}^{AC} + P_{PET}^{DC} + P_{PET}^{Grid} + A|P_{PET}^{AC}| + A|P_{PET}^{DC}| + A|P_{PET}^{Grid}| = 0 \tag{3-59}$$

$$\sqrt{P_{PET}^{AC^2} + Q_{PET}^{AC^2}} \leqslant S_{PET,max}^{AC} \tag{3-60}$$

$$P_{PET}^{DC} \leqslant P_{PET,max}^{DC} \tag{3-61}$$

$$\sqrt{P_{PET}^{Grid^2} + Q_{PET}^{Grid^2}} \leqslant S_{PET,max}^{Grid} \tag{3-62}$$

式中：P_{PET}^{AC} 为 PET 与交流微网相连端口的功率，以流入 PET 为正方向；P_{PET}^{DC} 为 PET 与直流微网相连端口的功率，以流入 PET 为正方向；P_{PET}^{Grid} 为 PET 与上级电网相连端口的功率，以流入 PET 为正方向；A 为 PET 的损耗系数，$A|P_{PET}^{AC}|$、$A|P_{PET}^{DC}|$、$A|P_{PET}^{Grid}|$ 分别为 PET 三个端口的功率损耗；$S_{PET,max}^{AC}$ 为 PET 与交流微

网相连端口的视在功率最大值；$P_{\mathrm{PET,max}}^{\mathrm{DC}}$ 为 PET 与直流微网相连端口的有功功率最大值；$S_{\mathrm{PET,max}}^{\mathrm{Grid}}$ 为 PET 与上级电网相连端口的视在功率最大值。

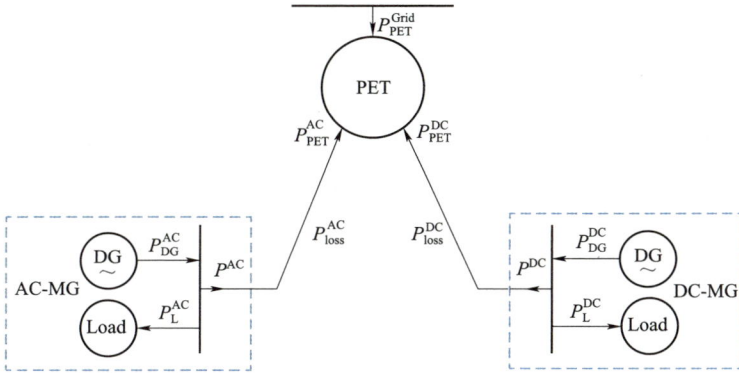

图 3-22　计及电力电子变压器的交直流微网系统结构图

此外，考虑 PET 与交直流微网间的线路损耗

$$P^{\mathrm{AC}} - P_{\mathrm{loss}}^{\mathrm{AC}} = P_{\mathrm{PET}}^{\mathrm{AC}} \qquad (3-63)$$

$$P^{\mathrm{DC}} - P_{\mathrm{loss}}^{\mathrm{DC}} = P_{\mathrm{PET}}^{\mathrm{DC}} \qquad (3-64)$$

式中：$P_{\mathrm{loss}}^{\mathrm{AC}}$ 为交流微网与 PET 间的线路损耗；$P_{\mathrm{loss}}^{\mathrm{DC}}$ 为直流微网与 PET 间的线路损耗；线路损耗值可以根据线路潮流方程进行计算。

二、双层优化调度模型

基于成本等方面的考虑，PET 通常是隶属于配电公司的重要资产，PET 运行的经济性，以及 PET 对电网运行的影响是配电公司关注的重点。交直流微网通常由不同的微网公司进行独立运行，如何实现微网内部新能源的充分消纳，进而降低微网的运行成本是微网公司关注的重点。传统的单层优化模型难以对两者进行协调，为了解决上述问题，采用双层优化模型对 PET 与交直流混合微网进行优化调度，以兼顾上下层的优化对象，进而对不同主体的目标函数进行合理分配。

（一）上层优化模型

上层优化的对象是 PET 各个端口的功率，目标函数为最小化 PET 的购电成本 C_{PET}，即

$$\min C_{\mathrm{PET}} = \frac{C_{\mathrm{ph}} + C_{\mathrm{se}}}{2} P_{\mathrm{PET}}^{\mathrm{Grid}} + \frac{C_{\mathrm{ph}} - C_{\mathrm{se}}}{2} |P_{\mathrm{PET}}^{\mathrm{Gind}}| \qquad (3-65)$$

式中：C_{ph} 为 PET 从上级电网购电的价格；C_{se} 为 PET 向上级电网售电的价格。

上层优化的约束即 PET 的功率平衡约束、端口功率约束，以及线路功率方程，如式（3-59）~式（3-64）所示。

（二）下层优化模型

下层优化模型关注交直流微网的运行成本，具体包括两个子优化问题，即交流微网运行成本最小化问题与直流微网运行成本最小化问题，优化对象是微网内 DG 出力及负荷削减量。以交流微网为例，最小化运行成本的目标函数为

$$\min C_{AC} = \frac{C_{ph} + C_{se}}{2}(-P_{EET}^{AC}) + \frac{C_{ph} - C_{se}}{2}|P_{PET}^{AC}| + C_{DG}P_{DG}^{AC} + C_{IL}P_{IL}^{AC}$$

$$(3-66)$$

式中：C_{DG} 为交流微网内 DG 的运行成本；C_{IL} 为交流微网内负荷削减的成本。

交流微网优化模型的约束即交流微网的功率平衡方程、DG 出力约束，以及负荷削减约束，如式（3-56）~式（3-58）所示。此外，直流微网优化模型仅需将式（3-66）、式（3-56）~式（3-58）中上标 AC 改为 DC 即可。

（三）双层优化求解算法

本节将采用 KKT 方法，将双层优化问题中下层优化问题改写为 KKT 条件形式，并入上层优化问题的约束条件中，从而将双层优化问题转化为单层优化问题。以下层优化中交流微网为例，KKT 方法数学过程如下：首先，将交流微网约束改写为标准形式，如式（3-67）~式（3-71）所示，式中 λ_1^{AC}，$\cdots$，λ_5^{AC} 分别为标准形式下各约束对应的拉格朗日（Lagrangian）乘子，C_1^{AC}，$\cdots$，C_5^{AC} 表示约束条件；其次，列写拉格朗日函数，如式（3-72）所示；最后，列写 KKT 条件中涉及的稳定条件、原问题可行性条件、对偶问题可行性条件及松紧性条件，即

$$C_1^{AC} = P_{DG}^{AC} + P^{AC} - P_L^{AC} + P_{IL}^{AC} = 0 : \lambda_1^{AC} \qquad (3-67)$$

$$C_2^{AC} = P_{DG}^{AC} \geqslant 0 : \lambda_2^{AC} \qquad (3-68)$$

$$C_3^{AC} = -P_{DG}^{AC} + P_{DG,\,max}^{AC} \geqslant 0 : \lambda_3^{AC} \qquad (3-69)$$

$$C_4^{AC} = P_{IL}^{AC} \geqslant 0 : \lambda_4^{AC} \qquad (3-70)$$

$$C_5^{AC} = -P_{IL}^{AC} + P_{IL,\,max}^{AC} \geqslant 0 : \lambda_5^{AC} \qquad (3-71)$$

$$L^{AC} = C_{AC} - \lambda_1^{AC}(P_{DG}^{AC} + P^{AC} - P_L^{AC} + P_{IL}^{AC})$$
$$- \lambda_2^{AC}(P_{DG}^{AC}) - \lambda_3^{AC}(-P_{DG}^{AC} + P_{DG,max}^{AC}) - \lambda_4^{AC}(P_{IL}^{AC}) - \lambda_5^{AC}(-P_{IL}^{AC} + P_{IL,max}^{AC})$$

$$（3-72）$$

$$\frac{\partial L^{AC}}{\partial P_{DG}^{AC}} = C_{DG} - \lambda_1^{AC} - \lambda_2^{AC} + \lambda_3^{AC} = 0 \qquad （3-73）$$

$$\frac{\partial L^{AC}}{\partial P_{IL}^{AC}} = C_{IL} - \lambda_1^{AC} - \lambda_4^{AC} + \lambda_5^{AC} = 0 \qquad （3-74）$$

$$\lambda_i^{AC} \geqslant 0 \quad \forall i = 2, \cdots, 5 \qquad （3-75）$$

$$\lambda_i^{AC} C_i^{AC} = 0 \quad \forall i = 2, \cdots, 5 \qquad （3-76）$$

三、算例分析

为了突出引入 PET 后交直流混合微网的优化效果，同时将所提方法应用于传统结构（含 AC/DC 变换器）的交直流混合微网，计及 AC/DC 变换器的交直流混合微网系统结构如图 3-23 所示。此外，为了对两种结构进行区别，引入 PET 的混合微网系统中涉及的变量均带有上标"1"，含有 AC/DC 变换器的混合微网系统中涉及的变量均带有上标"2"。

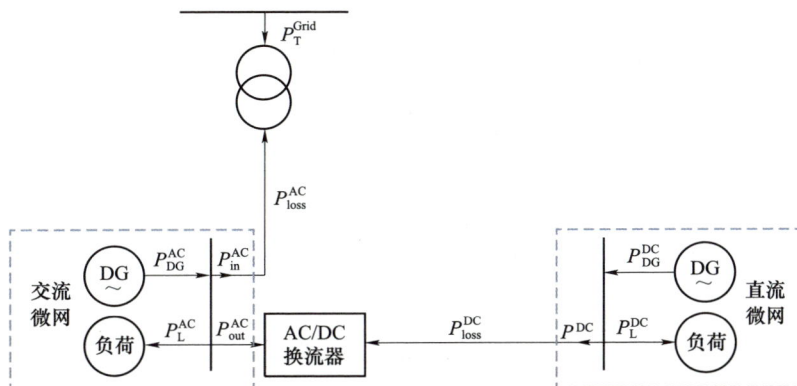

图 3-23　计及 AC/DC 变换器的交直流混合微网系统结构图

考虑到 PET 存在不同运行状态，为此设置四种不同的仿真场景：场景Ⅰ代表交直流微网中 DG 出力最大值大于负荷（供大于需）；场景Ⅱ代表交直流微网中 DG 出力最大值小于负荷（供小于需）；场景Ⅲ与场景Ⅳ代表混合微网中一个微网供大于需，另一个微网供小于需。四种仿真场景下交直流微网运行参数如表 3-12 所示。此外，假设最大负荷削减量为负荷值的 10%。仿真分析涉及的其他交直流混合微网仿真参数值如表 3-13 所示。

表 3-12 四种仿真场景下交直流微网运行参数

场景编号	交流微网		直流微网	
	DG 出力最大值/MW	负荷值/MW	DG 出力最大值/MW	负荷值/MW
场景 I	4	3.5	4	3.5
场景 II	4	5	4	5
场景 III	4	5	5	4
场景 IV	4	3.5	3.5	4

表 3-13 交直流混合微网仿真参数

参数	数值
PET 损耗系数 A	0.02
PET 与交流微网相连端口的视在功率最大值 $S_{PET,max}^{AC}$	2MW
PET 与直流微网相连端口的有功功率最大值 $S_{PET,max}^{DC}$	2MW
PET 与电网相连端口的视在功率最大值 $S_{PET,max}^{Grid}$	2MW
交流微网电压 U_{AC}	380V
直流微网电压 U_{DC}	375V
线路单位阻抗 z	$0.642+j0.101\Omega/km$
线路长度 l	200m
购电价格 C_{ph}	59.21 美元/MWh
售电价格 C_{se}	47.37 美元/MWh
DG 运行成本 C_{DG}	20 美元/MWh
负荷削减成本 C_{IL}	41 美元/MWh

采用所提方法，分别对图 3-22 与图 3-23 所示的交直流混合微网进行优化，四种仿真场景下的优化结果对比如表 3-14 所示。表中：C_T^2 为含 AC/DC 变换器的交直流混合微网中工频变压器的购电成本，与 C_{PET}^1 作同组对比。从结果可以看出，在场景 I、场景 II，以及场景 IV 下，引入 PET 的交直流混合微网的三项目标函数值均优于安装了 AC/DC 变换器的交直流混合微网；在场景 III 条件下，引入 PET 与安装 AC/DC 变换器的混合微网系统，在不同目标函数方面优化结果有所不同，具体分析如下。

表 3-14   四种仿真场景下的优化结果对比

场景编号	计及 PET			计及 AC/DC 变换器		
	C_{PET}^1 /美元	C_{AC}^1 /美元	C_{DC}^1 /美元	C_T^2 /美元	C_{AC}^2 /美元	C_{DC}^2 /美元
场景 I	-23.63	54.09	56.32	-7.49	61.35	70
场景 II	82.52	130.11	130.11	205.83	138.39	130.11
场景 III	35.94	130.11	52.63	17.06	130.11	65.01
场景 IV	-0.52	56.32	92.32	-7.49	58.48	92.32

（1）场景 I 条件下，交直流微网中 DG 出力最大值均大于负荷值，因此交流微网与直流微网均处于向外送电的状态，因此目标函数 C_{PET} 与 C_T 均为负值。同时，考虑到在安装了 AC/DC 变换器的混合微网系统中，直流微网需要经交流微网线路实现向外送电过程，因此损耗有所增加，C_T^1 大于 C_{PET}^1。此外，在引入 PET 的混合微网系统中，交直流微网可以通过 PET 实现与上级电网的连接，在一定程度上减少了送电功率在线路上的损耗，有利于 DG 出力的高效利用，从而降低了 C_{AC}^1 与 C_{DC}^1 的目标函数值。

（2）场景 II 条件下，交直流微网中 DG 出力最大值均小于负荷值，因此交流微网与直流微网均处于从电网购电的状态。考虑到直流微网的功率缺额需要通过交流微网线路传输进行满足，增加了线路的功率损耗，因此安装了 AC/DC 变换器的混合微网系统，从电网购电的功率将大于引入 PET 的情况，从而造成场景 II 条件下，引入 PET 的混合微网系统中 C_{PET}^1 与 C_{AC}^1 的目标函数值，均小于安装了 AC/DC 变换器的混合微网系统中 C_T^2 与 C_{AC}^2 的目标函数值。此外，在两种情况下，直流微网均处于功率输送的末端，因此两种情况下直流微网的运行成本相同，即目标函数值 C_{DC}^1 与 C_{DC}^2 相等。

（3）场景 III 条件下，交流微网处于功率缺额状态，直流微网处于功率富余状态，因此直流微网将向交流微网进行功率传输，同时两者功率不能完全匹配的部分将由电网进行补充。考虑到在引入 PET 的混合微网系统中，直流微网需要通过 PET 及线路实现向交流微网的功率传输，其电气距离大于安装了 AC/DC 变换器的混合微网系统的情况，因此，由 PET 输送到交流微网的功率值大于由工频变压器输送到交流微网的功率值，从而造成目标函数值 C_{PET}^1 大于 C_T^2。相应的，引入 PET 的混合微网系统中，由直流微网输送到交流微网的功率值小于安装了 AC/DC 变换器的混合微网系统的情况，进而造成 C_{DC}^1 小于 C_{DC}^2。此外，在两种情况下，交流微网均处于功率输送的末端，因此两种情况下交流微网的运行成本相同，即目标函数值 C_{AC}^1 与 C_{AC}^2 相等。

（4）场景 IV 条件下，交流微网处于功率富余状态，直流微网处于功率缺额状态，因此交流微网将向直流微网进行功率传输，同时两者功率不能完全匹配的部分将由电网进行补充。考虑到场景Ⅳ中 DG 出力最大值与负荷值间的差额（0.5MW）小于场景Ⅲ中的差额（1MW），因此场景Ⅳ的优化结果中，交直流混合微网将向电网进行功率传输，因此目标函数值 C_{PET}^1 与 C_T^2 均为负值。在引入 PET 的混合微网系统中，交直流微网间的电气距离大于安装了 AC/DC 变换器的混合微网系统的情况，因此，交流微网向 PET 输送的功率值大于由交流微网向工频变压器输送的功率值，从而造成目标函数值 C_{PET}^1 小于 C_T^2。在满足直流微网功率缺额的条件下，引入 PET 的混合微网系统中交流微网的售电量大于安装了 AC/DC 变换器的情况，因此 C_{AC}^1 略小于 C_{AC}^2。此外，在两种情况下，直流微网均处于功率输送的末端，因此两种情况下直流微网的运行成本相同，即目标函数值 C_{DC}^1 与 C_{DC}^2 相等。

为进一步研究两种混合微网系统在新能源消纳方面的效果，计算四种仿真场景下计及 PET 和 AC/DC 变换器的交直流混合微网 DG 出力情况，如表 3-15 和表 3-16 所示。

表中 η^{AC} 与 η^{DC} 通过式（3-77）、式（3-78）计算得到，分别用于表征交流微网与直流微网内新能源的消纳程度，其数值越接近 1，表明对新能源的消纳程度越高。

$$\eta^{AC} = P_{DG}^{AC} / P_{DG,max}^{AC} \qquad (3-77)$$

$$\eta^{DC} = P_{DG}^{DC} / P_{DG,max}^{DC} \qquad (3-78)$$

从结果中可以看出，引入 PET 的交直流混合微网在四种仿真场景下，DG 均按照最大值出力，η^{AC} 与 η^{DC} 的数值均为 1。安装 AC/DC 变换器的交直流混合微网在不同仿真场景下，DG 出力情况有所不同，具体表现：仅在场景Ⅱ（即交直流微网均处于供小于需的情况）条件下，η^{AC} 与 η^{DC} 的数值为 1；在场景Ⅰ、场景Ⅲ及场景Ⅳ条件下，均存在对新能源浪费的现象，因此三种仿真场景下安装了 AC/DC 变换器的混合微网系统中目标函数值 C_{AC}^2 与 C_{DC}^2 均较大（与引入 PET 情况相比）。因此，引入 PET 后，更有利于混合微网系统实现新能源的消纳。

表 3-15　　四种仿真场景下计及 PET 的交直流混合微网 DG 出力

场景编号	计及 PET			
	P_{DG}^{AC1} /MW	η^{AC1}	P_{DG}^{DC1} /MW	η^{DC1}
场景Ⅰ	4	1	4	1
场景Ⅱ	4	1	4	1
场景Ⅲ	4	1	5	1
场景Ⅳ	4	1	3.5	1

表 3-16　　　　　　**四种仿真场景下计及 AC/DC 变换器的**
交直流混合微网 DG 出力

场景编号	计及 AC/DC 变换器			
	P_{DG}^{AC2} /MW	η^{AC2}	P_{DG}^{DC2} /MW	η^{DC2}
场景 I	3.8	0.95	3.5	0.875
场景 II	4	1	4	1
场景 III	4	1	4.5	0.9
场景 IV	3.9	0.975	3.5	1

　　四种仿真场景下交直流微网与电网的功率交互情况如表 3-17 所示，从中可以看出，与安装了 AC/DC 变换器的混合微网系统相比，引入 PET 的系统在四种场景下功率交互值的变化范围更小，有利于减少上级电网负荷节点的功率波动。此外，场景 II（即交直流混合微网处于供小于需的状态）条件下，PET 功率交互值小于工频变压器的功率交互值，这对于降低混合微网系统的设备配置容量具有一定的帮助。同时，随着未来电力电子技术的不断发展，元器件成本的不断下降，这一优势将更加突出。

表 3-17　　　　**四种仿真场景下交直流微网与电网的功率交互情况**

场景编号	计及 PET	计及 AC/DC 变换器
	$\mid P_{PET}^{Grid1} \mid$ /MW	$\mid P_{T}^{Grid2} \mid$ /MW
场景 I	0.4989	0.1581
场景 II	1.3937	3.4763
场景 III	0.607	0.2882
场景 IV	0.1799	0.1581

　　本节提出了一种适用于含 PET 的交直流混合微网双层优化调度方法。首先，对 PET 及交直流微网进行建模，考虑 PET 内部及线路上的损耗；其次，构建了含有 PET 的交直流混合微网双层优化模型，上层优化关注 PET 的购电成本，下层优化关注混合微网系统中交流微网与直流微网各自的运行成本。采用 KKT 方法将下层优化问题等价转化为一组约束条件，并入到上层优化中进行求解。最后，在四种仿真场景下对所构建的混合微网系统进行优化，并与传统安装了 AC/DC 变换器的交直流混合微网进行对比，结论如下：

（1）双层优化调度方法同时考虑了上层 PET 的购电成本及下层不同微网的运行成本，实现了 PET 与交直流混合微网间的灵活调度。

（2）与安装 AC/DC 变换器的情况相比，引入 PET 后的混合微网系统，具有更为灵活的功率调节能力，在降低运行成本、充分消纳与高效利用新能源等方面具有一定的优势。

第五节　考虑不确定性的随机优化调度

上述研究内容为含 PET 的交直流系统优化调度模型的建立和求解提供了思路，但研究中并未计及可再生能源不确定性。为应对可再生能源的随机不确定性，有学者提出随机优化、鲁棒优化和滚动优化等方法。随机优化指带有随机因素的最优化问题，一种是将随机因素用期望值代替，从而将问题转化为确定性问题；另一种是在置信区间范围内，将不确定性问题转化为概率约束或机会约束的优化问题。鲁棒优化方法是以不确定集代替随机变量的确切概率分布，通过优化手段得到最恶劣场景下系统的优化方案。基于模型预测控制的滚动优化方法，包括模型预测、反馈校正和滚动优化三个步骤，每一时刻优化性能指标只涉及从该时刻起到未来有限时域内，而到下一时刻，这一优化时间窗同时向前推移，不断进行滚动优化。上述研究方法，可为含 PET 的交直流系统的不确定优化提供思路。为此，本节进一步推导含 PET 的交直流系统随机运行优化方法，以实现可再生能源消纳。

一、随机优化调度模型

含 PET 的交直流系统内接入的可再生能源，如风电和光伏等，有功出力具有随机不确定性，会对配电网的运行带来不利影响。为降低可再生能源出力不确定性对系统运行结果的不利影响，本节基于第二章所提出的分布式可再生能源场景生成与削减方法，提取典型运行场景，构建典型场景集，并形成随机运行优化模型，从而提出交直流系统随机运行优化方法，以追求目标函数的期望值最优，确定系统的调度方案。

（一）目标函数

本节以配电网内有功网损最小和各节点电压偏离期望电压范围最小的线性加权组合为目标函数，充分发挥 PET 的灵活调控能力，以实现各节点电压保持在期望范围的同时，有效降低网络损耗。为改善最优调度策略在不确定条件下的运行效果，所建立的随机优化模型的目标函数如下

$$\min f = W_\alpha \sum_{s=1}^{N_s} \sum_{t=1}^{T} p_s \left[\sum_{ij \in \Omega_b} r_{ij} (I_{ij,s}^t)^2 + P_{\mathrm{loss},s}^{\mathrm{PET},t} \right] + \tag{3-79}$$

$$W_\beta \sum_{s=1}^{N_s} \sum_{t=1}^{T} \sum_{i \in \Omega_n} p_s |(U_{i,s}^t)^2 - 1| : (U_{i,s}^t \geq U_{\mathrm{thr}}^{\max} \| U_{i,s}^t \leq U_{\mathrm{thr}}^{\min})$$

式中：第一项表示网络有功损耗；第二项的 $U_{\mathrm{thr}}^{\max}$ 和 $U_{\mathrm{thr}}^{\min}$ 分别为节点电压幅值期望的上下限，以尽可能降低网络各节点电压超出给定期望电压范围的偏离程度；N_s 为场景个数；T 为优化时段数；p_s 为第 s 个场景发生的概率；Ω_b 为支路集合，Ω_n 为节点集合；r_{ij} 为支路 ij 的电阻；$I_{ij,s}^t$ 为场景 s 中时刻 t 时支路 ij 的电流幅值；$P_{\mathrm{loss},s}^{\mathrm{PET},t}$ 为场景 s 中时刻 t 时 PET 的有功损耗；$U_{i,s}^t$ 为场景 s 中时刻 t 时节点 i 的电压幅值；W_α 和 W_β 为优化目标的权重系数，满足 $W_\alpha + W_\beta = 1$。

（二）约束条件

1. 交流配电网 Distflow 潮流约束

$$\begin{cases} \sum_{ij \in \Omega_b} [P_{ij.ac,s}^{AC,t} - r_{ij}^{AC}(I_{ij,s}^{AC,t})^2] + P_{j,s}^{AC,t} = \sum_{jk \in \Omega_b} P_{jk,s}^{AC,t} \\ \sum_{ij \in \Omega_b} [Q_{ij,s}^{AC,t} - x_{ij}^{AC}(I_{ij,s}^{AC,t})^2] + Q_{j,s}^{AC,t} = \sum_{jk \in \Omega_b} Q_{jk,s}^{AC,t} \\ P_{j,s}^{AC,t} = P_{DG,j}^{AC,t} + P_{PV,j,s}^{AC,t} + P_{WT,j,s}^{AC,t} + P_{stor,j}^{AC,t} - P_{ac,j,s}^{PET,t} - P_{Load,j,s}^{AC,t} \\ Q_{j,s}^{AC,t} = Q_{ac,j,s}^{PET,t} - Q_{Load,j,s}^{AC,t} \\ (U_{j,s}^{AC,t})^2 = (U_{i,s}^{AC,t})^2 - 2(r_{ij}^{AC} P_{ij,s}^t + x_{ij}^{AC} Q_{ij,s}^t) + [(r_{ij}^{AC})^2 + (x_{ij}^{AC})^2](I_{ij,s}^{AC,t})^2 \\ (I_{ij,s}^{AC,t})^2 = [(P_{ij,s}^{AC,t})^2 + (Q_{ij,s}^{AC,t})^2] / (U_{i,s}^{AC,t})^2 \end{cases}$$

$$\tag{3-80}$$

式中：$P_{ij,s}^{AC,t}$ 和 $Q_{ij,s}^{AC,t}$ 分别为交流配电网支路 ij，在场景 s 中时刻 t 时传输的有功功率和无功功率；$P_{j,s}^{AC,t}$ 和 $Q_{j,s}^{AC,t}$ 分别为交流节点 j，在场景 s 中时刻 t 时注入的有功功率和无功功率；$P_{DG,j}^{AC,t}$ 为交流侧可控 DG，在时刻 t 时输出的有功功率；$P_{PV,j,s}^{AC,t}$ 和 $P_{WT,j,s}^{AC,t}$ 分别为交流侧光伏及风电在场景 s 中时刻 t 时输出的有功功率；$P_{stor,j}^{AC,t}$ 为储能装置，在场景 s 中时刻 t 时输出的有功功率；$P_{ac,j,s}^{PET,t}$ 为场景 s 中时刻 t 时注入 PET 交流端口的有功功率；$P_{Load,j,s}^{AC,t}$ 为场景 s 中时刻 t 时交流侧负荷的有功功率；$Q_{ac,j,s}^{PET,t}$ 为场景 s 中时刻 t 时 PET 交流端口输出的无功功率；$Q_{Load,j,s}^{AC,t}$ 为场景 s 中时刻 t 时交流负荷无功功率；r_{ij}^{AC} 和 x_{ij}^{AC} 分别表示交流配电网支路 ij 的电阻和电抗；$I_{ij,s}^{AC,t}$ 为场景 s 中时刻 t 时交流支路 ij 的电流幅值；$U_{i,s}^{AC,t}$ 为场景 s 中时刻 t 时交流节点 i 的电压幅值。

2. 直流配电网 Distflow 潮流约束

$$\begin{cases} \sum_{ij\in\Omega_b}[P_{ij,s}^{\mathrm{DC},t} - r_{ij}^{\mathrm{DC}}(I_{ij,s}^{\mathrm{DC},t})^2] + P_{j,s}^{\mathrm{DC},t} = \sum_{jk\in\Omega_b} P_{jk,s}^{\mathrm{DC},t} \\ P_{j,s}^{\mathrm{DC},t} = P_{\mathrm{DG},j}^{\mathrm{DC},t} + P_{\mathrm{PV},j,s}^{\mathrm{DC},t} + P_{\mathrm{WT},j,s}^{\mathrm{DC},t} + P_{\mathrm{stor},j}^{\mathrm{DC},t} - P_{\mathrm{dc},j,s}^{\mathrm{PET},t} - P_{\mathrm{Load},j,s}^{\mathrm{DC},t} \\ (U_{j,s}^{\mathrm{DC},t})^2 = (U_{i,s}^{\mathrm{DC},t})^2 - 2r_{ij}^{\mathrm{DC}} P_{ij,s}^{\mathrm{DC},t} + (r_{ij}^{\mathrm{DC}})^2 (I_{ij,s}^{\mathrm{DC},t})^2 \\ (I_{ij,s}^{\mathrm{DC},t})^2 = (P_{ij,s}^{\mathrm{DC},t})^2 / (U_{i,s}^{\mathrm{DC},t})^2 \end{cases} \quad (3-81)$$

式中：$P_{ij,s}^{\mathrm{DC},t}$ 为直流配电网支路 ij，在场景 s 中时刻 t 时传输的有功功率；$P_{j,s}^{\mathrm{DC},t}$ 为直流配电网节点 j，在场景 s 中时刻 t 时注入的有功功率；$P_{\mathrm{DG},j}^{\mathrm{DC},t}$ 为直流配电网内可控 DG，在场景 s 中时刻 t 时输出的有功功率；$P_{\mathrm{PV},j,s}^{\mathrm{DC},t}$ 和 $P_{\mathrm{WT},j,s}^{\mathrm{DC},t}$ 分别为直流配电网内光伏和风电在场景 s 中时刻 t 时输出的有功功率；$P_{\mathrm{dc},j,s}^{\mathrm{PET},t}$ 为场景 s 中时刻 t 时注入 PET 直流端口的有功功率；$P_{\mathrm{Load},j,s}^{\mathrm{DC},t}$ 为场景 s 中时刻 t 时直流侧负荷的有功功率；r_{ij}^{DC} 为直流配电网支路 ij 的电阻值；$I_{ij,s}^{\mathrm{DC},t}$ 为场景 s 中时刻 t 时直流配电网支路 ij 的电流幅值；$U_{i,s}^{\mathrm{DC},t}$ 为场景 s 中时刻 t 时直流配电网节点 i 的电压幅值。

3. PET 运行约束

$$\begin{cases} \sum_{i=1}^{m} P_{\mathrm{ac},s}^{\mathrm{PET},i,t} + \sum_{j=1}^{n} P_{\mathrm{dc},s}^{\mathrm{PET},j,t} - P_{\mathrm{loss},s}^{\mathrm{PET},t} = 0 \\ P_{\mathrm{loss.ac/dc},i,s}^{\mathrm{PET},t} = a_{\mathrm{c},i} + b_{\mathrm{c},i} I_{\mathrm{c},i,s}^{t} + c_{\mathrm{c},i}(I_{\mathrm{c},i,s}^{t})^2 \\ P_{\mathrm{loss},s}^{\mathrm{PET},t} = \sum_{i=1}^{m} P_{\mathrm{loss.ac},i,s}^{t} + \sum_{j=1}^{n} P_{\mathrm{loss.dc},j,s}^{t} \end{cases} \quad (3-82)$$

式中：$P_{\mathrm{loss.ac},i,s}^{t}$ 为 PET 第 i 个交流端口，在场景 s 中时刻 t 时注入的有功功率，$P_{\mathrm{loss.dc},j,s}^{t}$ 为 PET 第 j 个直流端口，在场景 s 中时刻 t 时注入的有功功率，以交直流系统向 PET 注入有功功率为正方向；$P_{\mathrm{loss.ac/dc},i,s}^{\mathrm{PET},t}$ 为 PET 第 i 个端口，在场景 s 中时刻 t 时的损耗；$I_{\mathrm{c},i,s}^{t}$ 为 PET 第 i 个端口，在场景 s 中时刻 t 时的电流幅值；$a_{\mathrm{c},i}$、$b_{\mathrm{c},i}$、$c_{\mathrm{c},i}$ 为损耗系数。

本节采用了 PET 的非线性损耗特性模型，并在后续章节提出了线性化方法。

4. 安全运行约束

$$\underline{U}^{\mathrm{AC}} \leqslant U_{i,s}^{\mathrm{AC},t} \leqslant \bar{U}^{\mathrm{AC}} \quad (3-83)$$

$$\underline{U}^{\mathrm{DC}} \leqslant U_{i,s}^{\mathrm{DC},t} \leqslant \bar{U}^{\mathrm{DC}} \quad (3-84)$$

$$\underline{P}_{\mathrm{DG}}^{\mathrm{AC}} \leqslant P_{\mathrm{DG},j}^{\mathrm{AC},t} \leqslant \bar{P}_{\mathrm{DG}}^{\mathrm{AC}} \quad (3-85)$$

$$\underline{P}_{\text{DG}}^{\text{DC}} \leqslant P_{\text{DG},j}^{\text{DC},t} \leqslant \overline{P}_{\text{DG}}^{\text{DC}} \qquad (3-86)$$

$$E_{\text{SOC}}^{\min} \leqslant E_{\text{SOC}}(t) \leqslant E_{\text{SOC}}^{\max} \qquad (3-87)$$

$$P_{\text{stor}}^{\min} \leqslant P_{\text{stor}}^{t} \leqslant P_{\text{stor}}^{\max} \qquad (3-88)$$

$$\sum_{t=1}^{T} P_{\text{stor}}^{t} = 0 \qquad (3-89)$$

$$\underline{Q}_{\text{ac},i}^{\text{PET}} \leqslant Q_{\text{ac},j,s}^{\text{PET},t} \leqslant \overline{Q}_{\text{ac},i}^{\text{PET}} \qquad (3-90)$$

$$\sqrt{(P_{\text{ac},j,s}^{\text{PET},t})^2 + (Q_{\text{ac},j,s}^{\text{PET},t})^2} \leqslant S_{\text{ac},i}^{\text{PET}} \qquad (3-91)$$

$$\underline{P}_{\text{dc},j}^{\text{PET}} \leqslant P_{\text{dc},j,s}^{\text{PET},t} \leqslant \overline{P}_{\text{dc},j}^{\text{PET}} \qquad (3-92)$$

式中：$E_{\text{SOC}}(t)$ 为时刻 t 时储能装置的荷电量；P_{stor}^{t} 为时刻 t 时储能装置充放电量；$\overline{U}^{\text{AC}}$ 和 $\underline{U}^{\text{AC}}$ 分别为交流节点电压幅值的上限和下限；$\overline{U}^{\text{DC}}$ 和 $\underline{U}^{\text{DC}}$ 分别为直流节点电压幅值的上限和下限；$\overline{P}_{\text{DG}}^{\text{AC}}$ 和 $\underline{P}_{\text{DG}}^{\text{AC}}$ 分别为交流侧分布式电源有功出力的上限和下限；$\overline{P}_{\text{DG}}^{\text{DC}}$ 和 $\underline{P}_{\text{DG}}^{\text{DC}}$ 分别为直流侧分布式电源有功出力的上限和下限；$E_{\text{SOC}}^{\max}$ 和 $E_{\text{SOC}}^{\min}$ 分别为储能装置荷电量的上限和下限；$P_{\text{stor}}^{\max}$ 和 $P_{\text{stor}}^{\min}$ 分别为储能装置充电功率的上限和下限；$\overline{Q}_{\text{ac},i}^{\text{PET}}$ 和 $\underline{Q}_{\text{ac},i}^{\text{PET}}$ 分别为 PET 交流端口输出无功功率的上限和下限；$S_{\text{ac},i}^{\text{PET}}$ 为 PET 端口额定容量值；$\overline{P}_{\text{dc},i}^{\text{PET}}$ 和 $\underline{P}_{\text{dc},i}^{\text{PET}}$ 分别为 PET 直流端口输出有功功率的上限和下限。

式（3-83）和式（3-84）分别为交、直流配电网节点电压幅值上限和下限约束；式（3-85）和式（3-86）分别为交、直流配电网内，可控 DG 的有功输出上限和下限约束；式（3-87）为储能装置荷电量约束，式（3-88）为储能装置的充放电量约束，式（3-89）为储能装置在一个调度周期内的充放电功率之和为 0；式（3-90）为 PET 交流端口无功输出上下限约束，式（3-91）为 PET 交流端口容量约束，式（3-92）为 PET 直流端口输出有功功率的上下限约束。

式（3-79）～式（3-92）构成了本节所提出的含 PET 的交直流系统随机优化调度模型，将其定义为 F_{o}^{s}。可以看出，所建立的优化模型包含非线性潮流约束、PET 强非线性损耗特性约束，考虑了多个场景、计及多个时段等，是一个高维复杂非线性非凸优化问题，存在求解时间长、难以收敛等问题。因此，为提高其求解效率，满足实际工程应用，亟须一种精确高效的求解方法。

二、随机优化调度求解

前述所建立的含 PET 的交直流系统随机运行调度模型，本质上属于海量高维非线性非凸优化问题，极难求解。如若能将其转化为凸规划问题，则解的最优性和计算的高效性都可以得到极大提高。鉴于此，本节逐次凸逼近规划（successive convex approximation programming，SCAP）模型以实现高效求解。

首先，针对交直流配电网的 Distflow 支路潮流方程，引入变量 $\tilde{I}_{ij,s}^{\mathrm{AC},t} = |I_{ij,s}^{\mathrm{AC},t}|^2$，$\tilde{U}_{i,s}^{\mathrm{AC},t} = |U_{i,s}^{\mathrm{AC},t}|^2$，$\tilde{I}_{ij,s}^{\mathrm{DC},t} = |I_{ij,s}^{\mathrm{DC},t}|^2$，$\tilde{U}_{i,s}^{\mathrm{DC},t} = |U_{i,s}^{\mathrm{DC},t}|^2$。通过将引入的支路电流平方值和节点电压平方值作为优化变量，并代入到潮流方程中，可将交直流支路功率和电压约束方程线性化。支路电流约束可以做如下二阶锥松弛处理

$$\| \, 2P_{ij.\mathrm{ac},s}^{t} \quad 2Q_{ij.\mathrm{ac},s}^{t} \quad \tilde{I}_{ij.\mathrm{ac},s}^{t} - \tilde{U}_{i.\mathrm{ac},s}^{t} \, \|_2 \leq \tilde{I}_{ij.\mathrm{ac},s}^{t} + \tilde{U}_{i.\mathrm{ac},s}^{t} \tag{3-93}$$

$$\| \, 2P_{ij.\mathrm{dc},s}^{t} \quad \tilde{I}_{ij.\mathrm{dc},s}^{t} - \tilde{U}_{i.\mathrm{dc},s}^{t} \, \|_2 \leq \tilde{I}_{ij.\mathrm{dc},s}^{t} + \tilde{U}_{i.\mathrm{dc},s}^{t} \tag{3-94}$$

经过上述处理，原始交直流 Distflow 潮流方程则被转化为二阶锥形式。然而，式（3-82）所示的 PET 损耗特性方程是一个关于 PET 端口电流幅值的二次函数，而电流幅值和端口有功功率、无功功率及电压幅值又满足复杂非线性函数关系，导致原方程是一个强非线性约束方程，增加了问题求解难度。二阶锥松弛方法并不能对其进行有效处理，现阶段也还没有较好的处理方法。值得注意的是，本节对交直流配电网潮流方程做二阶锥松弛，从而引入了电流幅值平方作为优化变量，这有利于对 PET 损耗方程线性化。此时，式（3-82）中的非线性项仅包含电流一次项，通过给定电流初始值 $I_{\mathrm{c}.i,s}^{t,k-1}$，并对其进行一阶泰勒展开，则可建立起电流变量一次项和二次项，以及常数项之间的联系，从而可以将一次项分解为常数项和二次项的线性组合形式，即

$$b_i I_{\mathrm{c}.i,s}^{t} = b_i \sqrt{|I_{\mathrm{c}.i,s}^{t}|^2} \approx \frac{b}{2}\left(\sqrt{|I_{\mathrm{c}.i,s}^{t,k-1}|^2} + \frac{|I_{\mathrm{c}.i,s}^{t}|^2}{\sqrt{|I_{\mathrm{c}.i,s}^{t,k-1}|^2}} \right) = \frac{b}{2}|I_{\mathrm{c}.i,s}^{t,k-1}| + \frac{b}{2|I_{\mathrm{c}.i,s}^{t,k-1}|}\tilde{I}_{\mathrm{c}.i,s}^{t} \tag{3-95}$$

将式（3-95）代入 PET 损耗方程式（3-82），从而可将其转换成线性形式

$$P_{\mathrm{loss},i,s}^{t} \approx a_i + \frac{b}{2}|I_{\mathrm{c}.i,s}^{t,k-1}| + \left(c_i + \frac{b}{2|I_{\mathrm{c}.i,s}^{t,k-1}|} \right) \tilde{I}_{\mathrm{c}.i,s}^{t} \tag{3-96}$$

此外，式（3-91）所示的 PET 交流端口容量约束为非线性约束，可以将其转换为旋转锥约束

$$(P_{\mathrm{pet},\mathrm{ac},s}^{t})^2 + (Q_{\mathrm{pet},a,s}^{t})^2 \leq 2\frac{S_{\mathrm{pet.ac}}}{\sqrt{2}}\frac{S_{\mathrm{pet.ac}}}{\sqrt{2}} \tag{3-97}$$

由于支路电流平方项是优化变量，目标函数式（3－79）中的网络损耗项为线性形式。而电压偏差项含有绝对值，通过引入辅助变量 $M_{i,s}^t = |\tilde{U}_{i,s}^t - 1|$，并增加如下约束，可以将其线性化

$$\begin{cases} M_{i,s}^t \geqslant 0 \\ M_{i,s}^t \geqslant \tilde{U}_{i,s}^t - (U_{thr}^{max})^2 \\ M_{i,s}^t \geqslant -\tilde{U}_{i,s}^t + (U_{thr}^{min})^2 \end{cases} \qquad (3-98)$$

线性化形式目标函数如式（3－99）所示

$$\min f = \alpha \sum_{s=1}^{N_s} \sum_{t=1}^{T} p_s \left(\sum_{l \in \Omega_b} r_l \tilde{I}_{l,s}^t + P_{pet.loss,s}^t \right) + \beta \sum_{s=1}^{N_s} \sum_{t=1}^{T} \sum_{i \in \Omega_n} p_s M_{i,s}^t \qquad (3-99)$$

经过上述步骤的处理，分别将目标函数线性化，非线性约束转化为二阶锥约束、线性约束，以及旋转锥约束。原始非线性非凸优化问题则被近似转化为凸规划问题。凸规划问题解的最优性和计算的高效性都得到了极大提高，利用现有的成熟商业软件即可实现高效求解。

值得注意的是，优化前 PET 端口换流器电流幅值 $I_{c,i,s}^t$ 和各节点电压幅值 $U_{i,s}^t$ 在原优化模型 F_o^s 中是无法得知的。因此，当给定初始值 $(I_{c,i,s}^{t,k-1}, U_{i,s}^{t,k-1})$ 和实际最优解相差较大时，会影响逐次线性逼近法的精度，从而导致转换后的逐次凸规划模型 F_s^s 和原模型 F_o^s 的优化解存在较大计算误差，影响解的精确性。针对这一问题，本节将采用 SCAP 算法进行求解，当第 k 次迭代后，需基于 F_s^s 的当前最优解去更新初始值，然后重新形成 F_s^s，并进行下一次迭代计算。直到在相邻两次迭代中，初始值差的绝对值小于给定阈值，从而保证获得的优化解具有较好的精确性。此外，由于在每次迭代过程中求解的 F_s^s 是凸规划问题，可用 SOCP 等算法包求解，保证计算的高效性。

图 3－24 示意了本节提出的随机运行优化模型求解流程，主要步骤如下：

步骤一：根据风电和光伏有功出力的历史数据，得到典型运行场景。

步骤二：基于典型场景集构建随机运行优化模型 F_o^s，然后给定 PET 端口换流器电流和配电网各节点电压初始值，采用凸松弛和逐次线性逼近法将其转换为逐次凸规划模型 F_s^s。

步骤三：求解 F_s^s，并根据当前最优解更新初始值 $\chi_{i,s}^{t,k} = \sqrt{\tilde{\chi}_{i,s}^t}, \chi \in \{I_c, U_i\}$。

步骤四：判断相邻两次迭代初始值是否满足收敛判据 $|\chi_{i,s}^{t,k} - \chi_{i,s}^{t,k-1}| \leqslant \varepsilon$，若是，则输出结果；否则，令 $k = k+1$，并基于更新后的初始值重新构建 F_s^s，然后返回步骤三。

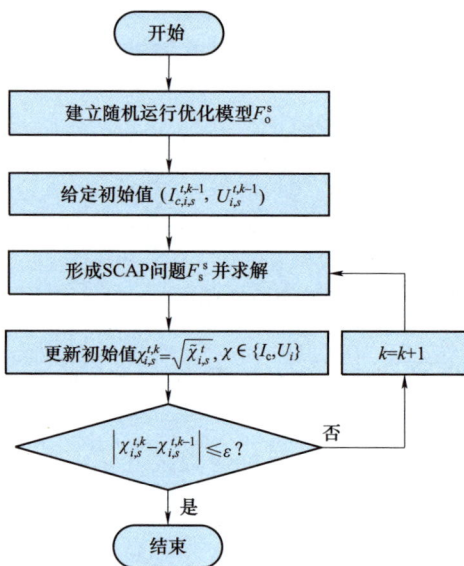

图 3-24　随机运行优化模型的求解流程

三、算例分析

为验证本节所提模型的有效性,对如图 3-25 所示的含 PET 的交直流系统进行仿真分析。测试系统的 10kV 交流配电网和 750V 直流配电网,通过一台 PET 耦合连接。交流配电网总负荷 3.715+j2.3MVA,直流配电网的总负荷为 470kW;功率基准值选取 1MVA,交流配电网电压基准值为 12.66kV,直流配电网电压基准值为 750V;交直流配电网允许的电压幅值标幺值范围为 [0.95,1.05];交、直流侧燃气轮机的额定容量分别为 1MW 和 400kW,交流配电网接入的风电机组容量为 1MW,交直流配电网所接入的光伏电源容量分别为 800kW 和 100kW;储能容量范围为 200~900kWh,其中交流侧充放电功率上限为 200kW,直流侧充放电功率上限为 100kW;PET 交流端口输出无功的上限为 600kW,容量为 1MVA;PET 直流端口输出有功功率上限为 1MW;PET 损耗的拟合参数 $a_c = 0.001$,$b_c = 0.005$,$c_c = 0.02$;PET 端口电流幅值给定初始值标幺值为 0.1,各节点电压给定初始值标幺值为 1.0;收敛判据 $\varepsilon = 10^{-3}$;期望电压标幺值范围 $U_{thr}^{min*} = 0.98$,$U_{thr}^{max,*} = 1.02$;目标函数的权重系数为 $W_\alpha = 0.67$,$W_\beta = 0.33$。

优化运行模型的仿真数据获取时间间隔为 1h,日前 24h(T)内风电、光伏及负荷的预测曲线如图 3-26 所示。

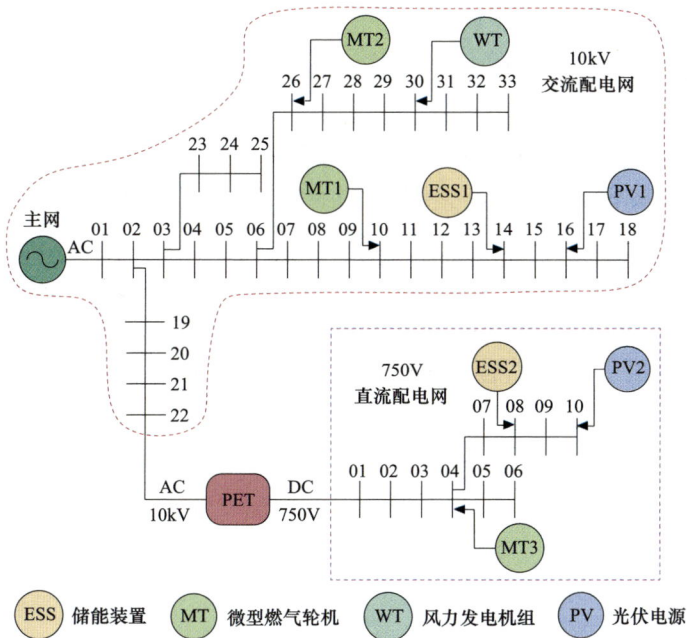

图 3-25　含 PET 的交直流系统算例拓扑图

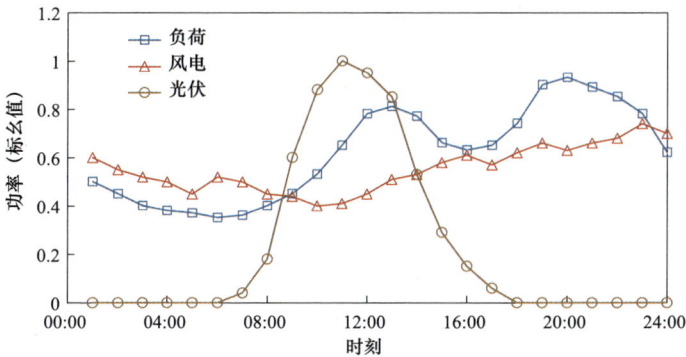

图 3-26　风电、光伏及负荷日前预测曲线

（一）随机运行优化结果分析

为验证模型的有效性，设置以下 3 种方案进行对比分析。

方案 1：以降低有功损耗和电压偏差为目标的随机优化模型（所提模型）。

方案 2：以系统有功损耗最小为目标的随机优化模型。

方案 3：基于风电和光伏预测值的确定性优化模型，并以降低有功损耗和电压偏差为目标函数。

不同方案的优化结果如下：

图 3-27 给出本节所提出随机运行模型的优化结果，可以看出，白天
08:00—13:00，由于光伏出力的不断增加，且负荷水平相对不高，储能装置
运行在充电状态；夜晚光伏出力降至为零，此时储能装置处于放能状态，为
负荷提供有功功率。储能装置的充放电操作有利于可再生能源的积极消纳，
有利于降低损耗。考虑到燃气轮机 MT1 附近接有较大容量的 PV1，而光伏
出力具有明显昼夜间歇性，可见 08:00—13:00 时 PV1 出力增加，MT1 减少
有功输出。16:00—24:00 时负荷水平较高，增加 MT1 出力为负荷提供有功
支撑；MT2 和 MT3 随着负荷曲线的变化而变化，减少来自主网的功率流动，
促进网损的降低。与此同时，通过对 DG 实施优化调度，能改善各节点的电
压分布水平，再加上对 PET 端口电压幅值进行控制，可使得电压偏差尽可
能在期望范围内。

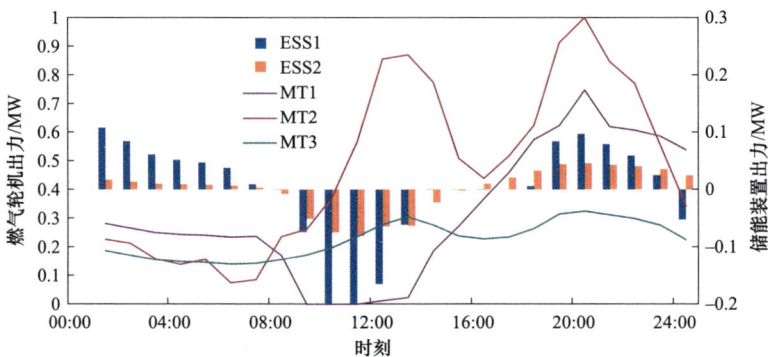

图 3-27 本节所提随机优化运行模型的优化结果

图 3-28 给出了方案 1 和方案 2 下的节点电压对比情况，以电压水平较低
的馈线末端，交流节点 33 和直流节点 6 为例，下文分析其在 10 个场景中的表
现。可以看出，方案 1 以降低电压偏差作为优化目标，因此交直流配电网中各
节点电压在所有场景中都维持在期望电压标幺值范围内，即 [0.98, 1.02]。而
在方案 2 中，会有部分节点在某些场景中超出期望电压范围。此外，在方案 1
中网络的有功损耗为 920.8kW，略大于方案 2 的 906.4kW，因此，本节所提模
型，可降低电压偏差，同时能保持较高的运行效率。

为验证本节所提随机运行模型的有效性，随机选取 100 个场景，并将其带
入由方案 1 和方案 3 所得到的调度策略中。统计两种方案下节点电压超出期望
电压范围的场景个数，并计算其平均电压越限值，即越限场景中节点电压偏离
期望电压的绝对值之和，然后除以越限场景数，方案 1 和方案 3 中节点电压越
限情况对比结果如表 3-18 所示。

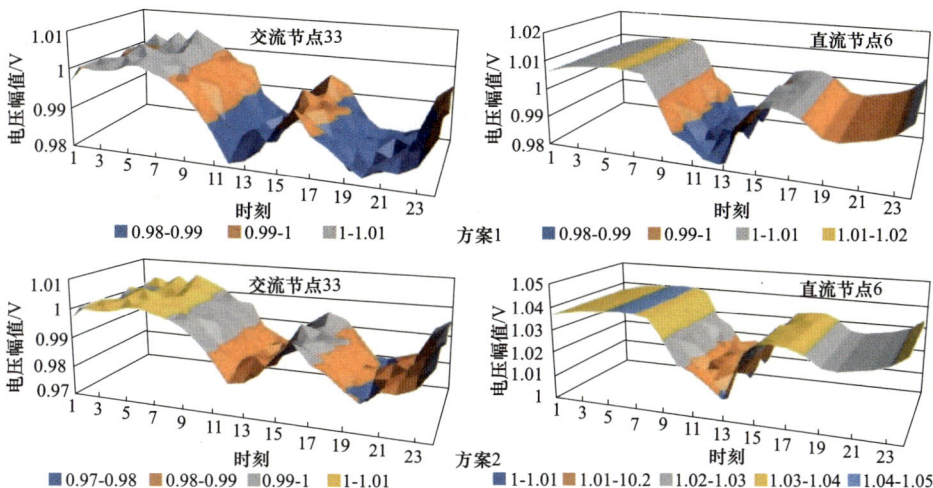

图3-28　方案1和方案2下的节点电压对比

表3-18　　　　　方案1和方案3中节点电压越限情况对比

方案	越限场景个数		平均电压越限标幺值	
	交流配电网	直流配电网	交流配电网	直流配电网
1	15	24	0.075%	0.209%
3	84	95	0.194%	1.144%

由表3-18可以看出，方案3是基于风电和光伏日前预测值的确定性优化模型，因没有考虑可再生能源的不确定性，在大多数场景中会出现节点电压超出期望电压范围的现象。而基于随机优化模型的方案1，是满足不同典型场景的运行调度方案，由于无法将所有场景考虑在内，也有部分场景出现了电压越限的现象，但出现电压越限的场景数（15、24）明显小于方案3（84、95）。此外，方案1中的平均电压越限值在交、直流配电网中分别为0.075%和0.209%，也明显小于方案3的0.194%和1.144%，这说明方案1中电压越限幅度较小。上述结果验证了本节所提随机运行模型，能够较好地应对可再生能源波动对含PET的交直流系统运行的不利影响。

（二）逐次凸逼近优化方法的有效性分析

为验证本节所提SCAP算法在大规模随机优化模型中的收敛性和精确性，通过给定不同PET端口电流初始值，分析其误差迭代过程，并计算二阶锥松弛误差，SCAP迭代误差和SOCP松弛误差结果如图3-29所示。

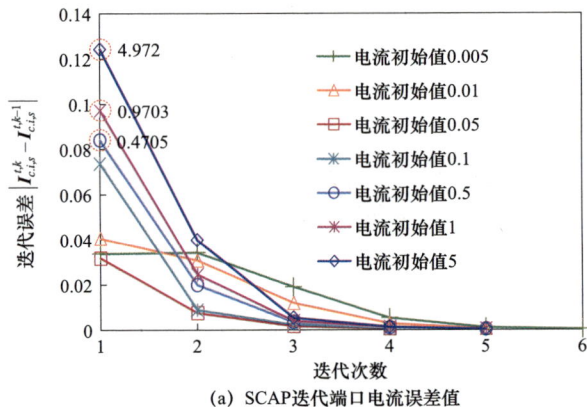

(a) SCAP迭代端口电流误差值

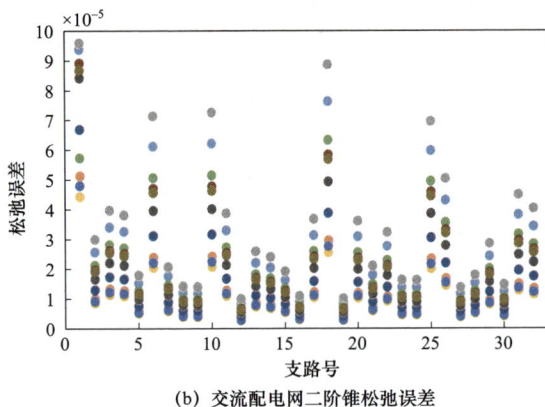

(b) 交流配电网二阶锥松弛误差

图 3-29 SCAP 迭代误差和 SOCP 松弛误差结果

图 3-29（a）给出了求解逐次凸规划问题 F_s^s，在前后两次迭代过程中 PET 端口电流值的变化情况，可以看出，给定不同电流初始值，算法均在迭代 6 次以内实现收敛，且最终误差值都小于 10^{-3}，这验证了本节所提出的 SCAP 算法受迭代初始值影响较小，算法具有较好的收敛性。此外，计算交流配电网支路在各个场景及各个时段下的松弛误差，结果由图 3-29（b）给出，可以看到各支路的松弛误差指标都在 10^{-5} 数量级，对于直流配电网也有相同的结果，该精度能够较好地满足实际工程的应用要求。

第四章　交直流系统短时间尺度优化运行

交直流系统涉及"源—网—荷"多环节，且分布式可再生能源与负荷迅猛增长，系统规模不断扩大，这也为交直流系统的运行与管控带来了新的挑战。一方面，大量分布式能源的并网，对交直流系统的灵活调控能力提出了更高的要求，如何协调源荷资源，实现可再生新能源的互济消纳，是提高交直流系统的运行效率的关键；另一方面，交直流网络具有不同的电气特性，其中低压交流配电网络单、三相负荷并存，负荷日益增长使得三相不平衡问题日益凸显，如何应对由此引发的电压不平衡问题，有助于提升系统运行的经济性和可靠性。本章节着眼于交直流系统日内优化运行方法，共分为三个小节：首先介绍了交直流系统互补优化建模方法，采用逐次凸优化方法得到优化运行方案；然后论述了含 PET 的交直流系统三相不平衡优化抑制模型及其控制方法；最后介绍了应对可再生能源不确定性的滚动优化模型。本章节旨在为交直流系统"源—网—荷"日内优化运行提供可行方法。

第一节　分布式互补优化运行

大量分布式电源的接入，对电力系统灵活运行和有效调控提出了新的挑战和更高要求。以电力电子变压器为核心的交直流系统，能在多电压等级实现 DG 的灵活并网，有利于可再生能源即插即用与消纳，受到相关学者和工程界的广泛关注。但与此同时，含 PET 的交直流系统，在制定优化运行策略时需考虑分布式运行特性。本节针对含 PET 的交直流系统优化运行需求，将推导出分布式优化运行方法。利用含 PET 的交直流系统分层结构特点，提出分布式凸优化最优潮流（optimal power flow，OPF）模型，引入目标级联分析法，将集中式 OPF 问题分解为若干个子问题，使得各交直流子网独立运行，并能相互协调。

所提模型将充分发挥 PET 的灵活调控能力，降低网络损耗的同时，有效抑制电压偏差。此外，为了提高计算效率和算法收敛性，将推导出基于逐次凸逼近的求解算法，将原始非凸非线性优化问题转化为逐次凸优化问题，并通过迭代计算实现精确、高效求解。

一、最优潮流问题描述

对于典型的含 PET 的交直流系统，多个交流配电网和直流配电网通过 PET 耦合连接，并与上级电网互联，含电力电子变压器的交直流系统区域互联示意图如图 4-1 所示。不同电压等级和不同电压类型的配电网通过 PET 耦合，使得基于 PET 的交直流系统，可在大范围内集成分布式能源，其中，PET 控制功率流和信息流，并对整个系统进行能量管理。在本节的研究框架中，首先将探讨 PET 的灵活调控能力，构建原始的交直流系统集中式 OPF 问题。

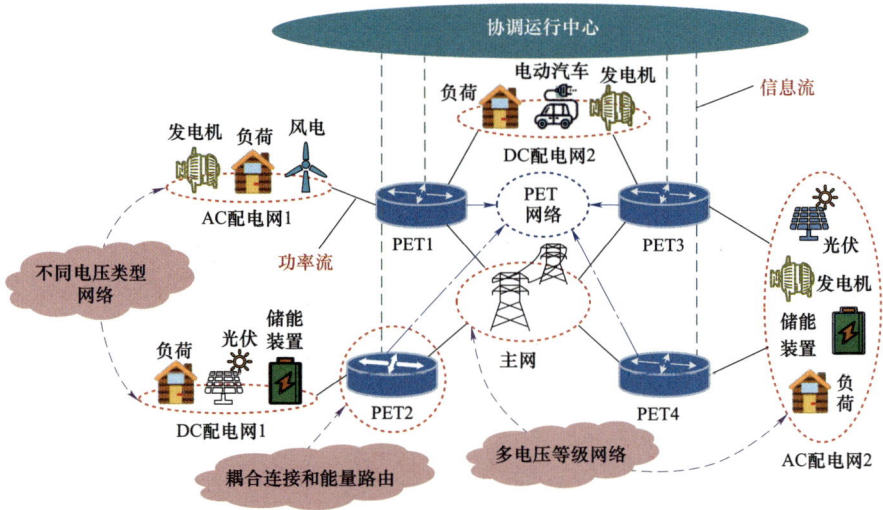

图 4-1 含电力电子变压器的交直流系统区域互联示意图

（一）目标函数

最小化有功损耗和电压偏差在配电网优化运行中被广泛使用。为发挥 PET 的灵活调控能力，本节考虑提高交直流系统的运行效率，并降低电压分布偏差，建立线性加权的目标函数

$$\min f = W_\alpha \left(\sum_{ij \in \Phi_b} r_{ij} |I_{ij}|^2 + \sum_{g \in G} P_{loss}^{PET,g} \right) + W_\beta \sum_{k \in \Phi_n} \left| U_k^2 - v^2 \right| : (U_k \geq U_{thr}^{max} \| U_k \leq U_{thr}^{min})$$

$$(4-1)$$

式中：第一项表示配电网支路损耗和 PET 损耗之和；第二项表示反映电压偏差程度的阈值函数，其中 U_{thr}^{max} 和 U_{thr}^{min} 分别为期望电压的上下限；Φ_b 为支路集合；Φ_n 为节点集合；G 为 PET 集合；W_α 和 W_β 为目标函数的权重系数，且满足 $W_\alpha + W_\beta = 1$；U_k 为节点 k 电压幅值；r_{ij} 为支路 ij 的电阻值；I_{ij} 为支路 ij 的电流幅值；$P_{loss}^{PET,g}$ 为第 g 个 PET 的有功损耗。

具体地，当节点电压 U_k 在期望电压范围内 $[U_{thr}^{min}, U_{thr}^{max}]$ 时，令 $v = U_k$，于是电压偏差项为 0；当节点电压 U_k 处于 $\bar{U} \geqslant U_k \geqslant U_{thr}^{max}$，令 $v = U_{thr}^{max}$；如果 $\underline{U} \leqslant U_k \leqslant U_{thr}^{min}$，那么令 $v = U_{thr}^{min}$。因此，当节点电压超出期望电压范围时，最小化该项会使得网络各节点电压偏离期望电压范围的程度减小，从而降低电压偏差。

（二）约束条件

1. 交直流配电网潮流约束

$$\sum_{i \in u(j)} [P_{ij}^{AC} - r_{ij}^{AC}(I_{ij}^{AC})^2] + P_{DG,j}^{AC} - P_{ac,j}^{PET} - P_{Load,j}^{AC} = \sum_{k \in v(j)} P_{jk}^{AC} \tag{4-2}$$

$$\sum_{i \in u(j)} [Q_{ij}^{AC} - x_{ij}^{AC}(I_{ij}^{AC})^2] + Q_{DG,j}^{AC} - Q_{ac,j}^{PET} - Q_{Load,j}^{AC} = \sum_{k \in v(j)} Q_{jk}^{AC} \tag{4-3}$$

$$(U_j^{AC})^2 = (U_i^{AC})^2 - 2(r_{ij}^{AC}P_{ij}^{AC} + x_{ij}^{AC}Q_{ij}^{AC}) + [(r_{ij}^{AC})^2 + (x_{ij}^{AC})^2](I_{ij}^{AC})^2 \tag{4-4}$$

$$(I_{ij}^{AC})^2(U_i^{AC})^2 = (P_{ij}^{AC})^2 + (Q_{ij}^{AC})^2 \tag{4-5}$$

$$\sum_{i \in u(j)} [P_{ij}^{DC} - r_{ij}^{DC}(I_{ij}^{DC})^2] + P_{DG,j}^{DC} - P_{dc,j}^{PET} - P_{Load,j}^{DC} = \sum_{k \in v(j)} P_{jk}^{DC} \tag{4-6}$$

$$(U_j^{DC})^2 = (U_i^{DC})^2 - 2r_{ij}^{DC}P_{ij}^{DC} + (r_{ij}^{DC})^2(I_{ij}^{DC})^2 \tag{4-7}$$

$$(I_{ij}^{DC})^2(U_i^{DC})^2 = (P_{ij}^{DC})^2 \tag{4-8}$$

式中：$u(j)$ 为以节点 j 为末端节点支路的首端节点集合；$v(j)$ 为以节点 j 为首端节点支路的末端节点集合；P_{ij}^{AC} 和 Q_{ij}^{AC} 分别为交流配电网节点 i 流向节点 j 的有功和无功功率；r_{ij}^{AC} 和 x_{ij}^{AC} 分别为交直流支路 ij 的电阻和电抗值；$P_{DG,j}^{AC}$ 和 $Q_{DG,j}^{AC}$ 分别为交流侧分布式电源输出的有功和无功功率；$P_{ac,j}^{PET}$ 和 $Q_{ac,j}^{PET}$ 分别为注入 PET 交流端口的有功和无功功率；$P_{Load,j}^{AC}$ 和 $Q_{Load,j}^{AC}$ 分别为交流配电网节点 j 的有功和无功负荷；U_i^{AC} 为交流配电网节点 i 的电压幅值；I_{ij}^{AC} 为交流配电网支路 ij 的电流幅值；P_{ij}^{DC} 为直流配电网节点 i 流向节点 j 的有功功率；r_{ij}^{DC} 为直流配电网支路 ij 的电阻值；U_i^{DC} 为直流配电网节点 i 的电压幅值；I_{ij}^{DC} 为直流配电网支路 ij 的电流幅值；$P_{DG,j}^{DC}$ 为直流侧分布式电源输出的有功功率；$P_{dc,j}^{PET}$ 为注入 PET 直流端口的有功功率；$P_{Load,j}^{DC}$ 为直流侧节点 j 的有功负荷。

其中，式（4-2）~式（4-5）为交流配电网 Distflow 潮流约束，式（4-6）~式（4-8）为直流配电网 Distflow 潮流约束。

2. 恒阻抗恒电流恒功率（ZIP）负荷约束

$$P_{\text{Load},i}^{\text{AC}} = [F_{\text{z,p}}^{\text{AC}} (U_i^{\text{AC}})^2 + F_{\text{i,p}}^{\text{AC}} U_i^{\text{AC}} + F_{\text{p,p}}^{\text{AC}}] P_{\text{Load},i,0}^{\text{AC}} \tag{4-9}$$

$$Q_{\text{Load},i}^{\text{AC}} = [F_{\text{z,q}}^{\text{AC}} (U_i^{\text{AC}})^2 + F_{\text{i,q}}^{\text{AC}} U_i^{\text{AC}} + F_{\text{p,q}}^{\text{AC}}] Q_{\text{Load},i,0}^{\text{AC}} \tag{4-10}$$

$$P_{\text{Load},i}^{\text{DC}} = [F_{\text{z,p}}^{\text{DC}} (U_i^{\text{DC}})^2 + F_{\text{i,p}}^{\text{DC}} U_i^{\text{AC}} + F_{\text{p,p}}^{\text{DC}}] P_{\text{Load},i,0}^{\text{DC}} \tag{4-11}$$

式中：$P_{\text{Load},i}^{\text{AC}}$ 和 $Q_{\text{Load},i}^{\text{AC}}$ 为交流配电网节点 i 的有功和无功负荷；$P_{\text{Load},i,0}^{\text{AC}}$ 和 $Q_{\text{Load},i,0}^{\text{AC}}$ 为额定电压下交流配电网节点 i 的有功和无功负荷；$F_{\text{z,p}}^{\text{AC}}$、$F_{\text{i,p}}^{\text{AC}}$ 和 $F_{\text{p,p}}^{\text{AC}}$ 为交流配电网有功负荷的恒阻抗、恒电流和恒功率负荷系数；$F_{\text{z,q}}^{\text{AC}}$、$F_{\text{i,q}}^{\text{AC}}$ 和 $F_{\text{p,q}}^{\text{AC}}$ 为交流配电网无功负荷的恒阻抗、恒电流和恒功率负荷系数；$P_{\text{Load},i}^{\text{DC}}$ 为直流配电网节点 i 的有功负荷；$P_{\text{Load},i,0}^{\text{DC}}$ 为额定电压下直流配电网节点 i 的有功负荷；$F_{\text{z,p}}^{\text{DC}}$、$F_{\text{i,p}}^{\text{DC}}$ 和 $F_{\text{p,p}}^{\text{DC}}$ 为直流配电网有功负荷的恒阻抗、恒电流和恒功率负荷系数。

式（4-9）和式（4-10）为交流配电网的 ZIP 负荷模型；式（4-11）为直流配电网的 ZIP 负荷模型。

3. PET 运行约束

由第三章第五节所述，PET 的运行约束包括功率平衡约束和损耗约束，如下

$$\sum_{i=1}^{m} P_{\text{ac},i}^{\text{PET}} + \sum_{j=1}^{n} P_{\text{dc},j}^{\text{PET}} - P_{\text{loss}}^{\text{PET}} = 0 \tag{4-12}$$

$$P_{\text{loss.ac/dc},i}^{\text{PET}} = a_{\text{c},i} + b_{\text{c},i} I_{\text{c},i} + c_{\text{c},i} (I_{\text{c},i})^2 \tag{4-13}$$

$$P_{\text{loss}}^{\text{PET}} = \sum_{i=1}^{m} P_{\text{loss.ac},i}^{\text{PET}} + \sum_{j=1}^{n} P_{\text{loss.dc},i}^{\text{PET}} \tag{4-14}$$

式中：m 和 n 分别为 PET 交直流端口的个数；$P_{\text{ac},i}^{\text{PET}}$ 为 PET 交流端口输出的有功功率；$P_{\text{dc},j}^{\text{PET}}$ 为 PET 直流端口输出的有功功率；$P_{\text{loss}}^{\text{PET}}$ 为 PET 的有功损耗；$P_{\text{loss.ac/dc},i}^{\text{PET}}$ 为 PET 第 i 个交流或直流端口的有功损耗；$a_{\text{c},i}$、$b_{\text{c},i}$、$c_{\text{c},i}$ 为 PET 的损耗系数；$I_{\text{c},i}$ 为 PET 端口换流器的电流幅值。

4. 安全运行约束

$$\underline{U}^{\text{AC}} \leqslant U_i^{\text{AC}} \leqslant \bar{U}^{\text{AC}} \tag{4-15}$$

$$\underline{U}^{\text{DC}} \leqslant U_i^{\text{DC}} \leqslant \bar{U}^{\text{DC}} \tag{4-16}$$

$$\underline{P}_{\text{DG}}^{\text{AC}} \leqslant P_{\text{DG},i}^{\text{AC}} \leqslant \bar{P}_{\text{DG}}^{\text{AC}} \tag{4-17}$$

$$\underline{Q}_{\mathrm{DG}}^{\mathrm{AC}} \leqslant Q_{\mathrm{DG},i}^{\mathrm{AC}} \leqslant \overline{Q}_{\mathrm{DG}}^{\mathrm{AC}} \tag{4-18}$$

$$\sqrt{(P_{\mathrm{DG},i}^{\mathrm{AC}})^2 + (Q_{\mathrm{DG},i}^{\mathrm{AC}})^2} \leqslant S_{\mathrm{DG},i}^{\mathrm{AC}} \tag{4-19}$$

$$\underline{P}_{\mathrm{DG}}^{\mathrm{DC}} \leqslant P_{\mathrm{DG},i}^{\mathrm{DC}} \leqslant \overline{P}_{\mathrm{DG}}^{\mathrm{DC}} \tag{4-20}$$

$$\underline{Q}_{\mathrm{ac},i}^{\mathrm{PET}} \leqslant Q_{\mathrm{ac},i}^{\mathrm{PET}} \leqslant \overline{Q}_{\mathrm{ac},i}^{\mathrm{PET}} \tag{4-21}$$

$$\sqrt{(P_{\mathrm{ac},i}^{\mathrm{PET}})^2 + (Q_{\mathrm{ac},i}^{\mathrm{PET}})^2} \leqslant S_{\mathrm{ac},i}^{\mathrm{PET}} \tag{4-22}$$

$$\underline{P}_{\mathrm{dc},j}^{\mathrm{PET}} \leqslant P_{\mathrm{dc},j}^{\mathrm{PET}} \leqslant \overline{P}_{\mathrm{dc},j}^{\mathrm{PET}} \tag{4-23}$$

式中：$\overline{U}^{\mathrm{AC}}$ 和 $\underline{U}^{\mathrm{AC}}$ 分别为交流节点电压幅值的上下限；$\overline{U}^{\mathrm{DC}}$ 和 $\underline{U}^{\mathrm{DC}}$ 分别为直流节点电压幅值的上下限；$\overline{P}_{\mathrm{DG}}^{\mathrm{AC}}$ 和 $\underline{P}_{\mathrm{DG}}^{\mathrm{AC}}$ 分别为交流侧分布式电源有功出力的上下限；$\overline{Q}_{\mathrm{DG}}^{\mathrm{AC}}$ 和 $\underline{Q}_{\mathrm{DG}}^{\mathrm{AC}}$ 分别为交流侧分布式电源无功功率的上下限；$S_{\mathrm{DG},i}^{\mathrm{AC}}$ 为容量值；$\overline{P}_{\mathrm{DG}}^{\mathrm{DC}}$ 和 $\underline{P}_{\mathrm{DG}}^{\mathrm{DC}}$ 分别为直流侧分布式电源有功功率的上下限；$\overline{Q}_{\mathrm{ac},i}^{\mathrm{PET}}$ 和 $\underline{Q}_{\mathrm{ac},i}^{\mathrm{PET}}$ 分别为 PET 交流端口输出无功功率的上下限；$S_{\mathrm{ac},i}^{\mathrm{PET}}$ 为 PET 端口额定容量值；$\overline{P}_{\mathrm{dc},j}^{\mathrm{PET}}$ 和 $\underline{P}_{\mathrm{dc},j}^{\mathrm{PET}}$ 分别为 PET 直流端口输出有功功率的上下限。

式（4-15）和式（4-16）为节点电压运行范围约束；式（4-17）～式（4-19）分别为交流配电网内 DG 的有功功率输出、无功功率输出以及容量约束；式（4-20）为直流配电网内 DG 的有功功率输出约束；式（4-21）和式（4-22）为 PET 交流端口的无功功率输出和容量约束；式（4-23）为 PET 直流端口的有功功率输出和容量约束。

综上所述，式（4-1）～式（4-23）构成了本节所提的含 PET 的交直流系统集中式 OPF 模型 F_o。注意到，该模型含有潮流约束、PET 损耗约束以及 ZIP 负荷约束等多个强非线性约束，属于非凸非线性规划（nonconvex nonlinear programming，NLP）问题，亟须精确、高效的求解方法。

二、最优潮流模型凸优化求解

为有效处理原模型 F_o 的非凸性和计算的复杂性，本节采用逐次凸逼近（SCAP）算法。所提算法是采用凸松弛和逐次线性逼近，将原始 NLP 模型转化为逐次凸逼近模型，并通过 SOCP 算法包进行迭代计算，以实现精确高效求解。

（一）逐次凸逼近模型转换

1. 凸松弛

如若负荷模型为恒功率负荷而非 ZIP 负荷，则可以采用二阶锥松弛技术，对式（4-2）～式（4-8）所给交、直流配电网 Distflow 潮流方程进行松弛处理。为此，需引入电压幅值和支路电流，即 $\tilde{U}_j^{\mathrm{AC}}$、$\tilde{U}_j^{\mathrm{DC}}$、$\tilde{I}_{ij}^{\mathrm{AC}}$、$\tilde{I}_{ij}^{\mathrm{DC}}$，作为优化

变量，通过变量替代可得到如下线性化潮流方程

$$\sum_{i \in u(j)} (P_{ij}^{AC} - r_{ij}^{AC} \tilde{I}_{ij}^{AC}) + P_{DG,j}^{AC} - P_{ac,j}^{PET} - P_{Load,j}^{AC} = \sum_{k \in v(j)} P_{jk}^{AC} \tag{4-24}$$

$$\sum_{i \in u(j)} (Q_{ij}^{AC} - x_{ij}^{AC} \tilde{I}_{ij}^{AC}) + Q_{DG,j}^{AC} - Q_{ac,j}^{PET} - Q_{Load,j}^{AC} = \sum_{k \in v(j)} Q_{jk}^{AC} \tag{4-25}$$

$$\tilde{U}_j^{AC} = \tilde{U}_i^{AC} - 2(r_{ij}^{AC} P_{ij}^{AC} + x_{ij}^{AC} Q_{ij}^{AC}) + [(r_{ij}^{AC})^2 + (x_{ij}^{AC})^2] \tilde{I}_{ij}^{AC} \tag{4-26}$$

$$\sum_{i \in u(j)} (P_{ij}^{DC} - r_{ij}^{DC} \tilde{I}_{ij}^{DC}) + P_{DG,j}^{DC} - P_{dc,j}^{PET} - P_{Load,j}^{DC} = \sum_{k \in v(j)} P_{jk}^{DC} \tag{4-27}$$

$$\tilde{U}_j^{DC} = \tilde{U}_i^{DC} - 2r_{ij}^{DC} P_{ij}^{DC} + (r_{ij}^{DC})^2 \tilde{I}_{ij}^{DC} \tag{4-28}$$

采用凸松弛技术，可将交、直流配电网支路电流约束松弛为标准二阶锥约束

$$\left\| \begin{array}{c} 2P_{ij}^{AC} \\ 2Q_{ij}^{AC} \\ \tilde{I}_{ij}^{AC} - \tilde{U}_i^{AC} \end{array} \right\|_2 \leqslant \tilde{I}_{ij}^{AC} + \tilde{U}_i^{AC} \tag{4-29}$$

$$\left\| \begin{array}{c} 2P_{ij}^{DC} \\ \tilde{I}_{ij}^{DC} - \tilde{U}_i^{DC} \end{array} \right\|_2 \leqslant \tilde{I}_{ij}^{DC} + \tilde{U}_i^{DC} \tag{4-30}$$

类似的，DG 和 PET 的容量约束也可以转化为如下旋转二阶锥约束

$$(P_{DG,i}^{AC})^2 + (Q_{DG,i}^{AC})^2 \leqslant 2 \frac{S_{DG,i}^{AC}}{\sqrt{2}} \frac{S_{DG,i}^{AC}}{\sqrt{2}} \tag{4-31}$$

$$(P_{ac,i}^{PET})^2 + (Q_{ac,i}^{PET})^2 \leqslant 2 \frac{S_{ac,i}^{PET}}{\sqrt{2}} \frac{S_{ac,i}^{PET}}{\sqrt{2}} \tag{4-32}$$

2. 逐次线性近似

通过给定 PET 端口换流器电流初始值 $\boldsymbol{I}_c^{k-1}$ 和交直流配电网各节点电压幅值初始值 $\boldsymbol{U}_i^{k-1} \in \{\boldsymbol{U}^{AC,k-1}, \boldsymbol{U}^{DC,k-1}\}$，然后采用一阶泰勒展开，式（4-9）~式（4-11）以及式（4-13）可被转化为如下逐次线性方程

$$\begin{cases} P_{Load,i}^{AC} \approx \left[\left(F_{z,p}^{AC} + \dfrac{F_{i,p}^{AC}}{2U_i^{AC,k-1}} \right) \tilde{U}_i^{AC} + \left(F_{p,p}^{AC} + \dfrac{F_{i,P}^{AC}}{2} U_i^{AC,k-1} \right) \right] P_{Load,i,0}^{AC} \\[4mm] Q_{Load,i}^{AC} \approx \left[\left(F_{z,q}^{AC} + \dfrac{F_{i,q}^{AC}}{2U_i^{AC,k-1}} \right) \tilde{U}_i^{AC} + \left(F_{p,q}^{AC} + \dfrac{F_{i,q}^{AC}}{2} U_i^{AC,k-1} \right) \right] Q_{Load,i,0}^{AC} \\[4mm] P_{Load,i}^{DC} \approx \left[\left(F_{z,p}^{DC} + \dfrac{F_{i,p}^{DC}}{2U_i^{DC,k-1}} \right) \tilde{U}_i^{DC} + \left(F_{p,p}^{DC} + \dfrac{F_{i,p}^{DC}}{2} U_i^{DC,k-1} \right) \right] P_{Load,i,0}^{DC} \end{cases} \tag{4-33}$$

$$P_{\text{loss.ac/dc},i}^{\text{PET}} \approx \left(a_{\text{c},i} + \frac{b_{\text{c},i}}{2} I_{\text{c},i}^{k-1} \right) + \left(c_{\text{c},i} + \frac{b_{\text{c},i}}{2 I_{\text{c},i}^{k-1}} \right) \tilde{I}_{\text{c},i} \qquad (4-34)$$

3. 目标函数线性化

目标函数中的第一项是网络损耗，可通过电流幅值平方的变量替换进行线性化处理，PET 的损耗可由式（4-34）线性化；第二项的电压偏差可通过引入辅助变量 $J_k = |\tilde{U}_k - v^2|$ 进行线性化，因此，线性化的目标函数为

$$\min f = W_\alpha \left[\sum_{ij \in \Phi_{\text{b}}} R_{ij} \tilde{I}_{ij} + \sum_{g \in G} \left(a_{\text{c},g} + \frac{b_{\text{c},g}}{2} I_{\text{c},g}^{k-1} \right) + \left(c_{\text{c},g} + \frac{b_{\text{c},g}}{2 I_{\text{c},g}^{k-1}} \right) \tilde{I}_{\text{c},g} \right] + W_\beta \sum_{k \in \Phi_{\text{n}}} J_k$$

$$(4-35)$$

与此同时，还需添加如下约束

$$\begin{cases} J_k \geqslant 0 \\ J_k \geqslant \tilde{U}_k - (U_{\text{thr}}^{\max})^2 \\ J_k \geqslant -\tilde{U}_k + (U_{\text{thr}}^{\min})^2 \end{cases} \qquad (4-36)$$

经过上述处理，目标函数是线性的，约束条件是线性、逐次线性和二阶锥约束，原始 NLP 模型 F_{o} 被转化为逐次凸规划模型，即

$$F_{\text{s}} : \begin{cases} \min f_{\text{s}}(\boldsymbol{X}) \\ \text{s.t. } \boldsymbol{g}_{\text{s}}(\boldsymbol{X}) \geqslant 0, \ \boldsymbol{h}_{\text{s}}(\boldsymbol{X}) = 0 \end{cases} \qquad (4-37)$$

式中：$\boldsymbol{X}$ 为优化变量矢量；f_{s} 为目标函数；$\boldsymbol{g}_{\text{s}}$ 和 $\boldsymbol{h}_{\text{s}}$ 分别为不等式和等式约束。

（二）逐次迭代求解算法

需注意的是，事先无法知道 PET 端口电流和各节点电压在原问题 F_{o} 中的最优解。因此，当给定的初始值 $\{\boldsymbol{I}_{\text{c}}^{k-1}, \boldsymbol{U}_i^{k-1}\}$ 和实际最优值相差较大时，直接采用基于一阶泰勒展开的线性化方法，即式（4-33）和式（4-34）代替非线性约束式（4-9）～式（4-11）以及式（4-13），会导致转换后的凸规划模型 F_{s} 和原模型 F_{o} 的最优解存在较大计算误差。为此，需进行迭代求解，图 4-2 示意了本节提出的逐次迭代算法的求解流程图，后续还将讨论冷启动和热启动两种启动模式。

1. 冷启动

PET 换流器电流初始值和交直流配电网节点电压幅值初始值是任意给定的，如标幺值为（0.1，1.0）。注意到，原模型 F_{o} 被转化为逐次凸规划模型 F_{s}，初始值需不断更新，以确保 F_{o} 和 F_{s} 解的精确性。具体步骤如下：

步骤一：构建原始 NLP 模型 F_o，并设置迭代次数 $k=1$。

步骤二：给定 PET 端口电流和节点电压幅值初始值，将其带入式（4-33）和式（4-34），线性化 PET 损耗约束和 ZIP 负荷模型。

步骤三：通过凸松弛和线性化方法，将原 NLP 模型 F_o 转化为凸规划模型 F_s，求解 F_s 获得 PET 端口电流和节点电压幅值优化解，进一步更新初始值 (I_c^k, U_i^k)。

步骤四：将更新后的初始值代入式（4-33）和式（4-34），线性化 PET 损耗约束和 ZIP 负荷模型，然后重新构建凸规划模型 F_s。

步骤五：判断相邻迭代过程中初始值差的绝对值是否满足收敛判据，即 $\Delta\chi = \left\| \chi_i^k - \chi_i^{k-1} \right\| \leqslant \varepsilon, \chi_i \in \{I_c, U_i\}$，若是，则迭代停止；否则，返回步骤三，进行下一次迭代。

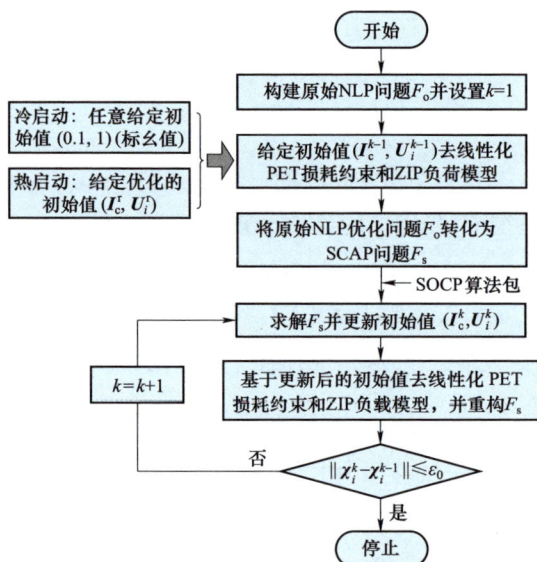

图 4-2　逐次迭代算法的求解流程图

2. 热启动

PET 换流器电流初始值和交直流配电网节点电压幅值初始值是通过优化计算得到的。如果给定初始值 $\{I_c^{k-1}, U_i^{k-1}\}$ 和优化解 $\{I_c^o, U_i^o\}$ 相近，则能显著减少 SCAP 的迭代次数。为获得更优的初始值，本节构造原模型 F_o 的松弛模型 F_r。模型 F_r 中 PET 的损耗特性和 ZIP 负荷模型的一次项被忽略，因此，通过变量替代则可实现线性化，如下所示

$$\begin{cases} P_{\text{Load},i}^{\text{AC}} = (F_{z,\text{p}}^{\text{AC}} \tilde{U}_i^{\text{AC}} + F_{p,\text{p}}^{\text{AC}}) P_{\text{Load},i,0}^{\text{AC}} \\ Q_{\text{Load},i}^{\text{AC}} = (F_{z,\text{q}}^{\text{AC}} \tilde{U}_i^{\text{AC}} + F_{p,\text{q}}^{\text{AC}}) Q_{\text{Load},i,0}^{\text{AC}} \\ P_{\text{Load},i}^{\text{DC}} = (F_{z,\text{p}}^{\text{DC}} \tilde{U}_i^{\text{DC}} + F_{p,\text{p}}^{\text{DC}}) P_{\text{Load},i,0}^{\text{DC}} \\ P_{\text{loss.ac/dc},i}^{\text{PET}} = a_{\text{c},i} + c_{\text{c},i} \tilde{I}_{\text{c},i} \end{cases} \qquad (4-38)$$

模型 F_r 其余的约束条件和目标函数与原模型 F_o 完全一致，并可采用与模型 F_s 相同的二阶锥松弛和线性化方法。从而，F_r 可以表示为

$$F_r : \begin{cases} \min f_r(\boldsymbol{X}) \\ \text{s.t. } \boldsymbol{g}_r(\boldsymbol{X}) \geqslant 0, \ \boldsymbol{h}_r(\boldsymbol{X}) = 0 \end{cases} \qquad (4-39)$$

式中：f_r 为目标函数；$\boldsymbol{g}_r$ 和 $\boldsymbol{h}_r$ 分别为 F_r 的不等式和等式约束，且 f_r 和 $\boldsymbol{g}_r$ 与模型 F_s 中的 f_s 和 $\boldsymbol{g}_s$ 相同，而 $\boldsymbol{h}_r$ 则是将式（4-37）代替 $\boldsymbol{h}_s$ 中的式（4-33）和式（4-34）。

可以看出，与模型 F_s 相比，由于模型 F_r 不存在逐次线性约束，进而可采用 SOCP 算法包直接对其进行优化求解，无须迭代计算。而与原模型 F_o 相比，二者解空间的可行域仅略有不同，使得最优解差异性较小。因此，通过求解 F_r 获得其最优解 $\{\boldsymbol{I}_c^r, \boldsymbol{U}_c^r\}$，并将其作为初始值，以启动 F_s 的求解，即图 4-2 所述热启动，这能进一步加速算法的收敛速度。

（三）逐次凸逼近算法有效性分析

逐次线性规划（successive linear programming，SLP）算法，可通过对一系列线性规划（linear programming，LP）问题的优化，来实现对非线性问题的求解。通过采用一阶泰勒展开对潮流方程进行线性描述，该方法在电力系统 OPF 领域已有应用。已有研究验证了 SLP 算法的可行性，与之相比，本节所提 SCAP 算法，则是将逐次线性逼近方法和二阶锥凸松弛方法相结合，通过对一系列 SOCP 模型优化，以获得原 NLP 模型的最优解。SOCP 被广泛应用于配电网优化运行领域，可确保 SCAP 算法的高效性，而主要决定潮流分布的 Distflow 方程，在本节研究中没有采用逐次线性近似的方法建模，则可保证 SCAP 算法的收敛性。此外，采用本节所提出的热启动模式，可获得较好的逐次线性逼近的初始值，能进一步改善算法的收敛性能，减少迭代次数。

基于一阶泰勒展开的逐次线性逼近法的精确性，取决于最后一次迭代计算后给定的初始值和最优值之间的距离，且距离越小误差越小。前文已对其进行论述，当初始值与最优值相等时，不存在计算误差。而算法的收敛判据是前后两次迭代初始值差的绝对值小于给定阈值（通常为很小的值，如 10^{-3}），可以看出，一旦算法实现收敛，则给定初始值与当前迭代最优值几乎相同，从而能

确保所提 SCAP 算法具有较好的精确性。

三、最优潮流的分布式优化运行

如前述图 4-1 所示，含 PET 的交直流系统，可在更大范围内集成分布式能源资源（distributed energy resources, DERs），对于多区域配电系统，传统集中式优化运行方法难以适用。为此，基于 SCAP 算法，结合目标级联分析法（ATC），将推导出分布式凸优化模型（SCAP-ATC）。

（一）集中式 OPF 问题分解

含 PET 的交直流系统可以分解为交流子网、直流子网及 PET 网络，其中，PET 网络用于耦合交、直流子网。考虑这一分层结构特点，可构建两层式的分解网络，含 PET 的交直流系统两级分层结构如图 4-3 所示。

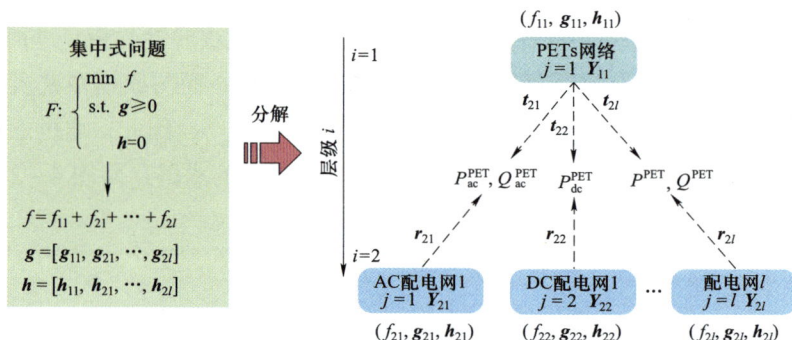

图 4-3　含 PET 的交直流系统两级分层结构

集中式优化模型的目标函数由多个子元素加和组成，即 $f = f_{11} + f_{21} + \cdots + f_{2l}$，其中，$f_{11}$ 为 PET 的目标函数，$f_{21} + \cdots + f_{2l}$ 为交直流配电网的目标函数。同理，约束条件可以被分解为 $\boldsymbol{g} = [\boldsymbol{g}_{11}, \boldsymbol{g}_{21}, \cdots, \boldsymbol{g}_{2l}]$ 和 $\boldsymbol{h} = [\boldsymbol{h}_{11}, \boldsymbol{h}_{21}, \cdots, \boldsymbol{h}_{2l}]$，其中，$\boldsymbol{g}_{11}$ 和 $\boldsymbol{h}_{11}$ 分别为 PET 的不等式和等式约束，$\boldsymbol{g}_{2j}(j=1,\cdots,l)$ 和 $\boldsymbol{h}_{2j}(j=1,\cdots,l)$ 分别为交直流配电网的不等式和等式约束。因此，集中式优化问题可被分解为 PET 子问题、交流子问题和直流子问题。

1. PET 子问题

采用 ATC 方法，每个子网都包含局部变量 $\boldsymbol{Y}_{11}$ 和 $\boldsymbol{Y}_{2j}(j=1,2,\cdots,l)$，它们通过共享变量实现耦合。在本节中，定义"目标变量"为 PET 端口注入的有功功率和无功功率 $\boldsymbol{t}_{2j} = [P^{PET}_{AC,j}, Q^{PET}_{AC,j}, P^{PET}_{DC,j}]$。为实现集中式问题的分解，可对目标变量进行复制，并将其定义为"响应变量"，即 $\boldsymbol{r}_{2j} = [P^{AC}_{PET,j}, Q^{AC}_{PET,j}, P^{DC}_{PET,j}]$。目标变量和响应变量都属于共享变量的一种形式，需满足一致性约束 $\boldsymbol{c}_{2j} = \boldsymbol{t}_{2j} - \boldsymbol{r}_{2j} = 0$。

因此，为构建分布式优化模型，可采用增广拉格朗日惩罚函数对一致性约束进行松弛处理，然后将其添加到子问题的目标函数中

$$\xi(\boldsymbol{c}) = \boldsymbol{v}^{\mathrm{T}}\boldsymbol{c} + \|\boldsymbol{w} \circ \boldsymbol{c}\|_2^2 \qquad (4-40)$$

式中：$\boldsymbol{v}$ 为拉格朗日罚函数系数向量；$\boldsymbol{w}$ 为罚函数权重向量；"$\circ$" 为 Hadamard 乘积。

将式（4-40）添加到 PET 网络，可得到 PET 子问题 $F_{\mathrm{s}}^{\mathrm{PET}}$

$$F_{\mathrm{s}}^{\mathrm{PET}} : \begin{cases} \min f_{\mathrm{s}}^{\mathrm{PET}} = W_\alpha \sum_{g \in G} P_{\mathrm{loss},g}^{\mathrm{PET}} + \\ \qquad\qquad \sum_{j \in \Psi_{\mathrm{PET}}} \left[\boldsymbol{v}_{2j}^{\mathrm{T}}(\boldsymbol{t}_{2j} - \boldsymbol{r}_{2j}) + \|\boldsymbol{w}_{2j} \circ (\boldsymbol{t}_{2j} - \boldsymbol{r}_{2j})\|_2^2 \right] \\ \mathrm{s.t.} \ \boldsymbol{g}_{\mathrm{s}}^{\mathrm{PET}}(\boldsymbol{X}) \geqslant 0, \ \boldsymbol{h}_{\mathrm{s}}^{\mathrm{PET}}(\boldsymbol{X}) = 0 \end{cases} \qquad (4-41)$$

式中：$f_{\mathrm{s}}^{\mathrm{PET}}$ 为目标函数；$\boldsymbol{g}_{\mathrm{s}}^{\mathrm{PET}}$ 和 $\boldsymbol{h}_{\mathrm{s}}^{\mathrm{PET}}$ 分别为集中式模型 F_{s} 中与 PET 网络相关的不等式和等式约束。

注意到，$F_{\mathrm{s}}^{\mathrm{PET}}$ 是一个逐次凸规划模型，可采用热启动模式对其进行迭代求解。为此，需采用类似的方式对松弛问题 F_{r} 进行分解，得到 $F_{\mathrm{r}}^{\mathrm{PET}}$

$$F_{\mathrm{r}}^{\mathrm{PET}} : \begin{cases} \min f_{\mathrm{r}}^{\mathrm{PET}} = W_\alpha \sum_{g \in G} P_{\mathrm{loss},g}^{\mathrm{PET}} + \\ \qquad\qquad \sum_{j \in \Psi_{\mathrm{PET}}} \left[\boldsymbol{v}_{2j}^{\mathrm{T}}(\boldsymbol{t}_{2j} - \boldsymbol{r}_{2j}) + \|\boldsymbol{w}_{2j} \circ (\boldsymbol{t}_{2j} - \boldsymbol{r}_{2j})\|_2^2 \right] \\ \mathrm{s.t.} \ \boldsymbol{g}_{\mathrm{r}}^{\mathrm{PET}}(\boldsymbol{X}) \geqslant 0, \ \boldsymbol{h}_{\mathrm{r}}^{\mathrm{PET}}(\boldsymbol{X}) = 0 \end{cases} \qquad (4-42)$$

式中：$f_{\mathrm{r}}^{\mathrm{PET}}$ 为目标函数；$\boldsymbol{g}_{\mathrm{r}}^{\mathrm{PET}}$ 和 $\boldsymbol{h}_{\mathrm{r}}^{\mathrm{PET}}$ 分别为集中式松弛模型 F_{r} 中与 PET 相关的不等式约束和等式约束。

求解 $F_{\mathrm{r}}^{\mathrm{PET}}$ 可获得 PET 端口换流器电流良好初始值，进而对 PET 子问题 $F_{\mathrm{s}}^{\mathrm{PET}}$ 实施热启动迭代求解，迭代算法流程图可参考图 4-2。求解 PET 子问题 $F_{\mathrm{s}}^{\mathrm{PET}}$，可得到目标变量的优化解，然后去构建交直流子问题。

2. 交、直流子问题

与 PET 子问题的构建方式类似，可建立交、直流子问题 $F_{\mathrm{s}}^{\mathrm{AC}}$ 和 $F_{\mathrm{s}}^{\mathrm{DC}}$

$$F_{\mathrm{s}}^{\mathrm{AC}} : \begin{cases} \min f_{\mathrm{s}}^{\mathrm{AC}} = W_\alpha \sum_{ij \in \Phi_{\mathrm{b}}^{\mathrm{AC}}} r_{ij}^{\mathrm{AC}} \tilde{I}_{ij}^{\mathrm{AC}} + W_\beta \sum_{k \in \Omega_{\mathrm{n}}^{\mathrm{AC}}} J_k + \\ \qquad\qquad\qquad \boldsymbol{v}_{2j}^{\mathrm{T}}(\boldsymbol{t}_{2j} - \boldsymbol{r}_{2j}) + \|\boldsymbol{w}_{2j} \circ (\boldsymbol{t}_{2j} - \boldsymbol{r}_{2j})\|_2^2 \\ \mathrm{s.t.} \ \boldsymbol{g}_{\mathrm{s}}^{\mathrm{AC}}(\boldsymbol{X}) \geqslant 0, \ \boldsymbol{h}_{\mathrm{s}}^{\mathrm{AC}}(\boldsymbol{X}) = 0 \end{cases}$$

$$(4-43)$$

$$F_{s}^{DC}: \begin{cases} \min f_{s}^{DC} = W_{\alpha} \sum_{ij \in \Phi_{b}^{DC}} r_{ij}^{DC} \tilde{I}_{ij}^{DC} + W_{\beta} \sum_{k \in \Omega_{n}^{DC}} J_{k} + \\ \qquad\qquad v_{2j}^{T}(t_{2j} - r_{2j}) + \left\| w_{2j} \circ (t_{2j} - r_{2j}) \right\|_{2}^{2} \\ \text{s.t. } g_{s}^{DC}(X) \geqslant 0, \ h_{s}^{DC}(X) = 0 \end{cases}$$

$$(4-44)$$

式中：f_{s}^{AC} 为交流子问题的目标函数；g_{s}^{AC} 和 h_{s}^{AC} 分别为集中式问题 F_{s} 中与交流网络相关的不等式和等式约束；f_{s}^{DC} 为直流子问题的目标函数；g_{s}^{DC} 和 h_{s}^{DC} 分别为集中式问题 F_{s} 中与直流网络相关的不等式和等式约束。

注意到，交、直流子问题为逐次凸规划问题，可通过对松弛问题 F_{r} 进行分解，得到松弛子问题 F_{r}^{AC} 和 F_{r}^{DC}，进而参考图 4-2 所示算法流程图，并对其实施热启动迭代求解。并行求解交、直流子问题，可得到响应变量的优化解，然后去重新构建 PET 子问题，不同子问题交互迭代，最终实现分布式凸优化求解。

（二）分布式 SCAP-ATC 的算法求解流程

为求解上述分布式凸优化（SCAP-ATC）模型，将引入一个由内循环和外循环组成的嵌套求解流程，SCAP-ATC 算法求解流程图如图 4-4 所示。

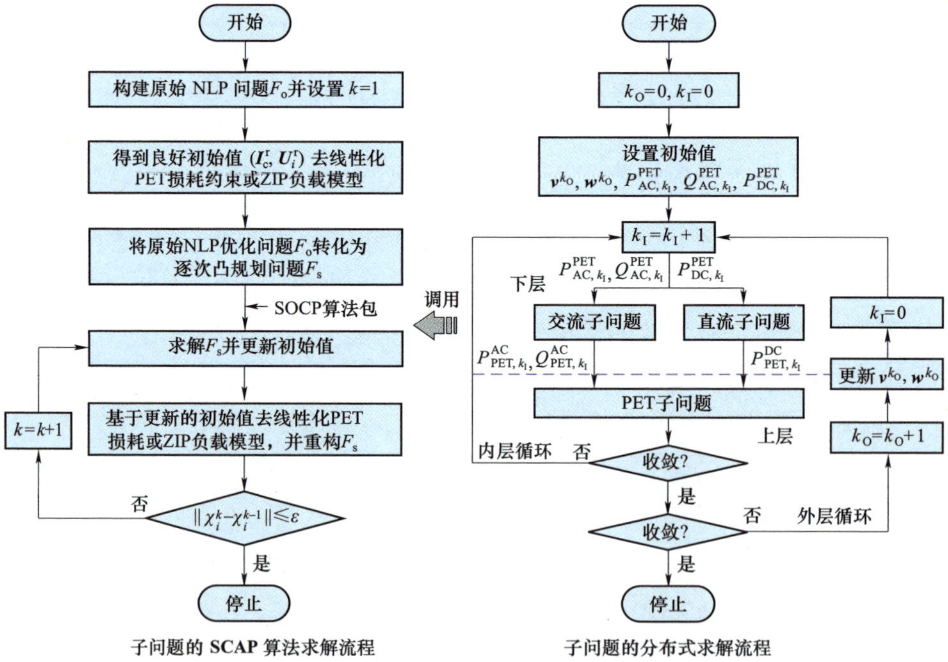

图 4-4 SCAP-ATC 算法求解流程图

在内循环中，交、直流子问题以并行方式求解，PET 子问题作为协调器。每个子问题都被建模为一个逐次凸规划问题，并采用 SCAP 算法来求解；内循环收敛后，外循环根据内循环的结果更新惩罚参数。内循环在迭代的过程中可提高目标变量和响应变量的精确性，然后，在外循环中更新惩罚参数，保证 SCAP－ATC 模型的收敛性。求解的具体步骤如下。

步骤一：设置内外循环迭代次数 $k_\mathrm{I}=0$ 和 $k_\mathrm{O}=0$，并初始化惩罚参数 v^{k_O}，w^{k_O}，以及目标变量 $[P_{\mathrm{AC},k_\mathrm{I}}^{\mathrm{PET}},Q_{\mathrm{AC},k_\mathrm{I}}^{\mathrm{PET}},P_{\mathrm{DC},k_\mathrm{I}}^{\mathrm{PET}}]$。

步骤二：令 $k_\mathrm{I}=k_\mathrm{I}+1$，调用 SCAP 求解算法，以热启动方式并行求解交、直流子问题 $F_\mathrm{s}^{\mathrm{AC}}$ 和 $F_\mathrm{s}^{\mathrm{DC}}$，得到响应变量的优化解 $[P_{\mathrm{PET},k_\mathrm{I}}^{\mathrm{AC}},Q_{\mathrm{PET},k_\mathrm{I}}^{\mathrm{AC}},P_{\mathrm{PET},k_\mathrm{I}}^{\mathrm{DC}}]$。

步骤三：调用 SCAP 求解算法，以热启动方式求解 PET 子问题 $F_\mathrm{s}^{\mathrm{PET}}$，得到目标变量的优化解 $[P_{\mathrm{AC},k_\mathrm{I}}^{\mathrm{PET}},Q_{\mathrm{AC},k_\mathrm{I}}^{\mathrm{PET}},P_{\mathrm{DC},k_\mathrm{I}}^{\mathrm{PET}}]$。

步骤四：用式（4－45）判断内循环是否收敛，如若收敛，则转到步骤五；否则，转到步骤二，继续循环。

$$\left|f^{k_\mathrm{I}}-f^{k_\mathrm{I}-1}\right|\leqslant\varepsilon_1 \tag{4－45}$$

式中：f^{k_I} 为第 k_I 次内循环时，所有子问题目标函数之和；ε_1 为收敛判据。

步骤五：采用式（4－46）和式（4－47）判断外循环是否收敛，若收敛，则结束迭代，获得分布式 OPF 的最优解；否则，令 $k_\mathrm{O}=k_\mathrm{O}+1$，并采用式（4－48）和式（4－49）更新惩罚参数，然后转步骤二。

$$\left\|c^{k_\mathrm{O}}\right\|\leqslant\varepsilon_2 \tag{4－46}$$

$$\left\|c^{k_\mathrm{O}}-c^{k_\mathrm{O}-1}\right\|\leqslant\varepsilon_3 \tag{4－47}$$

式中：c^{k_O} 为第 k_O 次外循环目标变量和响应变量的差值；ε_2 和 ε_3 为收敛判据。

$$v^{k_\mathrm{O}+1}=v^{k_\mathrm{O}}+2w^{k_\mathrm{O}}\circ w^{k_\mathrm{O}}\circ c^{k_\mathrm{O}} \tag{4－48}$$

$$w^{k_\mathrm{O}+1}=\begin{cases}\tau w^{k_\mathrm{O}} & \left\|c^{k_\mathrm{O}}\right\|>\rho\left\|c^{k_\mathrm{O}-1}\right\|\\ w^{k_\mathrm{O}} & \left\|c^{k_\mathrm{O}}\right\|\leqslant\rho\left\|c^{k_\mathrm{O}-1}\right\|\end{cases} \tag{4－49}$$

式中：τ 和 ρ 为常数，参数 τ 通常大于 1，在本节中，取 $\tau=1.3$，$\rho=0.25$。

四、算例分析

为验证所提 SCAP－ATC 模型和方法的有效性，通过两个算例进行分析计算：算例 1 是融合 IEEE 33 节点交流配电网和 10 节点直流配电网得到的混合网络；算例 2 是融合 IEEE 123 节点交流配电网和 30 节点直流配电网得到的混合网络。本节基于 MATLAB 平台，开发上述单时段优化潮流模型的程序，并调用商业求解器 CPLEX 12.7.1 进行求解。测试系统在配置 Intel（R）Core（TM）i7－8550U CPU @1.80 GHz，8 GB 内存的电脑上，操作系统为 Win10 64 位。

（一）算例一：含 PET 的 AC33/DC10 交直流系统

算例一系统的含 PET 的 AC33/DC10 交直流系统拓扑结构图如图 4－5 所示，其中，基于 IEEE 33 节点的 10kV 交流配电网和 10 节点 750V 直流配电网通过两台 PET 耦合在一起。

算例测试允许的电压标幺值范围为 $[0.95，1.05]$；目标变量的初始值设置为 0；惩罚参数初始值设置为 $v=0$ ， $w=1$；收敛判据 ε_1、 ε_2 和 ε_3 分别设置为 10^{-4}、10^{-4} 以及 10^{-5}；PET 交直流端口换流器的损耗系数分别设置为 $a_c=0.001$ ，$b_c=0.005$，$c_c=0.02$；ZIP 负荷模型中的系数设置为 $F_z=0.3$，$F_i=0.1$，$F_p=0.6$；线性加权目标函数的权重系数设置为 $W_\alpha=0.67$ ， $W_\beta=0.33$。交流配电网内 DG 的最大有功输出和无功输出分别为 800kW 和 600kvar，容量为 1MW；直流配电网内 DG 的最大有功输出为 100kW；PET 交流端口的最大无功输出为 600kvar，容量为 1MW；PET 直流端口最大有功输出为 1MW。

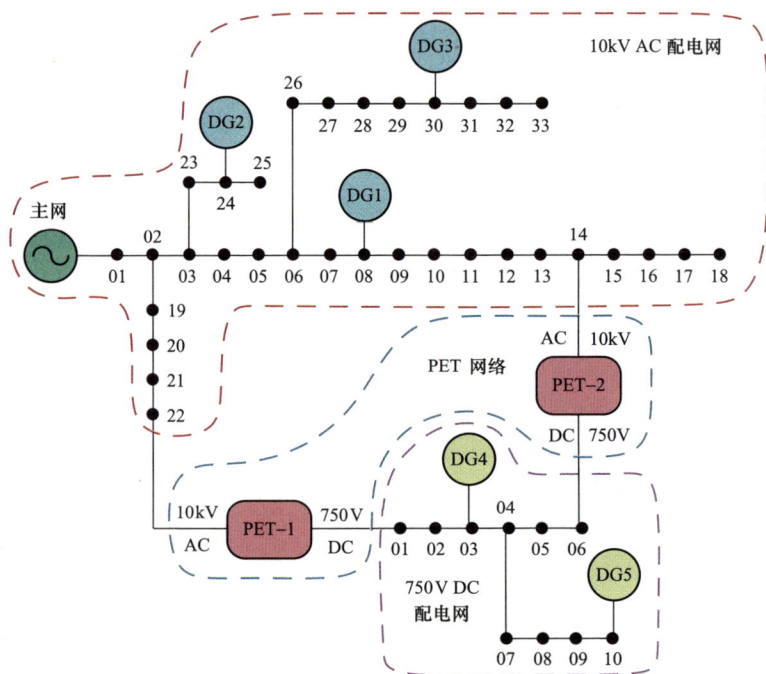

图 4－5　含 PET 的 AC33/DC10 交直流系统拓扑图

1. PET 的灵活性优势

为验证所提 OPF 模型的有效性，将测试以下四种场景：

场景 1：对含有两台 PET 的交直流系统实施优化潮流（所提模型）。

场景 2：配电网中只包含 PET-1 时实施优化潮流。

场景 3：配电网中只包含 PET-2 时实施优化潮流。

场景 4：只含有两台 PET 的交直流系统实施潮流计算。

表 4-1 给出了四种场景下各网络的有功损耗，可以看出，与场景 4 对比，本节所提模型对应的场景 1 的 OPF 模型，各子网及全网的功率损耗都有所降低。由于对系统内 DG 和 PET 的功率输出进行优化，场景 1 中的潮流分布得到了改善，从而可提高系统的运行效率。与场景 2 和场景 3 相比，场景 1 中含两台 PET，可更灵活地调控系统有功和无功潮流，因此其网络总有功损耗为 47.0kW，比场景 2 的 52.2kW 和场景 3 的 75.4kW 分别降低了 9.96% 和 37.66%。

表 4-1　　　　　　　　　　　四种场景下各网络的有功网损

场景	网络有功损耗/kW			
	交流配电网	直流配电网	PET	总损耗
1	30.5	4.4	12.1	47.0
2	29.0	15.1	8.1	52.2
3	48.1	10.6	16.7	75.4
4	54.5	6.0	17.3	77.8

图 4-6 给出了四种场景下交直流系统各节点电压分布结果，可以看出，与场景 4 相比，场景 1 采用了所提出的 OPF 方法，大大降低了整个网络的电压偏差，保证了网络的安全运行。场景 2 和场景 3 只含有一个 PET，其无功补偿和有功功率调控能力相对不足，因此，在这些场景中，节点电压幅值超出了期望电压标幺值范围 [0.98，10.2]，与之相比，场景 1 的电压幅值都在期望范围内。

上述这些结果表明，配电网运行性能由于 PET 的引入得到了改善，本节提出的 OPF 利用 PET 的灵活控制能力，可使系统更加高效、安全地运行。

2. 分布式优化运行结果分析

在本节中，采用三种模型来对比和说明分布式优化模型的可行性。所提出的 SCAP-ATC 模型通过调用 CPLEX 求解，原始 NLP 模型采用 IPOPT 求解，它是一个可以直接求解非凸问题的优化包。

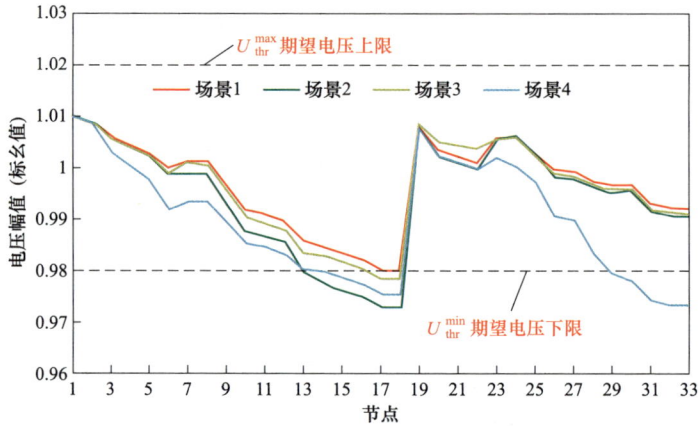

(a) 交流配电网的电压分布情况

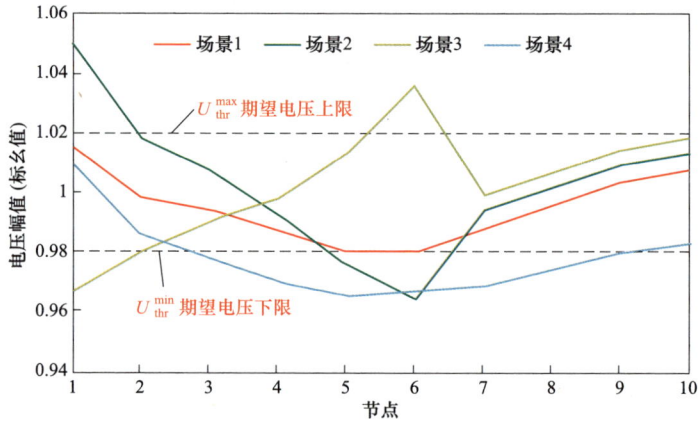

(b) 直流配电网的电压分布情况

图 4-6　四种场景下交直流系统各节点电压分布结果

模型 1：基于 SCAP-ATC 的分布式优化运行模型（所提模型）。

模型 2：基于 SCAP 的集中式优化运行模型。

模型 3：基于 NLP 的原始非凸集中式优化运行模型。

计算结果如下：

三种模型中网络有功损耗和电压偏差见表 4-2，三种模型中 DG 和 PET 的平均有功输出见表 4-3。可以看出，模型 2 和模型 3 各网络有功损耗和平均功率输出的优化结果相差无几，这说明 SCAP 的精确性是能够满足的，验证了所提出的凸松弛和逐次线性逼近方法的可行性。此外，可以看到，模型 1 与模型 2 各网络有功损耗和平均功率输出的优化结果非常接近，且总有功损耗的相对误差仅为 0.2%，这验证了 SCAP-ATC 模型的精确性。

表4-2   三种模型中网络有功损耗和电压偏差

模型	网络有功损耗/kW				电压偏差（标幺值）
	交流配电网	直流配电网	PET	总损耗	
1	30.6	4.4	12.1	47.1	0
2	30.5	4.4	12.1	47.0	0
3	30.5	4.4	12.1	47.0	0

表4-3   三种模型中 DG 和 PET 的平均有功输出

控制单元	功率	网络	模型		
			1	2	3
DG	P/kW	交流	800	800	800
	Q/kvar	交流	578.6	578.4	578.3
	P/kW	直流	100	100	100
PET	P/kW	交流	142.2	142.2	142.2
	Q/kvar	交流	-184.9	-185.0	-184.9
	P/kW	直流	-136.1	-136.1	-136.1

图4-7给出了四种场景下分布式算法迭代收敛结果，展示了PET-1端口目标变量（实线）与响应变量（虚线）在外循环中的迭代过程。可以看出，随着外循环次数的增加，由于一致性条件的约束，它们的优化结果逐渐逼近。迭代收敛的过程，实际上是局部子网优化和全局网络优化之间的妥协和折中过程。最后，经过7次迭代，所有目标变量和响应变量都实现了收敛，误差绝对值为$9 \times e^{-5}$，这验证了 SCAP-ATC 具有良好的收敛性。

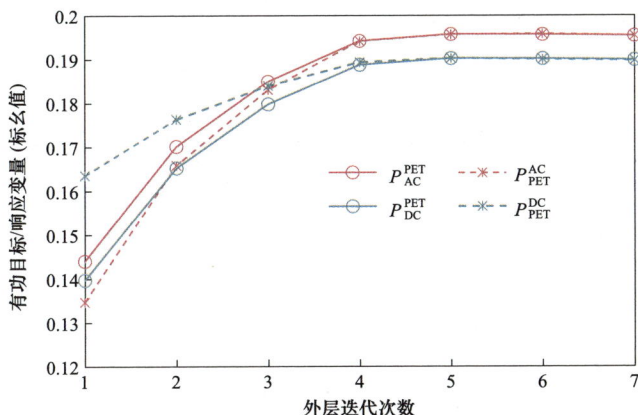

(a) 有功功率的目标和响应变量迭代曲线

图4-7 四种场景下分布式算法迭代收敛结果（一）

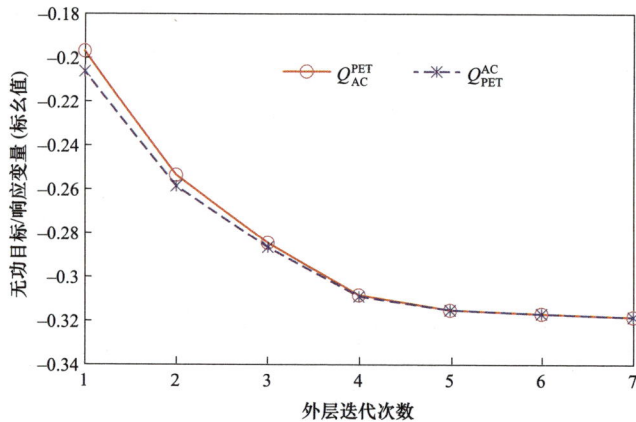

(b) 无功功率的目标和响应变量迭代曲线

图 4-7　四种场景下分布式算法迭代收敛结果（二）

为进一步验证 SCAP 在复杂问题中的计算性能，分别基于原始 NLP 和 SCAP 方法对集中式问题、交流子问题和 PET 子问题进行多时间尺度（1、12、24、48）优化分析。表 4-4 给出了基于 NLP 和 SCAP 的多时间尺度优化结果，其中，基于 NLP 的优化问题由 IPOPT 算法包求解，基于 SCAP 的优化问题由 CPLEX 算法包求解。

表 4-4　　　　　基于 NLP 和 SCAP 的多时间尺度优化结果

优化问题	时段数	总损耗/kW		电压偏差（标幺值）		求解时间/s	
		NLP	SCAP	NLP	SCAP	NLP	SCAP
集中式问题	1	47.0	47.0	0	0	4.7	5.2
	12	199.8	186.2	4×10^{-4}	0	7457.6	41.4
	24	Inf	369.8	Inf	0	Inf	101.3
	48	Inf	738.4	Inf	0	Inf	233.1
交流子问题	1	25.0	25.0	4.8×10^{-2}	4.8×10^{-2}	5.4	4.3
	12	92.5	92.4	3.1×10^{4}	0	690.5	16.3
	24	185.0	185.0	5.8×10^{-3}	5.2×10^{-3}	5100.6	31.5
	48	Inf	369.9	Inf	1.1×10^{-2}	Inf	61.8
PET 子问题	1	4.4	4.4	—	—	2.8	3.9
	12	57.9	57.9			9.9	6.8
	24	116.9	116.9			51.1	11.3
	48	234.8	234.7			341.3	22.24

集中式问题、交流子问题和 PET 子问题，在多时段尺度下的优化结果如表 4-4 所示，可以看到，与采用 IPOPT 求解的原始 NLP 模型相比，提出的 SCAP 方法在所有时段的优化问题中均可实现精确求解，而对于 NLP 模型，有些问题在数小时内仍无法得到可行解，如表中绿色填充所示的 inf，这说明 SCAP 的收敛性更优；对比已获得最优解的问题，NLP 和 SCAP 的优化结果相差无几，这表明 SCAP 具有较好的精确性；此外，SCAP 的求解时间在 2.9～233.1s 不等，远小于 NLP 模型的求解时间，计算速度大大提高，这验证了 SCAP 具有高效性。

上述这些结果表明，采用本文所提 SCAP 算法对 OPF 问题进行求解，可显著降低计算的复杂性，因此在确保求解精确性的同时，具有较好的收敛性和高效性。这一改进有助于将提出的 SCAP-ATC 方法，应用于交直流系统的多时间动态分布式运行需求。

3. SCAP 方法可行性分析

表 4-5 给出了不同启动模式下的优化结果，其中，冷启动模式 PET 交直流端口电流和配电网各节点电压的给定初始值为（0.01，1.0），热启动模式的初始值是经过优化计算得到的，通常，它比冷启动模式给定的初始值（0.01，1.0），更接近原始问题的最优解。因此，热启动模式可加速 SCAP 算法的求解过程，迭代次数较少。此外，各优化问题在冷、热启动模式下进行求解时，误差最终都可收敛于 10^{-4} 数量级，这说明本节所提出的 SCAP 具有较好的收敛性和精确性。

表 4-5　　　　　　　　　　不同启动模式下的优化结果

优化问题	启动模式	迭代次数	收敛误差 $\Delta\chi = \|\chi_i^k - \chi_i^{k-1}\|$
集中式问题	冷启动	4	4.47×10^{-4}
	热启动	2	1.98×10^{-4}
交流子问题	冷启动	2	1.15×10^{-5}
	热启动	1	1.02×10^{-4}
PET 子问题	冷启动	3	4.21×10^{-4}
	热启动	2	3.76×10^{-4}

注意到，配电网各节点电压幅值（标幺值）约为 1.0，而 PET 端口电流的幅值是未知的。为分析所提逐次线性逼近和二阶锥凸松弛的可行性，本节进行了如下测试：

以 PET 子问题为例。图 4-8（a）为给定不同初始电流标幺值（0.0001～

10.0）时，逐次线性逼近收敛误差的迭代过程，结果显示：迭代次数会随不同初始电流值而变化，从 3 次迭代到 6 次迭代不等。因此，在冷启动模式下，PET 端口电流的初始值，直接影响 SCAP 的收敛过程。值得注意的是，在所有的测试算例中，最终误差都可收敛于 10^{-3}，这意味着所提出的 SCAP 具有良好的收敛性和精确性。同时，如表 4-5 所示，热启动模式只需要 2 次迭代即可实现收敛，这验证了提出的热启动模式是可行的，能有效加速 SCAP 的收敛过程，减少迭代次数。

采用 SCAP 求解 OPF 后，可计算各支路的松弛偏差，以评估二阶锥松弛的精确性。以交流配电网为例，图 4-8（b）给出了交流配电网各支路的 SOCP 松弛偏差结果，可以看出，所有支路的松弛偏差都在 10^{-6} 数量级，足够小。也就是说，SOCP 松弛在所提出的 SCAP 方法中具有较高的精确性。

综上所述，上述结果表明逐次线性逼近和 SOCP 松弛的计算结果是精确的，且具有很好的收敛性，这验证了本节所提出的 SCAP 方法的有效性。

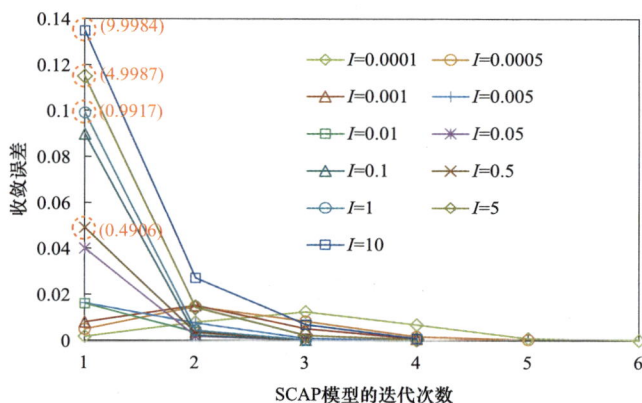

（a）给定不同初始电流值的迭代过程

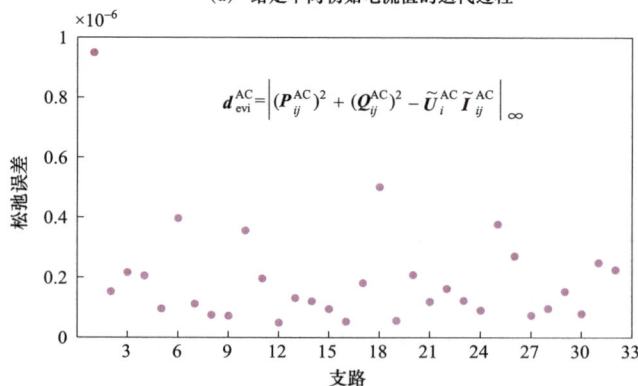

$$d_{\text{evi}}^{\text{AC}} = \left| (P_{ij}^{\text{AC}})^2 + (Q_{ij}^{\text{AC}})^2 - \tilde{U}_i^{\text{AC}} \tilde{I}_{ij}^{\text{AC}} \right|_{\infty}$$

（b）交流配电网SOCP的松弛误差

图 4-8　逐次线性逼近和二阶锥松弛的收敛性结果

（二）算例二：含 PET 的 AC123/DC30 交直流系统

值得注意的是，本节所提出的分布式凸优化 OPF 不仅适用于平衡系统，还可将其扩展到三相不平衡系统。已有研究表明 SOCP 方法可应用于三相不对称交流配电网，三相 PET 的稳态模型在文献［70］中进行了研究。本节将利用算例二，进一步分析其在大规模三相不平衡系统中的应用，以说明本节所提方法在大规模测试系统的可行性。算例二系统，是通过两台 PET 融合 IEEE 123 节点交流配电网和 30 节点直流配电网，进而得到含 PET 的交直流系统，其中，IEEE 123 节点交流配电网是三相不平衡标准算例系统。算法相关参数设置与上一小节的算例一相同，算例二系统含 PET 的 AC123/DC30 交直流系统拓扑结构如图 4-9 所示。

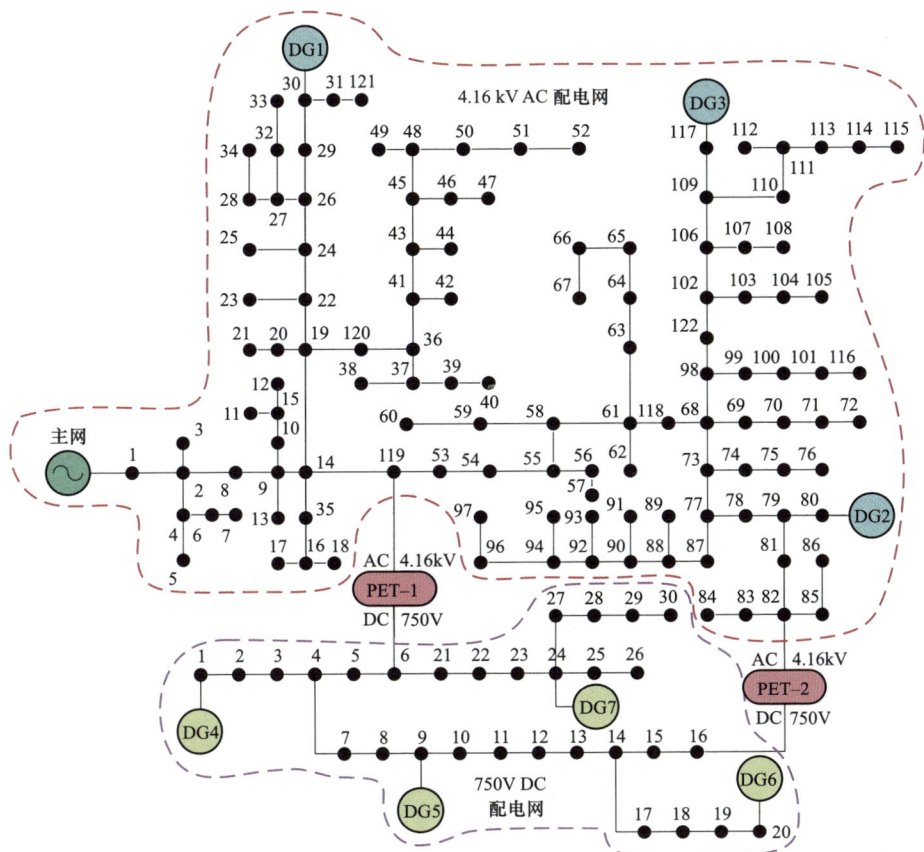

图 4-9　含 PET 的 AC123/DC30 交直流系统拓扑图

为验证本节所提方法的有效性，对以下三个模型进行对比分析：

模型1：基于SCAP-ATC的分布式优化运行模型（所提模型）。

模型2：基于SCAP的集中式优化运行模型。

模型3：基于NLP的原始非凸集中式优化运行模型。

优化结果如下：

表4-6给出了大规模测试系统中三种模型网络有功损耗和电压偏差，结果表明，三种模型的优化结果基本相同，与模型2和模型3相比，模型1总有功损耗的相对误差仅为0.5%。

表4-6　　　　大规模测试系统中三种模型网络有功损耗和电压偏差

模型	网络有功损耗/kW				电压偏差（标幺值）
	交流配电网	直流配电网	PET	总损耗	
1	23.5	18.8	16.1	58.1	0
2	23.1	18.2	16.5	57.8	0
3	23.1	18.2	16.5	57.8	0

图4-10给出了算例二的模型1优化结果，从图4-10（a）、（b）可以看出，所提模型可以改善电压分布，使得各节点电压维持在期望范围内；PET-1交流端口耦合变量的迭代过程如图4-10（c）所示，经过5次迭代，所有目标变量和响应变量都可实现收敛，最大误差绝对值为7.4×10^{-5}；此外，三相交流网络各支路的SOCP松弛偏差结果如图4-10（d）所示，所有支路的松弛误差都在10^{-7}的数量级。

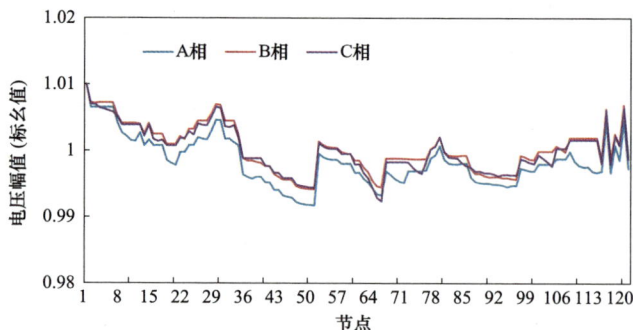

（a）IEEE 123节点交流配电网各节点电压分布

图4-10　算例二的模型1优化结果（一）

(b) 30节点直流配电网各节点电压分布

(c) PET1交流端口耦合的有功功率迭代过程

(d) IEEE 123节点各支路松弛误差

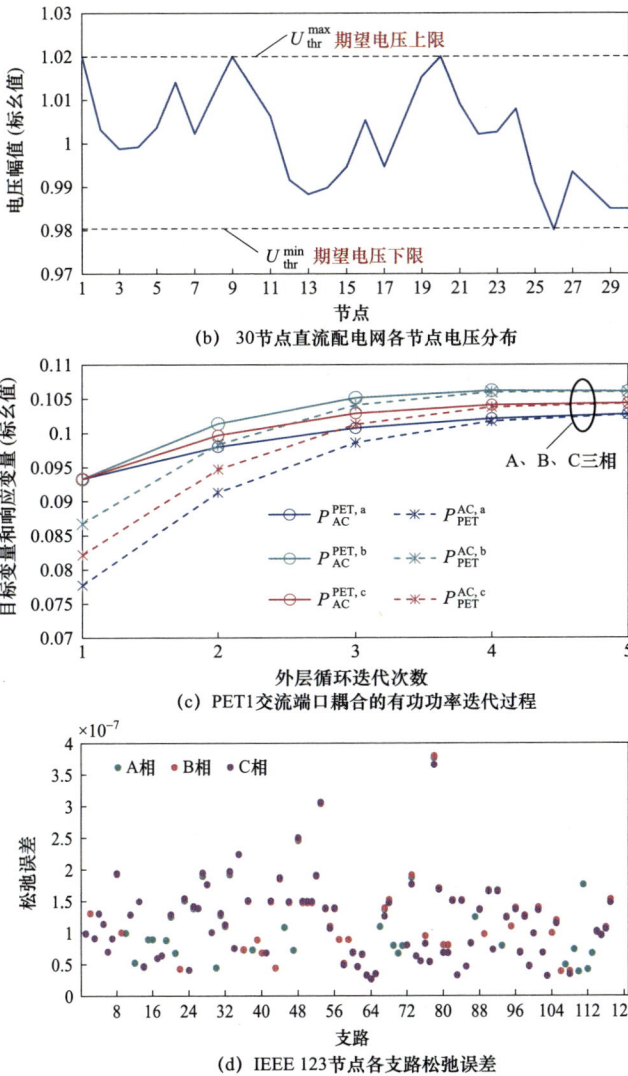

图 4-10　算例二的模型 1 优化结果（二）

上述结果表明，所提出的 SCAP-ATC 方法在大规模三相不平衡系统中是可行的，且具有较好的收敛性和精确性。

表 4-7 给出了大规模测试系统中不同启动模式下的优化结果，可以看出，与冷启动模式的迭代次数（7 次、2 次和 3 次）相比，相对应热启动模式为 4 次、2 次和 2 次，可有效减少迭代次数。同时，集中式问题和 PET 子问题的最终收敛误差均为 10^{-4} 数量级，而交流子问题的收敛误差为 10^{-7} 数量级，误差

足够小，这验证了 SCAP - ATC 方法在大规模测试系统中具有较好收敛性和精确性。

表 4 - 7　　　　大规模测试系统中不同启动模式下的优化结果

优化问题	启动模式	迭代次数	收敛误差 $\Delta\chi = \left\| \chi_i^k - \chi_i^{k-1} \right\|$
集中式问题	冷启动	7	7.05×10^{-4}
	热启动	4	8.87×10^{-4}
交流子问题	冷启动	2	1.45×10^{-7}
	热启动	2	2.80×10^{-7}
PET 子问题	冷启动	3	4.52×10^{-4}
	热启动	2	3.61×10^{-4}

第二节　电压不平衡优化抑制

低压配电网络通常采用四线制供电模式，单、三相负荷并存，三相不平衡问题将难以避免，考虑低压交流系统三相负荷不对称的运行模式，本节提出基于 PET 的电压不平衡优化抑制方法。分析 PET 三相不平衡治理机理，较之传统变压器更加具有优势，并在此基础上建立了以网损最小考虑三相电压不平衡度约束的优化模型，提高了系统运行的经济性和可靠性。

一、电压不平衡抑制机理

低压配电网络通常采用四线制供电模式，单、三相负荷并存，三相不平衡问题将难以避免。针对不平衡问题，现阶段的治理措施主要是采用补偿方式，如通过串联电能质量调节器向线路注入负序电压，或是通过并联电能质量调节器补偿不平衡负载引入的不平衡电流，对电压不平衡进行有效抑制，但这两种方法都需要加装额外的补偿装置，增加治理成本，且都只针对电网局部不平衡进行补偿，治理范围较小。

与此同时，有学者提出通过优化手段来处理电压不平衡问题，可以根据网络的拓扑结构及负荷分布情况，充分利用可控资源，最大化降低电压不平衡度，如文献［72］通过分析静止无功发生器（static var generator，SVG）的补偿机理，建立了电网多节点电压不平衡抑制的优化模型，综合降低了网络的电压不平衡度；文献［73］基于三相电流注入模型，利用无功补偿装置和可控分布式电源实现系统负序电压最小的优化目标。然而这些文献都是基于三相三线制网络以降低负序电压为目标的，鲜有文献提及降低零序电压，且大部分文献只讨论了对电压不平衡度的治理，却没有计及网络损耗等经济性指标。当前，人们已经对 PET 的拓扑结构和控制策略开展了相关研究，但在稳态模型建立及其在配电网运行优化中可以发挥的作用等方面的研究却仍不多见。

（一）计及换流器的 PET 稳态模型

多端口 PET 的等效拓扑结构如图 4-11 所示，由输入级、隔离级和输出级组成。

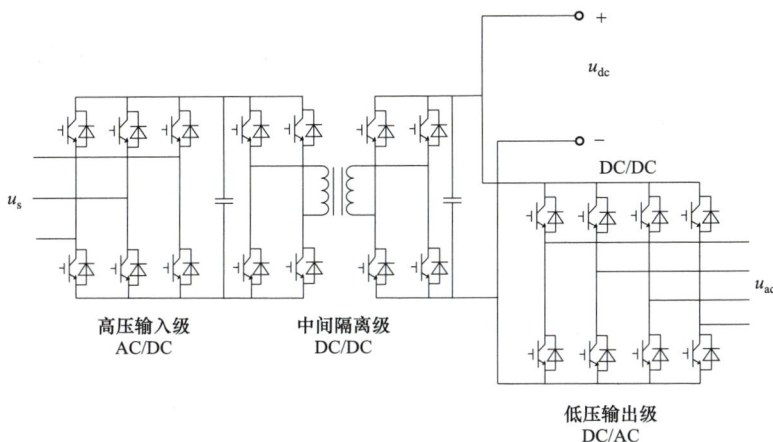

图 4-11　多端口 PET 的等效拓扑结构图

输入级为 AC/DC 换流器，实现高压交流到高压直流的转换；中间级为 DC/DC 隔离型变压器，将高压直流变为低压直流完成电压等级的变换；输出级可根据电能需求的不同，采用 DC/DC 或 DC/AC 变换器，构成交直流多个端口。其中，中间 DC/DC 隔离型变换器主要用来实现功率的双向流动。

PET 的等效电路如图 4-12 所示。图中，$U_{1,2s}$、$\theta_{1,2s}$ 分别为 PET 交流端口 AC/DC 换流器 1、2 的输入电压幅值和相角，$P_{1,2s}$ 和 $Q_{1,2s}$ 为 PET 端口 1、2 输出的有功和无功功率；$U_{1,2c}$ 和 $\theta_{1,2c}$ 分别为电压源换流器 1、2 的电压幅值和相角，$P_{1,2c}$ 为其注入中间隔离级的有功功率；$G_{1,2}$ 和 $B_{1,2}$ 为电压源换流器 1、2 的等效电导和电纳；u_{dc} 和 P_{dc} 分别为输出级直流端口的电压和功率。

前面章节介绍了 PET 的通用稳态模型，但却忽略了 PET 内部换流器的稳态模型，为此，本节提出考虑换流器等效支路的多端口 PET 三相潮流模型。

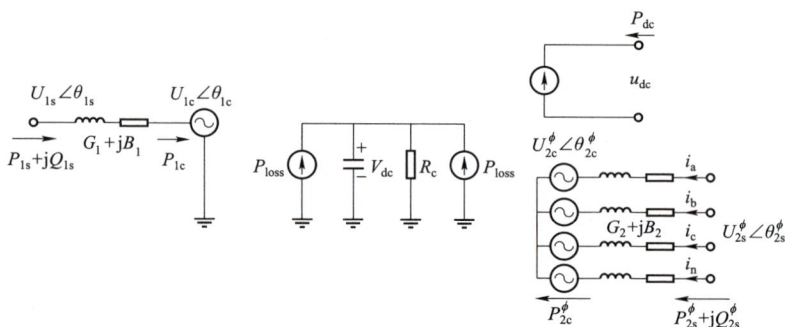

图 4-12 多端口 PET 的等效电路

多端口 PET 的等效电路如图 4-12 所示，对于输入级，假定其为三相对称系统。图中 PET 输入级注入的有功功率 P_s 和无功功率 Q_s 可以表示为

$$\begin{cases} P_{1s} = G_1 U_{1s}^2 - U_{1s}U_{1c}[G_1\cos(\theta_{1s}-\theta_{1c})+B_1\sin(\theta_{1s}-\theta_{1c})] \\ Q_{1s} = -B_1 U_{1s}^2 - U_{1s}U_{1c}[G_1\sin(\theta_{1s}-\theta_{1c})-B_1\cos(\theta_{1s}-\theta_{1c})] \end{cases} \quad (4-50)$$

电压源换流器注入中间直流环节的有功功率 P_c 为

$$P_{1c} = -G_1 U_{1c}^2 + U_{1s}U_{1c}[G_1\cos(\theta_{1s}-\theta_{1c})-B_1\sin(\theta_{1s}-\theta_{1c})] \quad (4-51)$$

对于 PET 低压侧的交流端口，各相是独立可控的，因此，运行在不对称系统中的 PET，其低压侧逆变器各相传输功率满足如下等式约束

$$\begin{cases} P_{2s}^\phi = G_2(U_{2s}^\phi)^2 - U_{2s}^\phi U_{2c}^\phi[G_2\cos(\theta_{2s}^\phi-\theta_{2c}^\phi)+B_2\sin(\theta_{2s}^\phi-\theta_{2c}^\phi)] \\ Q_{2s}^\phi = -B_2(U_{2s}^\phi)^2 - U_{2s}^\phi U_{2c}^\phi[G_2\sin(\theta_{2s}^\phi-\theta_{2c}^\phi)-B_2\cos(\theta_{2s}^\phi-\theta_{2c}^\phi)] \\ P_{2c}^\phi = -G_2(U_{2c}^\phi)^2 + U_{2s}^\phi U_{2c}^\phi[G_2\cos(\theta_{2s}^\phi-\theta_{2c}^\phi)-B_2\sin(\theta_{2s}^\phi-\theta_{2c}^\phi)] \end{cases}$$

$$(4-52)$$

其中 $\phi = \{a,b,c\}$，此外各相电流满足

$$i_a + i_b + i_c + i_n = 0 \quad (4-53)$$

式中：i_a、i_b、i_c 为 a、b、c 三相电流；i_n 为中性线电流。

PET 各端口在运行过程中还需满足相应的功率平衡

$$P_{1c} = \sum_{i=1}^{m}\sum_{\phi=a}^{c} P_{aci}^\phi + \sum_{i=1}^{N} P_{dci} + P_{loss} \quad (4-54)$$

式中：m 为输出级交流端口的个数；P_{aci}^ϕ 为第 i 个交流端口各相输出的有功功率；N 为低压直流端口的个数；P_{dci} 为第 i 个直流端口输出的有功功率；P_{loss} 为 PET 中 AC/DC 换流器的有功损耗，且每一相的有功损耗和换流器桥臂电流近似呈现二次关系

$$P_{loss}^{\phi} = a_i + b_i I_c^{\phi} + c_i (I_c^{\phi})^2 \qquad (4-55)$$

式中：a_i、b_i、c_i 为换流器损耗系数。

（二）PET 三相不平衡抑制机理

PET 同时含有交流端口和直流端口，使得电能的传输路径不再唯一，为交直流网络功率的相互支撑，以及能量路由的实现提供了可能。图 4-13 是含多端口 PET 的交直流系统结构图，图中交、直流系统通过 PET 相互连接，从而与主网形成灵活可调的混合网络。

值得注意的是，与传统变压器不同，PET 含有中间直流变换环节，使得高、低压两侧的交流系统能够实现有效的电气隔离，二者只能通过 PET 进行功率的相互交换，低压交流网络的不对称电流不会传至高压侧从而影响其三相不平衡度；除此之外，PET 通过引入电力电子变换器，能够对低压交流网络的三相电压幅值 $u_{ac}^{a,b,c}$ 和相位 $\theta_{ac}^{a,b,c}$ 进行分相控制，以保持三相电压的相对独立性，不受网络潮流的影响，对传输功率 $\dot{S}_{ac}^{a,b,c}$ 也能进行分相调节，在一定程度上可以平抑不对称系统中的三相失衡，因此低压交流端口的三相独立可调，有利于综合抑制网络的电压不平衡度。

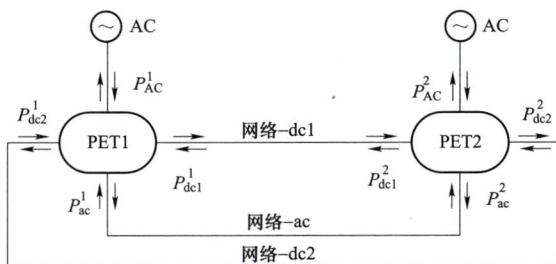

图 4-13　含多端口 PET 的交直流系统结构图

二、电压不平衡抑制优化模型

（一）目标函数

本节以交直流混合网络有功网损最小为目标函数，即

$$\min f = P_{loss.ac} + P_{loss.dc} + P_{loss.PET} \qquad (4-56)$$

式中：$P_{loss.ac}$ 为交流配电网的网损；$P_{loss.dc}$ 为直流配电网的网损；$P_{loss.PET}$ 为电力电子变压器的有功损耗。

相比于传统变压器，PET 被赋予了更多的功能，然而大量电力电子器件的使用也会造成更多的有功损耗，如若将这部分损耗考虑在内，有利于更好地提高其运行效率。

（二）等式约束条件

对于三相四线制的低压交流网络，利用基尔霍夫电流定律，节点 i 的三相功率注入方程可以表示为

$$\dot{S}_i^\phi - (\dot{U}_i^\phi - \dot{U}_i^n)\sum_{k=1}^m\sum_{\gamma=a}^n (G_{ik}^{\phi\gamma} - jB_{ik}^{\phi\gamma})(\dot{U}_k^\gamma)^* = 0 \qquad (4-57)$$

同时，每个节点 i 还应满足中性线的电流平衡方程

$$\sum_{\phi=a}^n\sum_{k=1}^m\sum_{\gamma=a}^n (G_{ik}^{\phi\gamma} + jB_{ik}^{\phi\gamma})\dot{U}_k^\gamma = 0 \qquad (4-58)$$

式中：$\phi = \{a,b,c\}$，$\gamma = \{a,b,c,n\}$，n 为中性相；m 为交流节点的个数；$\dot{S}_i^\phi$ 为节点 i 电源和负荷的三相注入功率；$\dot{U}_i^\phi$ 为节点 i 的三相电压；$G_{ik}^{\phi\gamma}$、$B_{ik}^{\phi\gamma}$ 为导纳矩阵元素，需要注意的是，四线制网络的节点导纳矩阵是 $4m \times 4m$。

对于低压直流网络，各节点要满足相应的有功平衡

$$P_{gi} - P_{di} - U_i\sum_{j=1}^N G_{ij}U_j = 0 \qquad (4-59)$$

式中：N 为直流节点的个数；P_{gi} 为直流节点 i 分布式电源输出的有功功率；P_{di} 为直流节点 i 负荷消耗的有功功率；U_i 为节点 i 的电压幅值；G_{ij} 为支路 ij 之间的电导值。

（三）不等式约束条件

1. 三相电压不平衡度约束

为充分发挥 PET 交流端口三相独立可调有利于综合抑制电网多节点电压不平衡度的优势，本节提出如下电压不平衡度约束

$$\sum_{k=1}^m [(U_{k,2r}^2 + U_{k,2i}^2) + (U_{k,0r}^2 + U_{k,0i}^2)] < \varepsilon \qquad (4-60)$$

式中：m 为交流网络的节点个数；$U_{k,2r}$ 和 $U_{k,2i}$ 为节点 k 负序电压的实部和虚部；$U_{k,0r}$ 和 $U_{k,0i}$ 为节点 k 零序电压的实部和虚部。

各节点负序电压和零序电压平方和的大小可以综合量化电网的电压不平衡，本节对其加以限定约束，从而实现综合抑制多节点电压不平衡度的功能。

2. 运行电压幅值约束

$$\begin{cases} U_{idc.min} \leqslant U_{idc} \leqslant U_{idc.max} \\ U_{iac.min}^\gamma \leqslant U_{iac}^\gamma \leqslant U_{iac.max}^\gamma \end{cases} \qquad (4-61)$$

式中：$U_{idc.min}$ 和 $U_{idc.max}$ 分别为直流网络节点 i 电压的最小、最大值；U_{idc} 为直流网络节点 i 电压幅值；$U^{\gamma}_{iac.min}$ 和 $U^{\gamma}_{iac.max}$ 分别为交流网络节点 i 电压幅值的最小、最大值；U^{γ}_{iac} 为交流网络节点 i 三相电压幅值。

3. 可控分布式电源出力约束

$$P_{gdc.min} \leqslant P_{gdc} \leqslant P_{gdc.max} \tag{4-62}$$

$$\begin{cases} P^{\phi}_{gac.min} \leqslant P^{\phi}_{gac} \leqslant P^{\phi}_{gac.max} \\ Q^{\phi}_{gac.min} \leqslant Q^{\phi}_{gac} \leqslant Q^{\phi}_{gac.max} \end{cases} \tag{4-63}$$

式中：$P_{gdc.min}$ 和 $P_{gdc.max}$ 分别为直流配电网分布式电源有功出力的最小值和最大值；P_{gdc} 为直流网络分布式电源输出的有功功率；$P^{\phi}_{gac.min}$ 和 $P^{\phi}_{gac.max}$ 分别为交流配电网分布式电源三相有功出力的最小值和最大值；P^{ϕ}_{gac} 为交流网络分布式电源输出的三相有功功率；$Q^{\phi}_{gac.min}$ 和 $Q^{\phi}_{gac.max}$ 分别为交流配电网分布式电源三相无功出力的最小值和最大值；Q^{ϕ}_{gac} 为交流网络分布式电源输出的三相无功功率。

式（4-62）表示直流侧分布式电源有功出力的上下限约束，式（4-63）表示交流侧分布式电源有功、无功出力的上下限约束。

4. 电力电子变压器运行约束

交、直流端口电压约束

$$\begin{cases} u^{\phi}_{ac.min} \leqslant u^{\phi}_{ac} \leqslant u^{\phi}_{ac.max} \\ \theta^{\phi}_{ac.min} \leqslant \theta^{\phi}_{ac} \leqslant \theta^{\phi}_{ac.max} \\ u_{dc.min} \leqslant u_{dc} \leqslant u_{dc.max} \end{cases} \tag{4-64}$$

式中：$u^{\phi}_{ac.min}$ 和 $u^{\phi}_{ac.max}$ 为交流端口输出三相电压幅值的最小、最大值；$\theta^{\phi}_{ac.min}$ 和 $\theta^{\phi}_{ac.max}$ 为交流端口输出三相电压相角的最小、最大值，PET 中性相的电压相量控制为 0，不作为寻优变量；$u_{dc.min}$ 和 $u_{dc.max}$ 为直流端口电压的最小、最大值。

交、直流端口输出功率约束

$$\begin{cases} P^{\phi}_{ac.min} \leqslant P^{\phi}_{ac} \leqslant P^{\phi}_{ac.max} \\ Q^{\phi}_{ac.min} \leqslant Q^{\phi}_{ac} \leqslant Q^{\phi}_{ac.max} \\ P_{dc.min} \leqslant P_{dc} \leqslant P_{dc.max} \end{cases} \tag{4-65}$$

式中：$P^{\phi}_{ac.min}$ 和 $P^{\phi}_{ac.max}$ 为 PET 交流端口输出三相有功功率的最小、最大值；P^{ϕ}_{ac} 为 PET 交流端口输出三相有功功率；$Q^{\phi}_{ac.min}$ 和 $Q^{\phi}_{ac.max}$ 为 PET 交流端口输出三相无功功率的最小、最大值；Q^{ϕ}_{ac} 为 PET 交流端口输出三相无功功率；$P_{dc.min}$ 和 $P_{dc.max}$ 为 PET 直流端口输出有功功率的最小、最大值；P_{dc} 为 PET 直流端口输出的有功功率。

应注意的是，针对图 4-13 所示高低压交流系统存在电气隔离的情况，为实现网络的功率平衡，PET 的两个交、直流端口都需松弛一个端口，将其设为定电压控制，具体涉及低压交流系统，为尽可能减小网络电压不平衡度，对 PET 交流端口的三相电压相角进行优化控制显得尤为重要，如若将其控制为三相完全对称，虽能有效抑制邻近节点的不平衡电压，但却不利于降低全网各节点的电压不平衡度，鉴于此，本节考虑将定电压控制交流端口的电压幅值和相角都作为可控变量，进行寻优求解。

三、算例分析

本节算例构建的含多端口 PET 的交直流系统如图 4-14 所示。其中，直流侧的电压等级为 750V，共有 10 个节点，负荷总量为 470kW，单位长度的线路阻抗为 $0.0754\Omega/\text{km}$；交流侧为 400V 电压等级的三相四线制配电网络，含有 24 个节点，总负荷为 1.547MW，单位长度的线路阻抗为 $0.24+\text{j}0.077\Omega/\text{km}$。算例中，交直流网络都并网运行；PET 低压交流端口各相输出的功率上限为 300kW，直流端口输出功率上限为 400kW。

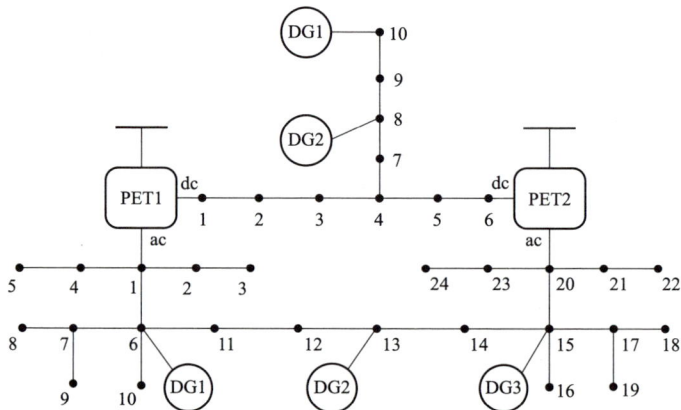

图 4-14　含多端口 PET 的交直流系统

（一）PET 抑制多节点电压不平衡可行性分析

为验证 PET 能有效抑制电网多节点电压不平衡度的可行性，本节以电压不平衡度最小，即所有交流节点负序电压和零序电压平方和最小为目标函数建立优化模型。对比分析优化前、后各节点的电压不平衡度，然后用传统变压器代替相应的 PET 进行优化计算，比较了二者对于降低电网多节点电压不平衡度的能力，具体结果如下所示：

图 4−15 所示分别为传统变压器 1 端口电压不对称时优化前、传统变压器 1 端口电压不对称时优化后、传统变压器 1 端口电压三相对称时以及 PET 优化等四种场景下的交流节点的电压不平衡度结果。可以看出，与优化前相比，优化后节点的负序和零序电压不平衡度得到了大幅降低，并能保持在较低水平。

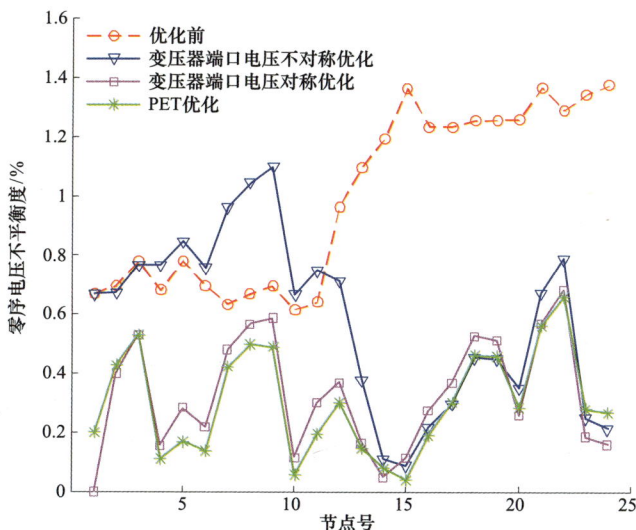

(a) 零序电压不平衡度

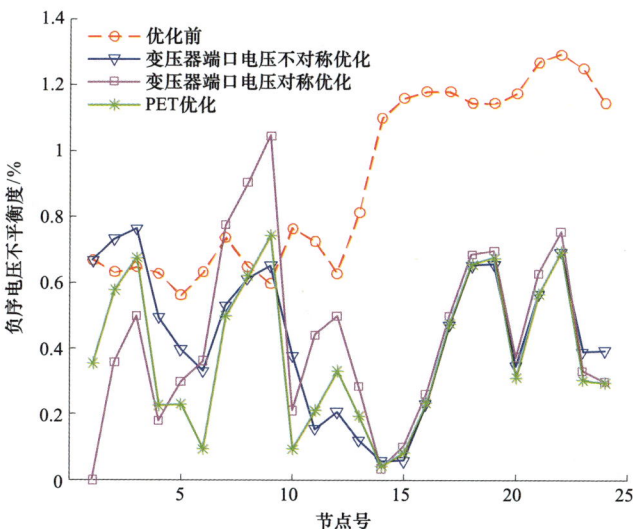

(b) 负序电压不平衡度

图 4−15　交流节点的电压不平衡度

与此同时，对于传统变压器而言，在实际运行的过程中，一般很难保持端口电压三相完全对称，因此本算例对端口电压的两种不同情形进行优化计算，结果显示，传统变压器的端口电压存在不平衡分量时，会影响邻近各节点的电压不平衡度，且不平衡分量越大，邻近节点的电压不平衡度也相对越高。与之不同，PET 端口三相电压的幅值和相角均为独立可控，不受外部影响，能有效避免传统变压器的这一缺欠。除此之外，当传统变压器的端口电压保持三相对称时，相比之下 PET 的优化效果依然更好，因此 PET 具备有效降低电网多节点电压不平衡度的能力。此外，对于这一优化结果，也可以为本节电压不平衡度约束范围提供一定的参考，以最终实现有功损耗和电压不平衡度在一定条件下的相对最优。

（二）含 PET 的交直流系统优化结果分析

为验证本节所提模型的有效性，现对如下三个优化目标的结果进行对比分析：优化目标 1，以网损最小为目标函数进行优化计算，不考虑电压不平衡度约束；优化目标 2，以电压不平衡度最小为目标函数进行优化计算；优化目标 3，以网损最小为目标函数进行优化计算，考虑电压不平衡度约束。

表 4-8 所示为交直流混合网络的有功损耗，图 4-16 所示为三种优化目标下交流节点的电压不平衡度。可以看出，优化目标 1 的网损最小，但此时各节点的负序和零序电压不平衡度也相对最高，供电质量较差；优化目标 2 具有最小的电压不平衡度，然而此时的网络损耗为 81.4kW，比优化目标 1 高出 23.5%，系统运行不够经济；优化目标 3 网络损耗为 69.1kW，比优化目标 2 减少 15.1%，相比优化目标 1，各节点的负序和零序电压不平衡度都得到了大幅降低，因此本节所提出的优化模型在减小网损的同时，还能大幅降低网络的电压不平衡度，具有较好的运行效果。

表 4-8　　　　　　　　　　交直流混合网络的有功损耗

优化目标	网损最小	电压不平衡度最小	降低网损和电压不平衡度
有功损耗/kW	65.9	81.4	69.1

图 4-17 所示为三种优化目标下交流侧分布式电源有功出力，表 4-9 为对应优化目标中 PET 交流端口有功输出。可以看出，为尽可能减小网络的电压不平衡度，分布式电源的有功出力应和不平衡负荷相适应，以使三

相负载更为均衡，但这却会降低其利用效率，意味着从 PET 端口注入交流网络的有功功率会相应增加，也就是说，电压不平衡度的降低是以增加网损为代价的，此时交流系统需要外部提供更多的有功支撑来实现全网的经济稳定运行。

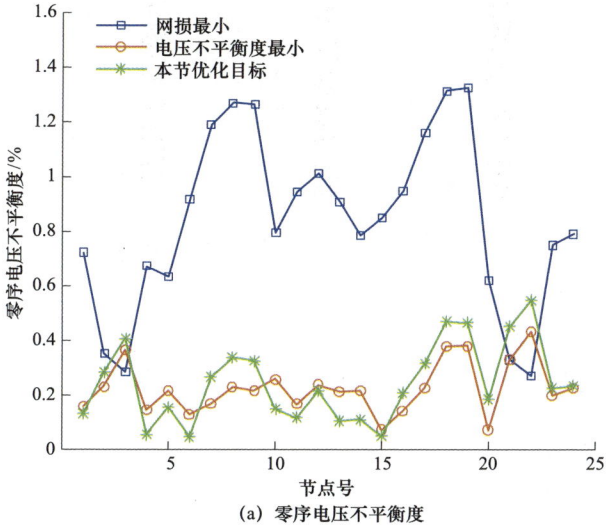

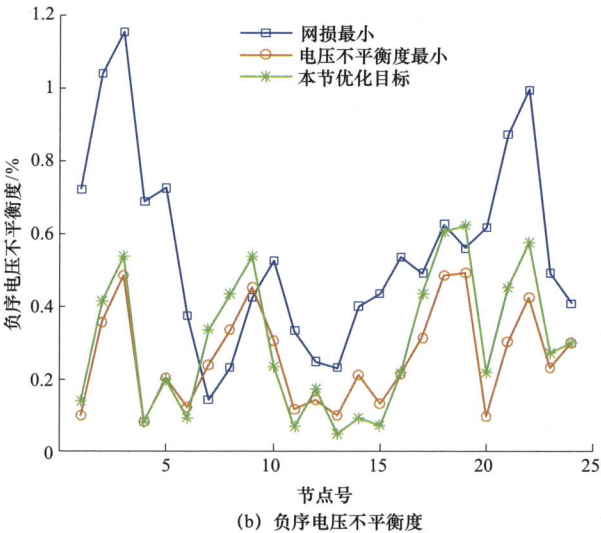

(a) 零序电压不平衡度

(b) 负序电压不平衡度

图 4-16　三种优化目标下交流节点的电压不平衡度

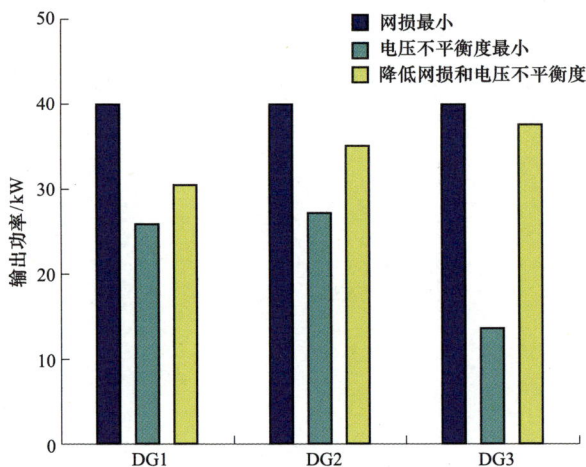

图 4-17　交流侧分布式电源有功输出

表 4-9　　　　　　　　　　PET 交流端口有功输出

优化目标	有功输出/kW		
	A 相	B 相	C 相
网损最小	390.8	362.8	354.7
电压不平衡度最小	421.3	467.6	479.6
降低网损和电压不平衡度	421.1	385.1	364.2

第三节　基于模型预测控制滚动优化

　　为应对接入交直流系统中间歇性分布式电源出力不确定，解决其预测精度随时间尺度增长而下降所造成的预测不准确的问题，本节提出基于模型预测控制的多时间尺度配电系统多源协调优化调度策略，精细化协调控制和管理配电网中的分布式电源、储能及柔性负荷，以期实现间歇性分布式电源的最大化消纳。以长时间尺度的优化调度有功出力值为基准，短时间尺度基于模型预测控制，采用多步动态滚动优化，求解有功出力增量，使得有功出力控制过程更加平滑。

一、模型预测控制

（一）模型预测控制简介

　　模型预测控制（model predictive control，MPC）又称为滚动时域优化控制，是基于预测模型的有限时域闭环最优控制算法。模型预测控制是 20 世纪 80 年代逐渐发展起来的,是一类能够成功应用于复杂工业控制过程的新型控制算法。该算法在实际工业生产过程中得到不断的发展和完善。模型预测控制由于采用多步预测、滚动优化和反馈校正策略,具有非常好的控制性能,例如对模型的精确度要求不高、鲁棒性强、控制效果好等,使得模型预测控制更广泛地应用于不确定性强、模型很难建立的非线性系统优化控制过程中。

间歇性分布式电源出力具有随机性和波动性,传统的含间歇性可再生分布式电源的有功优化调度控制过程在优化初始阶段对整个优化周期进行一次性优化,并将解序列全部下发。对于负荷预测精度较高的情况,这种调度模式应用效果较好,而大规模间歇性可再生分布式电源接入后,风电、光伏的预测精度远低于传统负荷的预测精度,且随着优化时间的延长,风电、光伏预测误差显著增大,这使得依赖于风电、光伏预测的传统开环动态调度模式的结果与实际电网的需求偏差较大,亟须对这种调度模式进行改进。将模型预测控制应用于配电网的多源协调优化调度中,比传统的开环优化调度方法有以下改进:

(1)将预测信息引入优化过程中,使得优化决策不再仅基于当前的时间断面,而是考虑未来一个优化时间窗口内的动态整体性能最优进行控制。

(2)模型不仅基于间歇性可再生新能源的出力预测模型,而且还预测可控分布式电源、储能及柔性负荷的有功出力,从而可在未来时间窗内的时间尺度上对它们进行协调。

(3)根据间歇性可再生新能源有功出力预测值及可控分布式电源、储能及柔性负荷的有功出力预测,可以计算未来优化时间窗内配电网各母线电压及支路电流的变化趋势,并纳入约束条件及目标函数中,保证配电网的安全运行。

(二) 模型预测控制原理

模型预测控制的核心思想:在每一个采样时刻,考虑系统未来有限时段的状态,基于当前时刻的测量值和预测模型,在满足控制约束条件下,优化求解目标函数,求解得出当前和未来有限时域内的最优控制变量序列。而在下一时刻,利用当前时刻最优控制序列下发后的系统量测数据,重复这一优化过程。虽然模型预测控制有不同的算法实现形式,但其共同特征包括预测模型、滚动优化、反馈校正三部分。模型预测控制的原理图如图 4-18 所示。

图 4-18 中,横轴表示时间,其中 N 为预测步长,M 为控制步长,且一般 $N \geqslant M$,纵轴表示输出量。时刻 $t=k$ 将时间区域分为两部分,左边的数据为已知的系统的实际输入输出变量,右边数据为预测的将来输入输出变量。在 k 时刻,利用当前量测信息优化求得 M 个控制变量(即 $k+1$ 时刻到 $k+M$ 时刻的

控制变量） $\Delta u = \{\Delta u(k+1|k), \Delta u(k+2|k), \cdots, \Delta u(k+M|k)\}$ ，以满足预测时域 $k+N$ 时刻的目标状态。但每个时刻只执行 M 个控制变量中的第一个控制变量 $\Delta u(k+1|k)$ ，在 $k+1$ 时刻重复上述过程。

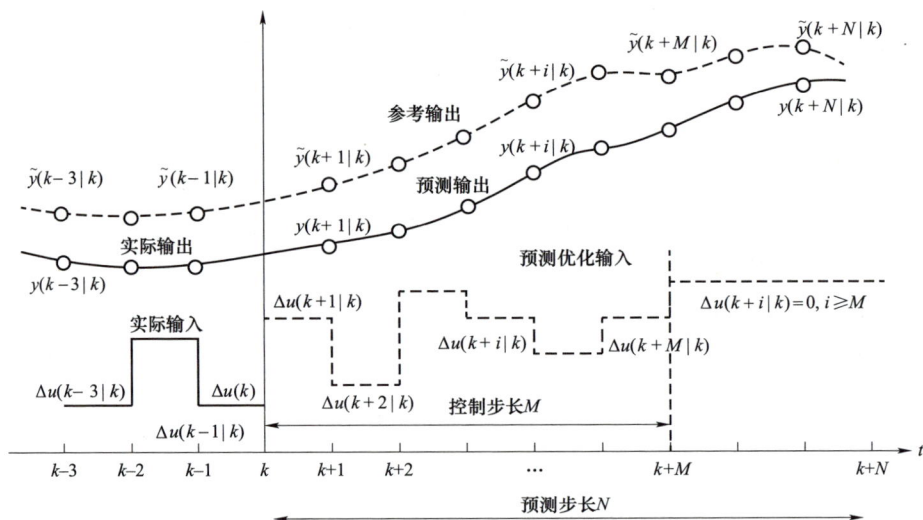

图 4-18 模型预测控制原理图

1. 预测模型

预测模型根据被控对象的历史信息和未来的输入信息，预测系统未来的响应。预测模型只重视模型的功能，而不重视模型的结构形式。对于线性稳定及阶跃响应、脉冲响应等这类非参数模型也可以作为预测模型使用。非线性系统、分布参数系统及其他模型，只要具备上述功能，就可以在这类系统进行预测控制时作为预测模型使用。对于主动配电网中不同层次的模型对象，如储能装置、可控分布式电源、间歇性可再生分布式电源等，都可以根据其特点建立相应的预测模型。预测模型具有展示系统未来动态行为的功能，在优化调度过程中，可以任意地给出配电网的优化调度策略，并观察在该策略下各分布式电源相应的预测输出变化。

假设被控对象可用一系列动态系数 $a_1, a_2, \cdots, a_p$ 表示，其中 p 为模型时域长度。

根据线性系统的比例和叠加性质（系数不变原理），若在 k 时刻已知某个 $k-i(k \geqslant i)$ 时刻输入，即 $u(k-i|k)$ ，则 $u(k-i|k)$ 对输出 $y(k)$ 的贡献为

$$y(k) = \begin{cases} a_i \Delta u(k-i|k) & 1 \leqslant i \leqslant P \\ a_p \Delta u(k-i|k) & i \geqslant P \end{cases} \tag{4-66}$$

式中：$\Delta u(k-i\,|\,k)$ 表示 k 时刻已知的 $[k-i-1,k-i)$ 过程中的控制变量，若在所有 $k-i$（$i=1,2,\cdots,k$）时刻同时都有输入，则根据叠加原理有

$$y(k)=\sum_{i=0}^{P-1}a_i\Delta u(k-i\,|\,k)+a_p\Delta u(k-P\,|\,k) \qquad (4-67)$$

利用式（4−67），得到 $y(k+j\,|\,k)$ 的 N 步预估（$N<P$）$\hat{y}(k+j\,|\,k)$ 为

$$\hat{y}(k+j\,|\,k)=\sum_{i=0}^{P-1}a_i\Delta u(k+j-i\,|\,k)+a_p\Delta u(k+j-P\,|\,k) \quad j=1,2,\cdots,N$$

$$(4-68)$$

只有过去的控制输入是已知的，因此在利用动态模型做预估时有必要把过去的输入对未来输出的贡献分离出来，将式（4−68）改写为

$$\hat{y}(k+j\,|\,k)=\sum_{i=0}^{j-1}a_i\Delta u(k+j-i\,|\,k)+\sum_{i=j}^{P-1}a_i\Delta u(k+j-i\,|\,k)+a_p\Delta u(k+j-P\,|\,k)$$

$$j=1,2,\cdots,N \qquad (4-69)$$

式（4−69）右端的后两项即为过去输入对输出的 N 步预估，则记为 $y_0(k+j\,|\,k)$

$$y_0(k+j\,|\,k)=\sum_{i=j}^{P-1}a_i\Delta u(k+j-i\,|\,k)+a_p\Delta u(k+j-P\,|\,k) \qquad j=1,2,\cdots,N$$

$$(4-70)$$

将式（4−70）写为矩阵的形式

$$\begin{bmatrix} \hat{y}(k+1\,|\,k) \\ \hat{y}(k+2\,|\,k) \\ \cdots \\ \hat{y}(k+N\,|\,k) \end{bmatrix}=\begin{bmatrix} a_1 & & & 0 \\ a_2 & a_1 & & \\ \cdots & & \cdots & \\ a_N & a_{N-1} & \cdots & a_1 \end{bmatrix}\begin{bmatrix} \Delta u(k+1\,|\,k) \\ \Delta u(k+2\,|\,k) \\ \cdots \\ \Delta u(k+N\,|\,k) \end{bmatrix}+\begin{bmatrix} y_0(k+1) \\ y_0(k+2) \\ \cdots \\ y_0(k+N) \end{bmatrix}$$

$$(4-71)$$

为了减少计算量，增加系统控制过程的动态稳定性和控制变量输入的可实现性，可将控制变量序列 Δu 减少为 M 维（$M<N$），则式（4-71）矩阵变为

$$\begin{bmatrix} \hat{y}(k+1\,|\,k) \\ \hat{y}(k+2\,|\,k) \\ \cdots \\ \hat{y}(k+N\,|\,k) \end{bmatrix}=\begin{bmatrix} a_1 & & & 0 \\ a_2 & a_1 & & \\ \cdots & & \cdots & \\ a_N & a_{N-1} & \cdots & a_{N-M-1} \end{bmatrix}\begin{bmatrix} \Delta u(k+1\,|\,k) \\ \Delta u(k+2\,|\,k) \\ \cdots \\ \Delta u(k+M\,|\,k) \end{bmatrix}+\begin{bmatrix} y_0(k+1) \\ y_0(k+2) \\ \cdots \\ y_0(k+N) \end{bmatrix}$$

$$(4-72)$$

记

$$\hat{Y} = [y(k+1|k), y(k+2|k), \cdots, y(k+N|k)]^{\mathrm{T}}$$
$$\Delta U = [\Delta u(k+1|k), \Delta u(k+2|k), \cdots, \Delta u(k+M|k)]^{\mathrm{T}}$$
$$Y_0 = [y_0(k+1|k), y_0(k+2|k), \cdots, y_0(k+N|k)]^{\mathrm{T}}$$

$$A = \begin{bmatrix} a_1 & & & 0 \\ a_2 & a_1 & & \\ \cdots & & \cdots & \\ a_N & a_{N-1} & \cdots & a_{N-M-1} \end{bmatrix}$$

则式（4-72）可表示为

$$\hat{Y} = A\Delta U + Y_0 \tag{4-73}$$

式中：A 为 $N \times M$ 维的常数矩阵；N 和 M 分别为最大预测步长和最大控制步长。

2. 滚动优化

模型预测控制是一种优化控制算法，通过求解某一性能指标最优来确定未来控制变量的控制作用。优化的性能指标涉及系统未来的运行状态，例如，目标函数通常选取在未来有限时域中的每一个采样值和参考轨迹曲线值的方差最小，也可以选取其他形式的优化性能指标，比如要求未来有限时域内控制变量最小，同时保持在一定的范围内等，优化性能指标是由系统未来的控制策略决定的。

模型预测控制区别于传统意义下的离散最优控制，其主要表现在模型预测控制的优化是有限时域内的滚动优化，即在每一个采样时刻，优化性能指标只关心从该时刻起未来一段的有限时域的最优，求解出该时刻起有限时域内的最优控制序列，而在下一时刻，这一优化过程随着时间窗同时向前推移。因此，模型预测控制不是一个全局相同的优化性能指标，而是在每一时刻都有一个相对于该时刻的优化性能指标。不同时刻的优化性能指标的相对形式是相同的，但其绝对形式，即所包含的优化时段是不相同的。因此，模型预测控制中的优化过程不是一次离线完成的，而是在线滚动进行的。其优化性能指标可以表示为二次优化函数

$$\min J(k) = \sum_{j=1}^{N} \| \hat{y}(k+j|k) - \tilde{y}(k+j|k) \|_Q^2 + \sum_{j=1}^{M} \| \Delta u(k+j|k) \|_W^2$$

$$\tag{4-74}$$

将式（4-73）代入式（4-74）中，得到优化性能指标为控制变量的二次函数，并对目标函数求导

$$\frac{\partial J}{\partial \Delta u} = 0 \qquad\qquad (4-75)$$

求得最优控制序列为

$$\Delta U = [\Delta u(k+1|k), \Delta u(k+2|k), \cdots, \Delta u(k+M|k)]^{\mathrm{T}} \qquad (4-76)$$

式中：k 为采样控制时刻；$\hat{y}(k+j|k)$ 为 k 时刻预测未来 $k+j$ 时刻的输出变量；$\tilde{y}(k+j|k)$ 为 $k+j$ 时刻的输出参考值；$\Delta u(k+j|k)$ 为 k 时刻预测未来 $(k+j-1, k+j]$ 时刻控制增量列向量；Q 为输出变量的控制成本的权重矩阵；W 为控制变量的控制成本权重矩阵；M 为控制步长，N 为预测步长，且 $M \leqslant N$，本节取 $M = N$。

由于模型误差，为了防止模型失配及环境干扰引起控制过程的误差，开环控制序列不能紧密跟踪期望值，若等经过 M 个时刻后，再重新进行开环优化计算时误差较大，而且误差会随着时间的增加而逐渐累积，必须采用闭环优化控制方式，每次只有当前值是实际执行的，即只取控制序列的第一项 $\Delta u(k+1|k)$ 作为即时控制增量。当 $\Delta u(k+1|k)$ 下发执行后，在下一时刻采集系统的输出数据和系统的实际量测数据，进行新一轮的预测、优化、反馈校正，从而避免在等待 M 个控制变量实施后，系统由于干扰等影响出现失控。

3. 反馈矫正

为了防止模型失配和配电网中可能存在的各种环境扰动引起控制过程偏离理想状态，每次实施控制时，只采用了控制序列中的第一个控制变量 $\Delta u(k+1|k)$，故对未来时刻的输出可用式（4-77）进行预测

$$\hat{Y}_P = a \Delta u(k+1|k) + Y_{P0} \qquad\qquad (4-77)$$

式中：$\hat{Y}_P = [\hat{y}(k+1|k), \hat{y}(k+2|k), \cdots, \hat{y}(k+P|k)]^{\mathrm{T}}$ 为在 k 时刻，在控制变量 $\Delta u(k+1|k)$ 作用下未来 P 个时刻的系统的预测输出值；$Y_{P0} = [y_0(k+1|k), y_0(k+2|k), \cdots, y_0(k+P|k)]^{\mathrm{T}}$ 为在 k 时刻，无控制变量 $\Delta u(k+1|k)$ 作用时的未来 P 个时刻的系统输出；$a = [a_1, a_2, \cdots, a_P]^{\mathrm{T}}$ 为未来 P 个采样时刻的系数。

在 k 时刻下发控制变量后，$k+1$ 时刻的预测输出值为

$$\hat{y}(k+1|k) = y_0(k+1|k) + a_1 \Delta u(k+1|k) \qquad (4-78)$$

由于环境及模型误差的作用，在 $k+1$ 时刻的实际输出 $y(k+1)$ 与预测输出 $\hat{y}(k+1|k)$ 并不相同，则得到预测误差为

$$e(k+1) = y(k+1) - \hat{y}(k+1|k) \qquad\qquad (4-79)$$

将该误差进行加权后用于修正未来其他时刻的输出预测值，即

$$\tilde{Y}_P = \hat{Y}_P + h e(k+1) \qquad\qquad (4-80)$$

式中: $\tilde{Y}_P = [\tilde{y}(k+1\,|\,k), \tilde{y}(k+2\,|\,k), \cdots, \tilde{y}(k+P\,|\,k)]^T$ 为 $k+1$ 时刻引入实际输出值与预测输出值的误差修正后,时刻 $k+1 \sim k+P$ 的输出值; $\boldsymbol{h} = [h_1, h_2, \cdots, h_P]^T$ 为误差修正向量,且 $h_1 = 1$。

经过校正的 $\tilde{Y}_P$ 作为 $k+1$ 时刻新一轮预测过程中的预测初始值,利用 $k+1$ 时刻的预测初始值预测 $k+2, k+3, \cdots, k+P+1$ 时刻的输出值,因此令

$$y_0(k+i) = \tilde{y}(k+i+1\,|\,k) \quad i = 1, 2, \cdots, P-1 \qquad (4-81)$$

由式(4-80)和式(4-81)得到下一时刻的预测初始值为

$$\begin{cases} y_0(k+i) = \hat{y}(k+i+1\,|\,k) + h_{i+1}e(k+i) \\ y_0(k+P) = \hat{y}(k+P\,|\,k) + h_p e(k+1) \end{cases} \quad i = 1, 2, \cdots, P-1 \qquad (4-82)$$

反馈校正的形式是多种多样的,可以保持系统预测模型不变的基础上,对未来系统可能引入的误差进行预测,并在优化过程中加以补偿,也可以根据在线辨识原理修改预测模型,减小误差的影响。在配电网优化调度中,不论反馈校正采用何种形式,模型预测控制都将优化建立在配电网的实际系统上,通过采集系统的实时量测数据来修正预测模型,对系统的未来优化控制行为做出较准确的预测。通过引入实时反馈信息,模型预测控制中的优化不仅基于模型,同时利用实际信息,构成了一个闭环优化反馈系统。

二、基于MPC的滚动优化

模型预测控制(MPC)以间歇性可再生分布式电源的滚动预测值为输入变量,以交直流系统中可控分布式电源的实际量测值作为初始值 $P_o(k)$,以未来有限时域内 DG 有功出力增量为控制变量,进行未来有限时域内滚动优化。

(一)有功出力预测模型

通过滚动优化求解控制变量,进而预测未来有限时域各分布式电源、储能及柔性负荷的有功出力,其预测模型如下所示

$$\boldsymbol{P}(k+i\,|\,k) = \boldsymbol{P}_o(k) + \sum_{t=1}^{i} \Delta \boldsymbol{u}(k+t\,|\,k) \quad i = 1, 2, \cdots, N \qquad (4-83)$$

式中: $\boldsymbol{P}_o(k)$ 为可控分布式电源、储能及柔性负荷变化量的有功出力初始值,由实际量测值得到; $\Delta \boldsymbol{u}(k+t\,|\,k)$ 为 k 时刻预测得到未来 $(k+t-1, k+t]$ 时段内有功出力增量,为优化的控制变量; $\boldsymbol{P}(k+i\,|\,k)$ 为 k 时刻预测未来 $k+i$ 时刻有功出力值; N 为预测步长。

（二）目标函数及约束条件

以长时间尺度下发的有功出力为参考值，短时间尺度优化目标为有功出力的修正偏差最小，则建立短时间尺度有功优化调度二次优化性能指标为

$$\min J(k) = \sum_{i=1}^{N} \| \boldsymbol{P}(k+i\,|\,k) - \tilde{\boldsymbol{P}}(k+i) \|_Q^2 = \sum_{i=1}^{N} \| \boldsymbol{P}_o(k) + \sum_{t=1}^{i} \Delta \boldsymbol{u}(k+t\,|\,k) - \tilde{\boldsymbol{P}}(k+i) \|_Q^2$$

$$(4-84)$$

约束条件如下：

（1）各可控分布式电源、柔性负荷及储能有功出力预测值约束

$$\boldsymbol{P}^{\min}(k+i) \leqslant \boldsymbol{P}_o(k) + \sum_{t=1}^{i} \Delta \boldsymbol{u}(k+t\,|\,k) \leqslant \boldsymbol{P}^{\max}(k+i) \qquad (4-85)$$

式中：$\boldsymbol{P}^{\min}$ 和 $\boldsymbol{P}^{\max}$ 分别为可控分布式电源、储能及柔性负荷变化量的有功出力的最小值和最大值。

（2）储能电池电荷量预测值约束

$$\mathrm{soc}_{\mathrm{storj}}(k+i\,|\,k) = \mathrm{soc}_{\mathrm{storj}}(k+i-1\,|\,k)(1-\sigma) - \eta P_{\mathrm{storj}}(k+i\,|\,k) \qquad (4-86)$$

$$\mathrm{soc}^{\min} \leqslant \mathrm{soc}(k+i\,|\,k) \leqslant \mathrm{soc}^{\max} \qquad (4-87)$$

式中：$\mathrm{soc}(k+i\,|\,k)$ 为 k 时刻预测未来 $k+i$ 时刻储能电池的荷电状态；$\mathrm{soc}^{\min}$、$\mathrm{soc}^{\max}$ 分别为荷电状态上下限。

（3）功率平衡约束

$$\sum \boldsymbol{P}(k+i\,|\,k) = \tilde{P}_{\Sigma\mathrm{Load}}(k+i\,|\,k) + P_{\mathrm{loss}}(k+i\,|\,k) \qquad (4-88)$$

$$i = 1, 2, \cdots, N$$

式中：$\tilde{P}_{\Sigma\mathrm{Load}}(k+i\,|\,k)$ 为 k 时刻预测未来 $k+i$ 时刻净负荷量；$P_{\mathrm{loss}}(k+i\,|\,k)$ 为 k 时刻预测未来 $k+i$ 时刻的系统有功损耗。

$\tilde{\boldsymbol{P}}(k+i)$ 为 $k+i$ 时刻的有功出力参考值

$$\tilde{\boldsymbol{P}}(k+i) = [\tilde{\boldsymbol{P}}_{\mathrm{grid}}(k+i), \Delta\tilde{\boldsymbol{P}}_{\mathrm{load}}^{\mathrm{T}}(k+i), \tilde{\boldsymbol{P}}_{\mathrm{stor}}^{\mathrm{T}}(k+i), \tilde{\boldsymbol{P}}_{\mathrm{DG}}^{\mathrm{T}}(k+i)]^{\mathrm{T}} \qquad (4-89)$$

式中：$\tilde{\boldsymbol{P}}_{\mathrm{grid}}$、$\Delta\tilde{\boldsymbol{P}}_{\mathrm{load}}^{\mathrm{T}}$、$\tilde{\boldsymbol{P}}_{\mathrm{stor}}^{\mathrm{T}}$、$\tilde{\boldsymbol{P}}_{\mathrm{DG}}^{\mathrm{T}}$ 分别为电网、负荷、储能及分布式电源有功出力的参考值。

$\boldsymbol{P}(k+i\,|\,k)$ 为 k 时刻预测未来 $k+i$ 时刻各可控分布式电源有功出力，为

$$\boldsymbol{P}(k+i\,|\,k) = [\boldsymbol{P}_{\mathrm{grid}}(k+i\,|\,k), \Delta\boldsymbol{P}_{\mathrm{load}}^{\mathrm{T}}(k+i\,|\,k), \boldsymbol{P}_{\mathrm{stor}}^{\mathrm{T}}(k+i\,|\,k), \boldsymbol{P}_{\mathrm{DG}}^{\mathrm{T}}(k+i\,|\,k)]^{\mathrm{T}}$$

$$(4-90)$$

$\Delta\boldsymbol{u}^{\mathrm{T}}(k+i\,|\,k)$ 为 k 时刻预测未来 $k+i$ 时刻各可控分布式电源有功出力变化

量列向量，用序列二次规划法优化求解出未来 N 个时刻有功变化量

$$\{\Delta \boldsymbol{u}^{\mathrm{T}}(k+1|k), \Delta \boldsymbol{u}^{\mathrm{T}}(k+2|k), \cdots, \Delta \boldsymbol{u}^{\mathrm{T}}(k+N|k)\} \qquad (4-91)$$

将该控制变量序列中的第一个控制变量列向量下发，求出 $k+1$ 时刻主动配电网可控分布式电源、储能及柔性负荷的有功出力

$$\boldsymbol{P}(k+1|k) = \boldsymbol{P}_{\mathrm{o}}(k) + \Delta \boldsymbol{u}^{\mathrm{T}}(k+1|k) \qquad (4-92)$$

（三）反馈校正

在目前风电、光伏的预测精度下，超前的 MPC 控制无法保证风电、光伏出力与预测值相同，从而导致超前下发的可控分布式电源出力与实际有功出力之间存在偏差。因此需要反馈校正环节，以系统当前实际的有功出力值为新一轮滚动优化调度的初始值，构成闭环控制，克服系统及风电、光伏的不确定性，使新一轮的有功出力预测值更加贴合实际，精度更高。

$$\boldsymbol{P}_{\mathrm{o}}(k+1) = \boldsymbol{P}_{\mathrm{real}}(k+1) \qquad (4-93)$$

式中：$\boldsymbol{P}_{\mathrm{real}}(k+1)$ 为 k 时刻有功预测出力值下发后，通过实际量测系统采集到 $k+1$ 时刻实际有功出力值；$\boldsymbol{P}_{\mathrm{o}}(k+1)$ 为 $k+1$ 时刻有功出力初始值。

（四）滚动优化求解流程

步骤一：由风电、光伏及负荷的滚动预测模型获得未来优化时域的预测值作为输入变量；以当前系统可控分布式电源的实际有功出力为初始值 $\boldsymbol{P}_{\mathrm{o}}(k)$。

步骤二：建立可控分布式电源有功出力预测模型，以有功增量为控制变量

$$\boldsymbol{P}(k+i|k) = \boldsymbol{P}_{\mathrm{o}}(k) + \sum_{t=1}^{i} \Delta \boldsymbol{u}(k+t|k), \quad i=1,2,\cdots,N$$

步骤三：以长时间尺度优化调度值为参考值，以校正偏差最小为目标函数，优化求解出未来 N 个时段的控制变量序列

$$\{\Delta \boldsymbol{u}^{\mathrm{T}}(k+1|k), \Delta \boldsymbol{u}^{\mathrm{T}}(k+2|k), \cdots, \Delta \boldsymbol{u}^{\mathrm{T}}(k+N|k)\}$$

步骤四：只下发第一个控制变量序列，求出 $k+1$ 时刻各分布式电源有功出力

$$\boldsymbol{P}(k+1|k) = \boldsymbol{P}_{\mathrm{o}}(k) + \Delta \boldsymbol{u}^{\mathrm{T}}(k+1|k)$$

步骤五：以 $k+1$ 时刻系统实际量测值作为 $k+1$ 时刻初始值，即 $\boldsymbol{P}_{\mathrm{o}}(k+1) = \boldsymbol{P}_{\mathrm{real}}(k+1)$；令 $k := k+1$ 转至步骤一，进行新一轮优化。短时间尺度滚动优化流程图如图 4-19 所示。

```
                        ┌─────────┐
                        │  开始   │
                        └────┬────┘
                             ↓
              ┌──────────────────────────────┐
              │ 建立负荷、风电及光伏的预测      │
              │          模型                  │
              └──────────────┬───────────────┘
                             ↓
              ┌──────────────────────────────┐
              │ 以当前分布式电源有功出力        │
              │ 实际值作为初始值：Pₒ(k)        │
              └──────────────┬───────────────┘
                             ↓
              ┌──────────────────────────────┐
              │ 建立有功出力预测模型：          │
              │                                │←─────┐
              │                                │      │
              └──────────────┬───────────────┘      │
                             ↓                        │
              ┌──────────────────────────────┐       │
              │ 求解控制变量                    │       │
              │                                │       │
              └──────────────┬───────────────┘       │
                             ↓                        │
              ┌──────────────────────────────┐       │
              │ 求解k+1时刻有功出力：           │       │
              │                                │       │
              └──────────────┬───────────────┘       │
                             ↓                        │
                        ◇─────────◇      否    ┌──────────────────┐
                        优化周期是否结束？──────→│ 测量k+1时刻有功出力，令│
                        ◇─────────◇            │                  │
                             │是                └──────────────────┘
                             ↓
                        ┌─────────┐
                        │  结束   │
                        └─────────┘
```

建立有功出力预测模型：
$$P(k+i|k)=P_o(k)+\sum_{t=1}^{i}\Delta u(k+t|k)$$
$$i=1,2,\cdots,N$$

求解控制变量
$$\{\Delta u^T(k+1|k),\Delta u^T(k+2|k),\cdots,\Delta u^T(k+N|k)\}$$

求解 $k+1$ 时刻有功出力：
$$P(k+1|k)=P_o(k)+\Delta u^T(k+1|k)$$

测量 $k+1$ 时刻有功出力，令：
$$P_o(k+1)=P_{real}(k+1)$$
$$k:=k+1$$

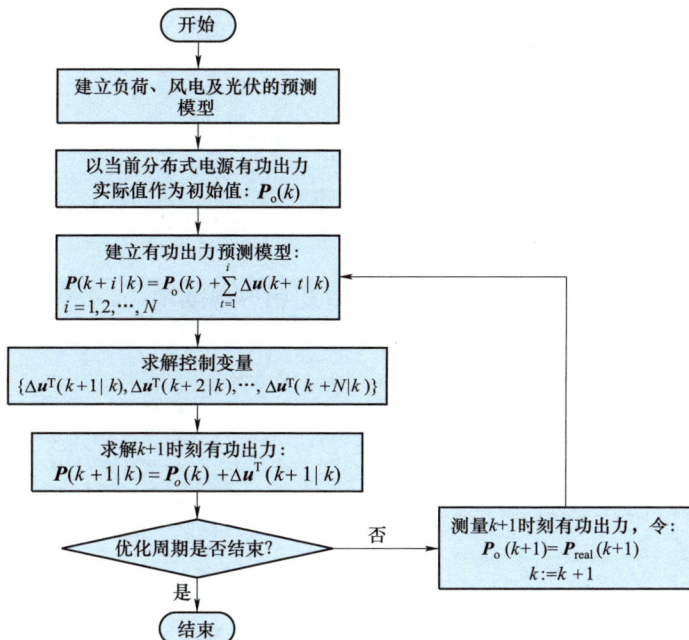

图 4-19　短时间尺度滚动优化流程图

三、算例分析

以交直流系统为例，进行滚动优化调度。长时间尺度以 15min 为步长，采用原对偶内点法进行最优潮流求解，每隔 1h 发布一次未来 1h 内主动配电网可控分布式电源有功出力计划值。短时间尺度采用基于 MPC 的滚动优化，以长时间尺度对应时刻范围下发的有功出力为参考，取 $M=N=3$，即每隔 5min 滚动预测未来 15min 的负荷、风电及光伏出力。以负荷、风电及光伏的滚动预测出力值为输入变量，用序列二次规划法求解滚动优化部分，求出各可控分布式电源有功出力增量，不断修正长时间尺度下发的可控分布式电源有功出力计划值，使短时间尺度有功出力值与长时间尺度有功出力参考值偏差最小。

图 4-20 以 10:00—12:00 负荷、风电及光伏预测数据为例，进行长时间尺度优化调度。图 4-21 为长时间尺度各可控分布式电源有功出力计划值。图 4-22 为短时间尺度各可控分布式电源有功出力值。传统开环优化调度一次性预测未来优化时段的负荷、风电及光伏出力，进行优化计算并下发调度计划值。图 4-23（a）～（c）为基于模型预测控制的滚动优化结果，分别比较了传统开环优化与基于 MPC 的优化调度结果。

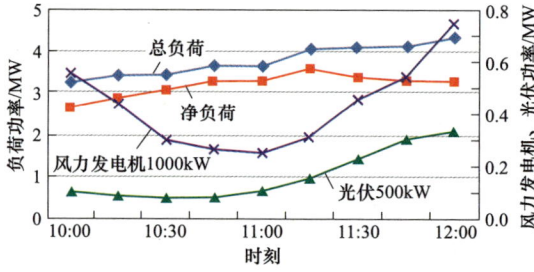

图 4-20　负荷、风电及光伏预测数据

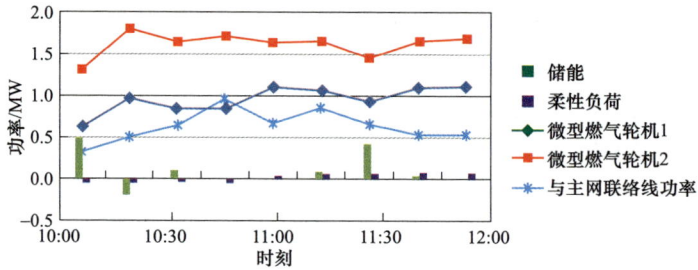

图 4-21　长时间尺度各分布式电源有功出力计划值

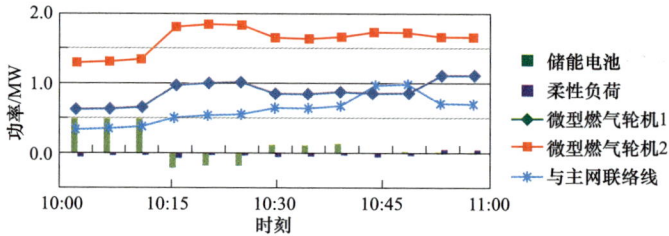

图 4-22　短时间尺度各分布式电源有功出力

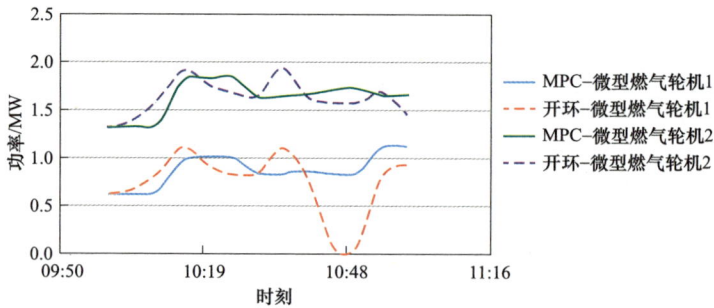

（a）微型燃气轮机有功出力

图 4-23　基于模型预测控制的滚动优化结果（一）

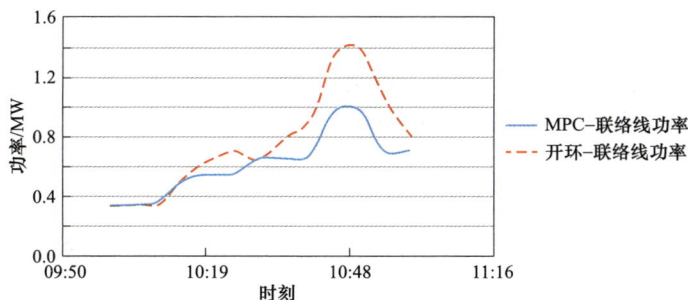

(b) 与主网联络线交换功率

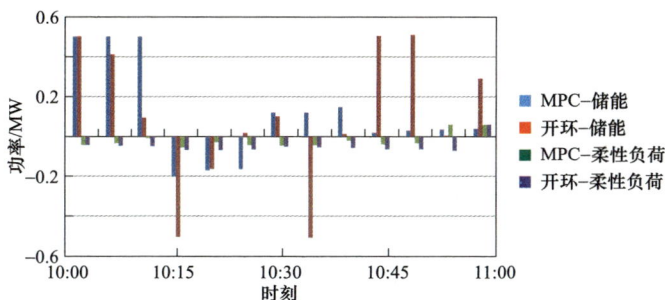

(c) 储能及柔性负荷优化结果

图 4-23 基于模型预测控制的滚动优化结果（二）

　　由仿真分析结果可以看出，基于 MPC 的滚动优化控制下发的有功出力趋势与传统开环最优潮流计算下发的有功出力值相同，优化结果相差不多。但是相比传统开环的最优潮流有功调度，基于 MPC 的滚动优化采用有功出力变化量为控制变量，同时不断采用实际系统的量测值进行反馈校正，使得基于 MPC 的滚动优化调度结果更加平滑，更有利于应对间歇性分布式电源的波动性及不确定性，同时保证可控分布式电源出力平滑，减小可控分布式电源的机械损耗，延长分布式电源的使用寿命。

第五章 交直流系统协调控制

随着风力发电、光伏发电、光热发电、储能等多种形式分布式电源大量接入，交直流系统变得越来越复杂，通过电力电子变压器能够有效整合各类分布式能源，并且可以在孤岛运行和并网运行模式之间进行灵活切换，进而提高电能质量，提升供电可靠性。为了确保交直流可再生能源系统的安全可靠运行，需根据其电网组成结构和仿真建模，对分布式电源、储能设备及互联变流器等装置采取合理有效的运行控制策略。本章第一节主要讨论了含 PET 的交直流系统的运行模式切换策略。在正常工况下根据系统的不同控制目标，提出了基于 PET 端口有功功率控制的交直流可再生能源系统的三种运行模式；以 PET 端口 $N-1$ 故障工况为例，研究了多种状态间切换时系统的控制策略变化。本章第二节主要展示了交直流系统的仿真平台搭建及系统建模仿真情况。本章第三节则主要讨论交直流系统运行状态切换及母线故障带来的暂态电压问题，提出了可实现平滑切换的控制策略及协同控制技术，并通过仿真进行验证。

第一节 交直流分布式可再生能源系统运行模式切换策略

交直流可再生能源系统是 PET、分布式电源、负荷、监控和保护装置等汇集组成的小型发/配/用电系统，是可以实现自我控制与管理的自治系统。按照是否与大电网相连，可分为联网型和独立型。联网型的交直流可再生能源系统存在并网与孤岛两种运行方式，通过网内储能系统的充放电控制和分布式电源出力的协调控制，可发挥其对电网的移峰填谷作用，并减少分布式可再生电源功率波动对电网的影响；独立型的交直流系统则不与电网相连，利用自身的分布式电源来保证本地负荷的长期供电，是远离大电网的偏远地区解决用电的重要途径。

　　不管是联网型还是独立型的交直流可再生能源系统，主要有两种较为常见的电压控制策略，即下垂控制和主从控制。主从控制需要有主控制设备和从控制设备之分，当主控制设备退出后，从控制设备主动充当主控制设备；下垂控制其电压调节由多个设备共同承担，根据下垂斜率进行任务分配，这种控制方式不分主从，无须通信，能够共同维持系统的功率平衡。图 5-1 所示为含多电力电子变压器的交直流可再生能源系统。

　　如图 5-1 所示，系统的核心设备为电力电子变压器（PET），其输入为 10kV 交流母线电压，经过 DC-DC 或 DC-AC 换流器得到三个输出端口，其母线电压分别为直流 750V、直流 375V 和交流 380V。光伏、风电、储能单元以及负荷等通过变流器分别接入这三个电压等级的端口，形成三个子微网。当电力电子变压器正常工作时，系统运行在并网状态；当电力电子变压器端口故障时，系统运行状态会发生改变。在不同的运行状态下，各设备的控制策略也会发生相应的改变，后续讨论将围绕图示系统展开。

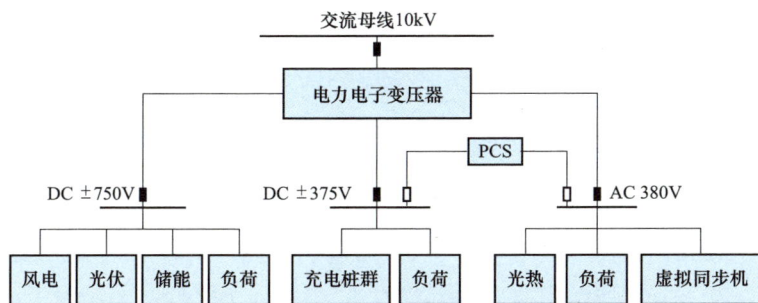

图 5-1　含 PET 的交直流系统拓扑结构示意图

一、正常工况下的有功功率控制模式

　　正常运行工况下，根据系统运行的不同控制目标，可将交直流可再生能源系统的运行模式分为自供电运行模式、弃限最小运行模式和经济运行模式。自供电运行是指与主网所交换功率最小；弃限最小运行模式是指减少弃风弃光，实现可再生能源最大化消纳；经济运行模式是指在考虑综合运行成本情况下，使得整个系统的经济效益最佳。

　　电力电子变压器具有变压、隔离和能量传输功能，可以在微网中充当

"能量路由器"的作用。当交流微网中发电有盈余，而此时直流微网中发电不足以满足负荷的需求时，电能便通过 PET 从交流微网输送至直流微网，一方面这使得交直流微网各自实现了供需平衡，不需要从主网输送电能来进行调节，增强了电网的稳定性；另一方面，使得微网中新能源出力得以充分消纳，防止了"弃风弃光"现象的发生。同理，在直流微网中发电有盈余，交流微网电量不足的情况下，PET 可以将能量从直流侧输送到交流侧；当直流微网和交流微网同时有盈余时，可以通过 PET 将交直流混合微网中的盈余电能输送至主网；当交直流微网负荷过大，发电量不能满足自给自足时，为实现供需平衡，维护系统的稳定，通过 PET 将从主网所购得的电能注入交直流微网中。

图 5-2 为含 PET 的交直流系统示范工程的拓扑接线示意图，其中 P_{grid} 表示 PET 与主网的交换功率，P_{ac} 表示交流微网与 PET 的交换功率，P_{dc1} 和 P_{dc2} 表示两个直流微网与 PET 的交换功率。光热电站和负荷组成电压等级为 380V 的交流微网，储能和负荷组成电压等级为 ±375V 的直流微网 1，风电机组、光伏电站、储能和负荷组成电压等级为 ±750V 的直流微网 2。

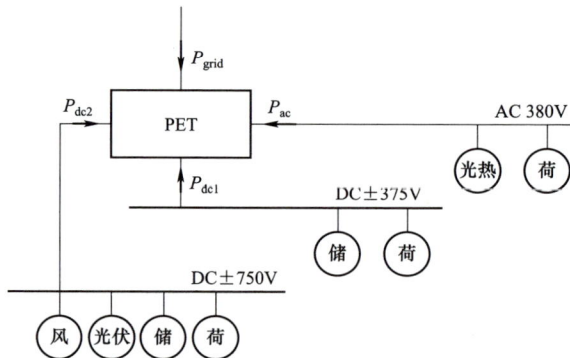

图 5-2 含 PET 的交直流系统拓扑结构示意图

（一）目标函数

（1）自供电运行模式，优化目标：PET 与主网交换功率最小

$$f(x) = \min |P_{grid}| \tag{5-1}$$

（2）新能源消纳模式，优化目标：交直流微网内新能源发电最大

$$f(x) = \max(P_{WP} + P_{PV} + P_{PH}) \tag{5-2}$$

式中：P_{WP} 为系统内风电机组出力；P_{PV} 为系统内光伏电站出力；P_{PH} 为系统内光热电站出力。

（二）约束条件

（1）PET 功率平衡方程

$$P_{grid} + P_{ac} + P_{dc1} + P_{dc2} + \alpha(|P_{grid}| + |P_{ac}| + |P_{dc1}| + |P_{dc2}|) = 0 \quad (5-3)$$

$$P_{ac} = P_{PH} - P_{ac\_Load} \quad (5-4)$$

$$P_{dc1} = P_{dc1\_ES} - P_{dc1\_Load} \quad (5-5)$$

$$P_{dc2} = P_{WP} + P_{PV} + P_{dc2\_ES} - P_{dc2\_Load} \quad (5-6)$$

式中：P_{grid} 为主网注入 PET 的有功功率；P_{ac} 为注入 PET 交流端口的有功功率；P_{dc1} 和 P_{dc2} 分别为注入 PET 直流端口 1 和端口 2 的有功功率；α 为损耗系数；P_{ac_Load} 为交流微网内有功负荷；P_{dc1_Load} 和 P_{dc2_Load} 分别为直流微网 1 和直流微网 2 内有功负荷；P_{dc1_ES} 和 P_{dc2_ES} 分别为直流微网 1 和直流微网 2 内储能装置有功出力。

（2）PET 各端口传输功率约束

$$|P_{ac}| \leqslant 300kW \quad (5-7)$$

$$|P_{dc1}| \leqslant 500kW \quad (5-8)$$

$$|P_{dc2}| \leqslant 2200kW \quad (5-9)$$

（3）控制变量运行约束

$$P_{PHmin} \leqslant P_{PH} \leqslant P_{PHmax} \quad (5-10)$$

$$|P_{dc1\_ES}| \leqslant P_{dc1\_ESmax} \quad (5-11)$$

$$0 \leqslant P_{WP} \leqslant P_{WPmax} \quad (5-12)$$

$$0 \leqslant P_{PV} \leqslant P_{PVmax} \quad (5-13)$$

$$|P_{dc2\_ES}| \leqslant P_{dc2\_ESmax} \quad (5-14)$$

式中：P_{PHmax} 和 P_{PHmin} 分别为光热电站出力的上下限；P_{dc1_ESmax} 和 P_{dc2_ESmax} 分别为直流微网 1 和直流微网 2 内储能装置有功出力的最大值；P_{WPmax} 和 P_{PVmax} 分别为风电和光伏有功出力的最大值。

仿真系统中各设备的容量如表 5-1 所示。

表 5-1 仿真系统各设备容量

设备名称	设备容量
AC 380V-负荷	200kW
AC 380V-光热	40kW
DC ±375V-负荷	60kW
DC ±375V-储能	100kW×2h×2
DC ±750V-负荷	1000kW
DC ±750V-风电	500kW
DC ±750V-光热	1200kW
DC ±750V-储能	200kW×2h×2

以 5min 为时间间隔，考虑 24h，则为 288 个点，系统负荷及电源的典型日曲线如图 5-3 所示。

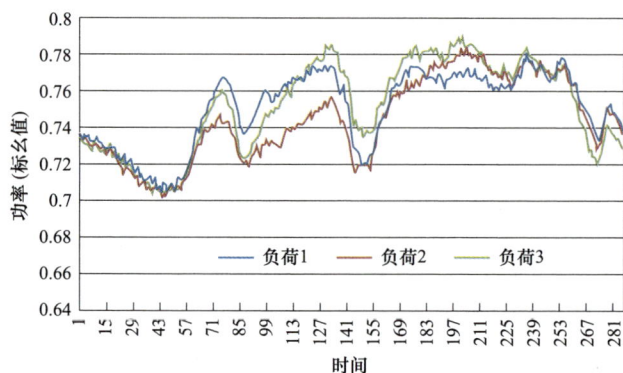

(a) 系统负荷日曲线

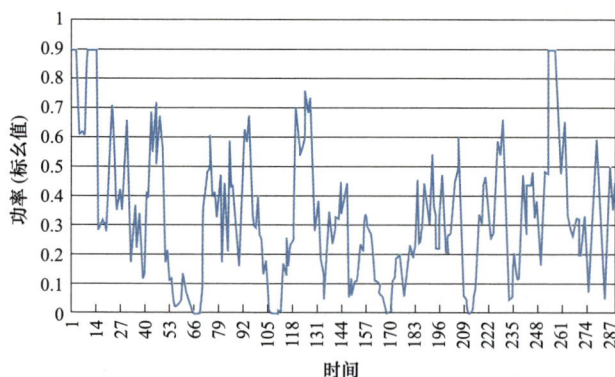

(b) 系统风电日曲线

图 5-3 系统负荷及电源的典型日曲线（一）

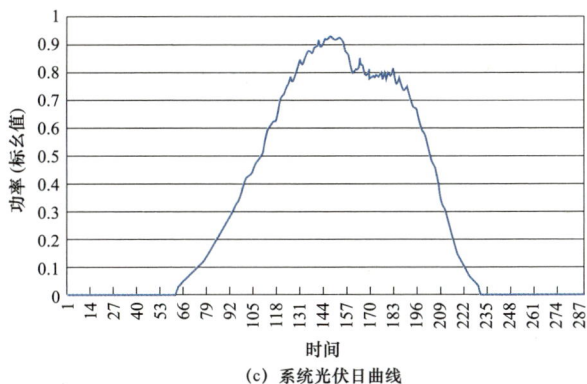

（c）系统光伏日曲线

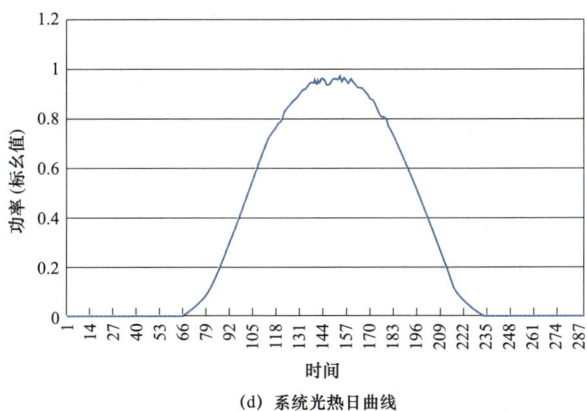

（d）系统光热日曲线

图 5-3　系统负荷及电源的典型日曲线（二）

　　图 5-4 为不同控制目标下 PET 与大电网的交换功率情况波形，红色表示新能源消纳模式下 PET 与大电网的功率交换，蓝色表示自供电模式下 PET 与大电网的功率交换；图 5-5 为不同控制目标下光伏、光热、风电等新能源设备

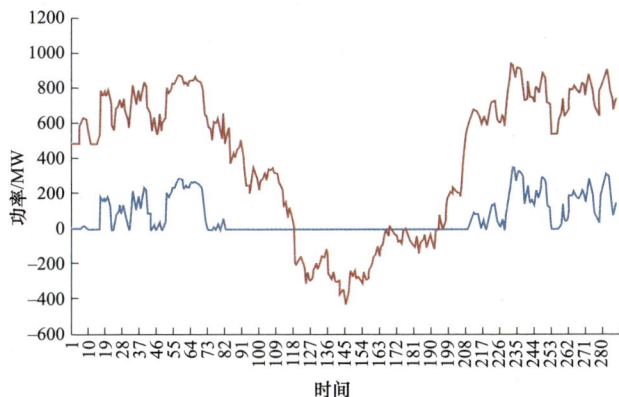

图 5-4　PET 与大电网的交换功率情况

的发电情况的波形，红色表示新能源消纳模式下的新能源发电情况，蓝色表示自供电模式下的新能源发电情况。在新能源消纳模式下，与主网的功率交换明显少于自供电模式，新能源发电量明显增加，这对于新能源的高比例消纳具有重要意义。

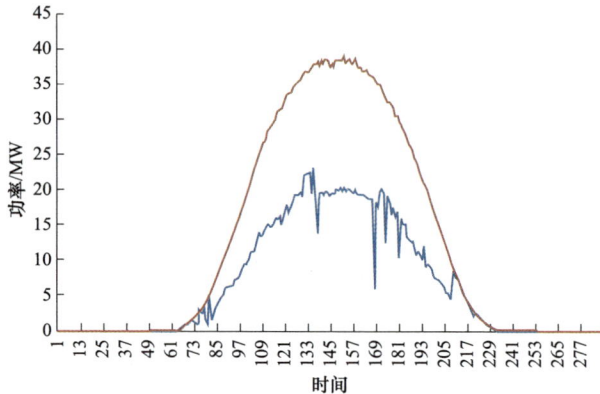

图 5-5　光伏、光热、风电等新发电情况

二、变工况切换控制策略

PET 端口和储能及风光变换器的控制示意图如图 5-6 所示，针对电力电子变压器的三个输出端口发生 $N-1$ 故障的情况，要实现交直流混合微电网运行模式的平滑切换，系统运行控制策略如下：

（1）AC 380V Ⅱ母线的运行模式切换。正常并网运行时，AC 380V Ⅱ母线为部分交流负载供电。当其入口侧发生故障时，AC 380V Ⅱ母线与 AC 380V Ⅲ母之间的断路器闭合，为负载提供功率支持，稳定 AC 380V Ⅱ母线电压和频率。

（2）DC ±375V 母线的运行模式切换。DC ±375V 侧，给负载满功率运行设定一个额定功率值，不同工况下，分别由储能变流器（power conversion system，PCS）、储能及 PET 端口提供。

工况一：当 PET 端口正常连接时，负载所消耗的功率全部由 PET 端口提供，PET 端口变换器工作于恒压模式，此时储能变换器处于停机状态或恒流充电状态，且保证蓄电池的 SOC 不超过 0.9，而 PCS 变换器此时工作于下垂控制模式一，即当直流母线电压稳定在 ±375V 附近时，PCS 变换器的输出功率设定为 0，当直流母线电压超过 PCS 设定不工作范围后，PCS 开始帮助 PET 端口恢复直流电压。

工况二：当 PET 端口发生故障断开后，负载所需功率由 PCS 提供。当 PCS 变换器检测到 PET 端口故障后，立马切换到下垂控制工作模式二，即传统的下垂控制，但是在 PCS 的输出功率由 0 变换到负载额定功率时，直流母线电压会发生骤降；考虑储能装置在 PET 端口故障时，短时间工作在恒压模式下，帮助减少直流母线电压冲击，当检测到 PCS 输出功率达到负载额定功率后，转为停机状态，尽可能减少储能长时间放电。

（3）DC 750V 母线的运行模式切换。基于直流母线电压的分段协调控制策略，常并网运行或者并网转孤岛。

当直流母线电压处于 $0.97U_{dc}$～$1.03U_{dc}$ 时，意味着 PET 端口正常连接且工作于恒压状态或 PET 端口断开但子网功率刚好平衡，此时风电光伏变换器工作在最大功率点跟踪（maximum power point tracking, MPPT）模式，实现新能源资源的最大化利用；当直流母线电压满足 $0.98U_{dc}$～$1.02U_{dc}$ 时，表示系统内功率平衡状态最佳，为了尽可能减少储能装置的使用次数，此时储能变换器工作在下垂控制的待机状态；当直流母线电压满足 $1.02U_{dc}$～$1.03U_{dc}$ 时，表示功率有剩余，此时储能变换器工作在下垂充电状态；而当直流母线电压满足 $0.97U_{dc}$～$0.98U_{dc}$ 时，表示功率不足，此时储能变换器工作在下垂放电状态。

当直流母线电压在 $0.95U_{dc}$～$0.97U_{dc}$ 或 $1.03U_{dc}$～$1.05U_{dc}$ 范围内时，表示 PET 端口的恒压控制对系统失去作用，同样意味着 PET 端口断开，此时储能变换器工作在恒压状态，稳定直流母线电压。当直流母线电压满足 $0.95U_{dc}$～$0.97U_{dc}$ 时，恒压设置为 $0.96U_{dc}$；当直流母线电压满足 $1.03U_{dc}$～$1.05U_{dc}$ 时，恒压设置为 $1.04U_{dc}$。

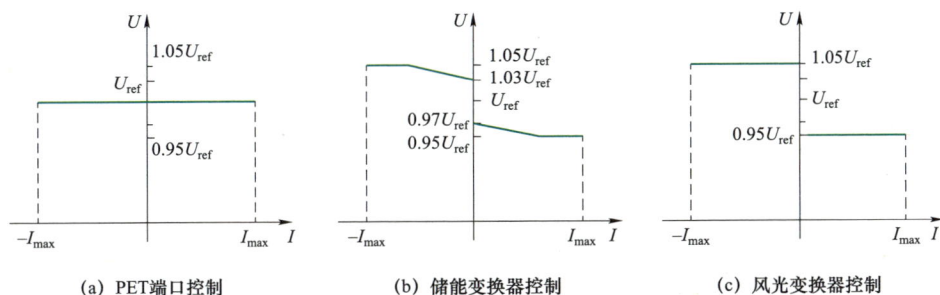

(a) PET端口控制   (b) 储能变换器控制   (c) 风光变换器控制

图 5-6 PET 端口和储能及风光变换器的控制示意图

当直流母线电压在 $0.93U_{dc}$～$0.95U_{dc}$ 或 $1.05U_{dc}$～$1.07U_{dc}$ 范围内时，表示 PET 端口和储能变换器均对系统失去作用，此时风电光伏变换器工作在恒压状态，稳定直流母线电压。当直流母线电压满足 $0.93U_{dc}$～$0.95U_{dc}$ 时，表示功率不足，此时需要切掉可切断负荷，且恒压设置为 $0.94U_{dc}$；当直流母线电压满足 $1.05U_{dc}$～$1.07U_{dc}$ 时，表示功率过剩，需对新能源限电，恒压设置为 $1.06U_{dc}$。

而当孤岛转并网时，由于微电网运行时，由并网状态转为孤岛状态可能是由于计划性孤岛和非计划性孤岛，存在不确定性，设计了上述分段协调控制策略，除直流母线电压外，无须检测其他物理量，并且不需要通信装置，实现了分布式电源的即插即用。此处先假定微网由孤岛转并网是计划性的，孤岛转并网控制策略：并网信号发出后 10s 内，PET 端口变换器工作于恒压状态，电压设置为 U_{dc}，风电光伏变换器工作于 MPPT 模式，储能停机；10s 之后，系统恢复正常，控制策略切换为分段协调控制。其优点是只需检测直流母线电压；储能变换器在大功率充放电之前有下垂充放电，保证储能变换器的电流缓慢上升，避免储能装置电流急剧上升。

综上，考虑交直流系统中涉及多 PET 运行切换、PET 故障退出切换及直流网电压控制权切换，运行工况较为复杂，总结了交直流系统变工况切换控制策略，得到 750V 直流网的 8 种运行切换模式、375V 直流网的 6 种运行切换模式，确保交直流系统的可靠运行，电压协调控制切换模式如图 5-7 所示。

		多PET切换		PET 退出切换			电压控制权切换		
		模式① 单切双	模式② 双切单	模式① 孤网	模式② 投备用	模式③ 并联下垂	模式① PET-储	模式② 并联-储	模式③ 并联-PET
750V DC网	PET端口	#1 [V]→[V] #2 —→[V]	#1 [V]→[V] #2 [V]→—	—	—	—	#1 [V]→[V]	#1 [D]→[V]	#1 [D]→[V]
	VSC	—	—	—	[V]	[D]	—	—	—
	储能	—	—	[V]	[P]→[V]	[P]→[D]	[P]→[V]	[D]→[V]	[V]→[P]
375V DC网	PET端口	#1 [V]→[V] #2 —→[V]	#1 [V]→[V] #2 [V]→—	—	—	—	#1 [V]→[V]	#1 [D]→[V]	#1 [D]→[V]
	储能	—	—	[V]			[P]→[V]	[D]→[V]	[D]→[V]

[V] 电压控制　　[D] 下垂控制　　[P] 功率控制

图 5-7　电压协调控制切换模式

第二节　交直流分布式可再生能源系统的仿真模型

一、交直流系统仿真平台

本节构建的仿真平台结构如图 5-8 所示。平台所用仿真硬件主要由 CPU i7 处理器和 v7 系列现场可编程逻辑门阵列（field programmable gate array，FPGA）组成，其中 CPU 主要负责仿真大步长电网，算法 FPGA 的运算资源如图 5-9 所示，主要负责仿真 PET、DC-DC 变换器等高频电力电子设备，接口 FPGA 运算资源如图 5-10 所示，主要负责与控制器等设备进行通信。算法 FPGA 上共有四个 Aurora 接口，每个 Aurora 的通信速率可达 5Gbit/s，仿真平台硬件通过高速串行计算机扩展总线标准（peripheral component interconnect express，PCIe）接口进行通信。PCIe 通信速率也可达 5Gbit/s，所以仿真平台可以实现纳秒级仿真，完全可以实现电力电子装置的小步长、高速率的仿真要求。

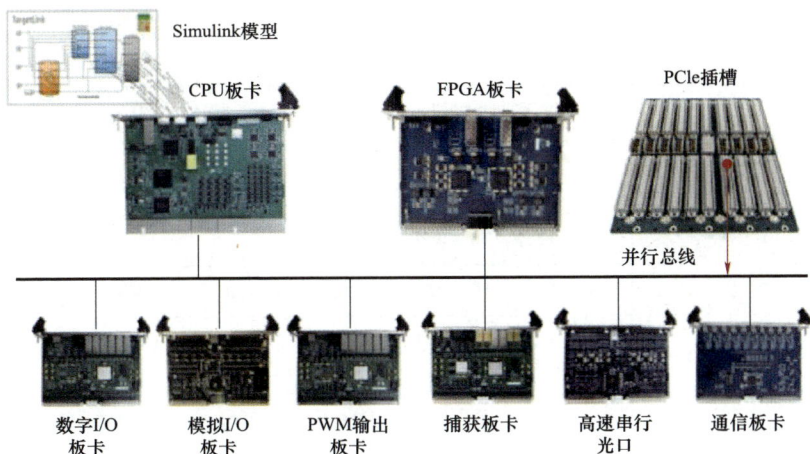

图 5-8　仿真平台结构图

图 5-9　算法 FPGA 运算资源

图 5-10　接口 FPGA 运算资源

仿真平台的控制部分采用的是以 DSP+FPGA 为架构的 YXSPACE-SP6000 仿真机，其基本板卡配置如表 5-2 所示。该控制器采用美国德州仪器（TI）公司的 C6000 系列数字信号处理器（digital signal processing，DSP）作为核心控制器，多个 FPGA 作为辅助控制器。C6000 系列 DSP 具有高主频及高浮点处理能力，高于常规 C2000 系列的近 30 倍，适用于本节中的高频率、高精度控制场合。同时，该仿真机所用的控制算法模型可首先在 Simulink 中搭建，将模型中的接口与硬件驱动接口绑定后，通过编译工具产生可执行文件，直接下载至仿真机中运行。

表 5 – 2 SP6000 基本板卡配置

序号	描述
机箱插槽	10 槽 4U 机箱
CPU 板卡	DSP＋FPGA，具备一路网口、一路 USB、一路 CAN、一路 RS485、一路 RS232
同步 ADC 板卡 A	外扩 32 路同步模拟采集通道。支持±10V 输入，最高采样率达到 200kHz，16 位精度
同步 ADC 板卡 B	外扩 32 路同步模拟采集通道。支持±10V 输入，最高采样率达到 200kHz，16 位精度
同步 DO 输出板卡	外扩 32 路，TTL 电平
同步 DI 输出板卡	外扩 32 路，TTL 电平
同步 ADC 板卡	外扩 16 路，16 位精度，最快建立时间 10μs，输出范围±10V
同步 PNM 板卡 A	外扩 32 路，TTL 电平，可设置频率、死区、倍频（最高 2MHz），相位差以及互补对称模式
同步 PNM 板卡 B	外扩 32 路，TTL 电平，可设置频率、死区、倍频（最高 2MHz），相位差以及互补对称模式
QEP 板卡	外扩 8 通道正交编码单元，可以监控电机旋转方向、Z 信号标记、以及旋转计数值

仿真过程中，实际的控制器根据采集到的变流器模型的电压电流等物理量进行判断和控制，发送相应的断路器、接触器、IGBT 的触发信号；交直流系统模型根据收到的断路器、接触器、IGBT 等信号，控制相应的断路器、接触器、IGBT 的闭合和断开，模拟实际交直流系统的运行情况。从而可以得到交直流系统在不同工况下的暂态特性和稳态特性。

二、PET实时仿真模型

（一）VSC 实时仿真建模

在交直流可再生能源系统中，当 PET 因故障退出运行时，需要启动 VSC 以支撑 750V 直流母线电压，因此有必要构建 VSC 实时仿真模型，以满足仿真控制的要求。当 VSC 处于正常工作状态时，三相整流桥每相桥臂的 IGBT 信号互补，且三相控制信号规律简单清晰，因此可以采用开关函数模型对 VSC 进行建模；当 VSC 中的 IGBT 全部闭锁时，三相 PWM 整流器退化为三相不控整流器，不存在明确的开关函数，因此必须对不控整流电路进行单独考虑。

1. 正常工况下的仿真模型

VSC 基本电路拓扑如图 5-11 所示。VSC 常见建模方法包括低频电路模型和高频开关函数模型。低频模型忽略了整流器输入侧的高频电压谐波，降低了仿真结果的可靠性，故本节采用高频开关函数模型。

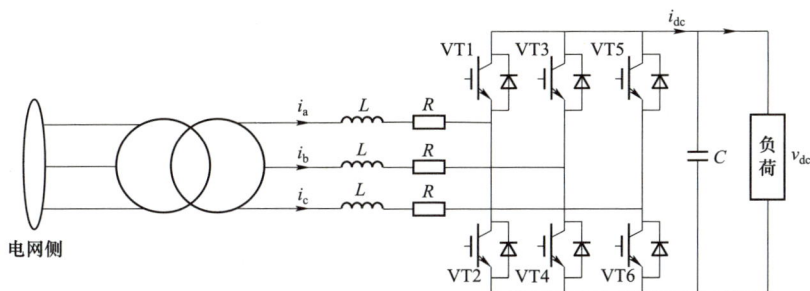

图 5-11　VSC 电路拓扑图

定义单极性二值逻辑开关函数 s_i 为

$$s_i = \begin{cases} 1 & \text{上桥臂导通，下桥臂关断} \\ 0 & \text{下桥臂导通，上桥臂关断} \end{cases} \quad i = \text{a,b,c} \quad (5-15)$$

则对于交流侧，有

$$\begin{cases} L\dfrac{\mathrm{d}i_k}{\mathrm{d}t} = u_{kN} - Ri_k - v_{dc}\left(s_k - \dfrac{1}{3}\sum_{j=\text{a,b,c}} s_j\right) \\ C\dfrac{\mathrm{d}u_{dc}}{\mathrm{d}t} = \sum_{k=\text{a,b,c}} i_k s_k - i_L \end{cases} \quad (5-16)$$

式中：u_{kN} 为 VSC 三相交流侧电源的相电压；i_k 为三相交流侧线电流；u_{dc} 为直流侧电压；i_L 为负荷电流；R 和 L 分别为换流器等效电路的电阻和电抗值；C 为换流器等效电路的电容值。

为使电路模型与控制策略相统一，降低模型复杂度，现将三相交流模型通过 3s/2r 变换用两相旋转坐标系表示

$$\begin{cases} L\dfrac{\mathrm{d}i_d}{\mathrm{d}t} = u_d - Ri_d + \omega Li_d - s_d u_{dc} \\ L\dfrac{\mathrm{d}i_q}{\mathrm{d}t} = u_q - Ri_q - \omega Li_d - s_q u_{dc} \\ C\dfrac{\mathrm{d}v_{dc}}{\mathrm{d}t} = \dfrac{3}{2}(i_d s_d + i_q s_q) - i_L \end{cases} \quad (5-17)$$

式中：i_d 和 i_q 分别为 d 轴电流和 q 轴电流；u_d 和 u_q 分别为 d 轴电压和 q 轴电压；ω 为角频率；s_d 和 s_q 分别为开关函数的 d 轴分量和 q 轴分量。

式（5-17）仍为 VSC 在正常工况下的连续模型，所以需要对其进行离散以满足仿真需要。为了在保证仿真精度的同时保证仿真速度，本节采用经典欧拉法得到式（5-18）的离散表达式

$$
\begin{cases}
i_d(n) = \dfrac{h}{L}[u_d(n) - Ri_d(n-1) + \omega Li_q(n-1) - s_d(n)v_{dc}(n)] + i_d(n-1) \\[2mm]
i_q(n) = \dfrac{h}{L}[u_q(n) - Ri_q(n-1) - \omega Li_d(n-1) - s_q(n)v_{dc}(n)] + i_q(n-1) \\[2mm]
u_{dc}(n) = \dfrac{h}{C}\left\{\dfrac{3}{2}[i_d(n-1)s_d(n-1) + i_q(n-1)s_q(n-1)] - i_L(n-1)\right\} + u_{dc}(n-1)
\end{cases}
$$

$$(5-18)$$

式中：n 为仿真时刻；h 为等距步长。

基于上述离散模型便可构建 VSC 正常运行时的仿真流程。在每一步长内，首先获取交流侧三相电源电压值及三相 PWM 控制信号，而后基于 3s/2r 变换获得电源电压及开关信号的 d、q 轴分量，并根据式（5-18）更新交流侧电流值和直流电压值，最后再通过 2r/3s 反变换得到 abc 坐标系下的三相电量值，进行下一步长的仿真。对应的 VSC 仿真流程如图 5-12 所示。

2. 不控整流情况下的仿真模型

当 VSC 拓扑中的 IGBT 全部闭锁时，需要额外构建不控整流的仿真模型满足实时仿真需求。不控整流电路建模的关键是三个桥臂中二极管导通情况的判定，而二极管导通状态与负载状态紧密相关，且导通切换的方式多样，如三相 2 管-0 管导通、三相 2 管-3 管

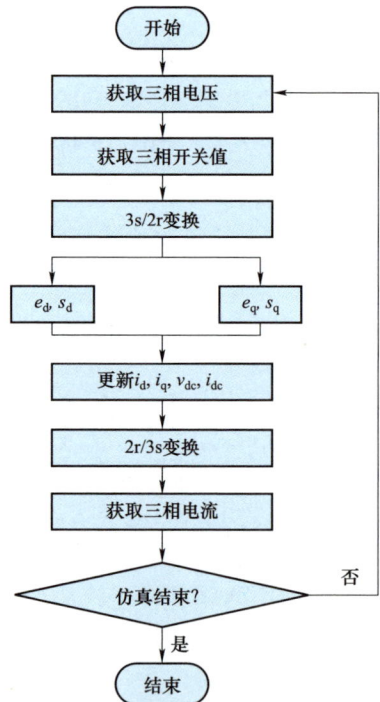

图 5-12　VSC 仿真流程图

导通、三相 3 管导通等。现有的相关研究中，大多只针对一种导通状态进行分析，且状态判断的方法依赖微分方程的求解，不利于实时仿真的实现。基于这一问题，本节基于二极管的相关电量状态对三相中 6 个二极管的导通状态进行

逐一判断，最终确定电路的整体导通状态，为不控整流的实时仿真提供状态参考。

不控整流电路拓扑图如图 5－13 所示。规定电流流入整流桥为正，流出为负。现以 a 相上桥臂导通、c 相下桥臂导通过渡到 a 相上桥臂导通、c 相和 b 相下桥臂换流为例，两个状态的电路方程为

$$
\begin{cases}
L\dfrac{\mathrm{d}i_{\mathrm{a}}}{\mathrm{d}t}=-Ri_{\mathrm{a}}+u_{\mathrm{a}}-u_{\mathrm{n}}\\[2mm]
L\dfrac{\mathrm{d}i_{\mathrm{b}}}{\mathrm{d}t}=-Ri_{\mathrm{b}}+u_{\mathrm{b}}-u_{\mathrm{n}}\\[2mm]
L\dfrac{\mathrm{d}i_{\mathrm{c}}}{\mathrm{d}t}=-Ri_{\mathrm{c}}+u_{\mathrm{c}}-u_{\mathrm{n}}\\[2mm]
i_{\mathrm{a}}=i_{dc}\\[2mm]
i_{\mathrm{b}}+i_{\mathrm{c}}=-i_{dc}
\end{cases}
\tag{5－19}
$$

$$
\begin{cases}
L\dfrac{\mathrm{d}i_{\mathrm{a}}}{\mathrm{d}t}=-Ri_{\mathrm{a}}+u_{\mathrm{a}}-u_{\mathrm{n}}\\[2mm]
L\dfrac{\mathrm{d}i_{\mathrm{c}}}{\mathrm{d}t}=-Ri_{\mathrm{c}}+u_{\mathrm{c}}-u_{\mathrm{n}}\\[2mm]
i_{\mathrm{a}}=-i_{\mathrm{c}}=i_{dc}\\[2mm]
i_{\mathrm{b}}=0
\end{cases}
\tag{5－20}
$$

在 c 相、b 相下桥臂换流状态下，以 c 相为例，可得到如下关系

$$
L\frac{\mathrm{d}i_{\mathrm{c}}}{\mathrm{d}t}=e_{\mathrm{c}}-Ri_{\mathrm{c}}-\left(-\frac{1}{3}u_{dc}\right)
\tag{5－21}
$$

同理，若 c 相处在上桥臂换流状态，则有

$$
L\frac{\mathrm{d}i_{\mathrm{c}}}{\mathrm{d}t}=e_{\mathrm{c}}-Ri_{\mathrm{c}}-\frac{1}{3}u_{dc}
\tag{5－22}
$$

其中，n 为中性相。由式（5－21）、式（5－22）推广到 a、b、c 三相，可知上桥臂换流的必要条件为 $u_{k0}=\dfrac{1}{3}u_{dc}$（$k=$a, b, c，$u_{k0}$ 为图 5－13 中三相交流电源与整流桥连接处的电位），下桥臂换流的必要条件为 $u_{k0}=-\dfrac{1}{3}u_{dc}$。而在上桥臂开始换流的瞬间，必有 $u_{k0}>\dfrac{1}{3}u_{dc}$ 才能保证电流按正方向流入整流桥以开启换流，同理，在下桥臂开始换流的瞬间，必有 $u_{k0}<-\dfrac{1}{3}u_{dc}$。因此，比

较 u_{k0} 与 $\pm\frac{1}{3}u_{dc}$ 的大小，就可以判断每个桥臂的换流情况，进而确定每个二极管的导通状态。

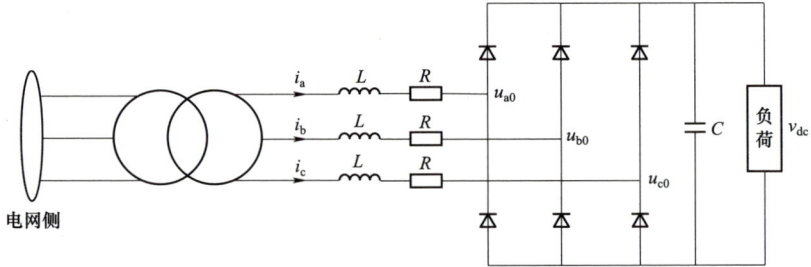

图 5-13　不控整流电路拓扑图

基于上述思想的不控整流仿真流程如图 5-14 所示。在第 n 步内，在获取

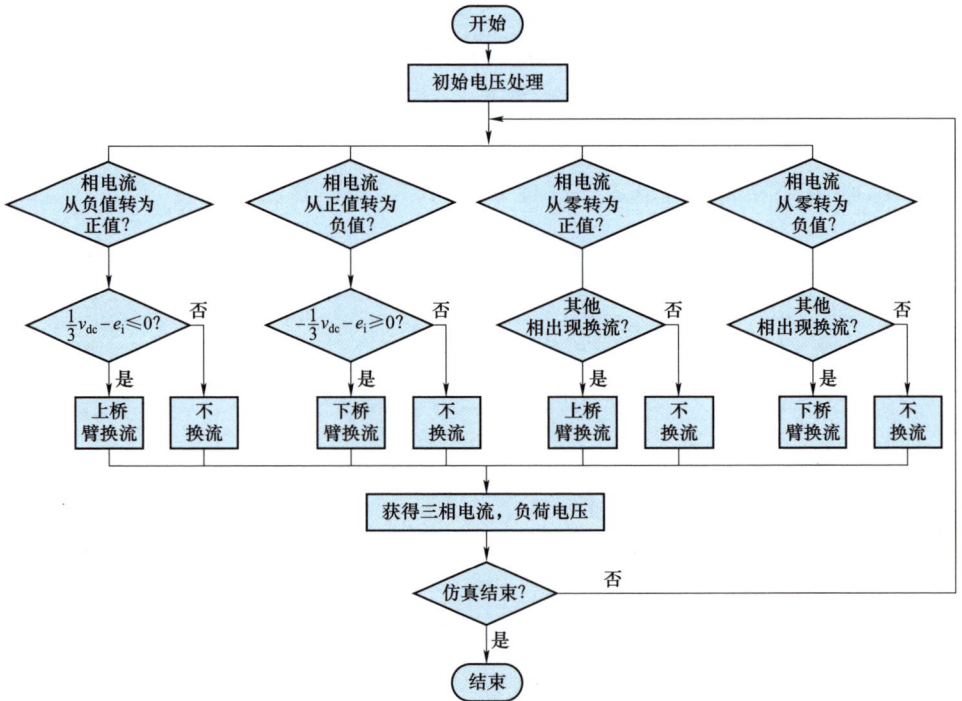

图 5-14　不控整流仿真流程图

三相电源电压后，对 a、b、c 三相进行循环考察。若 k（k = a, b, c）相电源侧电流在第（$n-2$）步时为负值，而在第（$n-1$）步时为正值，则说明该相存在上桥臂换流的可能，故将该相的电源电压与 $\frac{1}{3}u_{dc}$ 比较，若电源电压值大于 $\frac{1}{3}u_{dc}$，则说明该相要进行上桥臂换流，此时程序跳出循环，按该相上桥臂换流的情况对三相整流桥进行状态更新；若电源电压值小于 $\frac{1}{3}u_{dc}$，则说明该相对应的桥臂进入断续状态，此时程序也跳出循环，按两相导通的情况进行状态更新。若 k 相电源侧电流在第（$n-2$）步时为正值，而在第（$n-1$）步时为负值，则需要考虑该相下桥臂换流的可能，处理方法与处理上桥臂换流情况的方法类似。若 k 相在第（$n-2$）步时电流为 0，而在第 n 步时为正值，则需要对程序继续循环，如果其他相未出现换流情况，则按该相上桥臂导通时的两管导通情况处理，否则按该相出现上桥臂换流的情况处理。

同时，由于二极管的单向导电特性，负荷侧电流不可能小于 0，不控整流模型需要对每一步长中计算得到的负荷电流值进行限制，若计算得出的负荷电流小于 0，则将负荷电流强制设为 0，以保证仿真结果的可靠性。

3. 仿真分析

正常工况下的仿真结果与 MATLAB/Simulink 软件的仿真结果对比如图 5-15～图 5-19 所示。由图中所示结果可以看出，本节构建的离散仿真模型与 Simulink 软件的仿真结果实现了较好的拟合，且最大相对误差不超过 5%。

图 5-15～图 5-19 为数值仿真波形与 Simulink 仿真波形的对比图。其中，图 5-16 为短路情况下不控整流短路仿真波形，展示了负荷侧电流与 c 相短路电流，图 5-17 为重载情况下不控整流重载仿真波形，图 5-18 为中载情况下不控整流中载仿真波形，图 5-19 为轻载情况下不控整流轻载仿真波形。

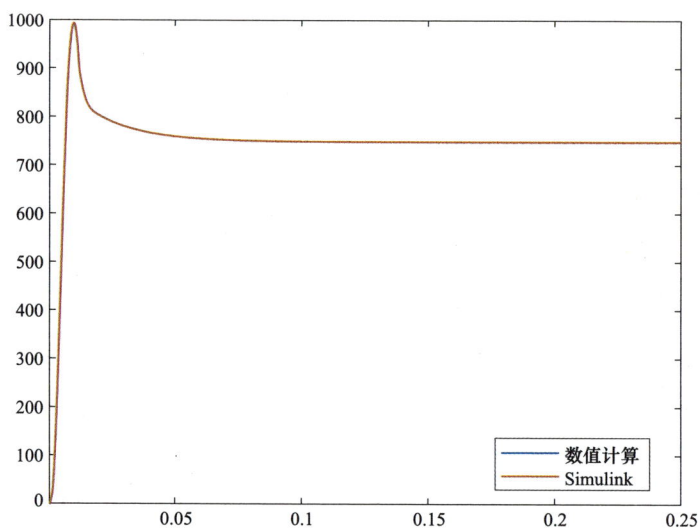

(a) 负载电压

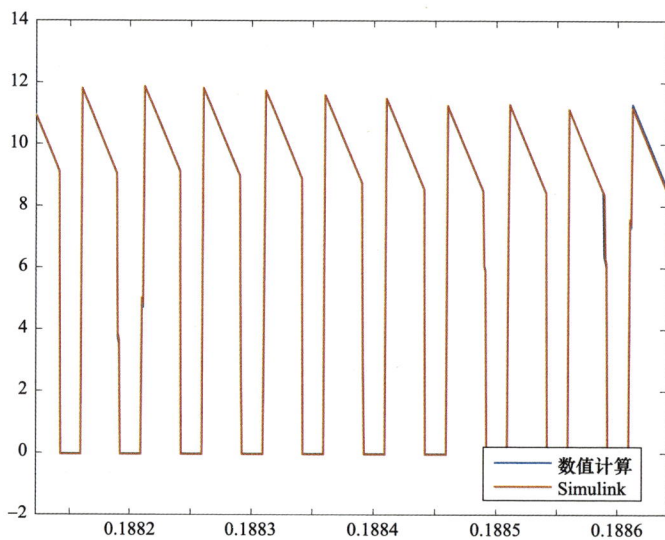

(b) 负载电流

图 5-15　VSC 仿真结果

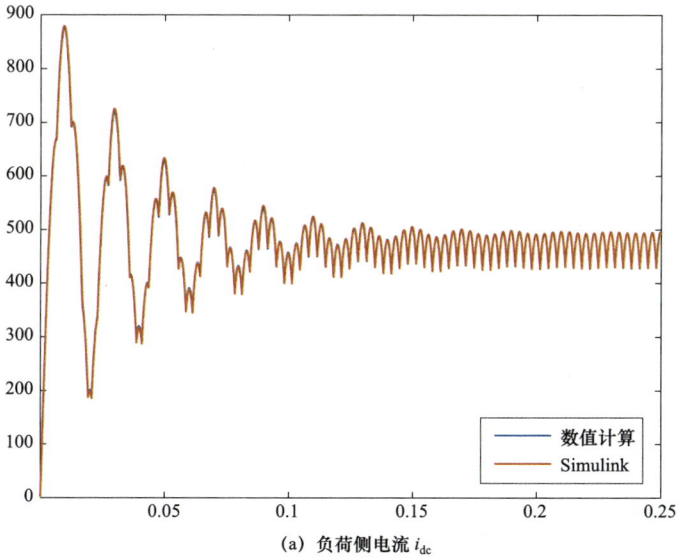

(a) 负荷侧电流 i_{dc}

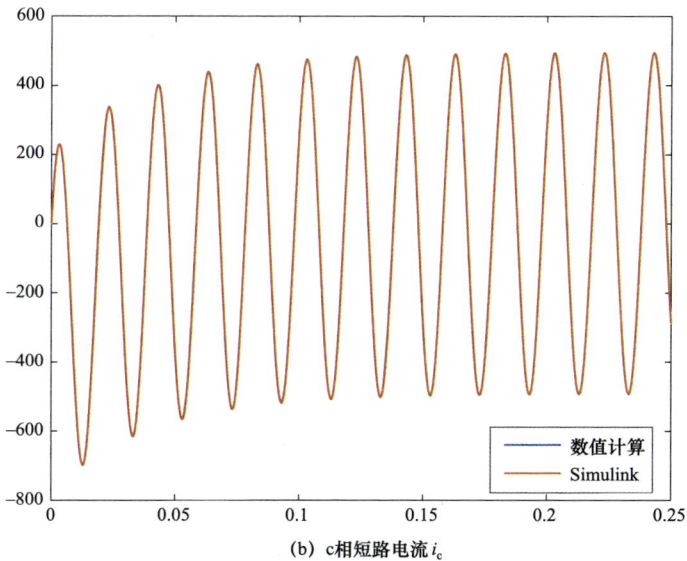

(b) c相短路电流 i_c

图 5-16　短路情况下不控整流短路仿真波形

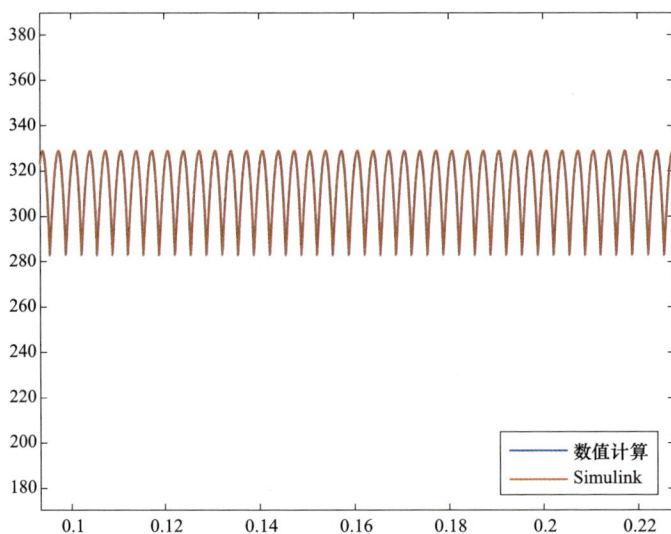

(a) 负荷侧电流 i_{dc}

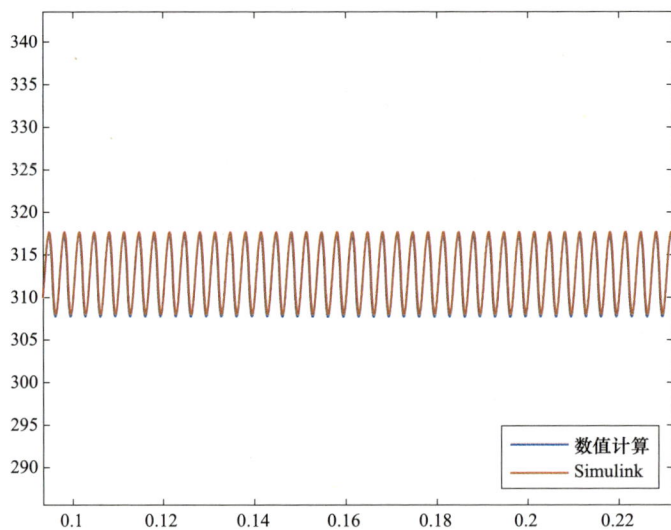

(b) 负荷侧电压 u_{dc}

图 5-17　重载情况下不控整流重载仿真波形

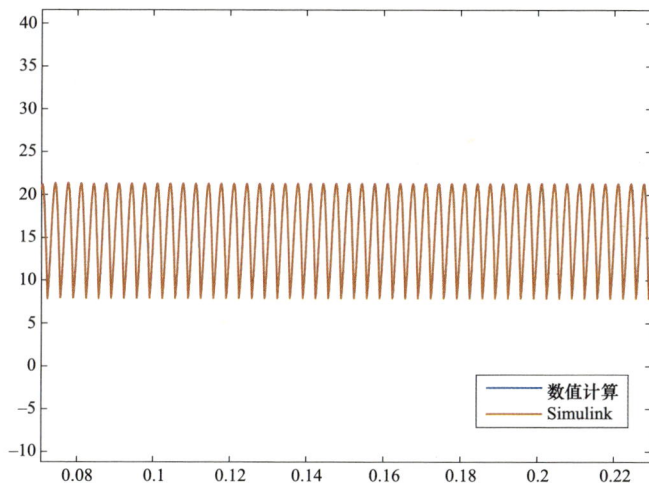

(a) 负荷侧电流 i_{dc}

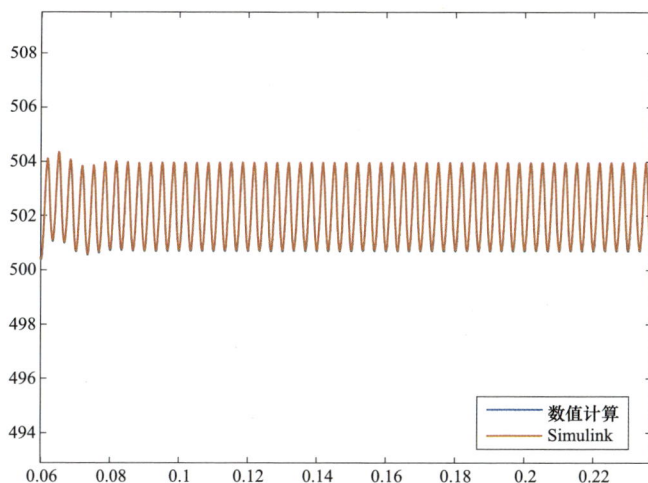

(b) 负荷侧电压 u_{dc}

图 5−18　中载情况下不控整流中载仿真波形

上述几种工况包含了不控整流电路 2 管 − 0 管导通、2 管 − 3 管导通、2 管 − 3 管 − 2 管导通和 3 管导通等多种情况，而由仿真结果可以看出，本节提出的不控整流仿真方法在多种工况下都能与 Simulink 仿真结果进行较好吻合，最大相对误差不超过 5%。

（二）PET 实时仿真建模

本节采用的 PET 拓扑为 5 模块级联 H 桥（cascaded h-bridge，CHB）− 双

有源桥（dual active bridge，DAB）级联拓扑，开关组合较 VSC 模型更加复杂，难以构建简洁的开关函数模型。现有的针对复杂电力电子拓扑的仿真模型主要包括伴随离散电路（associated discrete circuit，ADC）模型和双电阻模型，下面对这两种模型在 PET 中的适用情况进行分析。

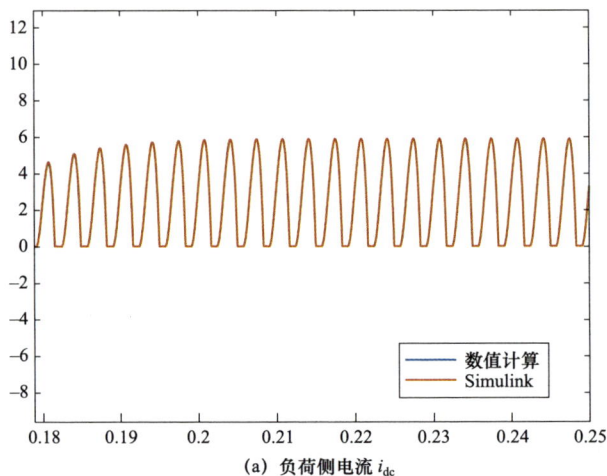

(a) 负荷侧电流 i_{dc}

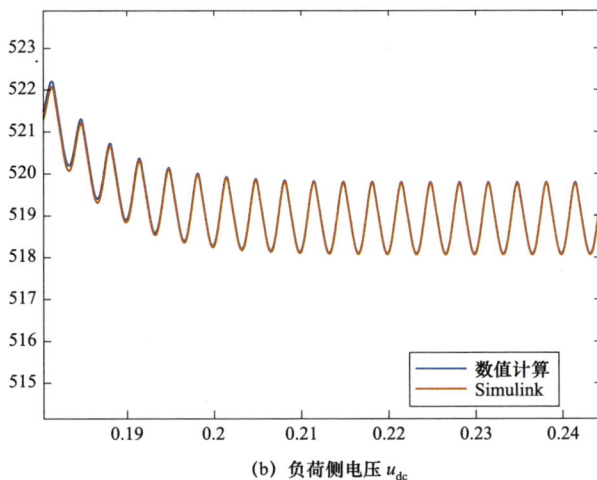

(b) 负荷侧电压 u_{dc}

图 5-19   轻载情况下不控整流轻载仿真波形

1. ADC 模型法

ADC 模型法的基本思想：将导通状态的开关等效为小电感、关断状态的开关等效为小电容串电阻之后，再将电路中所有电容、电感元件离散为导纳并联受控电流源的形式，最后利用节点电压方程求解电路。该方法通常要求开关在导通状态时的导纳与断开状态时的导纳相等，以欧拉法为例，即

$$G_{s} = \frac{h}{L} = \frac{1}{\dfrac{h}{C} + R_{s}} \qquad (5-23)$$

式中：G_{s} 为等效导纳；L 为开关等效电感；C 为开关等效电容；R_{s} 为开关等效电阻；h 为等距步长。

图 5-20 为 ADC 采用模型法时的仿真流程图，在初始时刻将所有受控电流源置零，并形成系统导纳矩阵。在第 n 步的迭代中，电感、电压元件的受控电流源直接根据第 $(n-1)$ 步时的相关电量进行更新，而开关的受控电流源则需要根据第 $(n-1)$ 步时的电压电流值、第 n 步时的控制信号和状态机联合判断开关状态是否改变，若开关状态改变，则需要按照新状态对应的开关模型进行受控电流源的计算。完成受控电流源的更新后，就可根据节点电压方程计算，并更新支路电压和节点电流。更新后的电压电流值保存到受控电流源中，用于下一步长的计算。

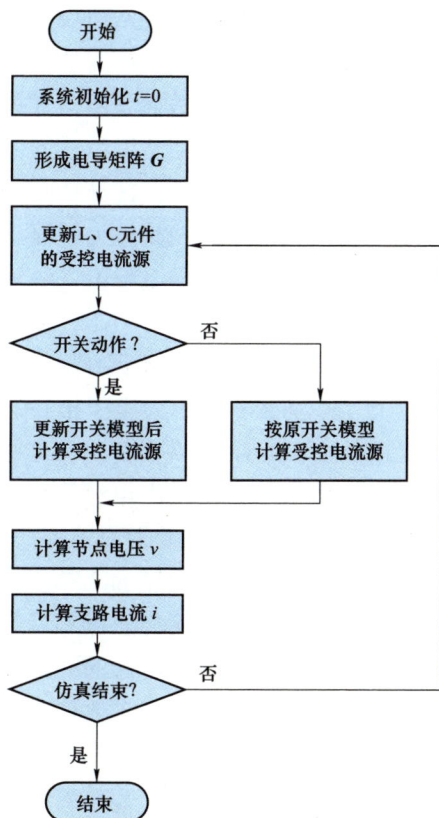

图 5-20　ADC 算法流程图

开关状态常用状态机进行判定，如图 5－21 所示，对于绝缘栅双极晶体管
（insulate-gate bipolar transistor，IGBT）反并联二极管的组合元件，当承受正向
压降且控制信号为 1 时 IGBT 导通，当流过反向电流时二极管导通；对于二极
管元件，则仅由端电压判断导通状态。

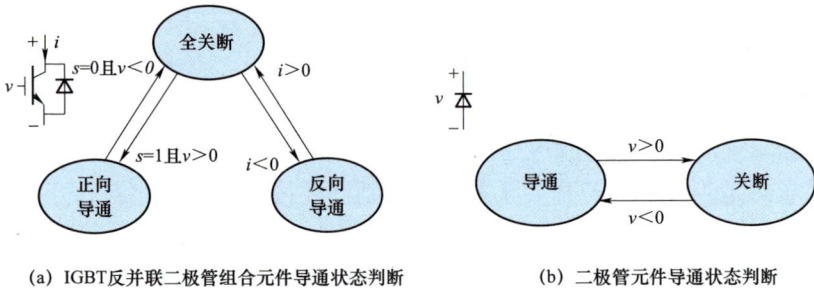

(a) IGBT反并联二极管组合元件导通状态判断　　　　(b) 二极管元件导通状态判断

图 5－21　状态机判断法

ADC 模型法的优点在于迭代过程中电路的导纳矩阵始终不变，对于实时仿
真而言，极大地减小了硬件存储压力，保证了仿真的快速性。

然而，ADC 法仍具有一定的局限性。首先，由于开关被等效为了电感或电
容串联电阻，在开关状态切换的瞬间会发生储能电感向储能电容的转变，而这
一转变过程中通常会造成能量的损失。其次，在导通和关断之后的短暂时间内
系统的电压电流均会发生振荡，且电流的振荡最为明显。当一个开关周期内的
稳态值是直流量时，ADC 模型下的电流仿真波形可以经短暂振荡后过渡到该直
流量；但当一个开关周期内稳态值是交流量时，ADC 模型下的电流仿真波形将
持续振荡，导致仿真结果与实际结果的严重不匹配。因此，现有的关于 ADC
模型法的研究多集中于配有 LC 滤波器的电力电子拓扑，如电压型 PWM 整流
器、电压型 PWM 逆变器、buck－boost 变换器等。在这些模型中，由于滤波器
减缓了电流量的变化速度，在一个开关周期内电流量可近似为直流量，这使得
ADC 模型造成的电流振荡可以在一个开关周期内消除。但本节中的 PET 不存
在滤波元件，且在一个开关周期内的稳态电流为高频正弦量，当开关状态切换
时，电流波形产生固有的振荡，且由于电流稳态值不是直流量，初始振荡将交
变而发展成为持续振荡，同时，由开关元件引入的小电感、小电容也会对 PET
的谐振参数造成影响，并引入额外的阻抗角，导致仿真波形与实际波形间频率
和相位的偏差。

另外，仿真的精度与开关的等效电感值、等效电容值和等效电阻值等参数
有密切的联系，但针对这三个参数值的选取尚未有明确的理论指导，常用方法
还是试凑法。有文献提出"广义 ADC"的改进策略，该方法以开关切换后暂态

过渡时间最短为目标求取 ADC 模型参数，但该方法要求一个开关周期内开关电流的稳态量为直流量，因此具有一定的局限性。

在利用 ADC 模型对 PET 进行建模的过程中，变压器模型的构建是建模的关键环节之一。有文献采用一种简单的受控源模型对变压器进行建模，即变压器一次侧等效为受二次侧电流控制的电流源，二次侧等效为受一次侧电压控制的电压源，但实际仿真表明该方法只适用于降压变压器，对于升压变压器的仿真则会出现波形的发散，因此该模型虽然结构简单，但不具有一般性。

为了正确地表征变压器一次侧、二次侧的电量关系，本节的建模方法：变压器等效模型如图 5-22 所示，将二次侧漏阻抗折算到一次侧后，变压器模型等效为了一次侧级联理想变压器的形式。

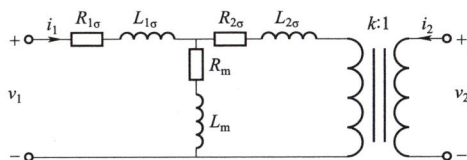

图 5-22　变压器等效模型

对该变压器列写 KCL、KVL 方程，可得

$$\begin{cases} v_1 = i_1 R_{1\sigma} + L_{1\sigma}\dfrac{\mathrm{d}i_1}{\mathrm{d}t} + \left(i_1 + \dfrac{1}{k}i_2\right)R_\mathrm{m} + L_\mathrm{m}\dfrac{\mathrm{d}}{\mathrm{d}t}\left(i_1 + \dfrac{1}{k}i_2\right) \\ kv_2 = L_\mathrm{m}\dfrac{\mathrm{d}}{\mathrm{d}t}\left(i_1 + \dfrac{1}{k}i_2\right) + ki_2 R_{2\sigma} + kL_{2\sigma}\dfrac{\mathrm{d}i_2}{\mathrm{d}t} \end{cases} \tag{5-24}$$

式中：v 为变压器两端端电压；i 为变压器绕组电流；k 为变压器匝数比；$R_{1\sigma}$、$R_{2\sigma}$、$L_{1\sigma}$、$L_{2\sigma}$ 为变压器两端等效阻抗；R_m、L_m 为变压器励磁阻抗。

为使离散模型具有较高精度，此处采用梯形法对变压器模型进行离散，可得

$$\begin{bmatrix} i_1(n) \\ i_2(n) \end{bmatrix} = \frac{h}{2}\begin{bmatrix} L_{1\sigma} + L_\mathrm{m} + \dfrac{h}{2}(R_{1\sigma} + R_\mathrm{m}) & \dfrac{L_\mathrm{m}}{k} + \dfrac{h}{2k}R_\mathrm{m} \\ \dfrac{L_\mathrm{m}}{k} + \dfrac{h}{2k}R_\mathrm{m} & \dfrac{L_\mathrm{m}}{k^2} + L_{2\sigma} + \dfrac{h}{2}R_{2\sigma} + \dfrac{h}{2k^2}R_\mathrm{m} \end{bmatrix}^{-1} \cdot$$

$$\begin{bmatrix} v_1(n) \\ v_2(n) \end{bmatrix} + \begin{bmatrix} J_1(n) \\ J_2(n) \end{bmatrix}$$

$$\tag{5-25}$$

其中

$$
\begin{bmatrix} J_1(n) \\ J_2(n) \end{bmatrix} = \frac{h}{2} \begin{bmatrix} L_{1\sigma} + L_{\mathrm{m}} + \dfrac{h}{2}(R_{1\sigma} + R_{\mathrm{m}}) & \dfrac{L_{\mathrm{m}}}{k} + \dfrac{h}{2k} R_{\mathrm{m}} \\ \dfrac{L_{\mathrm{m}}}{k} + \dfrac{h}{2k} R_{\mathrm{m}} & \dfrac{L_{\mathrm{m}}}{k^2} + L_{2\sigma} + \dfrac{h}{2} R_{2\sigma} + \dfrac{h}{2k^2} R_{\mathrm{m}} \end{bmatrix}^{-1} \cdot
$$

$$
\begin{bmatrix} v_1(n-1) \\ v_2(n-1) \end{bmatrix} + \boldsymbol{M} \begin{bmatrix} i_1(n-1) \\ i_2(n-1) \end{bmatrix}
$$

$$(5-26)$$

$$
\boldsymbol{M} = \begin{bmatrix} L_{1\sigma} + L_{\mathrm{m}} + \dfrac{h}{2}(R_{1\sigma} + R_{\mathrm{m}}) & \dfrac{L_{\mathrm{m}}}{k} + \dfrac{h}{2k} R_{\mathrm{m}} \\ \dfrac{L_{\mathrm{m}}}{k} + \dfrac{h}{2k} R_{\mathrm{m}} & \dfrac{L_{\mathrm{m}}}{k^2} + L_{2\sigma} + \dfrac{h}{2} R_{2\sigma} + \dfrac{h}{2k^2} R_{\mathrm{m}} \end{bmatrix}^{-1} \cdot
$$

$$
\begin{bmatrix} L_{1\sigma} + L_{\mathrm{m}} - \dfrac{h}{2}(R_{1\sigma} + R_{\mathrm{m}}) & \dfrac{L_{\mathrm{m}}}{k} - \dfrac{h}{2k} R_{\mathrm{m}} \\ \dfrac{L_{\mathrm{m}}}{k} - \dfrac{h}{2k} R_{\mathrm{m}} & \dfrac{L_{\mathrm{m}}}{k^2} + L_{2\sigma} - \dfrac{h}{2} R_{2\sigma} - \dfrac{h}{2k^2} R_{\mathrm{m}} \end{bmatrix}
$$

$$(5-27)$$

由于式（5-25）中存在 $v_1(n)$ 和 $v_2(n)$ 的耦合，现采用如下解耦方式，使离散后的变压器模型转化为两个解耦的诺顿电路：将 $i_1(n)$ 的表达式中的 $v_2(n)$ 采用 $v_2(n-1)$ 替换，将 $i_2(n)$ 表达式中的 $v_1(n)$ 采用 $v_1(n-1)$ 替换，则式（5-25）中的 $i_1(n)$、$i_2(n)$ 均只与各自的当前步长电压 $v_1(n)$、$v_2(n)$ 和受控电流源 $J_1(n)$、$J_2(n)$ 有关，实现了离散变压器的解耦。

完成变压器模型的构建后，考虑到 PET 中每个 CHB-DAB 级联模块对应的节点导纳矩阵过于庞大，所以接下来要对每个 CHB-DAB 级联模块进行等效处理。单个 CHB-DAB 模块的 ADC 模型如图 5-23 所示，由该图可知单个 CHB-DAB 模块可分解为一次侧部分和二次侧部分。

基于 Ward 等值法的思想，每个级联模块的节点电压方程可写成如下形式

$$
\begin{bmatrix} \boldsymbol{G}_{11} & \boldsymbol{G}_{12} \\ \boldsymbol{G}_{21} & \boldsymbol{G}_{22} \end{bmatrix} \begin{bmatrix} \boldsymbol{u}_{\mathrm{ex}} \\ \boldsymbol{u}_{\mathrm{in}} \end{bmatrix} = \begin{bmatrix} \boldsymbol{J}_{\mathrm{ex}} \\ \boldsymbol{J}_{\mathrm{in}} \end{bmatrix} + \begin{bmatrix} \boldsymbol{I}_{\mathrm{ex}} \\ \boldsymbol{I}_{\mathrm{in}} \end{bmatrix} \qquad (5-28)
$$

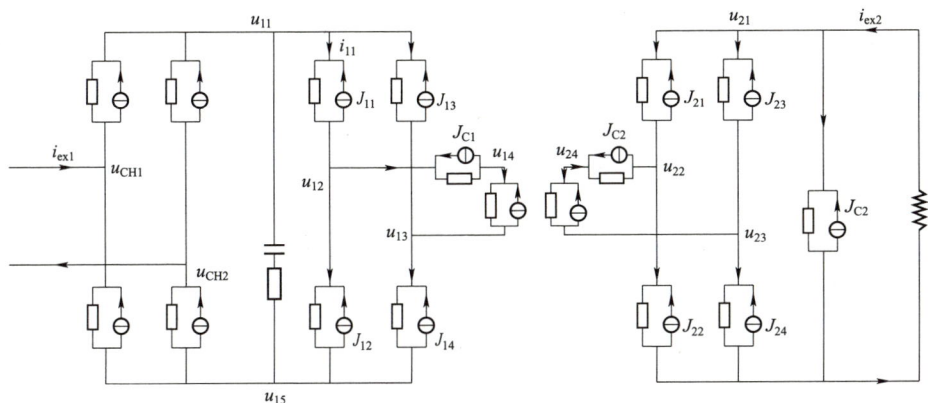

图 5－23　单模块 CHB－DAB 的 ADC 模型

式中：$\boldsymbol{u}_{ex}$ 为与其他模块级联的外部节点对应的电压值；$\boldsymbol{u}_{in}$ 为模块内部节点的电压值；$\boldsymbol{G}$ 为端口导纳；$\boldsymbol{I}_{ex}$ 为外部流入的电流值；$\boldsymbol{I}_{in}$ 为模块内部的电流值；$\boldsymbol{J}_{ex}$ 与 $\boldsymbol{J}_{in}$ 分别为与其他模块级联的外部节点等效电流源和模块内部的等效电流源。

由式（5－28）可得到关于 $\boldsymbol{u}_{ex}$ 的表达式为

$$\boldsymbol{G}_{ex}\boldsymbol{u}_{ex} = \boldsymbol{I}_{ex} + \boldsymbol{J}_{ex\_eq} \tag{5－29}$$

$$\boldsymbol{G}_{ex} = \boldsymbol{G}_{11} - \boldsymbol{G}_{12}\boldsymbol{G}_{22}^{-1}\boldsymbol{G}_{21} \tag{5－30}$$

$$\boldsymbol{J}_{ex\_eq} = \boldsymbol{J}_{ex} - \boldsymbol{G}_{12}\boldsymbol{G}_{22}^{-1}\boldsymbol{J}_{in} \tag{5－31}$$

由 $\boldsymbol{u}_{ex}$ 可以得到 $\boldsymbol{u}_{in}$ 的表达式为

$$\boldsymbol{u}_{in} = \boldsymbol{G}_{22}^{-1}(\boldsymbol{J}_{in} - \boldsymbol{G}_{21}\boldsymbol{u}_{ex}) \tag{5－32}$$

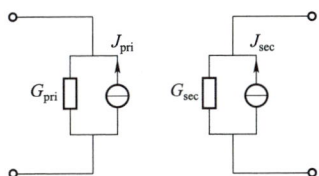

图 5－24　PET 诺顿等效电路

根据式（5－32）可知，单个 CHB－DAB 模块的一次侧部分与二次侧部分也可以分别等效为诺顿电路的形式。由于 PET 中的 5 模块采用输入端串联、输出端并联的形式，所以只需要将一次侧的等效电路串联、二次侧等效电路并联便可得到整个 PET 的诺顿等效电路，如图 5－24 所示，其中

$$G_{pri} = \frac{1}{\displaystyle\sum_{k=1}^{5}\frac{1}{G_{ex\_pri}^{(k)}}}, \quad J_{pri} = G_{pri}\sum_{k=1}^{5}\frac{J_{ex\_eq\_pri}^{(k)}}{G_{ex\_pri}^{(k)}} \tag{5－33}$$

$$G_{sec} = \sum_{k=1}^{5}G_{ex\_sec}^{(k)}, \quad J_{sec} = J_{ex\_eq\_sec}^{(k)} \tag{5－34}$$

式中：$G_{ex\_}^{(k)}$ 为第 k 个模块的外部级联节点导纳；下角标 pri 和 sec 分别表示一次侧和二次侧。

采用 ADC 模型法对 PET 进行数值仿真的流程图如图 5–25 所示。

在完成对节点电压和支路电流的初始化后，在每一步长内，基于 ADC 模型法对受控电流源进行更新，而后根据式（5–29）～式（5–31）、式（5–33）、式（5–34）得到 PET 的等效诺顿电路，求出在电源激励下的串联侧输入电流和并联侧端口电压，最后根据式（5–32）反解出内部节点电压，进而得到内部支路电流。

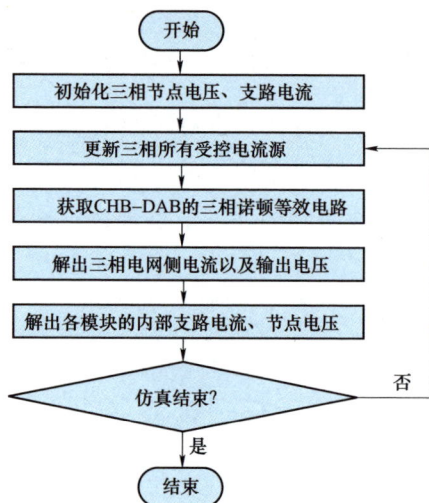

图 5–25 PET 数值仿真流程图

2. 双电阻法

双电阻法的基本思想：导通的开关采用小电阻代替，关断的开关用大电阻代替，而电感、电容仍采用电导并联受控电流源的形式表示，电路的求解也采用节点电压法。与 ADC 模型法相比，双电阻法能够更加真实地反映开关状态，且开关状态切换的过程中不存在损耗和电压电流振荡，但在每一仿真步长内都需要重新形成电路的逆矩阵，这会给硬件带来巨大的计算负担。另外，开关的导通电阻和关断电阻的数量级相差较大，这使得导纳矩阵的条件数较大，进而可能导致逆矩阵计算误差变大，影响仿真精度。因此，若采用双电阻法，需要尽量减少矩阵的求逆运算以保证仿真的快速性。

在本节中，PET 的 CHB 采用载波移相控制，DAB 采用 50%定占空比控制，故任一时刻每一桥臂的导通和关断存在一定的规律，本节基于此规律预先获得电路中相关逆矩阵的理论计算值，避免了迭代过程中对逆矩阵的频繁计算。

图 5–26 为采用双电阻法的 DAB 拓扑图，图 5–26 中的变压器模型与图 5–23 中的变压器模型的区别在于，图 5–23 中的变压器模型采用了近似处理，而图 5–26 中的变压器未进行近似处理。在 PET 实际工作过程中，变压器一次侧和二次侧的端电压都为高频方波，在方波的突变点处，若采用近似处理将导致较大误差，因此采用精确离散模型有助于提高仿真精度。

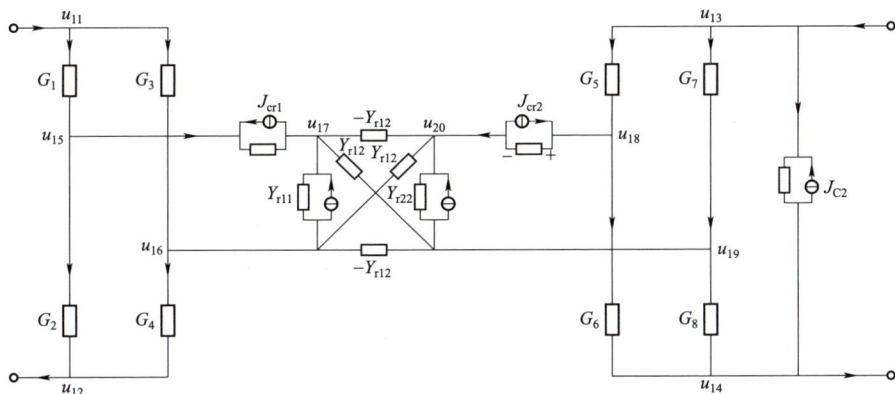

图 5–26　采用双电阻法的 DAB 拓扑图

由图 5–26 可得 DAB 的节点导纳矩阵 H 的分块矩阵形式为

$$H = \begin{bmatrix} A_{11} & O & B_{11} & O \\ O & A_{22} & O & B_{22} \\ B_{11}^{T} & O & & C \\ O & B_{22}^{T} & & \end{bmatrix} \qquad (5-35)$$

式中：A_{11}、A_{22}、B_{11}、B_{22}、C 为分块矩阵。

矩阵 C 的逆矩阵 Q 如下

$$Q = \begin{bmatrix} m_1 & m_2 & m_3 & m_6 & -m_6 & d_2 \\ m_2 & m_1 & m_4 & -m_6 & m_6 & -d_2 \\ m_3 & m_4 & m_5 & d_1 & -d_1 & d_3 \\ m_6 & -m_6 & d_1 & m_8 & m_9 & m_{10} \\ -m_6 & m_6 & -d_1 & m_9 & m_8 & m_{11} \\ d_2 & -d_2 & d_3 & m_{10} & m_{11} & m_{12} \end{bmatrix} \qquad (5-36)$$

式中：$m_1 \sim m_{12}$、$d_1 \sim d_3$ 均为标量表达式，因表达式均非常烦琐，故在此略去。

式（5–36）表明，矩阵 Q 可以看作由 4 个 3×3 分块矩阵组成的方阵，这为计算 DAB 的等效导纳矩阵提供了方便。

根据式（5-37），可以计算出 DAB 的等效导纳矩阵 $\boldsymbol{G}_{ex}$ 具有如下形式

$$\boldsymbol{G}_{ex} = \begin{bmatrix} r_{11} & -r_{11} & r_{21} & -r_{21} \\ -r_{11} & r_{11} & -r_{21} & r_{21} \\ r_{21} & -r_{21} & r_{22} & -r_{22} \\ -r_{21} & r_{21} & -r_{22} & r_{22} \end{bmatrix} \qquad (5-37)$$

其中 r_{11}、r_{21}、r_{22} 的表达式分别为

$$r_{11} = m_2 G_x^{\ 2} + 2(m_1 - m_2)G_{on}G_{off} \qquad (5-38)$$

$$r_{21} = -m_6(G_{on} - G_{off})^2 \qquad (5-39)$$

$$r_{22} = G_{c2} + m_9 G_x^{\ 2} + 2(m_8 - m_9)G_{on}G_{off} \qquad (5-40)$$

$$G_x = G_{on} + G_{off} \qquad (5-41)$$

式中：G_{on} 和 G_{off} 分别为桥臂导通和关断状态的导纳。

式（5-38）～式（5-41）表明，在本节所采用的 PET 控制策略下，PET 的等效导纳矩阵实际为一恒定不变矩阵，因此只需在仿真初始时刻确定该矩阵即可，无须进行后续的求逆运算。同理，根据式（5-29）也可获得等效电流源的理论表达式，该表达式也比较烦琐，故不再赘述。需要说明的是，等效电流源的表达式不再是恒定值，但由于不涉及求逆运算，可以仿照 ADC 模型法的流程在每一步长内对等效电流源进行更新。

根据上述计算结果，结合图 5-26，若以 u_{12}、u_{14} 为参考节点，则可得 DAB 基于等效导纳矩阵的节点电压方程为

$$\begin{bmatrix} r_{11} & r_{21} \\ r_{21} & r_{22} \end{bmatrix} \begin{bmatrix} u_{DAB\_in} \\ u_{DAB\_out} \end{bmatrix} = \begin{bmatrix} i_{ex\_in} \\ i_{ex\_out} \end{bmatrix} + \begin{bmatrix} J_{ex\_in} \\ J_{ex\_out} \end{bmatrix} \qquad (5-42)$$

式中：u_{DAB_in}、u_{DAB_out} 分别为 DAB 的输入侧、输出侧端电压。

DAB 的输入侧、输出侧均有稳压电容，相邻两个仿真步长内 u_{DAB_in} 和 u_{DAB_out} 的电压变化量较小，因此可采用如下解耦策略，将 DAB 等效为两个诺顿电路。

$$\begin{bmatrix} r_{11} & 0 \\ 0 & r_{22} \end{bmatrix} \begin{bmatrix} u_{DAB\_in}(n) \\ u_{DAB\_out}(n) \end{bmatrix} = \begin{bmatrix} i_{ex\_in}(n) \\ i_{ex\_out}(n) \end{bmatrix} + \begin{bmatrix} J_{ex\_in}(n) - r_{21}u_{DAB\_out}(n-1) \\ J_{ex\_out}(n) - r_{21}u_{DAB\_in}(n-1) \end{bmatrix}$$

$$(5-43)$$

对于 CHB-DAB 级联模块，本节基于受控源等效电路的思想表征其耦合。CHB 模型如图 5-27 所示，每个桥臂的开关状态互补，故 S1、S4 导通，S2、S3 关断时，等效为二极管 D1 导通、D2 截止；S1、S4 关断，S2、S3 导通时，

等效为二极管 D1 截止、D2 导通。

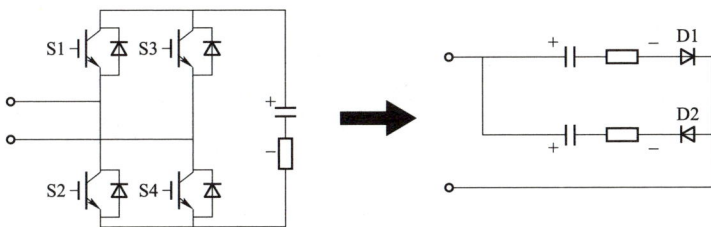

图 5-27　CHB 等效电路图

　　CHB-DAB 级联模块等效电路如图 5-28 所示，CHB 与 DAB 之间并联了稳压电容，故 DAB 输入电压不会发生突变，因此在每个仿真步长内，将CHB 的上一步长输出电压值作为 DAB 当前步长的受控电压源的电压值；同理，DAB 的谐振电流不会突变，故将 DAB 的上一步长的谐振电流值作为CHB 侧当前步长的受控电流源的电流值。完成 PET 单模块建模后，多模块的建模方法，以及后续的内部电压电流反解方法与 ADC 模型法中的对应内容相同。

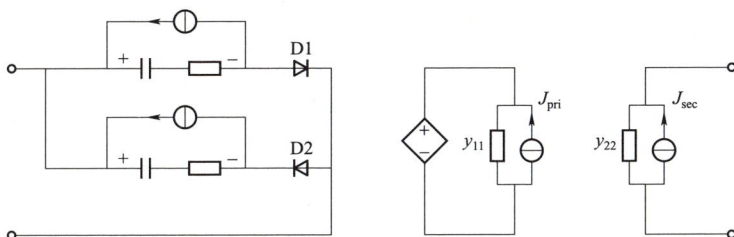

图 5-28　单模块 CHB-DAB 等效电路图

（三）仿真分析

　　采用 ADC 模型法获得的 PET 负载电压波形与 Simulink 的仿真波形对比如图 5-29 所示。可以看出 ADC 模型法虽然能跟踪实际波形的暂态变化趋势，但暂态过程中的振荡过于频繁，导致仿真波形的最大相对误差超过 5%，这种持续的振荡正是由于 PET 的稳态电流是高频交流量，当开关状态改变后，ADC 模型引发的振荡无法过渡到直流稳态量，因此在每个开关周期内振荡均不会消失。另外，通过 ADC 模型法得到的电流波形与 Simulink 仿真得到的电流波形相比因振荡剧烈而严重失真，不具有比较分析的意义，故在此处略去。

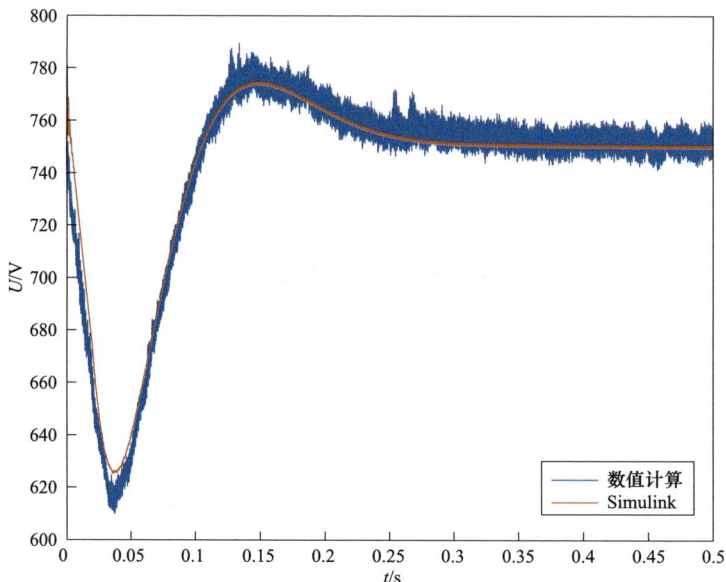

图 5-29　PET 负载电压的波形对比

图 5-30、图 5-31 分别为基于双电阻法的 PET 负载电压、CHB 支路电流波形与相应的 Simulink 仿真波形的对比图。可以看出，与 ADC 法相比，双电阻法中的波形基本没有毛刺，最大相对误差低于 5%，且继承了 ADC 模型法暂态过程跟踪性能好的特点。

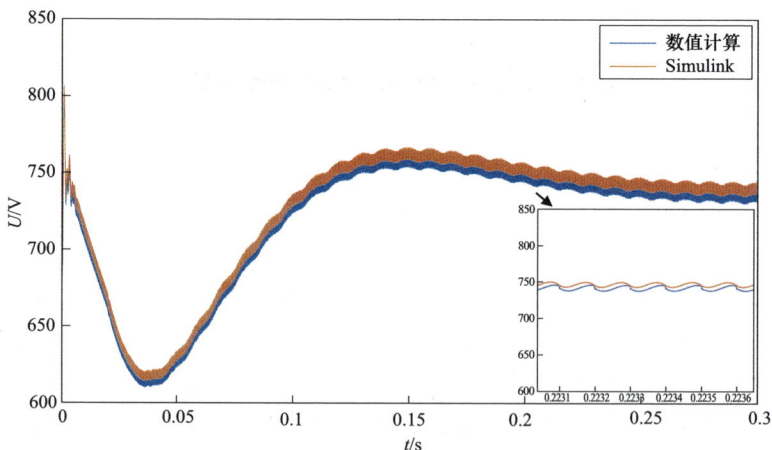

图 5-30　基于双电阻法的负载电压仿真波形

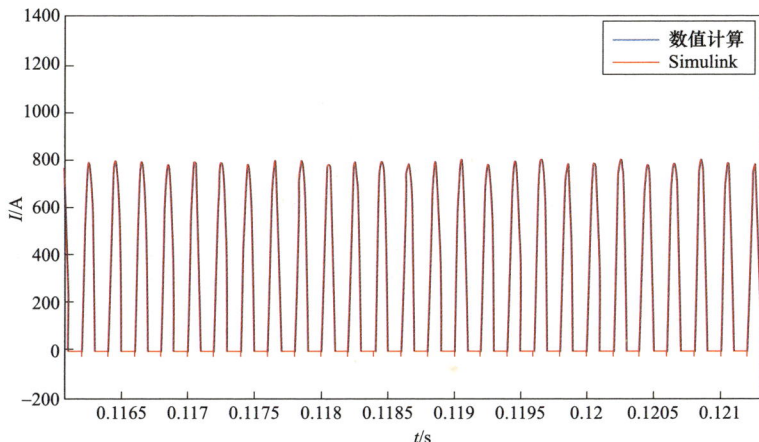

图 5-31 基于双电阻法的 CHB 支路电流仿真波形

三、基于PET的交直流系统实时仿真模型

基于 PET 的交直流系统实时仿真建模可为硬件在环仿真提供重要的模型参考。通过与实际控制器进行连接形成闭环系统，实时仿真模型不但可以实现对分布式电源物理特性的调试，而且能够模拟光照/风速变化、电网侧电压跌落、短路故障及甩负荷等多种场景，真实反映交直流系统暂态过程，同时也避免了实际物理设备对真实系统的影响，降低实验成本。因此，系统级实时仿真模型在交直流系统协调控制技术的验证中起到重要的作用。

相对于传统大电网，交直流系统存在大量采用高频开关器件的电力电子装置，若要准确反映暂态过程，需要更小的仿真步长，同时考虑到配电网的强非线性特性，基于 PET 的交直流系统的实时仿真对模型的处理和硬件的计算能力都提出了更高的要求。在模型处理方面，常见的处理方式主要有两种：第一种为基于网络结构进行划分，该方法根据系统的拓扑和功能特性将主系统划分为若干个子系统，而后根据需求为子系统分配计算资源；第二种为基于元件功能进行划分，该方法将系统中出现的元件（线路、变压器、电动机等）进行分类，而后针对每一类元件分配计算资源。基于网络结构的划分方法划分结构清晰、可拓展性强，因此多选用此方法进行系统划分。在硬件的计算能力方面，分别采用导纳预处理法和 ADC 法保证了每个仿真步长内参与运算的矩阵为恒定矩阵，为硬件资源缓解了大量求逆运算和矩阵存储压力，保证了微秒级仿真步长下硬件的计算能力。

（一）分布式电源建模

基于 PET 的交直流系统包含储能电池、光伏电池等。分布式电源具有多样性，不同类型的电源具有完全不同的动态特性，对每一类分布式电源都进行详尽的模型描述是极为困难的，因此本节仅对所采用的分布式电源中最常见的模型进行描述。

1. 储能电池

采用基于放电曲线拟合的戴维宁等效电路模型作为储能电池的模型，其使用的前提条件包括蓄电池内阻恒定、容量恒定，不考虑蓄电池的记忆效应、温度效应和老化效应。蓄电池通用电路等效模型基本结构如图 5-32 所示，其中受控电压源的表达式为

$$U_0 = \begin{cases} E_0 - K\dfrac{Q_{max}}{Q_{max}\mathrm{SOC\%} - Q}[i_f + Q + Q_{max}(1-\mathrm{SOC\%})] + A\mathrm{e}^{-B[Q+Q_{max}(1-\mathrm{SOC\%})]} & (i>0) \\[2ex] E_0 - K\dfrac{Q_{max}}{Q_{max}(1.1-\mathrm{SOC\%}) - Q}i_f \\[2ex] -K\dfrac{Q_{max}}{Q_{max}\mathrm{SOC\%} - Q}i_f[Q + Q_{max}(1-\mathrm{SOC\%})] + A\mathrm{e}^{-B[Q+Q_{max}(1-\mathrm{SOC\%})]} & (i\leqslant 0) \end{cases}$$

$$(5-44)$$

式中：E_0 为蓄电池内电动势；K 为极化电压；Q_{max} 为蓄电池最大容量；Q 为蓄电池充（放）电量；i_f 为蓄电池电流的一阶滤波值；SOC 为蓄电池的充电状态；A 为放电特性曲线指数区域幅值；B 为指数区域时间常数的倒数。

蓄电池通用等效电路模型的参数 A、B、K 都需要通过蓄电池的放电特性曲线拟合得到，根据蓄电池放电曲线的不同区域，可在曲线上取不同的特定点进行计算。该等效电路模型结构简单，同时充分考虑了蓄电池内部的非线性特性，并可通过蓄电池放电特性曲线直接计算电路参数，该模型未考虑内阻等参数的变化情况等，因此该模型仅在短时暂态仿真中具有很好的拟合精度。

2. 光伏电池

采用单晶硅光伏电池的单二极管等效电路模型作为光伏电池的模型，光伏电池通用电路等效模型如图 5-33 所示，此模型在简化光伏电池模型的同时也保持了电池的物理特性，便于分析研究。

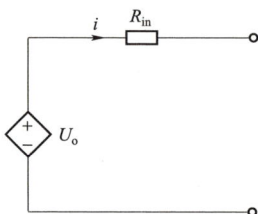

图 5-32　蓄电池通用电路等效模型　　　图 5-33　光伏电池通用电路等效模型

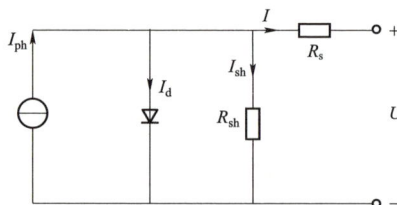

图 5-33 对应的伏安关系如式（5-45）所示

$$I = I_{ph} - I_o \left[e^{\frac{q(U+IR_s)}{nkt}} - 1 \right] - \frac{U + IR_s}{R_{sh}} \qquad (5-45)$$

式中：I_o 为二极管反向饱和电流；q 为电子电荷量；k 为玻尔兹曼常数；n 为二极管理想因数；t 为光伏电池表面温度；I 为光伏电池输出电流；U 为光伏电池输出电压；R_s 为串联电阻，一般表示为线路损耗电路，阻值较低；R_{sh} 为等效并联电阻，阻值较高；I_{ph} 为光生电流，与光照强度成正比；I_d 为等效二极管饱和电流；I_{sh} 为光伏电池漏电流。

式（5-45）中的多数参数在实际应用中难以确定，因此本节采用使用频率较高的简化模型，如式（5-46）所示

$$I = I_{SC} - C_1 I_{SC} \left(e^{\frac{U}{C_2 U_{OC}}} - 1 \right) \qquad (5-46)$$

式中：I_{SC} 为短路电流；U_{OC} 为开路电压；C_1、C_2 分别为

$$C_1 = \left(1 - \frac{I_m}{I_{SC}} \right) e^{\frac{-U_m}{C_2 U_{OC}}} \qquad (5-47)$$

$$C_2 = \left(\frac{U_m}{U_{oc}} - 1 \right) \left[\ln \left(1 - \frac{I_m}{I_{sc}} \right) \right]^{-1} \qquad (5-48)$$

式中：U_m、I_m 分别为最大功率点的电压、电流。

当实际环境脱离标况时，U_{OC}、I_{SC}、U_m、I_m 等参数需要依据式（5-49）～式（5-52）进行修正

$$I'_{SC} = I_{SC} \left(\frac{S}{S_{ref}} \right) (1 + a\Delta t) \qquad (5-49)$$

$$I'_m = I_m \left(\frac{S}{S_{ref}} \right) (1 + a\Delta t) \qquad (5-50)$$

$$U'_{OC} = U_{OC} (1 - c\Delta t) \ln(e + b\Delta S) \qquad (5-51)$$

$$U'_m = U_m (1 - c\Delta t) \ln(e + b\Delta S) \qquad (5-52)$$

式中：S 为实测辐照度；S_{ref} 为标况下辐照度；a 为组件电流温度修正系数；b 为曲线修正系数；c 为组件电压温度修正系数。

（二）子网络等值建模

对基于 PET 的交直流系统采用了基于网络结构的划分方法，故可对分布式发电单元、DC-DC 变换器等采用戴维宁型等值电路、诺顿型等值电路多端口混

合等效的方式列写其端口特性方程。诺顿型等值电路常用于并联型拓扑，其端口输入量为端口电压，端口输出量为端口电流；戴维宁型等值电路常用于串联型拓扑，其端口输入量为端口电流，端口输出量为端口电压。因此，对于含有 m 个诺顿型等值电路、n 个戴维宁型等值电路的微网系统，系统的端口方程为

$$\begin{bmatrix} U_\text{T} \\ I_\text{N} \end{bmatrix} = -\begin{bmatrix} R_\text{TT} & K_\text{TN} \\ H_\text{NT} & G_\text{NN} \end{bmatrix}\begin{bmatrix} I_\text{T} \\ U_\text{N} \end{bmatrix} + \begin{bmatrix} U_\text{eq} \\ I_\text{eq} \end{bmatrix} \qquad (5-53)$$

式中：U_T 为戴维宁型等值电路的端口电压；I_N 为诺顿型等值电路的端口电流。

系统的等值电源方程可写为

$$\begin{bmatrix} U_\text{eq} \\ I_\text{eq} \end{bmatrix} = \begin{bmatrix} K_\text{h} & R_\text{h} \\ G_\text{h} & H_\text{h} \end{bmatrix}\begin{bmatrix} U_\text{h} \\ I_\text{h} \end{bmatrix} + \begin{bmatrix} K_\text{s} & R_\text{s} \\ G_\text{s} & H_\text{s} \end{bmatrix}\begin{bmatrix} U_\text{s} \\ I_\text{s} \end{bmatrix} \qquad (5-54)$$

式中：U_h、I_h 为子网络内部历史电源；U_s、I_s 为子网络内部独立电源；K_h、R_h、G_h、H_h 为与历史电源相关的电压系数、电阻系数、电导系数和电流系数；K_s、R_s、G_s、H_s 同理。

本节中历史电源主要为历史电流源，其主要由网络内部动态元件离散后得到，表达式如式（5-55）所示

$$\begin{bmatrix} I_{Lh} \\ I_{Ch} \end{bmatrix} = \begin{bmatrix} \dfrac{h}{2}L^{-1}A_1 & -1 \\ G & \left(-R+\dfrac{h}{2}C^{-1}A_2\right)\left(-R-\dfrac{h}{2}C^{-1}A_3\right)^{-1} \end{bmatrix}\begin{bmatrix} I_L \\ I_C \end{bmatrix} \qquad (5-55)$$

式中：A_1、A_2、A_3 为离散方法的相关系数构成的对角矩阵；R 为动态元件的寄生电阻构成的对角矩阵。

式（5-53）、式（5-54）中的矩阵参数虽然具有清晰的物理意义，但由于子网络之间的耦合，参数的获取比较困难，需要在仿真前进行大量的预处理工作，降低了实时仿真的效率。因此，较为常见的做法是利用等效受控源的方法对子网络进行分割，受控源的具体取值通过相邻步长获取，这样每个子网络的矩阵参数仅利用本网络的信息即可获得，大大减少了预处理的工作量。然而，在交直流系统中，很多情况下每个子网络的端口都并联了稳压电容，为保证数值仿真的稳定性，需要将每个端口的电容统一等效到一个子网络中，再添加受控源，这种处理方法不仅改变了原系统的拓扑结构，降低了仿真数据的可靠性，而且在进行多端口故障的仿真时，需要对端口电容进行频繁的等值操作，增大了实时仿真的复杂程度。针对上述情况，本节基于戴维宁、诺顿两种等值电路，采用广义 ward 等值法构建系统的实时仿真模型，

此方法不需要改变原系统拓扑，而且可以避免端口电容的等值操作，实现对实时仿真流程的化简。

交直流系统结构示意图如图 5－34 所示。图中将分布式电源和与其级联的变换器视为一个子网络，该子网络对应的离散广义节点电压方程如式（5－56）所示。

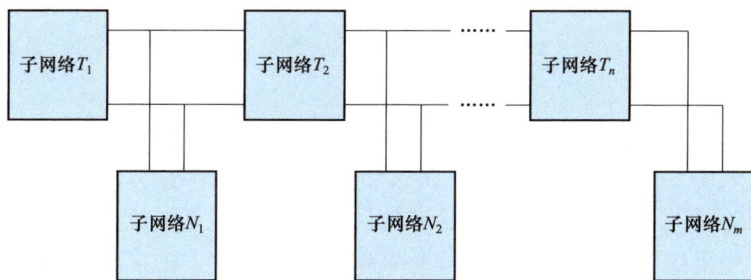

图 5－34　交直流系统结构示意图

$$
\begin{bmatrix} \boldsymbol{G} & \boldsymbol{A}_i \\ \boldsymbol{B}_u & \boldsymbol{O} \end{bmatrix} \begin{bmatrix} \boldsymbol{v}^{n+1} \\ \boldsymbol{i}^{n+1} \end{bmatrix} = \begin{bmatrix} \boldsymbol{J}^{n+1} \\ \boldsymbol{v}_s^{n+1} \end{bmatrix} \tag{5-56}
$$

式中：$\boldsymbol{G}$ 为导纳矩阵；$\boldsymbol{A}_i$ 为关联矩阵；$\boldsymbol{B}_u$ 为回路矩阵；$\boldsymbol{v}^{n+1}$ 为第（$n+1$）步的待求节点电压向量；$\boldsymbol{i}^{n+1}$ 为无伴电压源对应的待求支路电流向量；$\boldsymbol{J}^{n+1}$ 为节点注入电流向量；$\boldsymbol{v}_s^{n+1}$ 为无伴电压源的电压向量。

将广义节点电压方程改写为二端口形式，即式（5－56）等价为

$$
\begin{bmatrix} \boldsymbol{G}' & \boldsymbol{A}_i' \\ \boldsymbol{B}_u' & \boldsymbol{C}_s \end{bmatrix} \begin{bmatrix} \boldsymbol{v}_{ex}^{n+1} \\ \boldsymbol{s}_{in}^{n+1} \end{bmatrix} = \begin{bmatrix} \boldsymbol{J}_{ex}^{n+1} \\ \boldsymbol{w}_{in}^{n+1} \end{bmatrix} + \begin{bmatrix} \boldsymbol{i}_{ex}^{n+1} \\ \boldsymbol{O} \end{bmatrix} \tag{5-57}
$$

式中：$\boldsymbol{s}_{in}^{n+1}$ 为包含子网络内部节点电压和无伴电压源支路电流的向量；$\boldsymbol{w}_{in}^{n+1}$ 为子网络内部注入电流和无伴电压源构成的向量；$\boldsymbol{v}_{ex}^{n+1}$ 为第（$n+1$）步的待求外部节点电压向量；$\boldsymbol{J}_{ex}^{n+1}$ 为外部节点注入电流向量。

将待求支路电流视为网络内部待求节点电压的分量，将无伴电压视为内部节点注入电流的分量，可得子网络的诺顿型等值电路方程为

$$
(\boldsymbol{G}' - \boldsymbol{A}_i' \boldsymbol{C}_s^{-1} \boldsymbol{B}_u') \boldsymbol{v}_{ex}^{n+1} = \boldsymbol{J}_{ex}^{n+1} - \boldsymbol{A}_i' \boldsymbol{C}_s^{-1} \boldsymbol{w}_{in}^{n+1} + \boldsymbol{i}_{ex}^{n+1} \tag{5-58}
$$

同理，子网络的戴维宁型等值电路方程为

$$
\boldsymbol{v}_{ex}^{n+1} = (\boldsymbol{G}' - \boldsymbol{A}_i' \boldsymbol{C}_s^{-1} \boldsymbol{B}_u')^{-1} (\boldsymbol{J}_{ex}^{n+1} - \boldsymbol{A}_i' \boldsymbol{C}_s^{-1} \boldsymbol{w}_{in}^{n+1}) + (\boldsymbol{G}' - \boldsymbol{A}_i' \boldsymbol{C}_s^{-1} \boldsymbol{B}_u')^{-1} \boldsymbol{i}_{ex}^{n+1} \tag{5-59}
$$

因此，在如图 5－34 所示的微网示意图中，可首先根据串、并联子系统的数量来统一等值方式，而后根据所选择的等值方式将系统进一步等值为一端口

网络，求出端口输入量，进而反解系统内部变量。在多数微网系统中，并联子系统多于串联子系统，因此可按式（5-60）先求解系统端口电压 v_0，以获得各子系统的端口电流，进而得到各子系统的内部信息。

$$v_0 = \frac{\sum_{i \in N} \boldsymbol{J}_{eq}^i + \sum_{j \in T} \boldsymbol{J}_{eq(T \to N)}^j}{\sum_{i \in N} G_{eq}^i + \sum_{j \in T} G_{eq(T \to N)}^j} \qquad (5-60)$$

（三）仿真分析

本节现采用图 5-35 所示的 Simulink 模型作为数值仿真的验证参考，数值仿真模型采用 Simulink 提供的 C-mex function 函数实现，仿真步长统一为 1μs。仿真验证的目的主要是确定建模的有效性，而不是过多关注控制的效果。系统中储能单元采用下垂控制、光伏单元采用恒功率控制，0.3s 时负载突然增大，母线电压变化、储能电压变化、储能电流变化、光伏电流变化对比图分别如图 5-36、图 5-37、图 5-38 所示。可以看出，本节采用的等值建模方法在暂态过程中仍有较高的精确度，最大相对误差控制在了 5%以下，避免了受控源建模方法中暂态变化滞后的问题。

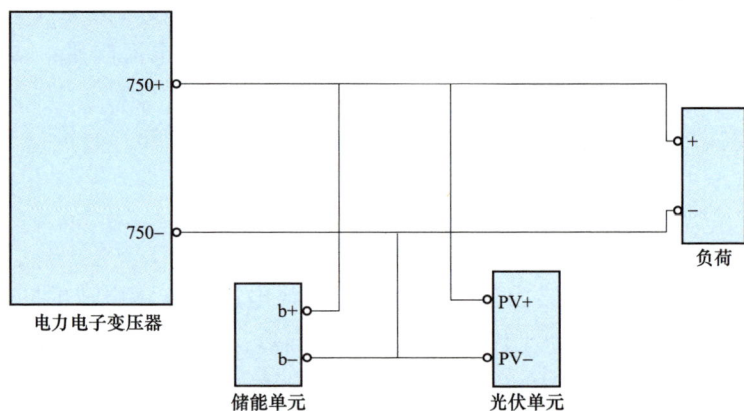

图 5-35　Simulink 仿真示意图

在图 5-36～图 5-38 的放大波形中，可以发现数值仿真结果的波形与 Simulink 仿真结果的波形无法完全吻合，这是因为 Simulink 的仿真计算方法为状态空间法，当 PET、DC-DC 等电力电子装置的开关状态发生变化时，变化后的第一个步长内需进行电路状态的更新，而后在变化后的第二个步长内再以新的步长计算，而本节所提出的数值仿真方法无须状态更新，即可在开关状态改变的第一个步长按照新的电路拓扑完成计算。

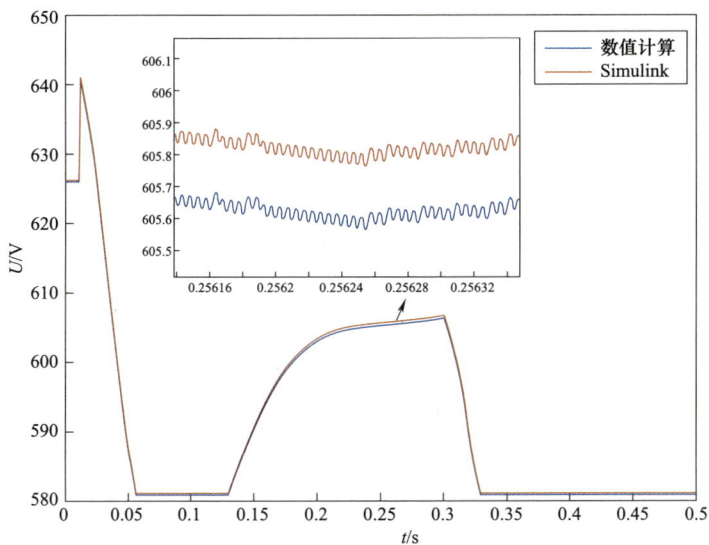

图 5-36　储能电压波形对比

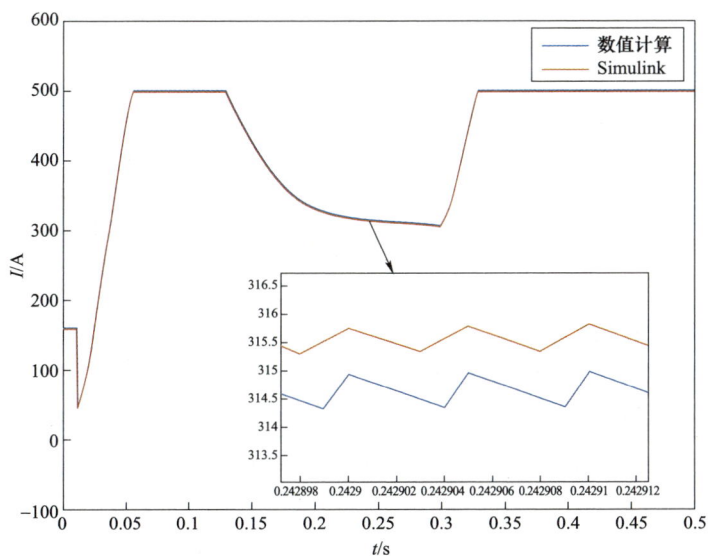

图 5-37　储能电流波形对比

从储能单元的放大波形中，可以看出数值计算与 Simulink 的仿真结果有一定误差，这是由于在计算储能电池端电压时采用的是上一步长的电流值，在小步长仿真条件下，这一处理方法造成的误差较小（本算例中不足 1%），不会对仿真的可靠性造成重大影响。

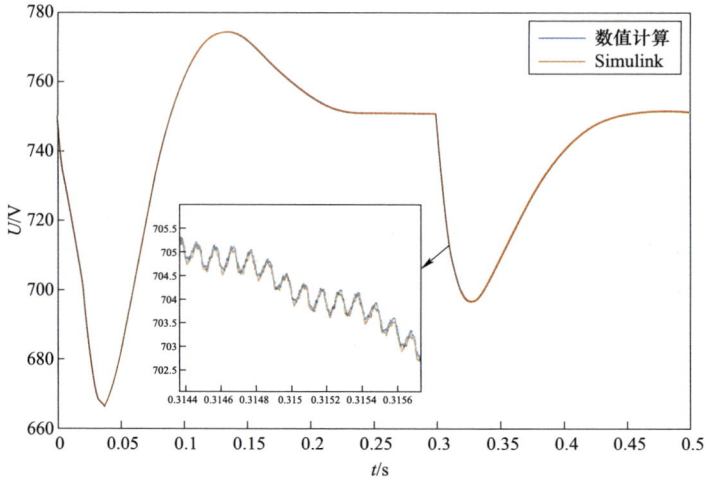

图 5-38 母线电压波形对比

第三节 直流网电压的平滑切换与协同控制技术

一、交直流电压交互影响分析

含 PET 的交直流可再生能源系统可以在并网和孤岛运行模式之间切换运行。并网运行模式时，最重要的是系统需要保证交流侧电压和频率稳定，以及直流侧电压稳定，本节就大电网侧电压跌落对直流侧的影响和光伏波动对直流侧电压的影响进行分析仿真。

如图 5-39 所示，当 10kV 交流电压跌落 50%，跌落持续时间 150ms 时，会造成直流侧电压波动，波动幅度 5V 以内，此时 PET 具备较强控制能力，能够保证交流侧电压的振荡对直流母线电压造成较小影响。在孤岛模式切换时，10kV 电压跌落 100%，跌落持续时间 150ms，仿真结果如图 5-40 所示，可知大电网跌落为 0 时，会造成直流侧电压不断下降，在 150ms 时间内 750V 电压下降 100V。

二、两层级协调控制策略

针对电力电子变压器的多个端口交直流电压交互影响、直流电压敏感性强的问题，提出两层优化控制策略，上层协调各设备稳态控制模式和参数，下层及时响应暂态电压控制，实现各端口子网电压的快速稳定控制。

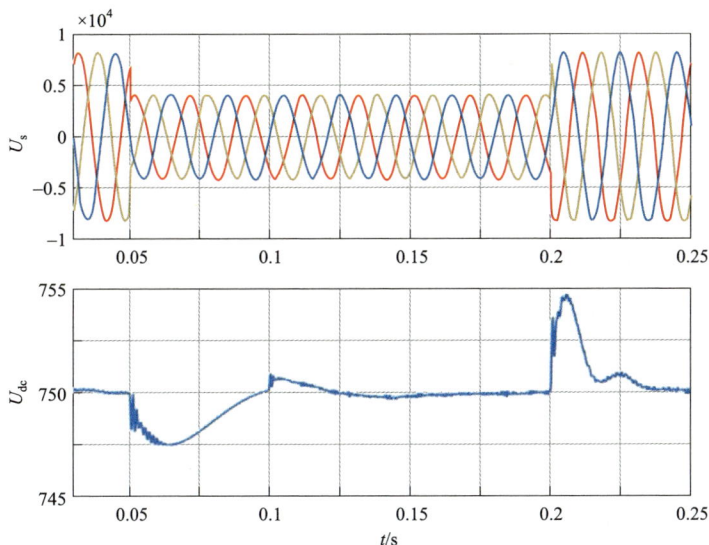

图 5-39　大电网侧电压跌落 50% 对 750V 直流电压的影响

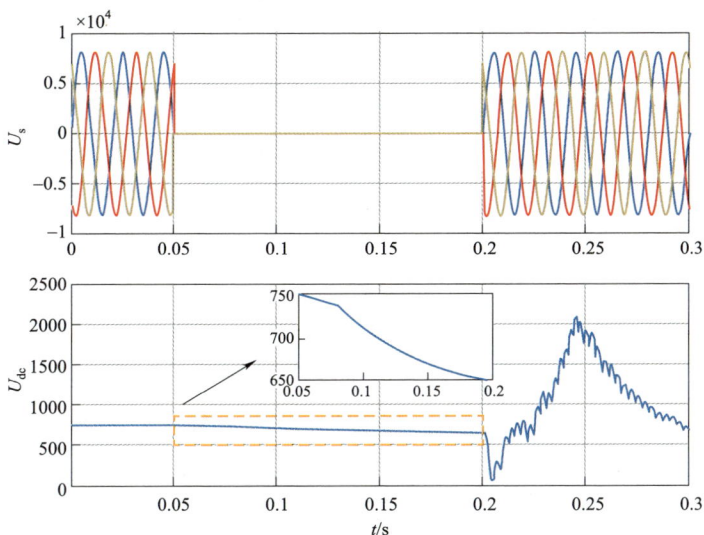

图 5-40　大电网侧电压跌落 100% 对 750V 直流电压的影响

　　电力电子变压器的输出端口直流母线电压控制可以分为系统级和设备级控制。系统级控制指的是由整个电力系统的调度层发出控制直流母线电压的控制信号，来指导设备级进行直流母线电压控制；设备级控制指的是直流母线上接的各种电力电子设备自动感应直流母线电压的变化，进行直流母线电压的控制。如图 5-41 所示为江苏同里项目简化的交直流可再生能源系统分层控制示意图。

以 PET 输出端口直流母线电压 750V 为例，研究系统级和设备级间的协调控制策略。由于设备接收系统调度层传输的控制信号往往由光纤传输，传输的延时往往在 10~20ms。如果先由系统调度获得直流母线故障的故障信号，经过调度系统的计算处理，再由光纤传输直流母线电压控制信号到设备层级来进行直流母线电压控制，延时往往在 200ms 以上。

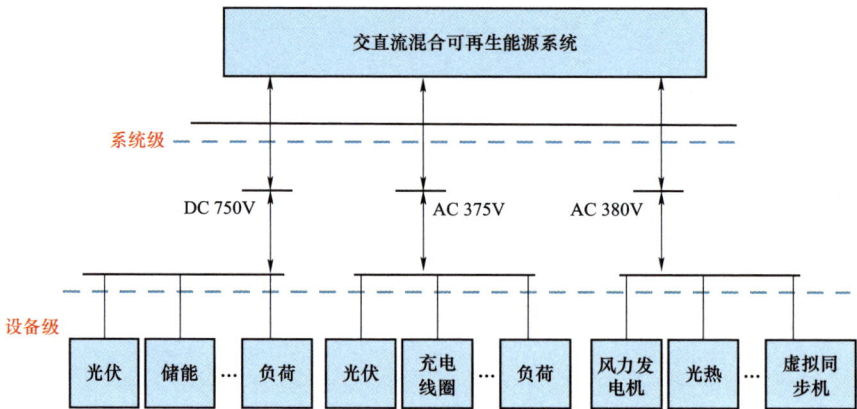

图 5-41　交直流可再生能源系统分层控制示意图

为了研究延时对直流母线电压的影响，在仿真模型中人为设置不同的延时，可以得到当直流母线发生故障时，直流母线电压的跌落情况。图 5-42 描述了延时对直流母线电压的影响，可以看出，当延时超过 50ms 时，直流母线电压跌落超过 50%。

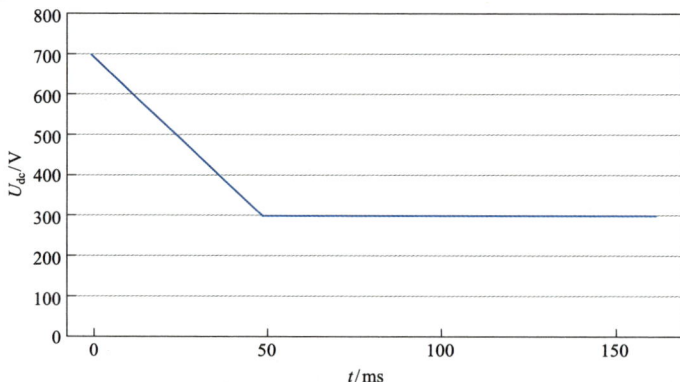

图 5-42　延时对母线电压的影响

仿真研究当设备层级接收控制指令的延时 200ms，电力电子变压器的输出端口 DC 750V 直流母线的变化情况，图 5-43 为在 $t=1s$ 时，DC 750V 直流母线发生故障，经过 200ms 的延时设备层级接收到直流母线电压的控制信号，对直流母线进行闭环控制的直流母线电压波形图。从图 5-43 中可以看出直流母线电压的跌落超过 50%，经过 220ms 左右达到额定值 750V。所以在故障紧急情况下，系统级响应太慢，由系统级发送直流母线电压的控制指令不合格。因而，当系统处于稳态时，采用系统层级指导设备层级进行电压控制的控制策略，有故障时应使设备层级具有直接感应直流母线电压变化来进行控制的能力。

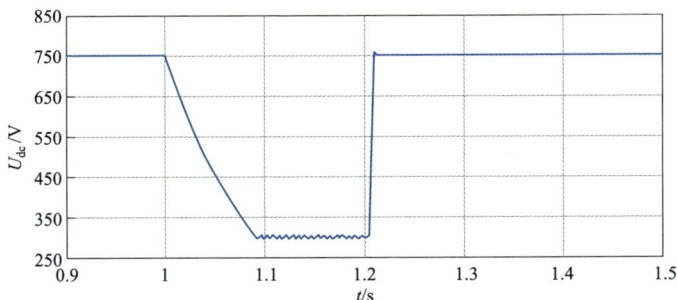

图 5-43　经过 200ms 延时的直流母线电压波形图

设备级直接感应直流母线电压变化进行控制可以分为两个层次：感应直流母线电压的变化水平和感应直流母线电压变化的变化率。

感应直流母线电压变化水平是由设备级感应直流母线的电压是否在额定值附近，若超过规定的电压变化范围，则认为是发生了故障，设备级进行直流母线电压控制，使直流母线电压达到额定值；感应直流母线电压变化率时由设备级感应直流母线电压变化的变化率，若直流母线电压的变化率超过了规定值，则认为是发生了故障，设备级需要进行直流母线电压的控制，使直流母线电压达到额定值。图 5-44 和图 5-45 分别为感应直流母线电压水平进行控制和感应直流母线电压变化率进行控制的直流母线电压波形图。

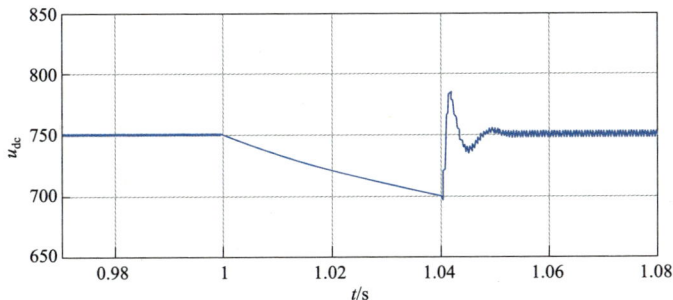

图 5-44　感应直流母线电压变化水平控制

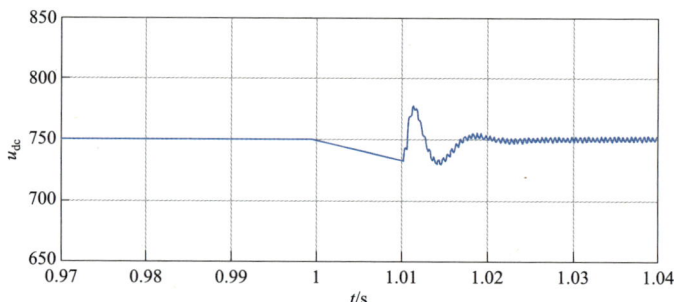

图 5-45　感应直流母线电压变化率控制

从图 5-44 中可以看出，由设备级自动感应直流母线电压水平的变化进行直流母线电压控制，电压跌落约 100V，并且能够在 50ms 左右达到额定值 750V。而图 5-45 表明，由设备级自动感应直流母线电压变化率进行直流母线电压控制，电压跌落约 20V，并且能够在 20ms 左右达到额定值 750V。

综上，系统级与设备级间的协调控制主要是，稳态时由系统级发送指令，指导设备级进行电压控制。而在故障紧急情况时，由于系统级响应太慢，系统级发送控制电压指令控制电压不合格，此时设备级应具备感应电压的紧急控制能力，自动感应电压进行控制。

三、电压多窗口快速检测

交直流系统中，由于分布式电源具有间歇性、随机性的特点，往往需要接入储能单元平滑间歇式能源功率波动，稳定系统有功输出，提高电压质量。同时，系统也要求当直流端口发生故障时，直流母线的电压的跌落不能太大，同时电压的恢复时间要尽可能短。在传统的分布式直流电网中，储能单元起到功率源的作用，并不用于控制直流母线电压。但是当直流电网发生故障时，如果储能单元仅仅提供一定功率，直流母线电压会有一个较大的跌落，稳定误差往往也较大。所以，在直流电网发生故障时，由储能单元控制器判断直流母线电压故障来进行直流母线电压控制是十分必要的，有利于提高分布式电源直流并网的稳定性。

为此，提出了一种提升分布式电源直流并网稳定性的控制方法，储能单元通过分阶段变步长检测直流母线电压的波动和变化率，主动进行直流母线电压的控制作用，使直流母线电压能够快速达到额定值，提高直流电网并网的稳定性。

储能单元通过检测直流母线电压的波动和变化率来判断直流电网的工作状态，如果电压变换率超过正常工作时的最大变化率，认为直流电网发生了某种故障，储能单元由恒功率模式切换到恒电压控制模式来控制直流母线电压稳定。

具体的逻辑过程：

步骤一：根据采样设备和传输线路的延迟来确定直流母线电压的检测周期为 ΔT_1，即每两次检测直流母线电压的时间间隔为 ΔT_1。

步骤二：对直流母线电压进行采样，将得到的直流母线电压值经过传输线（如光纤）传输给控制器，作为直流母线电压判断的依据。

步骤三：根据直流母线电压的电压等级和所带负荷的重要程度来确定直流母线电压正常工作时的波动范围，即确定 $U_{\max}$ 和 $U_{\min}$。当采集来的直流母线电压在电压的正常工作范围内时，即 $U_{\min} < U_{dc} < U_{\max}$，储能控制器发送控制模式 1（比如恒功率控制模式信号）给原来的控制系统；若采集来的直流母线电压不在电压的正常工作范围内时，即 $U_{dc} < U_{\min}$ 或 $U_{dc} > U_{\max}$，执行步骤四。

步骤四：减小检测直流母线电压的检测周期为 ΔT_2（ $\Delta T_1 > \Delta T_2$）。

步骤五：根据第四步确定的检测周期和采样得到的直流母线电压来计算直流母线电压的变化率，即

$$k_{dc} = \frac{\left| U_{dc1} - U_{dc2} \right|}{\Delta T_2} \qquad (5-61)$$

式中： U_{dc1} 和 U_{dc2} 分别为上次和本次采集系统传输的直流母线电压值； ΔT_2 为检测周期。

步骤六：根据直流母线电压的电压等级、所带负荷能承受的电压突变程度和采样电路的延时来确定正常工作时直流母线电压变化率的最大值，即确定 $k_{\max}$（ $k_{\max} > 0$）。当采集来的直流母线电压的变化率小于正常工作时的直流母线电压变化率时，即 $k_{dc} < k_{\max}$，储能控制器发送控制模式 1（比如恒功率控制模式信号）给原来的控制系统；当采集来的直流母线电压的变化率大于正常工作时的直流母线电压变化率时，即 $k_{dc} > k_{\max}$，储能控制器发送控制模式 2（比如恒电压控制模式信号）给原来的控制系统。

通过上述的逻辑控制过程，最终将控制模式信号 1（或者控制模式信号 2）发送给原来的控制系统，指导储能控制器进行模式切换来控制直流母线电压，使直流母线电压快速达到稳定，并且电压跌落较小。控制逻辑如图 5-46 所示。

如图 5-46 所示，储能控制器采用分时段变步长检测直流母线电压波动和变换率来判断直流母线是否故障，并通过合理分析发送控制模式信号来控制直流母线电压的整个逻辑控制过程。当检测直流母线电压变化率的时候，需要注

意的是 $\Delta T_2 < \Delta T_1$，即加快检测的速率，尽快确定直流母线是否故障。采用分时段变步长检测直流母线电压波动和变化率来判断直流母线电压故障的方法，节省了控制器的资源，提高了控制器的运行稳定性。

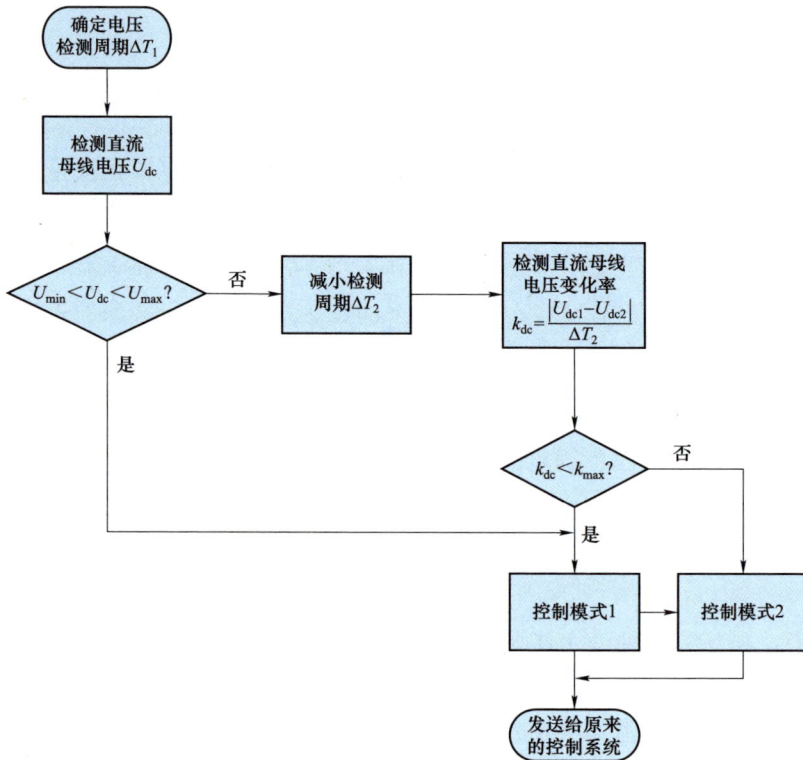

图 5-46　控制逻辑流程图

图 5-47 所示为储能单元采用分阶段变步长检测直流母线电压的波动和变化率进行母线电压控制的直流母线电压波形图，检测周期开始时是 10ms，当检测到直流母线电压低于 740V 时，开始减小检测周期为 1ms，进行直流母线电压变化率的检测，当检测到直流母线电压变化率超过 1600V/s 时，储能控制器启动恒压控制模式。从图 5-47 中可以看出，直流母线电压经过短暂的暂态过程稳定到 750V。为了更加清楚地反映储能单元的控制作用，图 5-48 在 0.5s 时将图 5-47 的电压波形进行放大，可以看出直流母线的暂态过程较短，电压的跌落较小。图 5-49 为不采用储能检测直流母线电压变化率来控制直流母线电压的波形图，从图 5-49 可以看出，直流母线电压出现了较大的跌落，10ms 内跌落大约 100V，继电保护可能动作，而且直流母线电压的稳态误差较大，直流电网的稳定性较弱。

通过上述仿真可知，通过所提出的多层感知的自适应快速控制方法：分阶段变步长检测直流母线电压水平和变化率，使故障后恢复过程中电压的跌落较小，缩短了电压调节的暂态过程，控制过程快速、稳定。

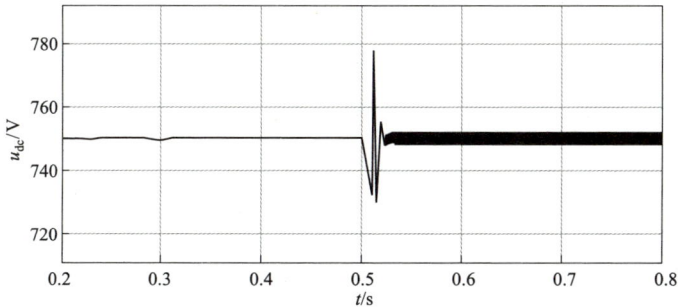

图 5-47　储能单元采用分阶段变步长检测直流母线电压的波动和变化率进行控制的直流母线电压波形图

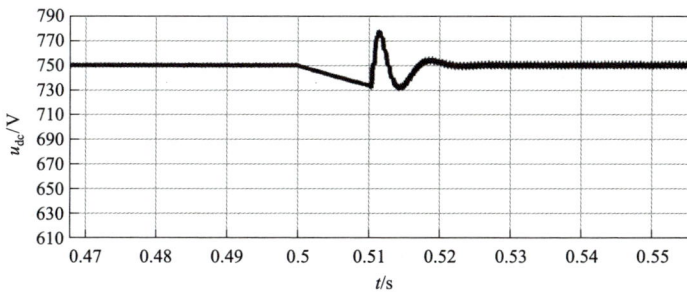

图 5-48　在 0.5s 时刻放大的电压波形

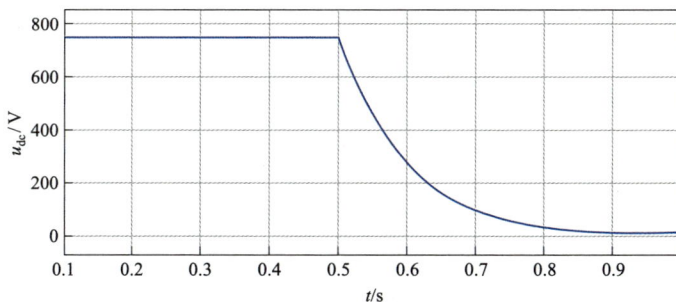

图 5-49　储能单元恒功率控制时的波形图

四、储能平滑切换控制策略

新能源接入直流电网后，利用储能可以解决新能源并网的关键问题，提高直流电网对新能源发电的消纳能力，进而提高直流电网的稳定性。为更好地发挥不同储能系统的作用，提高系统动态灵活性，储能、新能源和直流电网的功率电压协调控制策略研究尤为重要。

（1）考虑当 PET 直流母线 375V 端口发生故障时，交流 380V 母线通过 VSC 给直流母线提供功率，母线电压经过 20ms 左右的时间达到稳定，但是电压跌落较大，超过 30%。为了实现模式的平滑切换，通过加入储能的闭环控制来起到补偿作用，可以实现母线电压的平稳控制，电压的跌落小于 10%。图 5–50 和图 5–51 分别是 0.5s 时发生故障，不采用储能补偿的直流母线电压波形和采用储能补偿的直流母线电压波形图。

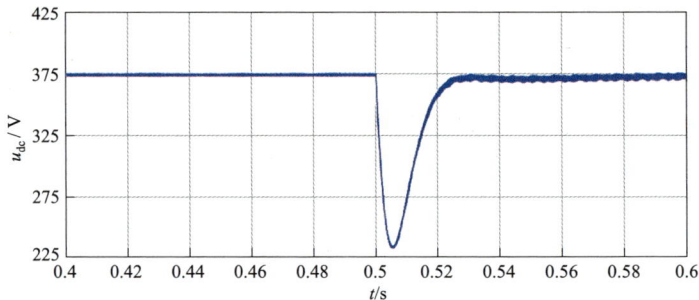

图 5–50　不采用储能补偿的直流母线电压

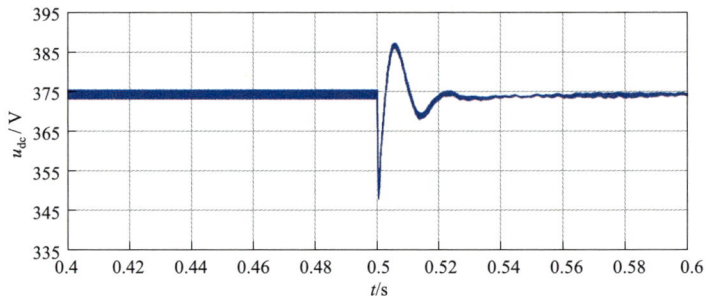

图 5–51　采用储能补偿的直流母线电压

由图 5–52 可知，在切换时投入储能单元来起到补偿作用，可以实现母线电压的平稳控制，电压的跌落小于 10%。由此可见，考虑储能单元控制，能保证交流 380V 为直流 375V 端口提供备用时的平滑切换。

仿真设置 1s 时 PET 端口发生故障断开，控制器检测直流母线电压，当母线电压低于设定值时，认为故障发生，储能切换到恒压控制模式，在切换至恒压控制模式之前，储能控制器已经启动用于缓冲功率的波动，所以当 PET 端口故障时，直流母线电压波动较小。当 $t = 3s$ 时，储能控制器退出运行，光伏控制器由 MPPT 切换成恒压控制模式，由于缺乏缓冲功率的装置，直流母线电压波动较之前稍大。综上，储能单元在模式切换过程中，一方面是补偿缺额功率，另一方面对波动功率进行缓冲，考虑储能单元的控制可以保证运行模式切换时的平滑。

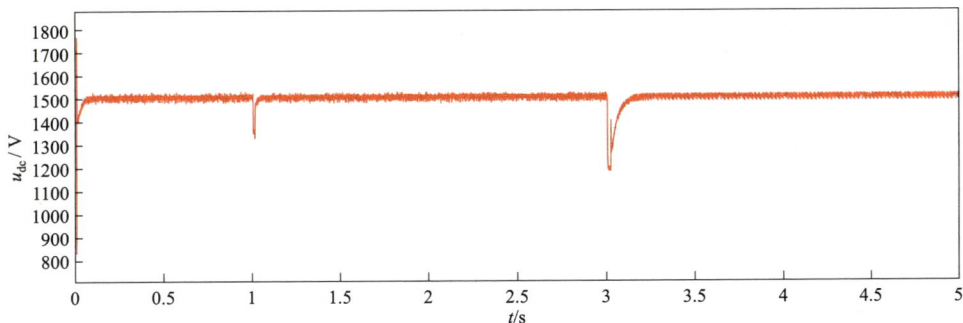

图 5-52　直流母线电压波动情况

（2）在系统的交流子网中，采用主从控制的交直流可再生能源系统需要配置一台容量较大的主逆变器，一般与储能电源组合，在交直流可再生能源系统处于孤岛运行模式时采用 V/f 控制，为其他微电源提供电压和频率基准，在并网运行模式下则采用 $P-Q$ 控制。

1）$P-Q$ 控制。系统并网运行时，系统电压和相角可通过对电网电压进行锁相获得，因此储能逆变器可工作在单电流环控制模式，储能逆变器控制框图如图 5-53 所示。

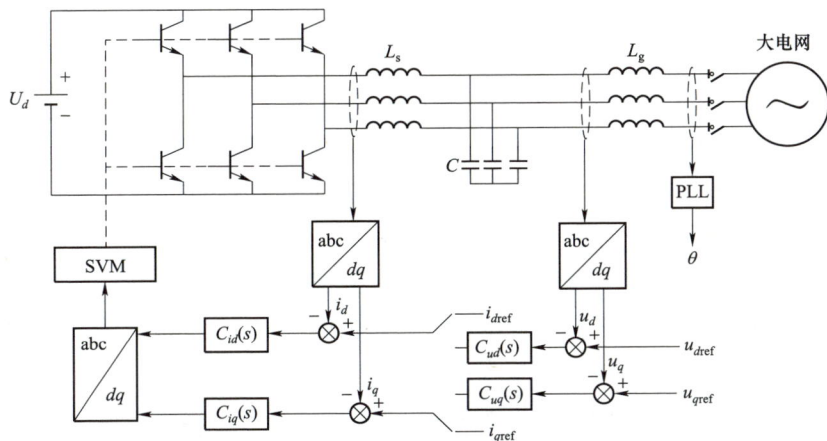

图 5-53　储能逆变器控制框图

i_{dref} 和 i_{qref} 的大小由储能逆变器控制信号决定

$$\begin{cases} i_{dref} = P_{ref} / u_d \\ i_{qref} = Q_{ref} / u_d \end{cases} \qquad (5-62)$$

其中，i_{dref} 用于调节有功功率，i_{qref} 用于调节无功功率，两者共同决定了并网电流的大小，并可以根据逆变器控制目标的实现进行灵活设置。通过对这两个参数的设置，可以实现储能逆变器并网运行时的有功功率的充放电管理与无功功率对系统电压的改善。

2）V/f 控制。当系统处于孤岛运行时，由于大电网已经断开，需要由储能逆变器组建交直流可再生能源系统交流电压。此时，储能逆变器采用电压外环电流内环的控制策略，u_{dref} 与 u_{qref} 的设置由电网电压决定。当坐标系采用恒幅值变换，且 d 轴定向于电网电压矢量时，存在

$$\begin{cases} u_{dref} = U_0 \\ u_{qref} = 0 \end{cases} \qquad (5-63)$$

图 5-53 所示为交直流混合可再生能源系统处于并网运行状态时的控制策略，选择开关处的参考输入值为 i_{dref} 和 i_{qref}，通过单电流环控制逆变器的有功与无功输出。当电网处发生非计划性故障时，选择开关会迅速将电压外环接入，从而形成 V/f 控制方式，来组建新的电网交流电压。但是在此切换过程中，电压外环的参考输入值为常数 u_{dref} 和 u_{qref}，通常为 U_0 和 0，而电网断开瞬间电压会突降为零，所以电压外环的反馈输入值很小，经过 $C_{ud}(s)$ 与 $C_{uq}(s)$ 后，会造成瞬间的饱和输出。

图 5-54 所示为交直流可再生能源系统发生非计划性故障时，储能逆变器直接切换运行状态的仿真结果，其中 I_{inv} 表示储能逆变器经滤波后送入负荷的交流电流，U_{inv} 表示储能逆变器滤波电容处的电压。仿真进行到 0.17s 时，电网从并网状态切换到孤岛运行状态，通过仿真结果可以看出，过渡过程中，逆变器输出电压峰值由 311V 突变到 500V 左右，而逆变器输出电流峰值则更是突变到原有电流峰值的 10 倍以上。

由图 5-54 可知，当电网发生故障，交直流可再生能源系统被迫改变运行状态时，如何保证系统的交流电压从大电网故障前的电压状态平滑过渡到新的稳定状态，成为了控制的关键与难点所在。

储能逆变器从 $P-Q$ 运行状态切换到 V/f 运行状态时会接入电压外环，但两种控制方式都包含一个电流内环，因此让两种控制方式使用同一个电流内环；同时为避免运行状态切换后，通过新的电压外环生成的电流内环参考输入值与原有 $P-Q$ 控制时电流内环参考输入值发生突变，采取了运行状态跟随的控制

方法，控制框图如图 5-55 所示。

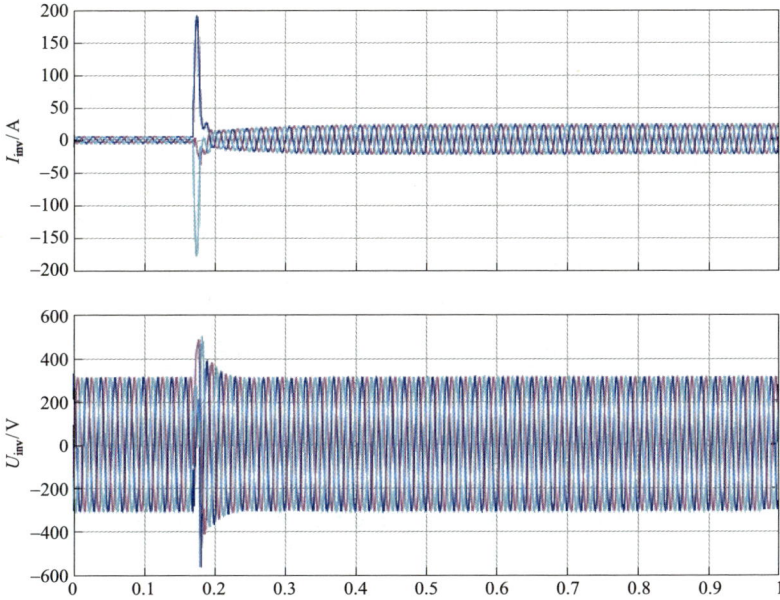

图 5-54 常规 *P-I* 直接切换仿真结果

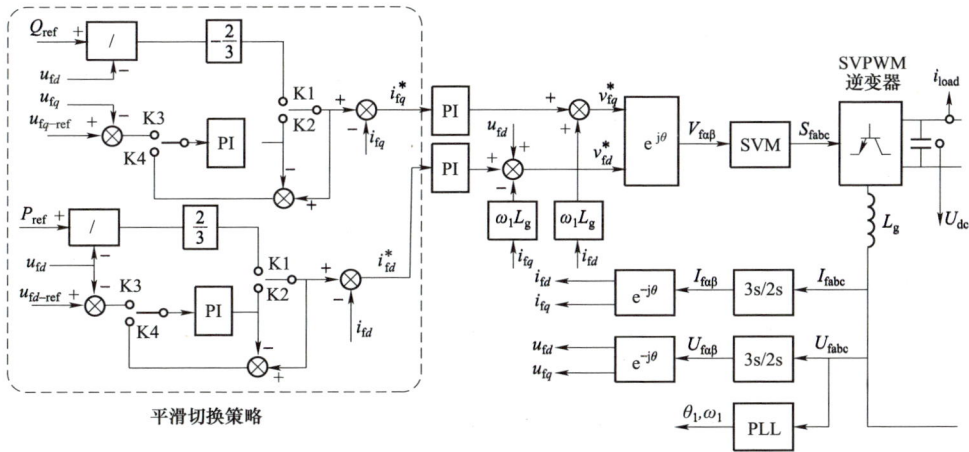

图 5-55 储能逆变器状态跟随控制方法

当坐标系采用恒幅值变换，且 d 轴定向于电网电压矢量时，存在

$$\begin{cases} P_{\mathrm{g}} = -\dfrac{3}{2}u_{\mathrm{g}d}i_{\mathrm{g}d} \\ Q_{\mathrm{g}} = \dfrac{3}{2}u_{\mathrm{g}d}i_{\mathrm{g}q} \end{cases} \tag{5-64}$$

式中：P_g 与 Q_g 分别为向电网输送的有功与无功；u_{gd} 和 u_{gq} 为电网电压的直轴和交轴分量；i_{gd} 和 i_{gq} 为送入电网的电流直轴和交轴分量。

并网运行时，图 5-55 中的选择开关分别接通 K1 和 K4，储能逆变器运行在单电流环控制的 P-Q 控制模式下，i_{td}^* 和 i_{tq}^* 既作为有功和无功的参考输入，同时也通过电压外环的 PI 控制器，将其输出状态保存至选择开关 K2 处，来实现控制器的运行状态跟随。切换到孤岛运行时，图 5-55 中的选择开关同时经过一个小延时接通 K2 和 K3，此时储能逆变器工作在电压外环电流内环控制的 V/f 控制模式下。由于储能逆变器滤波电感和滤波电容等储能元件的存在，在交直流可再生能源系统运行状态切换的瞬间，滤波电容处的电压和网测滤波电感处的电流不会发生突变，电压外环不会瞬间饱和导致输入到电流内环的参考值发生很大的改变。同时由于采取了状态跟随的改进控制策略，在状态切换瞬间，选择开关经过一个小延时环节才会动作，这样使得电流内环的输入值会从 i_{td}^* 和 i_{tq}^* 开始进行连续的平滑调节，从而消除了控制器参考控制信号的突变。

为了验证所采用的控制算法，在 Simulink 中进行了可再生能源系统并网/孤岛/并网过程的仿真分析。光伏电池及 DC/DC 变换器部分经过光伏逆变器、LCL 滤波器接入可再生能源系统 380V 交流母线。储能电池及 DC/DC 变流器部分，同样经过储能逆变器、LCL 滤波器接入可再生能源系统交流部分。光伏及储能逆变器所采用的 LCL 滤波器可以很好地滤出输出电压与电流中的谐波。

整个仿真过程如图 5-56 所示，光伏发电部分始终运行在最大功率点，且光伏逆变器的控制策略也不改变，光伏出力约 8kW；储能变流器始终保持双环控制结构，维持直流母线电压恒定；交流子网本地恒定负荷维持 10kW 不变。0～0.17s，整个电网运行在并网模式下；0.17s 时，电力电子变压器 380V 端口故障断开，可再生能源系统转入孤岛运行状态。

观察可再生能源系统转孤岛运行及重新并网运行两个时刻储能逆变器输出电压与输出电流的具体变化，0.17s 可再生能源系统转为孤岛运行的时刻，储能逆变器由于发生功率的反向变化，输出电流发生了明显的相位改变，并很快实现平滑过渡；同时，逆变器输出电压实现了无缝过渡，仅仅在幅值上出现了约 3% 的短暂下跌，随即快速建立起新的稳定孤岛运行电压；0.2s 时负荷的突然增加，并未对电流与电压的稳定造成影响。

当 PET 发生故障或退出，PET 750V 端口由电压模式切换为功率控制模式，同时 VSC 投入控制，梯次储能由下垂控制切换为电压控制模式；轻载仿真结果如图 5-57 所示，可知直流电压跌落小于 40V，跌落持续时间 60ms 左右，说明提出的控制策略在轻载情况下，可以实现 PET 转 VSC 和储能的平滑切换控制。

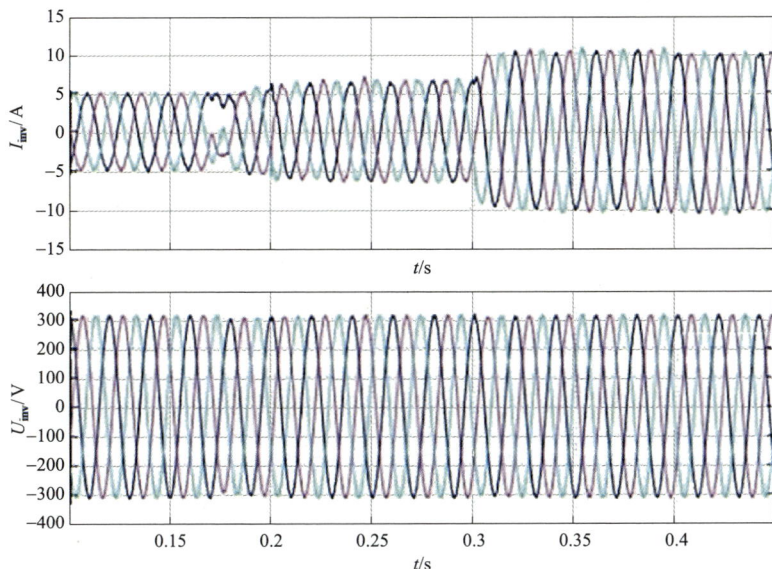

图 5-56　转孤岛运行时储能逆变器输出电流与电压

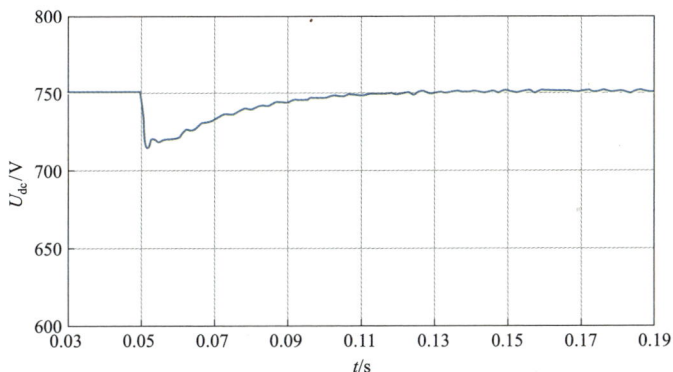

图 5-57　轻载情况下 PET 故障切换为 VSC 和储能接管直流电压

重载仿真结果如图 5-58 所示，可知直流电压跌落 80V，跌落持续时间 100ms 左右，说明提出的 VSC 和储能提供平滑切换的控制策略在重载情况下，同样可以实现 PET 转 VSC 和储能的平滑切换控制。

当大电网侧发生故障时，含 PET 的交直流系统须由并网运行模式切换为孤岛运行模式，此时由储能控制各端口电压，即梯次储能切换为电压控制模式；轻载仿真结果如图 5-59 所示，可知直流电压跌落小于 5V，跌落持续时间 40ms 左右，DC 750V 网孤网运行，可以实现并离网平滑切换。重载仿真结果如图 5-60 所示，可知直流电压跌落 80V，跌落持续时间 100ms 左右，说明储能提供平滑切换的控制策略在重载情况下，同样可以实现 PET 转储能的平滑切换控制。

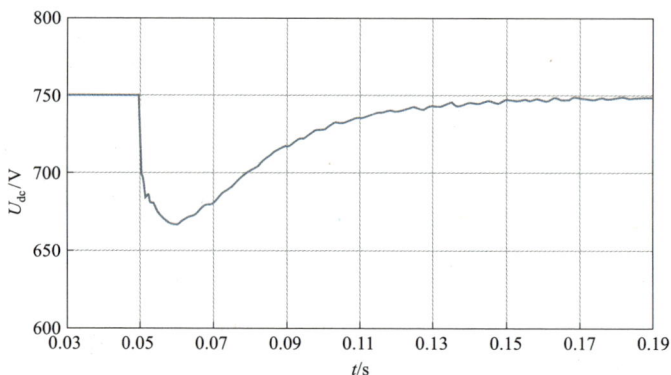

图 5−58　重载情况下 PET 故障切换为 VSC 和储能接管直流电压

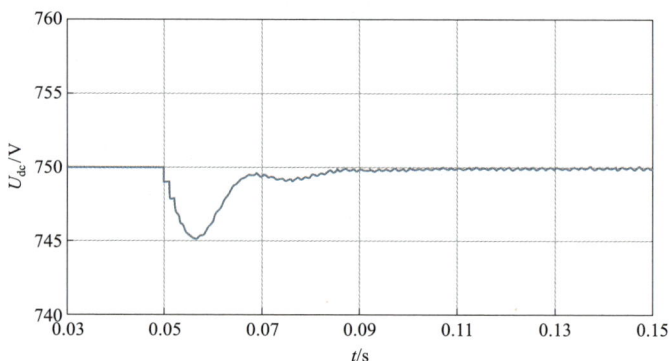

图 5−59　轻载情况下并网转孤岛运行直流母线电压变化

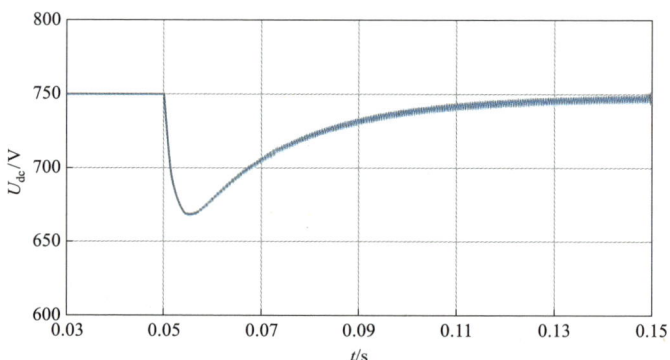

图 5−60　重载情况下并网转孤岛运行直流母线电压变化

五、多源协同控制策略

　　交直流可再生能源系统中含有电力电子变压器，以及光伏、风电等可再生能源及负荷等，其中储能单元、光伏单元、风电单元均可进行功率控制与电压控制。电力电子变压器发生直流端口故障后，储能、光伏、风电等功率可控单元协同对直流母线电压进行控制，本节针对这种多源协同控制问题进行了仿真研究。

（一）多源协同控制原理

当下针对多源运行的协同控制策略主要有两种：主从控制和对等控制。

（1）主从控制。主从结构是将系统中的分布式电源分为两类，在控制分工上一类属于主控单元，一类属于从控单元。主控单元在对负载出力的同时要管理储能装置和负荷，还要监测微电网内各个电气量的变化，根据相应的控制策略进行协调。从控单元的作用就是附属于主控单元，对负载输出对应的无功和有功功率，并不需要参与各种调节。主从只是区分在管理协调地位上的不同，其控制图如图 5-61 所示。

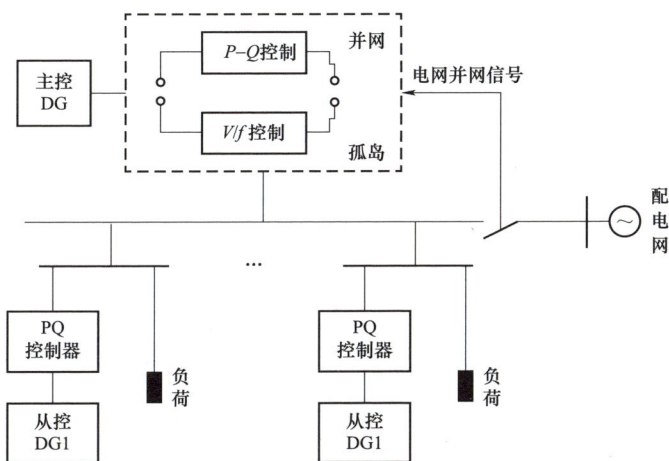

图 5-61　主从结构控制图

从图 5-61 中可知，主控分布式电源可以根据微电网运行状态选择控制方式，在并网状态时，主控 DG 和从控 DG 都采用 *P-Q* 控制；在孤岛状态时，主控 DG 改用 *V/f* 控制，从控 DG 依旧采用 *P-Q* 控制。

主从控制一般用于微电网孤岛运行状态，微电网失去了电网提供的电压和频率支撑。若任由电压频率跌落，势必会造成系统崩坏。在这种情况下，就需要分布式电源切换为 *V/f* 控制，由直流侧的分布式电源充当电压频率支撑者的角色，通过改变有功和无功功率输出维持系统内电压频率恒定。主从控制的结构决定了主控 DG 处于极其重要的地位，一旦主电源出现故障，整个系统就会无法控制。这对主控 DG 的要求也非常高，分布式电源相对整个电网的容量是极其有限的，哪怕现在主控 DG 可以由多台分布式电源或者分布式电源和储能装置一同担任，维持整个系统频率和电压恒定也是比较困难的。主从是通过通信线路来对各分布式电源进行控制，一旦通信出现问题，系统也无法正常运行。总体来讲，主从控制的可靠性取决于系统的通信能力。

（2）对等控制。对等控制与主从控制的区别在于没有主从之分，各个分布式电源在地位上平等统一，即"对等"。这种模式是受电力电子技术即插即用和对等控制思想启发。每个分布式电源都根据接入系统点电压和频率的就地信息进行控制，与主从控制相比，省去了通信系统，有利于降低成本。对等结构控制图如图 5 - 62 所示。从图 5 - 62 中可知，各 DG 经逆变器与本地负荷连接在电压母线上，处于同等地位。另外，对等结构微电网内，分布式电源不仅仅只能采用 Droop 控制方法，也可以采取 P-Q 控制方法。在这以全部分布式电源均采用 Droop 控制为例。

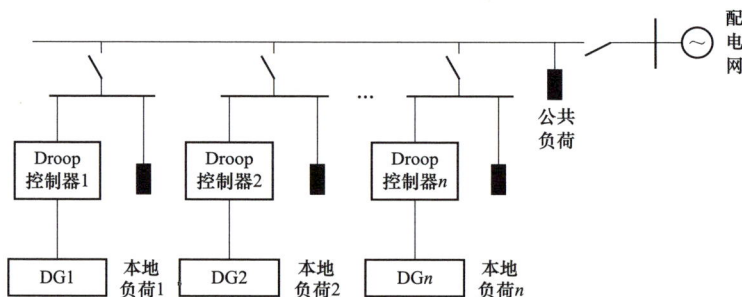

图 5 - 62 对等结构控制图

对等结构下，采用下垂控制的分布式电源不需要通信系统，依靠自身对有功和无功功率调节来获取理想的电压和频率，增加或减少 DG 及负荷均不会对系统造成伤害，有利于实现即插即用。就算系统内有个别分布式电源出现故障，其他的分布式电源也能自主调节来承担负荷的消耗，不会对系统造成严重影响，可靠性较高。随着多种分布式电源接入配电网，供电能力增强，系统内的负载数量及种类也在不断地增加，非线性负载也越来越多。对等控制针对负载瞬时变化和非线性负载的控制尚有不足，不能很好地抑制频率电压波动和消除谐波。另外，若是对等结构下各 DG 采用下垂控制，低压微电网中线路阻抗的影响也不能完全忽视。

一方面，采用主从结构控制的交直流可再生能源系统可以方便地整合现有的商用变流器。另一方面，对于直流系统，直流电压是反映系统内功率平衡的唯一指标。控制直流电压稳定，就可以控制微电源、储能设备、负荷间的功率平衡，维持直流系统的稳定运行。本节采用一种基于直流母线电压的分段协调策略，每层控制下至少有一端变流器控制直流电压，以确保直流系统在各种工作状态及扰动下都具有稳定的运行工作点，可以增强控制的灵活性和可靠性。

（二）优先级自适应添加延时的控制策略

基于直流母线电压的分段协调策略是依据直流母线电压分段阈值来进行不同控制模式的切换，该控制策略能根据系统不同的运行工况实现功率可控单元控制模式的切换，但是要求阈值选择非常合理才能达到理想的效果。如果电压阈值选择太小，那么会导致分布式电源间的控制区间重合，使系统控制失稳，无法有效调节母线电压，测量误差也会影响控制模式间的切换。如果阈值选择太大，那么会导致直流母线电压不能被快速控制，电压跌落幅度较大，影响直流电网的正常运行。

如图5-63和图5-64所示分别是阈值选择过大和阈值选择过小时直流母线电压的波形。通过上述仿真结果可知，若依据分段阈值进行分布式电源控制模式的切换，每个分布式电源对应的阈值的选择要合理，才能使其控制进行合理切换，但实际中，阈值确定后可能不能适应变化的系统，导致电压不能得到有效控制。

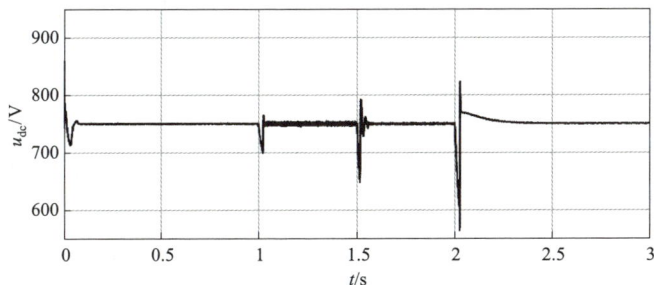

图5-63　阈值选择过大时的直流母线波形

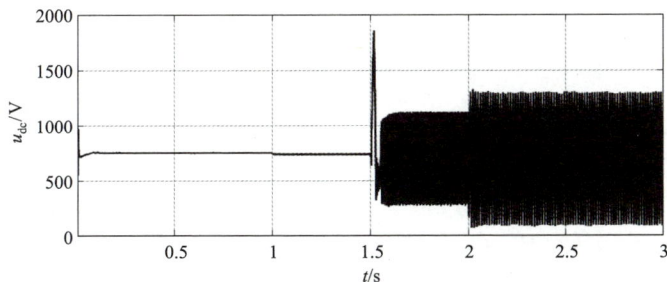

图5-64　阈值选择过小时的直流母线波形

因而，本节在分段阈值的基础上，提出按优先级自适应添加延时的控制策略。在选择阈值的基础上添加周期延时作为分布式电源控制模式切换的条件，使各个分布式单元控制器阈值的选择变得容易。分布式电源控制切换条件如表5-3所示。

表 5-3　　　　　　　　　　多分布式电源控制切换条件

分布式电源	优先级	阈值	延时
储能单元	最高	(a, b)	o
光伏	次高	(c, d)	p
风电	低	(e, f)	q

其中，$a<c<e$，$b<d<f$，$o<p<q$，优先级越高，阈值区间越小。具体的控制逻辑流程图如图 5-65 所示。

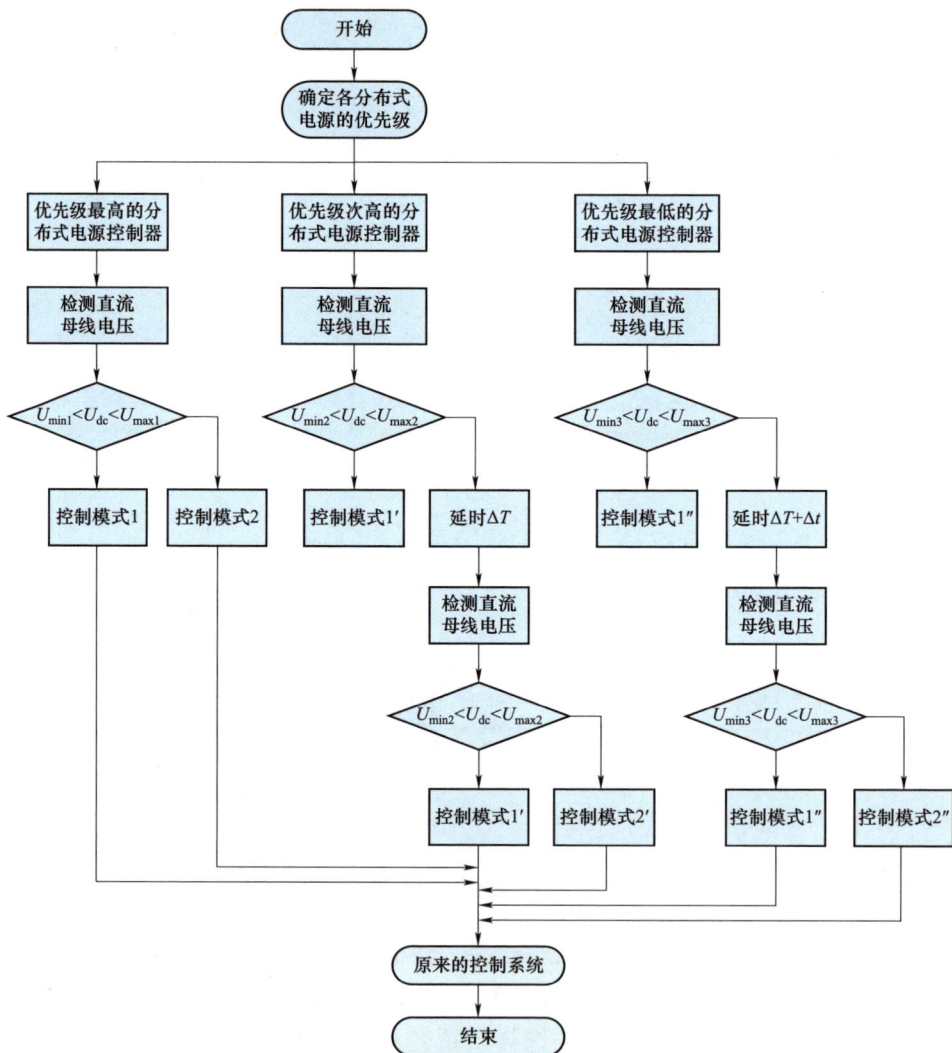

图 5-65　被控制优先级分段延时的控制逻辑流程图

首先规定控制直流母线电压的优先级，即当直流电网故障时，各个控制器控制直流母线电压的顺序。设计的控制直流母线电压的优先级：储能变换器＞光伏变换器＞风电变换器。对每个控制器添加阈值和延时进行控制，可以避免阈值选择太大或者太小对直流电网稳定性造成的影响，能够较好地实现规定的控制直流母线电压的顺序，完成各分布式电源对直流母线电压的协同控制。

（三）优先级自适应添加延时的控制策略仿真分析

PET 的 750V 端直流子网中含有分布式电源、负荷、储能单元，分别建立各个部分的数学模型。分布式电源以光伏发电系统和风力发电系统为例来建模，光伏发电系统由直流电源经过 boost 电路构成的 DC－DC 变换器连接到直流母线来等效，风力发电系统由交流电源经过 PWM 整流器构成的 AC－DC 变换器连接到直流母线来等效；储能单元电路由电池单元经过双向 DC－DC 变换器连接到直流母线来进行等效；负荷用纯电阻来进行等效。

图 5－66 为各分布式电源分别添加延时为 5、8、10ms 的仿真结果。直流母线电压初始稳定值为 750V，当 $t=1$s 时直流电网发生故障，$t=1.5$s 时储能单元发生故障，$t=2$s 时光伏发电单元发生故障。储能单元控制器的阈值为直流母线电压低于 740V 或者高于 760V，同时延时超过 5ms；光伏单元控制器的阈值为直流母线电压低于 730V 或者高于 770V，同时延时超过 8ms；风电单元控制器的阈值为直流母线电压低于 700V 或者高于 800V，同时延时超过 10ms。如图 5-76 所示，在 $t=1.01$s 时储能单元控制器开始动作，经过约 10ms 的时间直流母线电压稳定到 750V，控制过程中直流母线电压的跌落约 30V；$t=1.51$s 时光伏单元控制器开始动作，经过约 10ms 的时间直流母线电压稳定到 750V，控制过程中直流母线电压的跌落约 80V；$t=2.01$s 时风电单元控制器开始动作，经过约 10ms 的时间直流母线电压稳定到 750V，控制过程中直流母线电压的跌落约 120V。从图 5－66 可以看出在各个分布式电源的协调控制作用下，直流母线电压能够快速稳定到 750V，母线电压的跌落较小。

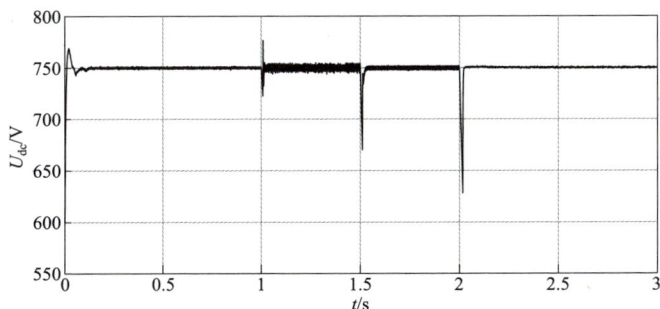

图 5－66 控制器添加阈值和延时后直流母线电压的波形图（延时 5、8、10ms）

相同的电压分段阈值基础上，不同的延时也会对控制效果产生影响。图 5-67 所示为储能单元控制器的阈值为直流母线电压低于 740V 或者高于 760V，同时延时超过 1ms；光伏单元控制器的阈值为直流母线电压低于 730V 或者高于 770V，同时延时超过 3ms；风电单元控制器的阈值为直流母线电压低于 700V 或者高于 800V，同时延时超过 5ms 的仿真结果。

对比图 5-66 与图 5-67 可知，光伏单元控制器延时设置由 8ms 降低到 3ms，风电单元控制器的延时由 10ms 降低到 5ms，光伏单元控制器动作控制过程中直流母线电压的跌落由 80V 减少到 45V；风电单元控制器动作控制过程中直流母线电压的跌落由 120V 减少到 95V，电压跌落程度明显降低。

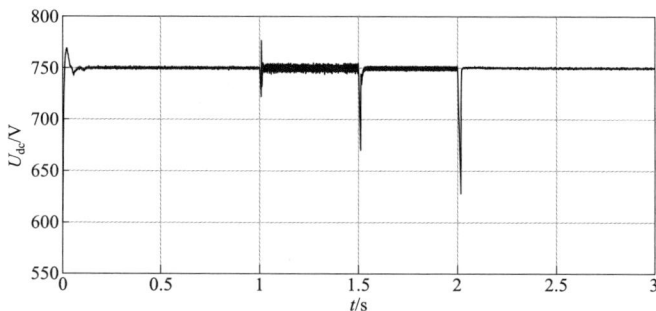

图 5-67　控制器添加阈值和延时后直流母线电压的波形图（延时 1、3、5ms）

因而，在直流电压分段阈值的基础上添加延时，可以避免因阈值选择不合适而引起的控制多分布式电源控制模式的冲突，可以避免阈值选择不合理对直流电网造成的影响。通过控制优先级分段延时的协调控制策略，可以减小直流母线电压在暂态控制过程中的变化量，缩短暂态控制过程的时间，提高电网的稳定性，延时时长的自适应特性后期也需进一步研究。

第六章　交直流互补优化运行控制系统

第一节　互补优化运行控制系统框架设计

　　交直流分布式可再生能源互补优化运行控制系统包括实时监控、协调控制、短期调度、分析评估、运行模拟等五大功能模块；针对交直流混合分布式可再生能源系统的灵活接入、互补优化和协调控制等关键技术问题，按五个方面展开系统的开发。技术上，交直流分布式可再生能源互补优化运行控制系统使用 Java 语言及 C 语言开发设计，采用通用的 C/S 结构，大量使用新技术，并基于智能电网调度技术支持系统基础平台，实现软件构架的优化。采用模块化的设计，保证了系统运行的稳定性和健壮性。系统提供良好的人机接口，具有高可靠性、可扩展性和可维护性。

　　遵循自动化主站系统的三层架构体系，在软件支撑平台的基础上，提出了基于面向服务的可扩展的交直流分布式可再生能源系统的总体架构，支持异步通信的消息总线、信息通信协议和通信机制。互补优化运行控制系统整体架构图如图 6-1 所示。

图 6-1　互补优化运行控制系统整体架构图

第二节　互补优化运行控制系统功能模块

一、互补优化运行控制系统软件架构

互补优化运行控制系统软件架构综合考虑了多层级架构、多业务组件、多类型能源、多数据类型、多接入规约等特征，纵向上分为平台软件层、服务层、采集交互层、监视控制层、优化决策层，如图6-2所示。

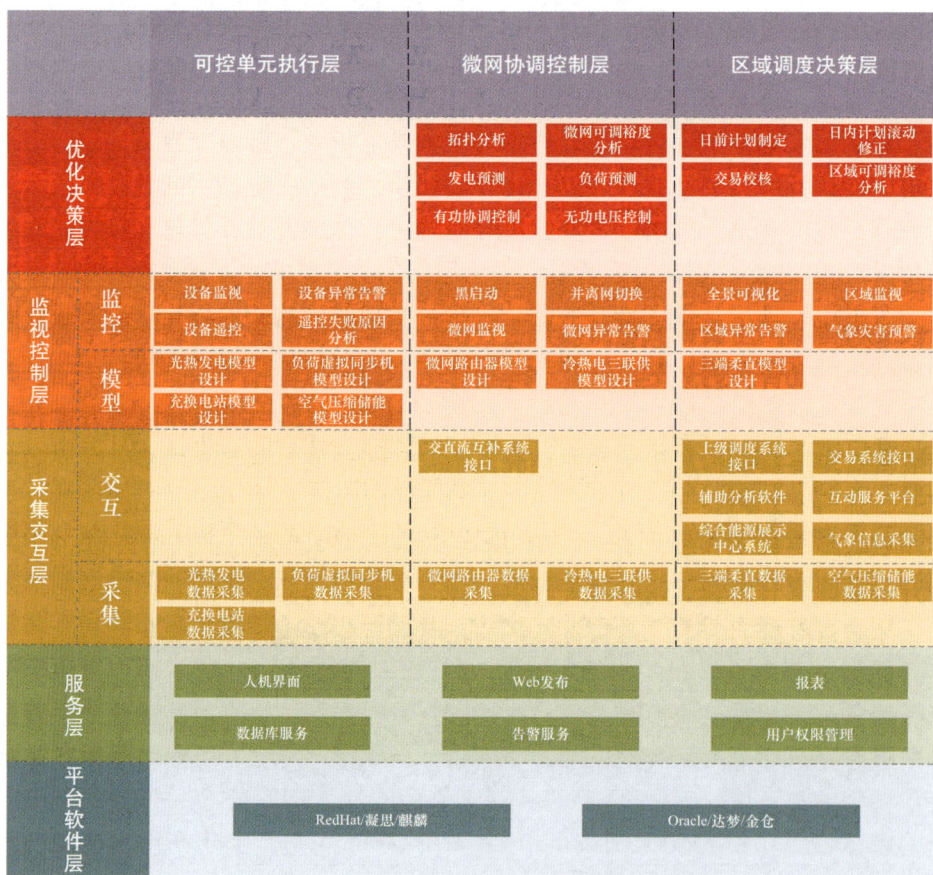

图6-2　互补优化运行控制系统软件架构图

（1）平台软件层，包括操作系统软件与数据库软件。

（2）服务层，主要为 OPEN5200 和开放服务平台（open service platform, OSP）平台基础服务。

（3）采集交互层，主要功能为各层设备实时数据采集、各内外部系统之间的信息交互接口，为监视控制层和优化决策层提供数据支撑。

（4）监视控制层，主要功能包含各设备模型设计与建立、各层运行状况实时监视、异常告警、遥控等，从采集交互层获取数据，为优化决策层提供模型数据支持。

（5）优化决策层，主要功能包括拓扑分析、可调裕度分析、微预测、协调优化控制等。

二、互补优化运行控制系统功能

交直流分布式可再生能源互补优化运行控制系统的功能有两方面。一方面通过数据平台进行基础数据采集，并对数据进行统计和分析，将数据信息及分析结果进行展示，并传送给调度系统，以指导调度运行管理人员工作。另一方面，交直流分布式可再生能源互补优化运行控制系统根据算法计算，得到分布式电源、储能装置、PET 的控制模式及有功控制指令，并将指令通过调控平台下发给电力电子变压器等关键设备，以及分布式可再生能源、储能等设备，以指导设备运行。

系统的具体功能模块有状态估计、场景生成、运行模拟、PET 策略组合、长短时间尺度优化调度、协调控制等，可以对整个交直流可再生能源系统的运行情况进行监测，具有预测可再生能源出力、优化各电源发电、管理可控负荷、维持系统稳定运行等功能，从而实现系统的优化运行与控制。一些主要功能的实际系统界面如下。

1. 基于电力电子设备实时量测信息低压网络状态估计模块

状态估计模块如图 6-3 所示。其主要功能包括模型管理、拓扑分析、状态估计、误差分析。用于解决交直流可再生能源系统低压网络量测信息缺失情况下的系统状态估计问题。对网络开关量及拓扑进行分析，通过对不良数据进行有效检测和辨识，实现含电力电子变压器交直流混合网络的状态估计，提高了交直流系统的可观测性。

2. 分布式可再生能源系统运行场景生成模块

场景生成模块如图 6-4 所示。其主要功能包括可再生能源系统产能/用能预测误差特性分析、运行场景集生成和典型场景提取。针对产能/用能预测-实测历史数据分析，得到预测误差概率模型，结合日前预测数据可生成日前场景集。场景缩减模块对日前场景集进行场景缩减，提取出典型场景集，为系统优化运行提供可靠的边界条件。

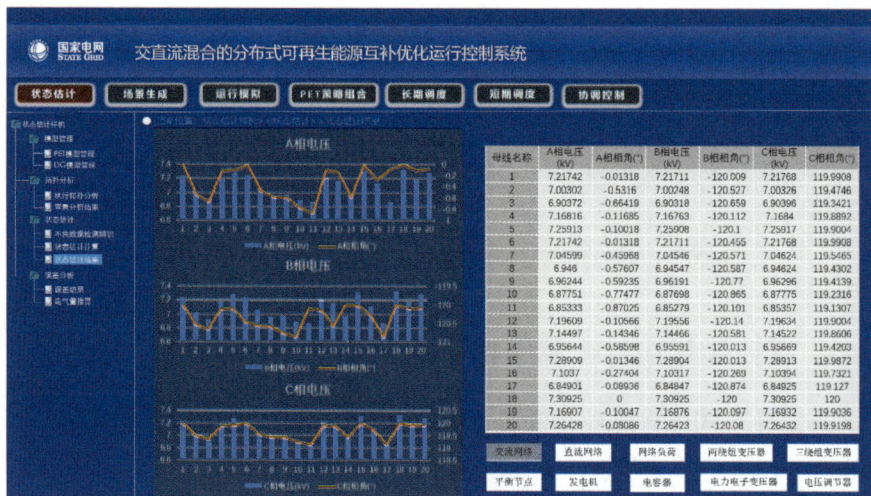

图 6-3 状态估计模块

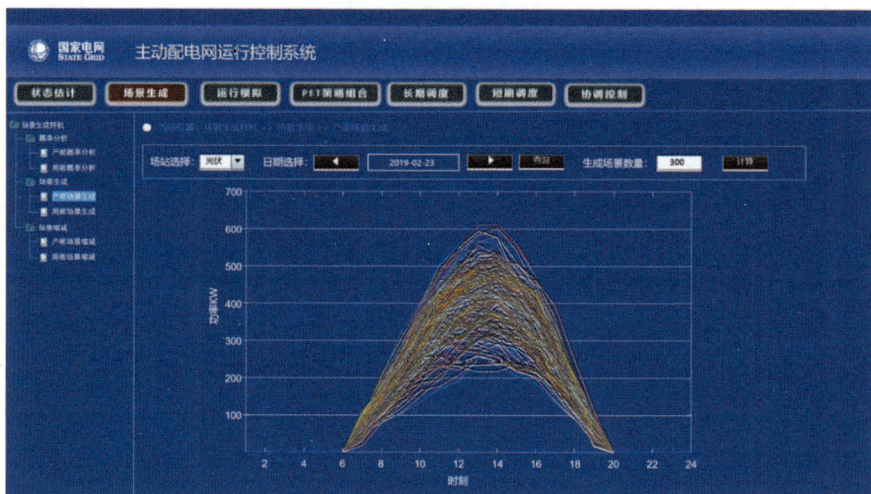

图 6-4 场景生成模块

3. 电力电子变压器运行策略优化组合模块

电力电子变压器策略优化组合模块如图 6-5 所示。主要功能包括数据预处理、智能优化、验证分析、互补优化。数据预处理模块分析可再生能源出力波动及系统响应能力。智能优化模块实现电力电子变压器交直流端口运行策略的优化组合。验证分析模块对不同控制策略下的直流电压、交流频率数据进行仿真对比分析。互补优化模块可以实现交直流网络的互补优化，为系统运行调度提供有效的保障。

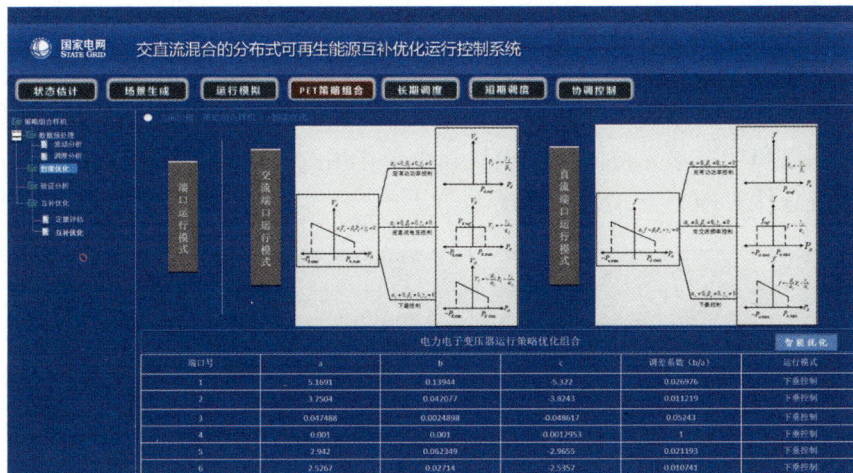

图 6-5　策略优化组合模块

4. 多时间尺度多源互补优化调度策略生成模块

多时间尺度优化调度模块如图 6-6 所示。主要功能包括多源互补特性分析、响应能力分析、长时间尺度策略生成、短时间尺度策略生成。用于解决多场景下交直流系统长时间尺度互补优化运行调度问题。分析系统内多能源互补特性及其响应能力，并基于运行场景需求对调度目标进行分析，通过调用多源互补优化调度算法模块，生成满足多场景运行需求的长时间尺度调度策略。短时间尺度优化调度策略的生成可选择自供电运行模式、弃电最小运行模式或经济运行模式。也可以直接跟踪长时间尺度调度指令。

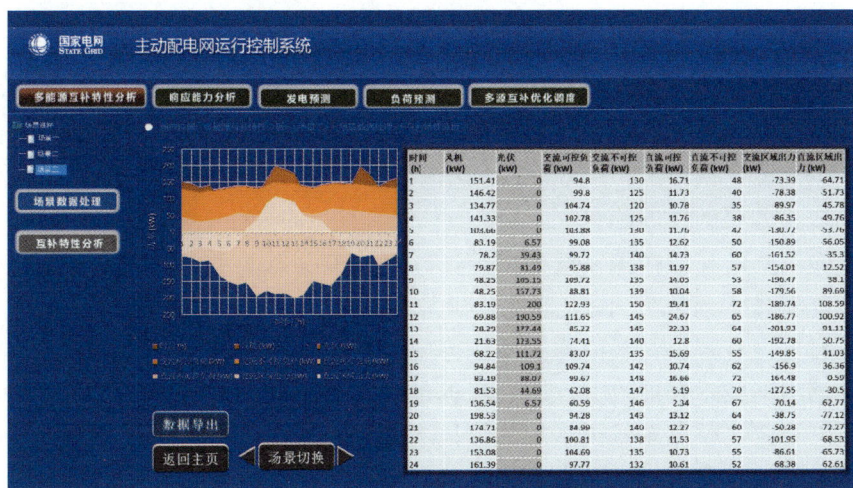

图 6-6　多时间尺度优化调度模块

5. 交直流系统协调控制模块

协调控制模块如图6-7所示。主要功能包括电压与功率灵敏度关联特性分析、交直流耦合性分析、控制方式切换条件判断、无功电压协调控制、系统运行模式切换和功率单元协同控制模块。主要作用为实时监控线路运行状态，并根据切换条件对控制方式进行切换。

图6-7　协调控制模块

第三节　同里应用示范

一、工程概述

近年来，光伏发电、数据中心、储能等新型直流源荷储设备广泛接入，电网安全经济运行面临严峻挑战。以电力电子变压器为核心，构建交直流混合系统，减少能源变换环节，提高能源利用效率，实现多个交直流电压等级灵活组网，已成为重要的发展趋势。

自2013年起，在国家重点研发计划"基于电力电子变压器的交直流混合可再生能源技术研究"、国家自然科学基金、国网总部科技项目的支持下，国网江苏省电力有限公司（简称国网江苏电力）对高效率电力电子变压器及其交直流灵活组网技术开展攻关。国网江苏电力针对交直流系统中核心设备高效、区域电网稳定、整体系统灵活等关键技术开展了系列研究，并对"清洁低碳、安全高效"的交直流供电技术进行了工程应用及推广，建成了苏州同里交直流混合的分布式可再生能源示范工程。项目研发的10kV/3MVA四端口硅基电力电子变压器、10kV/3MVA 四端口碳化硅电力电子变压器、±750V/1.2MVA 直流故障电流控制器在示范工程得到应用，实现了 10kV 交流系统和 380V 交流、±750V 直流、±375V 直流交直流微网柔性互通，3301kW 分布式新能源全部消纳，保证示范工程 2681kW 直流负荷高质量供电。故障电流控制器有效解决直流配电网故障电流保护等难题，实现线路电压调节功能。

截至 2021 年 6 月，示范工程已建成系统总容量达 4.606MW，系统带负荷持续运行。建成光伏、风电和光热等多类型可再生能源 3.301MW，占比 71.7%；建成直流数据中心、直流小区和直流充电桩等多样性直流负荷 2.681MW、交流负荷 1.2MW，已建成储能 0.725MW，直流负荷占比 58.2%。

苏州同里交直流示范工程实现了交直流分布式可再生能源、电动汽车、储能、交直流用电负荷等元素的灵活接入，打造以电力电子变压器为核心的交直流混合配电网示范区。

该工程建设了一座"电力电子变压器中心站"，建筑轴线占地 1740m²，为一栋两层钢结构建筑物。建设 AC 10kV 开关柜 17 面，2500kVA AC 10kV/0.4kV 干式变压器 2 台，AC 380V/DC ±375V 双向变流器 1 台，DC ±750V 开关柜 13 面，包含 1 面快速开关出线柜，DC ±375V 开关柜 5 面，AC 380V 开关柜 17 面，配套建设照明、防雷、接地、二次设备及通信设备。

工程根据同里周边 110kV 及 35kV 变电站情况，示范区分别从九里变电站及屯浦变电站各接一回 10kV 线路。中心站 10kV 采用单母线分段接线形式，进线分别引自九里变电站 146 苏同线、分布式光伏及屯浦变电站 122 旺塔线，建设馈线间隔供交直流配电房、主楼、同里湖佳苑等电源及负荷接入。接入系统方案和整体网架如图 6-8 所示。

在系统主接线方案方面，为了充分考虑示范区供电需求，采用了多路并供的系统结构。通过多电力电子装置之间过程层协调控制系统，计划支持非计划性电压模式和功率模式在线切换。正常情况下，1 号 PET 工作在电压模式，2 号 PET 工作在功率模式，当 1 号 PET 自身遇到故障切除时，2 号 PET 可以在线切换到电压模式，实现整体的安全运行。

DC ±750V 侧采用单母线接线形式，进线引自电力电子变压器 DC ±750V 侧；1 回出线间隔接入故障限流器（fault current limiter，FCL）1 台，FCL 下设一段 DC ±750V 小母线，接入风电、屋顶光伏等，预留远景光伏接入间隔，设置 1 回快速开关出线，供 1 回低压环网接入。同时，±750V 还接入了低压环网柜、储能、数据中心等。

DC ±375V 侧采用单母接线形式，两回进线分别引自电力电子变压器及 380V/±375V 双向变流器 DC ±375V 侧，实现电子公路、储能等接入。

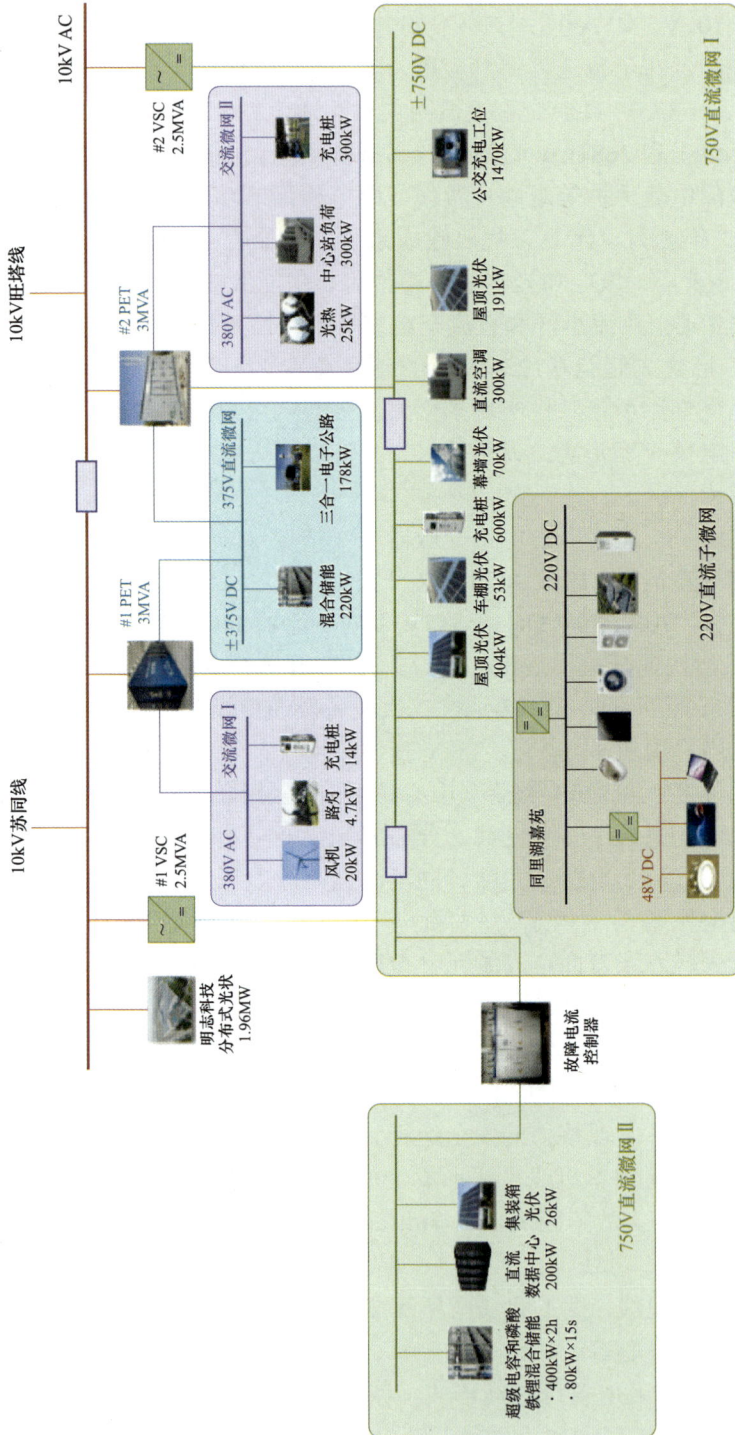

图 6-8　系统整体框架示意图

AC 380V 侧采用单母线三分段接线形式，Ⅰ母进线引自 1 号干式变压器，Ⅱ母进线引自电力电子变压器 AC 380V 侧，Ⅲ母进线引自 2 号干式变压器；同时满足光热发电、屋顶光伏、站用电接入。

二、关键设备选型与成套设计

（一）电力电子变压器

电力电子变压器主要包含输入级 AC/DC 电能变换单元，中间隔离级的 DC/DC 电能变换单元、输出级的 DC/AC 和 DC/DC 电能变换单元和连接各级的储能电容器 C。主要原理如图 6-9 所示。

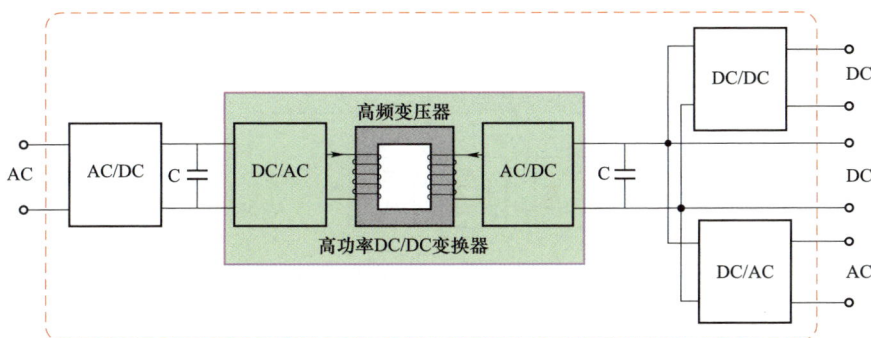

图 6-9　电力电子变压器工作原理示意图

输入级 AC/DC 电能变换单元：该单元一般采用电压源型换流器，可实现将中、高压交流变换为中、高压直流。该换流器由大功率的可控关断型电力电子器件（如 IGBT、IGCT）和反并联二极管组成。在高压大功率情况下，为提高换流器容量和系统的电压等级，该单元由多个 IGBT 及其相并联的二极管通过模块化多电平结构级联获得，其级联个数由换流器的额定功率、电压等级以及电力电子开关器件的通电能力与耐压强度决定。

中间隔离级的 DC/DC 电能变换单元：该单元主要包括 DC/AC 电能变换单元、高频隔离变压器和 AC/DC 电能变换单元。其中 DC/AC 和 AC/DC 电能变换单元均采用电压源型换流器。DC/AC 换流器通过将输入级产生的中、高压直流变换为中、高压高频交流送入到高频隔离变压器中，该变压器通过降压在二次侧产生高频低压交流。与变压器二次侧相连的 AC/DC 换流器将高频低压交流变换为低压直流进行输出。

输出级的 DC/AC 和 DC/DC 电能变换单元：两个电能变换单元均采用电压源型换流器，DC/AC 换流器可将隔离级产生的低压直流变换为工频交流，DC/DC 换流器可将该低压直流变换为其他电压等级的直流电压，以满足不同供电场合的需要。

直流侧电容器 C：由于各级之间通过直流电能环节相连，直流侧电容器是该电能环节中的储能元件，它可以缓冲各电能变换单元的冲击电流，同时减小直流侧的电压谐波，并为输出级直流端口提供电压支撑。另外，电容的大小决定其抑制直流电压波动的能力，也影响控制器的响应性能。

高压交流母线经变压器后与电力电子变压器输入级相连，经输入级和中间隔离级后产生低压直流，该低压直流可按照双极对称接线方式连接，两极可以独立运行，中间采用接地极形成返回电流通路。输出级两个 DC/DC 电能变换单元分别并联在双极低压直流母线上，输出的直流可按照双极对称方式进行连接。输出级的 DC/AC 电能变换单元通过并联在负极低压直流母线中，经换流器后产生低压工频交流。电路主接线如图 6-10 所示。

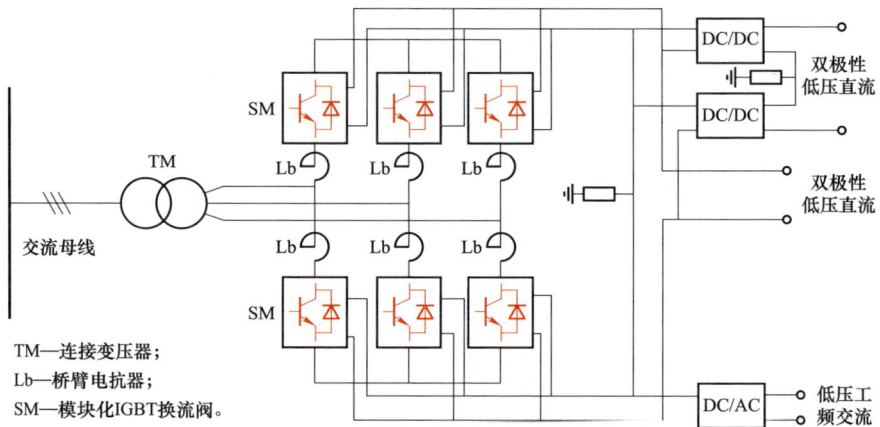

TM—连接变压器；
Lb—桥臂电抗器；
SM—模块化IGBT换流阀。

图 6-10　电路主接线

主要设备技术性能指标需求如下。

1. 额定容量和额定工况效率

根据 2017 年国家重点研发计划"交直流混合的分布式可再生能源技术"项目的要求，该电力电子变压器具备 3MVA 容量，且在额定工况下，系统电能传输效率大于等于 96%。

2. 端口类型

该电力电子变压器具备多种电能变换单元，可提供 10kV 交流、380V 交流、±750V 直流和 ±375V 直流四种双向功率可控端口，其中输入侧 10kV 交流端口的额定容量为 3MVA，输出侧 380V 交流端口的额定容量为 500kVA，输出侧 ±750V 直流端口的额定容量为 2.2MVA，输出侧 ±375V 直流端口的额定容量为 300kVA。

3. 电能质量

电力电子变压器输入级采用多个模块级联构成可产生多电平输出，高压交流侧输入电流的谐波畸变率小于 3%。

（1）直流侧电容。直流侧电容大小与电容纹波电压有关，当电容值较小时，电容支路的阻抗相对较大，对高频电流的滤波作用较弱，导致低压直流输出侧电压中含有较大高频波动。但电容值不可能无限增加，还要受到多种因素的制约。在实际中应用时，要根据电容纹波电压要求选择合适的电容器。

（2）电力电子变压器。电力电子变压器成套设备由三台 AC 10kV/DC ±750V 变换器（Converter1）、一台 DC ±750V/AC 380V 变换器（Converter2）、两台 DC ±750V/DC ±375V 变换器（Converter3），以及内部的启动回路、断路器等组成。结构如图 6-11 所示。

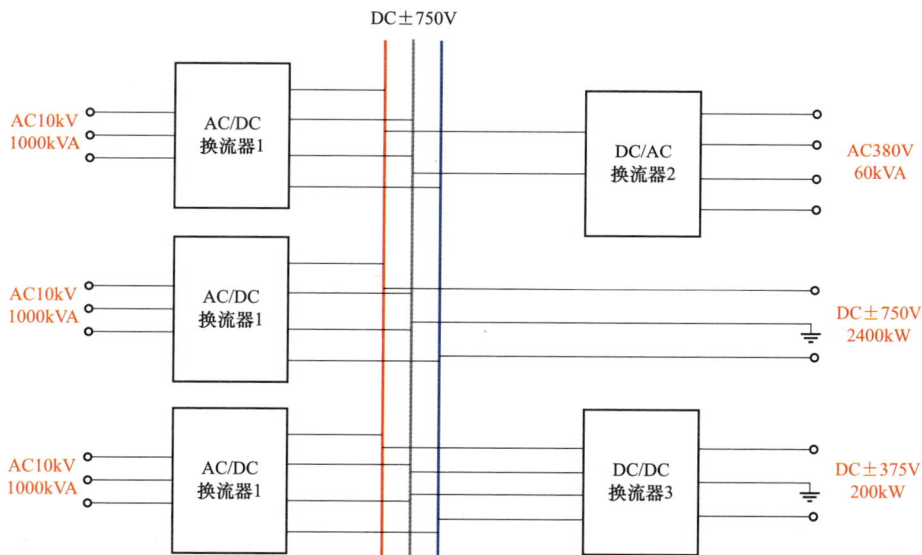

图 6-11　电力电子变压器端口组成示意图

根据主电路结构、真双极运行及各端口的功率要求，整体配置方案包括功率流向、启动回路及开关等如图 6-12（见文后插页）所示。图中，每个红框代表一个集装箱，整体项目采用四个 12m×3.4m×3.7m 的集装箱，其中一至三号集装箱的配置完全相同。

一至三号集装箱：每个集装箱放置一台 1000kVA、AC 10kV/DC ±750V 的电力电子变压器（Converter1），以及配套启动柜、电抗器柜和控制柜等设备。

每台电力电子变压器分 +750V 和 -750V 阀塔，每个阀塔有 3 相，每相有 14 个子模块，每个子模块容量不大于 15kW。每个阀塔每相的子模块均设置有一定的冗余功能。+750V 和－750V 阀塔构成真双极结构。运行过程中，正负两极完全解耦，具备不对称运行能力。

启动柜包含主断路器、启动电阻、旁路断路器和电流互感器等设备；电抗器柜包含一个三相电抗器，感值按 10%阻抗，电流总谐波失真（total harmonic distortion, THD）不大于 3%；控制柜包含每个阀塔的控制保护装置。

Converter1 变换器的功率单元由前级、中间级、后级三个 H 桥，以及高频变压器组成，实现电气隔离、电压变换和能量传输。前级 H 桥串联接入 AC 10kV 电网，中间级 H 桥的输入接在前级 H 桥的输出上，中间级和后级之间通过高频变压器连接，后级所有 H 桥的输出并联，输出一个公用的 DC 750V 直流母线，供其他端口实现电压及功率变换和连接。

四号集装箱：放置汇流母排和断路器等设备，以及一台 60kVA、DC 750V/AC 380V 的逆变器 Converter2 和两台 DC 750V/DC 375V 的直直变换器 Converter3；四号集装箱还将放置两面本项目研发的协调控制柜和一面集装箱辅控柜，剩余空间放置设计院方面提供的九面二次电源柜和一面 AC 380V 分支开关柜。其中，±375V 母线通过±750V 母线连接的 DC/DC 变换器分别实现，同样为真双极结构，具备不对称运行能力。

此外，图 6－12 中采用灰色虚线示意了主要的通信线路，由协调控制柜完成三台电力电子变压器之间的内部协调控制功能。

（二）故障电流控制器

该项目研发的直流 750V 故障电流控制器，具备电压调节和故障电流控制的功能，主要技术参数如表 6－1 所示。

表 6－1　　　　　　　　　故障电流控制器技术参数

序号	技术指标	参数
1	额定电压	DC ±750V
2	额定功率	1.2MW
3	通态损耗	<0.5%
4	故障限流响应时间	<1ms
5	故障电流限制率	≥50%
6	分断时间	<1ms
7	线路电压调节能力	±15%

1. 故障电流控制器接线方案

故障电流控制器主接线方案有两种。

方案一：双极串联接线方案，如图 6－13 所示。将故障电流控制器串联侧部分接入到直流线路的正极或负极之间，并联侧从正负极之间取能，进行双极之间电压调节、限流和阻断。

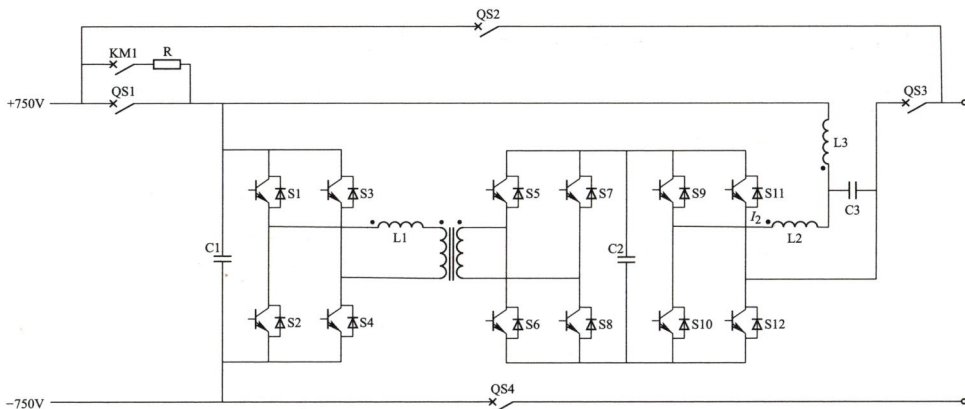

图 6-13　双极串联接线方案

方案二：极间独立串联接线方案，如图 6-14 所示。将故障电流控制器串联侧部分分别独立接入到直流线路的正极和负极之间，并联侧分别从正极和负极

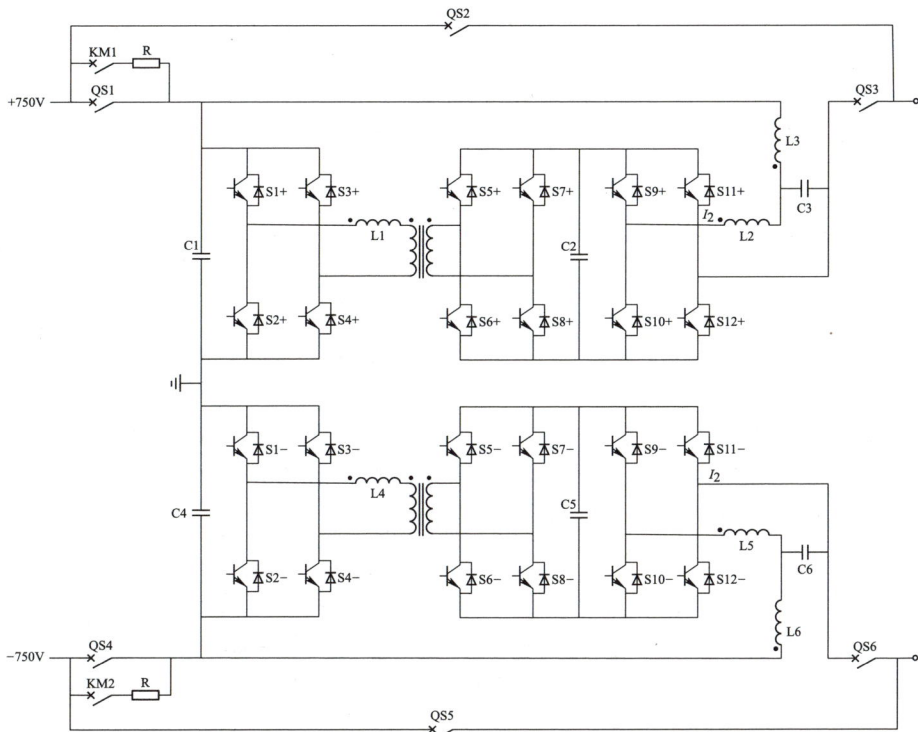

图 6-14　极间独立串联接线方案

之间取能，正负极之间独立控制，进行正负极独立电压调节、限流和阻断。

故障电流控制器接线方案比较如表 6-2 所示。

表 6-2 故障电流控制器接线方案比较

比较方面	方案一（双极串联）	方案二（极间独立串联）
开关器件应力	开关器件承受正负极电压	开关器件承受单极电压
故障类型处理	双极故障限流阻断	单极、双极故障限流阻断
占地与成本	占地较小，工程成本较高	占地较大，器件耐压降低，成本减少

通过上述比较可知，采用极间独立串联接线方案，尽管所需开关器件和变压器数量多，但其可以实现单极对地和极间故障限流和阻断，同时由于开关器件和变压器的电压应力降低，成本反而减少。所以综合考虑，故障电流控制器采用方案二极间独立串联接线方案。

2. 安装位置的优化

直流配电网的一个关键问题是如何处理短路故障电流，当发生短路故障时，直流电容直接放电，短路电流快速上升，过快的上升率会带来热量集中、电弧火花、电磁应力等问题，甚至损坏配电设备。为了保障直流电网运行的稳定性和安全性，需要采取措施限制直流系统故障时的电流上升率，并具备电流阻断功能，将负荷和源之间完全切断，保证故障下负荷和电源之间的电气隔离。

不同于交流电网的情况，直流配电网中各个节点之间没有相位差，系统潮流的分布只取决于各节点电压差。线路阻抗的存在会导致长线路情况下线路两端的电压差较大、受负荷波动影响明显，从而导致直流配电网中潮流分布不均匀和电压随负荷脉动等情况。在负荷较轻、馈线载流量没有得到充分利用的时候，线路节点电压处于较高水平；当负荷较重、馈线载流量得到充分利用时，过流造成线路电压明显低于额定值；对于分布式电源、负荷构成的直流配电网络，线路阻抗的差异会导致分配得不均匀，从而致使线路电缆的载流量不一致和节点电源的功率不对称。因此直流配电网负荷末端需要具备电压补偿的能力。

故障电流控制器本身集限流、阻断和电压补偿功能于一体，因此在考虑安装位置时需要结合不同控制目标综合考虑。长距离配电线路中，源、荷之间线路杂散系数较大，容易引起末端电压的暂升和暂降，因此考虑稳定负荷电压情况下，将故障电流控制器配置在电网末端。但考虑限流和阻断功能时，若将故障电流控制器配置在末端，在源和故障电流控制器之间的长距离线缆出现故障时，故障电流控制器无法起到限流阻断的功能，因此在以限流和阻断为主要控制目标时，将故障电流控制器配置在源的端口位置，保证长距离线路故障的限流阻断功能。

（三）电压源换流器

双向换流器包括控制启动柜和功率柜，VSC 主接线如图 6-15 所示。

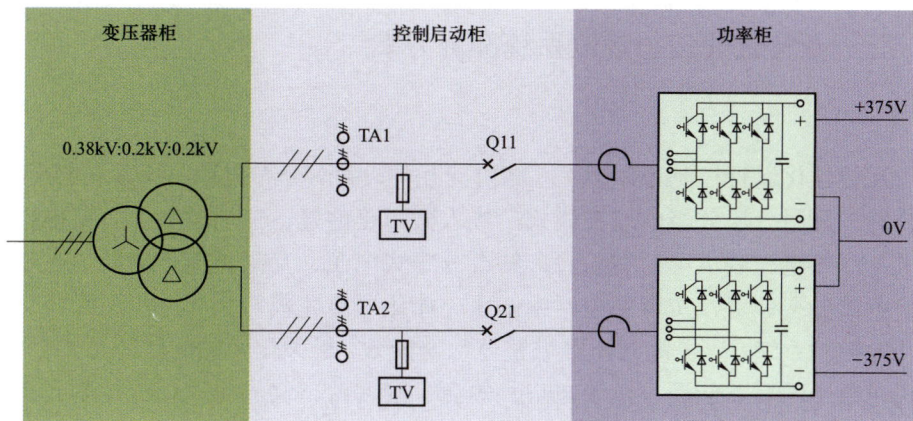

图 6-15 VSC 主接线示意图

主要设备参数如表 6-3 所示。

表 6-3   主 要 设 备 参 数

序号	设备名称	主要参数	数量	单设备尺寸
1	变压器	0.38kV/0.2kV/0.2kV，0.3MVA	1	$1000 \times 1000 \times 1000$
2	控制启动柜	含启动电阻和控制机箱	1	$800 \times 800 \times 2200$
3	功率柜	含滤波电抗器	1	$1200 \times 800 \times 2200$

该设备采用模块化结构设计、先进可靠的控制保护技术、完备的后台监控和故障录波系统。基于本项目自主研发的 UAPC 2.0 平台，能够同时支持直流控制保护系统、数字化变电站、电力电子和工业控制等应用，支持可视化编程，采用模块化、分层分布、开放式结构，运行可靠。采用分层、分布式的保护技术：① 微秒级驱动保护：IGBT 短路和驱动电源故障保护；② 百微秒级 SMC 保护：每个功率模块均配置就地控制保护板卡（SMC），配置了模组过电流和直流过电压保护；③ 毫秒级极控制保护（polar control protection，PCP）：上层控制主机 PCP 配置了交流电网欠压/过压保护、直流电网欠压/过压保护、功率模块过流保护、功率模块过热保护、内部断路器故障保护、散热风机故障保护等；④ 防误操作联锁、联跳保护：设备一次带电不能打开柜门，强制打开柜门，设备自动跳闸。

配置 15 英寸（38.1cm）触摸屏和工控机，实现参数的设置、运行状态监视、故障判断及处理等。每次故障均会触发录波，录波可永久保存，方便故障分析。系统管理及监控，记录能量曲线。支持 IEC 103、IEC 61850 等各类标准通信协议。

三、互补优化运行控制系统部署方案

（一）总体架构

互补优化运行控制系统以"区域协同互补、微网分布自律、终端双向互动"为原则，采用分层分级的监控模式，接入微网路由器、三端柔直、负荷虚拟同步机、冷热电三联供等新型装置，结合分布式电源、互动负荷、储能、充电桩等源荷储典型装置，实现配电网中低压一体化网络建模与拓扑分析，配合交直流互补控制系统，以提高同里区域整体综合能效，最大化消纳清洁能源为目标，实现对整个同里新能源小镇 $0.89km^2$ 的源、网、荷、储的协调优化控制。系统总体架构图如图 6-16 所示。

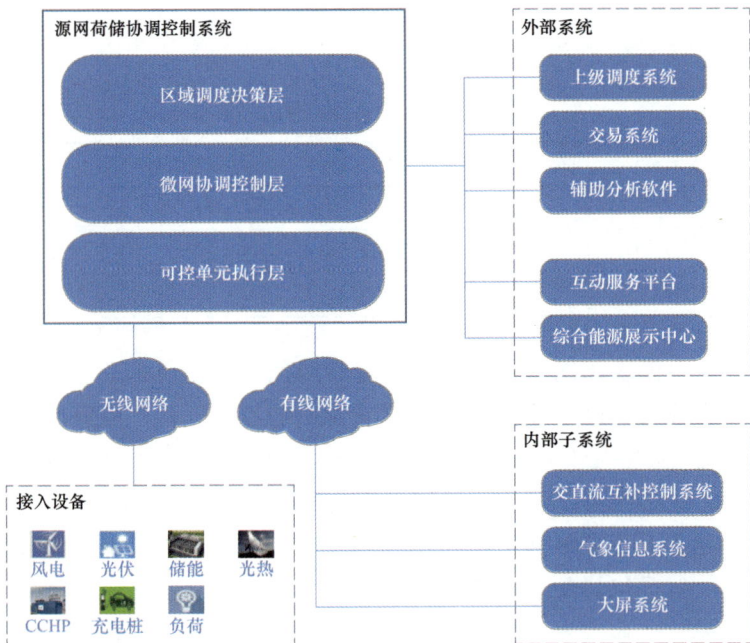

图 6-16 系统总体架构图

互补优化运行控制系统将电网设备按电压等级和影响范围划分成"区域调度决策层、微网协调控制层、可控单元执行层"三个层级，以便对整个同里新能源小镇的源、网、荷、储进行合理优化调度。

区域调度决策层：2018 年计划接入的设备有中压配电网联络线、开关站、三端柔直、空气压缩储能等，后期所有运行状态改变会对整个同里新能源小镇配电网潮流造成影响的设备均纳入该层当中，实现区域可调资源裕度分析、日前计划生成、日内计划滚动修正、控制目标分配及下发等功能，同时需具备与上级调度系统进行信息交互，协调各区域及各微网间资源交换等功能。

微网协调控制层：2018 年计划接入的设备有 10kV 母线及开关、微网路由器、冷热电三联供等，后期所有运行状态改变会导致微网潮流改变或运行故障的设备均纳入该层当中。主要负责对微网内部源—网—荷—储各侧的单个可调控资源的监控管理，实现可调资源裕度分析、负荷预测与分布式能源发电预测、微网协调优化控制、微网并离网切换、黑启动等功能，可与区域调度决策层进行信息交互，也可以下发控制指令到可控单元执行层。交直流互补控制系统也接入微网协调控制层，作为一个独立运行微网来监管。

可控单元执行层：主要负责对分布式能源（光伏、光热、三联供、地源热泵、水源热泵等）、交直流柔性负荷（交直流充电桩群、储能）等一次设备的数据采集和控制。

（二）硬件架构

互补优化运行控制系统服务端主要配置数据库服务器、数据采集服务器、监视分析服务器、优化决策服务器、气象信息服务器、信息发布服务器等设备。其中，数据库服务器进行数据库资源的管理，提供数据库服务；数据采集服务器对下采集接入终端的测控数据和下发控制命令，对上转发本系统数据；监视分析服务器从数据采集服务器接收数据，向数据采集服务器发送控制命令，对接收到的数据进行初步处理，生成拓扑关系；优化决策服务器对经由基础应用服务器处理后的数据模型进行优化决策，得出系统优化运行策略；气象信息服务器从气象观测装置获取实时气象数据；信息发布服务器主要负责信息的对外发布。另外系统还配置了用于监视和维护用的工作站，以及提供通信服务的交换机及路由器等设备，系统硬件架构图如图 6-17 所示。

（三）安全架构

互补优化运行控制系统既包含数据接入、协调控制等需要与电力专网通信连接的功能模块，又包含通过互联网对外展示的部分。根据信息安全等级的不同，系统将负责数据接入及协调控制功能的 OPEN-5200 平台与负责对外展示的 OSP 平台进行隔离，中间加装正反向隔离装置；在 OPEN-5200 平台与无线数据

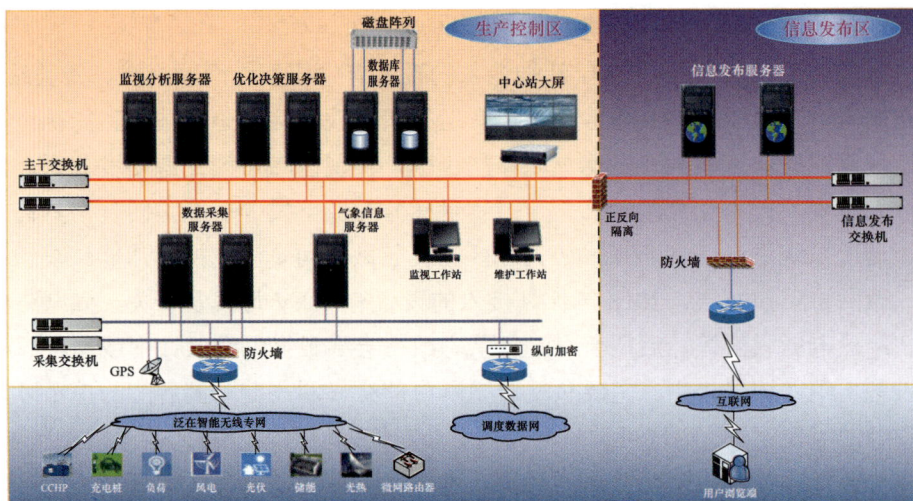

图 6-17 系统硬件架构图

接入专区之间需要添加防火墙；OPEN-5200 平台与调度数据网之间需要加装纵向加密装置；在 OSP 平台与对外发布的互联网之间同样需要加入安全防火墙。

（四）通信架构

互补优化运行控制系统需与调度网建立连接，将 10kV 线路有功、电压、频率等相关数据通过调度网上送至上级调度系统，与其他外部系统及子系统之间的通信宜采用本次项目新建的泛在智能无线专网。

同里新能源小镇中压配电网建设项目中，新建开关站自动化终端加装无线通信模块，通过电力无线专网接入配电网自动化主站。

直流负荷系统和分布式能源建设项目中，采用无线专网，将分布式资源建设项目中的屋顶光伏等分布式能源、充电桩等电负荷等各类信息点信息汇聚至交直流中心站，接入互补优化运行控制系统，系统通信架构图如图 6-18 所示。

（五）数据及信息采集

截至 2018 年 10 月，互补优化运行控制系统共具有基本数据采集、信息展示、交互接口三大类基础功能。

1. 基本数据处理

（1）电力设备建模。互补优化运行控制系统需要对新型装置（PET、三端柔直、负荷虚拟同步机、冷热电三联供等）的特性进行调研分析，根据调研分析结果进行设备建模。

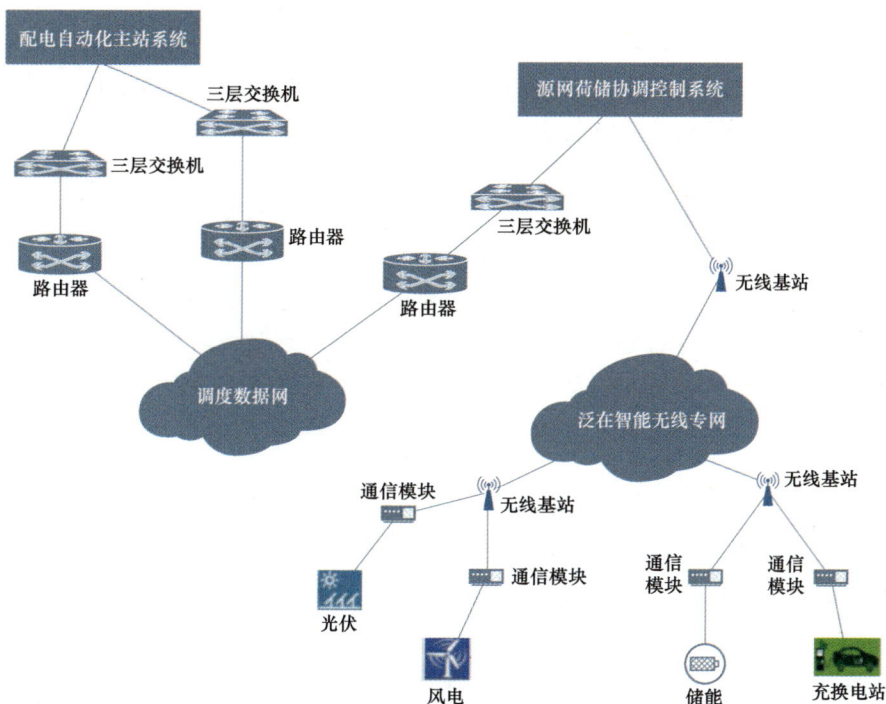

图 6-18 系统通信架构图

（2）电力数据采集。互补优化运行控制系统建设过程中，通过对示范区域电网拓扑结构、新型装置（微网路由器、三端柔直、负荷虚拟同步机、冷热电三联供等）调节特性、负荷特点、分布式电源、储能、充电桩接入情况调研分析，实现配电网中低压一体化网络建模，在此基础上进行配电网内部各装置的数据接入及分类存储。

（3）数据合理性分析。提供基于量测有效性约束规则的有效性分析功能，通过多种规则的判断，辨识不良数据，减少对有效量测的污染，提高配电网的量测有效性。主要功能如下：① 量测不匹配校验功能，通过辨识配电网馈线、母线的平衡判断，开关量测 PQI 匹配判断形成可疑量测。② 遥测遥信不对位校验功能，通过对设备拓扑与对应量测的对位情况辨识，形成可疑遥测遥信信息。

（4）气象信息采集。通过新建气象信息监测系统，对风速、风向、温度、湿度、气压、降雨量、辐照度等实时气象信息进行采集及存储，同时从外部气象数据源机构获取天气预报信息，为未来实现负荷用能预测、发电预测及评估、灾害预警功能奠定基础。

2. 信息展示

（1）实时监视。实时运行监视功能采用动态数据、饼图柱图、专用图元、可视化全景展示等手段，从系统级数据到各区域，再到多层嵌套微网及底层设备，实现层次化结构的运行状态在线监视。

（2）异常告警。监视全网设备运行情况，基于设备运行参数及实时数据，对设备运行异常状态进行实时告警，告警内容包括但不限于线路重载、变压器重载、母线电压越限、分布式电源异常等。

同时对系统管辖范围内的区域和微网运行状况进行实时监视，对区域和微网运行异常状况进行告警，如微网异常离网、系统频率越限等。

（3）气象灾害预警。根据接收到的实时气象数据及数值天气预报，对未来可能发生的影响电力系统安全稳定运行的气象灾害进行预警，如寒潮、暴雨、暴雪等。

（4）信息发布。信息发布功能基于 OSP 平台，允许用户通过 Web 访问方式浏览系统运行数据，可根据用户登录信息自动识别客户，并依据客户角色自动切换展示信息的内容，展示内容包括报表、曲线、柱图、饼图等。

3. 交互接口

互补优化运行控制系统除满足自身数据采集、协调控制等功能外，还需要与各外部系统及内部子系统进行信息交互，系统信息交互架构图如图 6-19 所示。内部子系统统一采用 IEC 60870-5-104: 2006《遥控设备和系统　第 5-104 部分：传输协议　使用标准传输轮廓的 IEC 60870-5-101 所列标准的网络存取》规约传输实时数据，使用标准 E 文件格式传输断面、预测及计划数据。外部系统信息交互内容及方式如下。

（1）上级调度系统：互补优化运行控制系统需要从上级调度系统获取离网指令及计划数据，同时需要向上级调度系统发送重要实时数据、区域可调节裕度、日前计划、重要异常告警、并网请求，其中实时数据、区域可调节裕度等数据通过 IEC 60870-5-104: 2006《遥控设备和系统　第 5-104 部分：传输协议　使用标准传输轮廓的 IEC 60870-5-101 所列标准的网络存取》或 DL/T 476—2012《电力系统实时数据通信应用层协议》规约传输，计划数据需要以标准 E 格式文件方式发送。

（2）气象信息系统：互补优化运行控制系统需要从气象信息系统通过 IEC 60870-5-104: 2006《遥控设备和系统　第 5-104 部分：传输协议　使用标准传输轮廓的 IEC 60870-5-101 所列标准的网络存取》规约接入实时气象信息，以标准 E 格式文件方式接入数值天气预报数据。

（3）互动服务平台：互补优化运行控制系统需要向互动服务平台传输重要实时数据，并从互动服务平台接入部分计量数据，传输规约均采用 IEC 60870-

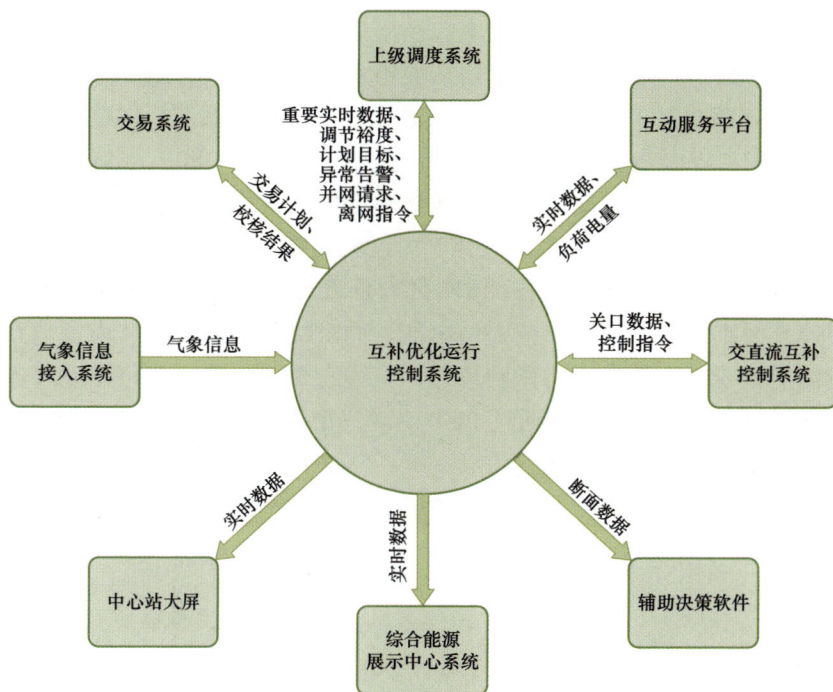

图 6—19　系统信息交互架构图

5-104: 2006《遥控设备和系统　第 5-104 部分：传输协议　使用标准传输轮廓的 IEC 60870-5-101 所列标准的网络存取》。

（4）辅助分析软件：互补优化运行控制系统需要向辅助分析软件提供标准 E 格式的数据断面信息。

（5）交易系统：互补优化运行控制系统需要采用标准 E 格式文件的方式从交易系统接收交易计划，并反馈交易计划校核结果。

（6）中心站大屏系统：互补优化运行控制系统需要具备向中心站大屏系统提供实时数据的接口。

（7）综合能源展示中心系统：互补优化运行控制系统需要按 IEC 60870-5-104: 2006《遥控设备和系统　第 5-104 部分：传输协议　使用标准传输轮廓的 IEC 60870-5-101 所列标准的网络存取》规约向综合能源展示中心系统传输需展示的实时数据。

四、交直流负荷分区优化供电及分级控制方案设计

（一）分区优化供电

通过构建基于电力电子变压器的交直流供配电系统，实现交直流电网的互

通互联，给小镇内的交直流负荷供电。基于电力电子变压器的交直流配电网系统如图 6-20 所示，电力电子变压器从城市供电系统获取电能，分别变换成直流±750V、直流±375V 及交流 380V，形成三个微网子系统，供整个新能源小镇的交直流中心站及各个配电房间使用。微网 I 为交流 380V 电源系统，主要供中心站交流负荷使用，站内采用碟式光热发电系统作为储能；微网 II 为直流±750V 电源系统，供直流配电房使用，内设直流充电桩及预制舱储能系统，为小镇内的电动汽车提供充电服务；微网 III 为直流±375V 电源系统，供直流配电房使用，其为小镇内的直流负荷提供电能，同时接入小镇内的风力发电系统及预制舱储能系统。作为独立的微网系统，上述三个子系统不仅可以完成各个系统的孤岛运行，还可直接或者通过 PET 实现三个系统的互联互通，达到三个子系统之间能量的自由调配和无扰流动。

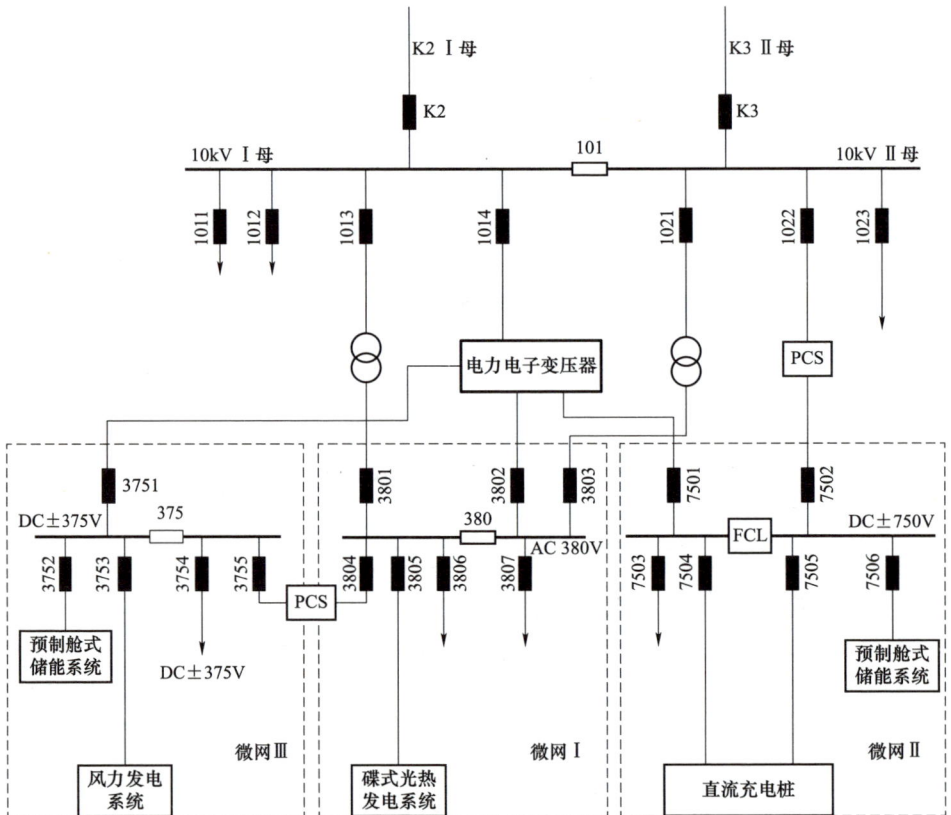

图 6-20 基于电力电子变压器的交直流配电网系统

交直流配电网系统运行方式如下。

（1）10kV 进线端口工作于功率源工作模式，由九里变电站苏同线和明智科技光伏供电，屯浦变电站旺塔线作为备用电源。

中心站 10kV 母线采用单母分段运行方式，进线 1 电源为九里变电站苏同线，进线 2 屯浦变电站旺塔线，Ⅰ段母线上馈出线分别接至四端口能量路由器、明智科技光伏、1 号 10kV/0.38kV 变压器、1 号 PCS，Ⅱ段母线上馈出线分别接至 2 号 10kV/0.38kV 变压器、2 号 PCS，10kV Ⅰ、Ⅱ 段母线正常情况下开环运行，互为备用，能量路由器 10kV 端口工作于功率源工作模式，端口额定功率为 3MW。

（2）直流±375V 端口工作于电压源工作模式，0.3MW 的 PCS 通过交流 380V 电源供电，设置为热备用状态，工作于功率源工作模式。

中心站直流±375V 为单母线结构，有 2 路供电电源，1 路为能量路由器直流±375V 端口，1 路为 0.3MW 的 PCS，中心站直流±375V 目前正常情况下，通过能量路由器直流±375V 端口作为主供电源供电，工作于电压源工作模式，0.3MW 的 PCS 与能量路由器直流±375V 端口进行电气互联，作为热备用，工作于功率源工作模式。能量路由器直流±375V 端口、PCS 为真双极拓扑结构，直流±375V 各联络开关配置正极、负极开关，正极和负极电源可独立运行。

（3）交流 380V 端口工作于电压源工作模式，交流 380V 母线上两个分段开关处于分开状态，与之相连的两个交流电源作为备用电源。

中心站 380V 母线采用单母双分段结构，正常情况下，2 个分段开关断开，Ⅰ段母线由 1 号 10kV/0.38kV 变压器供电，并通过 1 台 0.3MW 的 PCS 向直流±375V 供电，Ⅱ段母线由能量路由器 380V 端口供电，Ⅲ段母线由 2 号 10kV/0.38kV 变压器供电，Ⅰ、Ⅱ段母线互为备用，Ⅱ、Ⅲ段母线互为备用，能量路由器 380V 端口工作于电压/频率工作模式，端口额定功率为 0.5MW。

（4）直流±750V 端口工作于电压源工作模式，交直流配电房中两台 PCS 设置为热备用状态，工作于功率源工作模式，与该端口形成合环。

直流±750V 微网包括中心站、交直流配电房、绿色充电站等直流±750V 电网，中心站直流±750V 母线采用单母分段结构，分段开关处并联限流器 FCL，中心站母线与能量路由器直流±750V 相连，并通过 1 条联络线与绿色充电站直流±750V Ⅰ母相连，绿色充电站±750V 母线采用单母分段结构，Ⅱ母与交直流配电房直流±750V Ⅱ母相连，交直流配电房直流±750V 母线采用单母分段结构，每段母线各与 1 台 PCS 连接。正常情况下能量路由器直流±750V 端口工作于电压源工作模式，2.5MW 的 PCS 与能量路由器直流±750V 端口通过电气互联，作为热备用，工作于功率源工作模式。能量路由器直流±750V 端口、PCS 为真双极拓扑结构，直流±750V 各联络开关配置正极、负极开关，正极和负极电源可独立运行。

（二）分级控制方案

同里示范区交直流混合系统架构图如图 6-21 所示，系统主要含三层架构，分别为能量管理层、协调控制层、设备层。每个层级面向不同的对象，下级受上级控制。

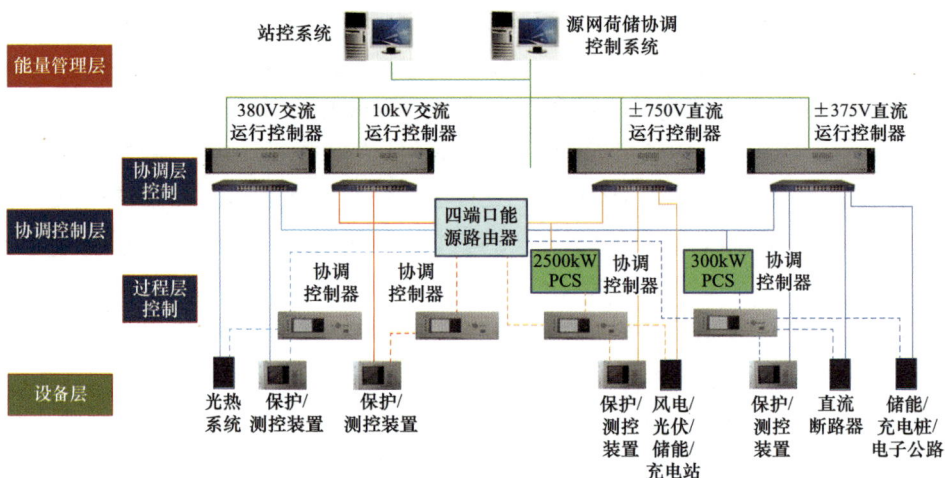

图 6-21　同里示范区交直流混合系统架构图

能量管理层：实现区域电网运行状态控制、可调资源裕度分析、日前计划生成、日内计划滚动修正、控制指令分配下发等功能，同时具备与新一代调度控制系统、综合能源服务平台等系统信息交互的功能，协调各区域、各微网间资源交换，实现交直流区域内的源网荷优化调度。

协调控制层：分为协调层控制和过程层控制。过程层控制主要保证系统的安全可靠运行，优先级最高，原则上不接受上级系统的干预，基于 IEC 61850 的 GOOSE 机制组成 A、B 双网，能量路由器的私有规约通过过程层规约转化装置转换为 GOOSE 机制，过程层控制装置与能量路由器、PCS、直流保护进行 IEC 61850 建模，实现装置间开关位置、故障信息、运行状态、运行方式、控制命令的快速交换，从而实现对直流微电网的运行模式判断、故障定位、隔离和自愈的控制；在安全可靠运行的基础上由协调控制层主动进行运行方式优化、多能互补协调控制、经济性控制等控制执行。

设备层：主要负责对分布式能源（光伏、光热、风电、水源热泵等）、交直流柔性负荷（交直流充电桩群、储能）等一次设备的数据采集和控制。

五、工程系统运行调试

（一）工程运行情况

苏州同里示范工程自 2018 年 5 月 2 日开工建设，自 2018 年 10 月各项工程逐步投运，屋顶光伏、充电桩等持续接入园区，2019 年 3 月又开工建设了同里湖嘉苑直流别墅等用电项目，构建的以电力电子变压器为核心的交直流混合系统取得了初步的成果，典型的可再生能源发电及直流负荷运行情况如下。

1. 光伏发电运行情况

示范工程建设的屋顶光伏、幕墙光伏均实现了持续的安全运行，由于屋顶光伏考虑了太阳照射的角度，发电效果显著优于幕墙光伏。幕墙光伏发电功率曲线如图 6-22 所示，屋顶光伏发电功率曲线如图 6-23 所示。光伏发电均采用直流直接并网示范园区，直流电能向本体的充电桩、直流数据中心、直流服务器等多类型直流负荷供电，后续将基于统计数据，分析直流供电的优势。

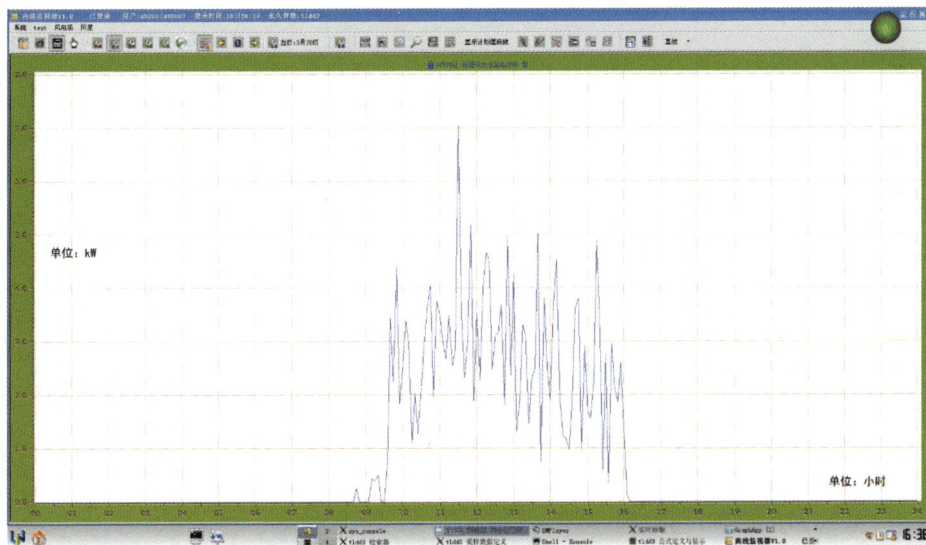

图 6-22　幕墙光伏发电功率曲线

2. 直流充电桩运行情况

直流充电桩已经为同里镇的旅游大巴提供充电，图 6-24 给出了某日同里示范园区直流充电桩负荷曲线。直流负荷与直流电源整体呈现比较高的耦合特性，发电和负载均分布在白天，且两者之间的时间整体一致。通过构建直流电源向直流充电桩的供电系统，实现直流发电的直接消纳。

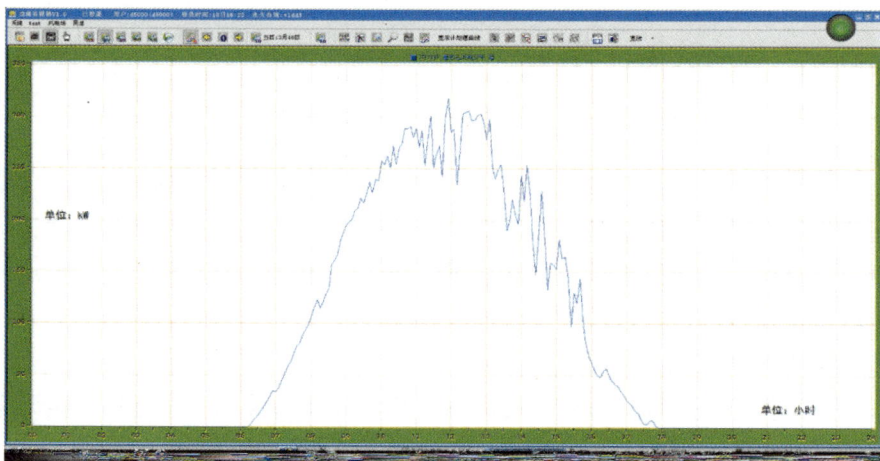

图 6-23　屋顶光伏发电功率曲线

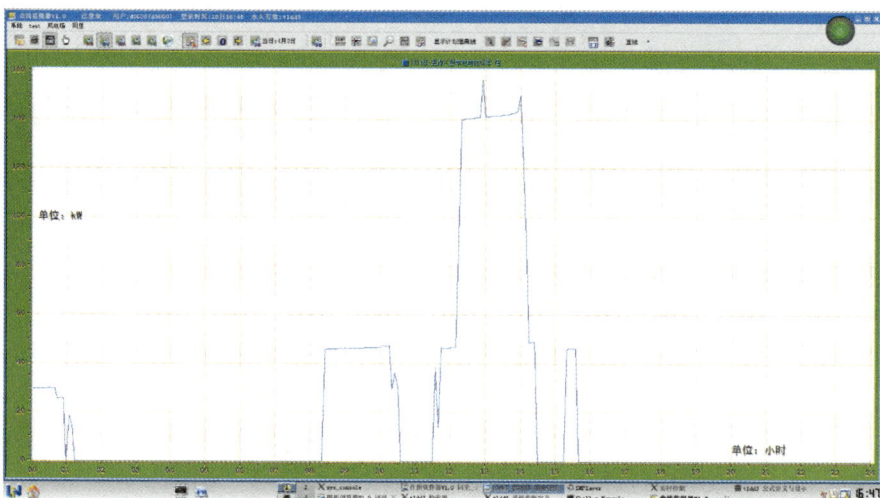

图 6-24　同里示范园区直流充电桩负荷

（二）运行结果分析

1. 总体运行结果分析

通过对同里示范园区已投运直流负荷、直流电源的分析，在天气晴朗的情况下，光伏所发的直流电源能够满足全部直流负荷需求，随着后续直流负荷的增加，将产生更多的系统运行数据，进而得到更为准确的效率分析结果。

通过园区各类分布式高渗透源网荷储资源的优化配置和协调控制，充分实现了园区交直流电源和负载的就地供需平衡，提高了可再生能源的利用效率，优化了园区能源的接入灵活性和利用效率。

2. 同里集中和分布式电力电子变压器运行分析

为保障同里交直流混合可再生能源的消纳，现场配置了集中式和分布式PET，构建高可靠的交直流混合系统。电力电子变压器的损耗包括半导体器件损耗、高频变压器、直流电容、滤波电抗器损耗。电力电子变压器损耗由两部分组成：

（1）固有损耗。包括半导体器件的开断损耗（主要由开关频率决定的）、高频变压器铁耗等。

（2）负载损耗。包括半导体器件的通态损耗、高频变铜耗、滤波电抗损耗等。电力电子变换器在低载情形下，由于开关开断损耗等固有损耗的存在，设备运行效率较低，10%轻载功率下，传统电力电子变压器，即集中式电力电子变压器，效率一般仅可维持在90%左右。

为突破电力电子变压器轻载工况下，损耗低的自然缺陷，同里示范工程的电力电子变压器创新性地采用分体式设计结构，电力电子变压器具有电压控制、功率控制模式；分布式PET的控制逻辑如图6-25所示，基于多并联分体式PET的多模式灵活切换的运行系统，可根据负载大小灵活场景自适应投入阀塔数量，保持全功率范围内的高效运行。图6-26所示的为集中式、分布式电力电子变压器的效能对比，分布式电力电子变压器在10%轻载工况下，效率即维持在98%左右，大幅改善了电力电子变压器的节能性能。

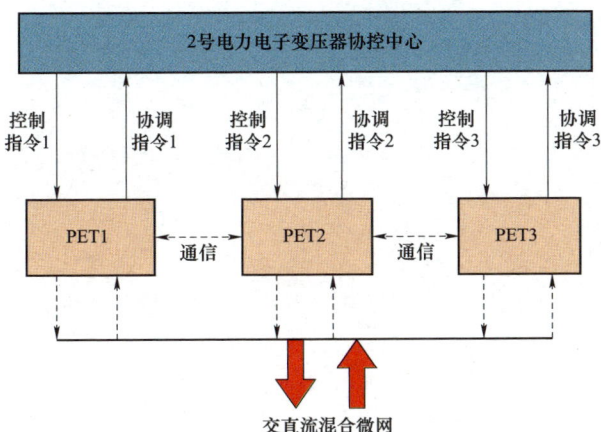

图6-25　分布式PET的控制逻辑

目前仅取得了部分测试结果，后续将根据现场运行累计数据，开展电力电子变压器运行效率对比分析，进一步论证完善电力电子变压器的运行情况，为推广应用奠定基础。

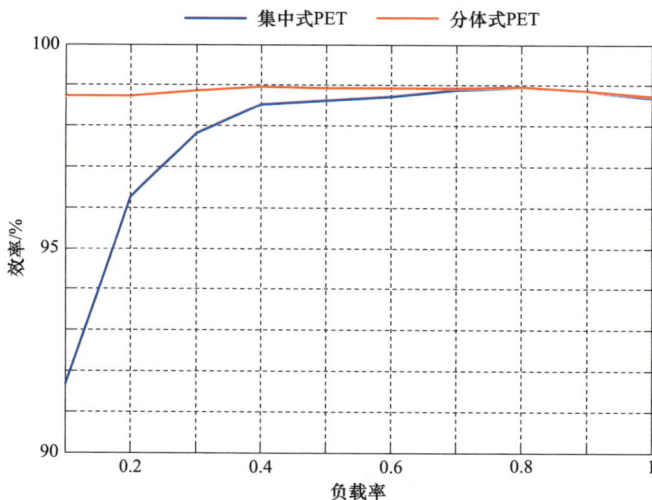

图6-26 分布式、集中式PET效率曲线（测试结果）

3. 同里交直流系统优化控制技术测试结果

（1）常态运行时，同里示范区PET四端口实际协调运行曲线如图6-27所示，交直流网之间可实现长时间互济运行，以电动大巴±750V充电为例，综合考虑多交直流微网互济运行、储能充放电和峰谷电价，协调375V直流微网和380V微网互济750V直流微网，该系统可实现再生能源就地平衡消纳和用电成本最低。

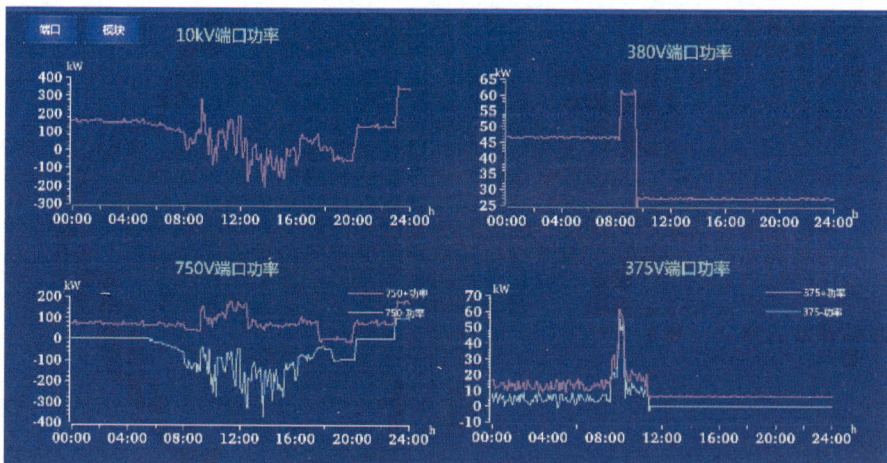

图6-27 同里示范区PET四端口实际协调运行曲线

（2）系统孤网并网运行模式切换，交直流系统切换孤网运行如图6-28所示，交直流系统通过PET的电压-功率模式切换，PET 10kV侧退出运行后，储能切电压控制模式，750V直流微网孤网运行，并网转孤网平滑切换。通过

PET 端口协调，将±750V 直流微网的多余能量互济给±375V 和 380V 微网，保障系统的可靠运行。同里示范区主动孤网瞬态波形如图 6-29 所示，当系统主动进入孤岛运行模式时，10kV 侧母线电压未发生明显波动，750V 正极电压由 745V 跃升至 763V 后回落，最终稳定至 749V，全过程持续 250ms，该系统可实现交直流系统并网运行模式与孤网运行模式间的主动平滑切换。

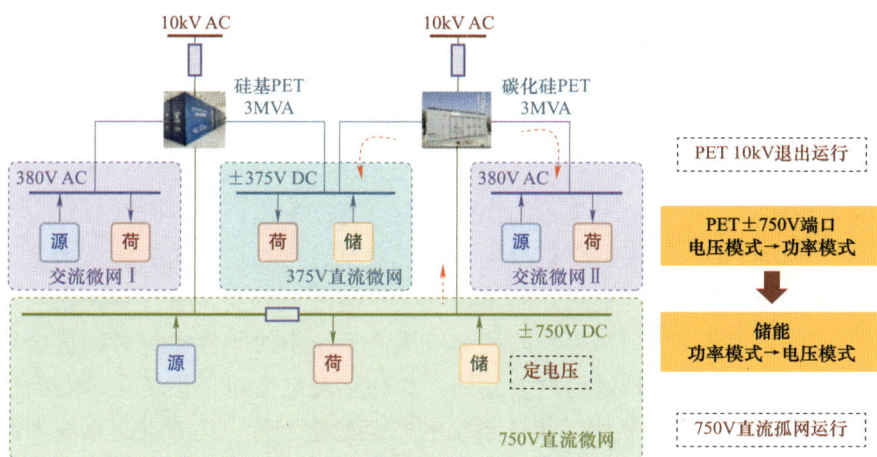

图 6-28　交直流系统切换孤网运行

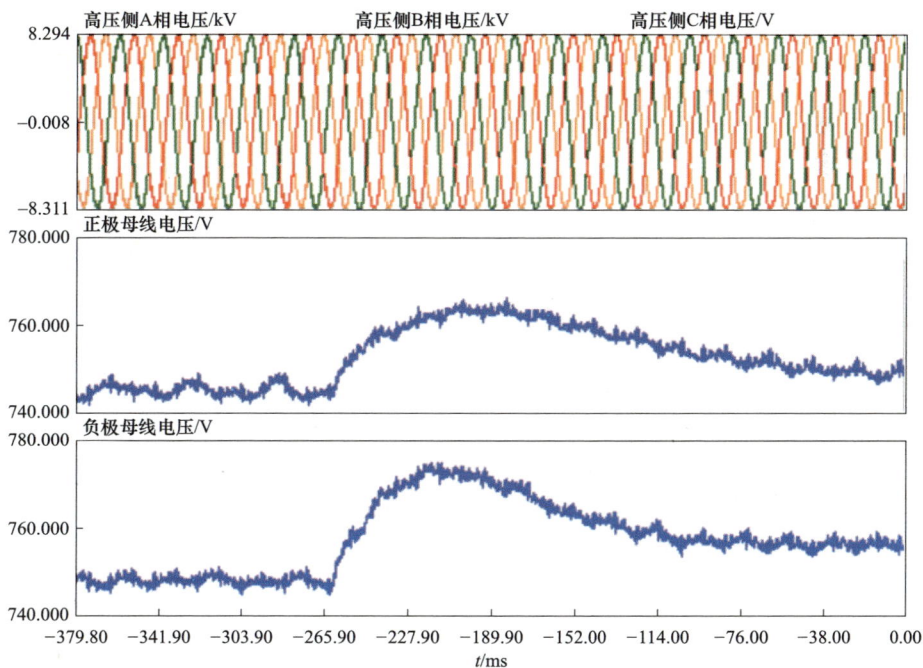

图 6-29　同里示范区主动孤网瞬态波形

第七章 展　望

随着新能源与电力电子技术的快速发展，直流配电、交直流混合系统得以迅速推广。运行调控是保证交直流混合系统安全、可靠运行的关键技术之一，引起了国内外学者的广泛关注。而随着 DER 高渗透以及新型设备（如电力电子变压器、直流潮流控制器等）的相继应用，系统中的柔性控制对象数量日益增多，相互间的协调控制过程愈发复杂，如何结合电力电子设备功率变换技术和交/直流网络协调控制技术，实现系统的安全稳定运行，是未来交直流混联系统的重要发展方向。本章从新型柔性负荷调控技术、分布式控制技术、数据与模型混合驱动控制技术、交直流柔性运行下的 P2P 交易技术、边云协同控制技术等几个方面，对未来交直流混合系统优化运行控制技术研究进行展望。

1. 新型柔性负荷调控技术

随着储能、电动汽车等技术的应用与推广，传统配电网中的单向用电方式向源荷双向互动的智能用电发展。尤其是电动汽车已经走向长里程化，携带电池容量逐渐向百千瓦时发展，在充电快速性要求下，大容量直流快充是必然趋势，将是实现与交直流混合配电网灵活互动的重要元素之一。电动汽车充电站作为电动汽车配套设施的重要组成部分，是电动汽车与电网灵活互动的窗口。规模化电动汽车接入交直流混合系统在各时段均存在一定可调控潜力，可通过充放电优化运行的方式调控电动汽车集群参与电网需求响应，提升配电网充裕水平。因此，开展面向电动汽车充电站大规模接入下的交直流混合系统的运行调控研究，可以实现提高系统 DG 消纳能力、平滑负荷波动以及优化系统运行的目标。然而现有交直流运行调控技术缺乏考虑大规模电动汽车的直流 V2G 技术，以及与电网互动时对电网的冲击性、稳定性影响情形，仅从匹配现有的源荷出发，难以满足多维集成互动下的交直流混合电网运行调控需求。随着大规模分布式电动汽车超级快充充电站的发展，如何充分发挥以电动汽车为代表的直流负荷参与需求侧响应的作用，最终实现源网荷协调互动，保证系统运行的安全、可靠、经济、灵活，是交直流混合系统运行调控研究的重点。

2. 分布式控制技术

由多交直流微网互联形成的互联微网群，是大规模可再生能源接入下提升系统可靠性、实现更大范围内资源整合与优化配置的有效方法。然而微网群中控制对象众多、源荷随机性强、运行方式多变、运行控制难度大，尤其是当其自主运行时，由于缺乏上级电网的支撑，需自我维持频率电压稳定，此时一个微小的故障也可能导致系统性能受到巨大影响。因此，灵活、科学的控制架构是保障交直流混合互联微网群稳定运行的基础。微网群的控制系统复杂且需要协调各种控制主体，从而实现多种功能，因此采用能够将控制目标与功能进行分解部署到各层实施的分层控制架构具有明显优势。其中，集中式和分布式控制方法是实现系统分层控制的两种重要手段。集中式控制方法需要配备中央控制单元，负责整个系统的运算、通信、指令下发等任务。虽然具有较好的全局协调能力，但过度依赖中央控制单元与所有设备的双向通信，当系统内包含丰富的可控主体时，将会带来提高控制的复杂度和维度的问题，导致中央控制单元面临计算量大、实施成本高等问题。此外，系统内控制主体数量众多，且地理位置分散，而集中式的控制方法需要建立中央控制单元与各控制主体之间的双向通信连接，这会导致通信网络复杂且建设维护成本高，中央控制单元收集所有控制主体信息，将不利于保护用户隐私。相对于上述集中式控制方法的弊端，分布式控制方法无需中央控制单元，所有设备在一个稀疏的通信网络中，仅需要自身信息及邻近设备的信息即可完成控制，且分布式控制网络中，各控制主体仅需与邻近主体通信，能够最大限度地保护用户隐私。特别的，通过应用分布式的控制方法能够实现子微网的"即插即用"式接入或脱离交直流混合互联微网群，能有效避免集中式控制方法存在的弊端。因此，如何提出科学合理的分层控制架构，并通过分布式控制方法实现，是交直流混合系统运行调控研究的重点。

3. 数据与模型混合驱动控制技术

交直流混合配电网通过互联变流站连接交流与直流系统，整体的运行控制依赖于电力电子装置，多端互联、网络化运行的交直流配电网结构复杂，设备类型和数量大幅增加，系统交互模态复杂多变，要实现其协调控制和稳定运行，关键难题在于难以建立准确的高阶模型，并求解出覆盖所有场景的稳定边界和控制策略。完全基于模型的协同控制思路，难以解决复杂交直流配电网稳定、优化运行这一问题。随着基于数据驱动的人工智能技术的快速发展，在与该问题类似的大量工业实时控制问题中，已开始探索数据与模型相结合方式，解决复杂难以建模的系统控制问题，并取得了大量成功。未来探索将多智能体、深度强化学习引入传统基于模型的交直流电网运行控制体系是必然的趋势，采用模型和数据交互驱动方式解决交直流配电网建模复杂、交互模态多，以及分布式新能源带来的不确定性和波动性强等问题，从交直流配电网交互机理、交直流配电网协同控制、快速仿真学习数据增强、控制策略在线进化等多方面构建起交直流运行控制的新解决方案和新框架体系，突破制约交直流配电网协同控制和稳定运行的保守边界。

4. 交直流柔性运行下的 P2P 交易技术

在能源互联和信息物联建设发展，以及电力市场的逐步放开背景下，分布式能源参与交直流混合系统运行、互动和市场交易已成为必然的趋势。以 P2P（peer to peer）交易为主的分布式运行与交易模式逐渐兴起。同时随着以区块链、物联网为代表的信息通信技术快速发展，分布式能源与用户间交互、协商和结算等活动的交易效率大幅提升，成本大幅下降，分布式能源与用户为中心的弱中心化、去中心化能源网络及市场模式已逐渐走向现实。但是多个产消者主体在进行 P2P 交易时，功率传输受到配电网固有结构的限制，分散在不同变压器不同馈线下的产消者主体，由于电压幅值和相角差的存在，无法通过交流线路连接和传输功率，需要借道配电网或者通过新建柔性直流互联线路来实现功率的传输。尤其是通过交直流混合柔性运行方式，能够提高微电网群博弈能力及其与配电网互动水平，增加了交易多样性和市场化水平。在此背景下，如何结合分布式能源的协调控制技术和市场手段，提出适应弱中心化 P2P 交易场景特性的交直混合电网运行优化方法，实现更高效的资源配置，是交直流混合系统运行调控的研究重点。

5. 边云协同控制技术

在能源数字化转型的大背景下，物联网、人工智能、边缘计算等新一代信息技术迅猛发展，进一步推动了云计算向海量大规模、多业务集约承载的分布式云架构演进。相对于云计算带来的"云端"的海量计算能力，边缘计算实现了资源和服务向边缘位置的下沉，从而能够降低交互时延，减轻网络负担，丰富业务类型，优化服务处理，提升服务质量和用户体验；分布式云架构则能够基于边云协同能力，面向业务/用户需求，灵活、敏捷、按需、智能地提供分布式、低延迟、高性能、安全可靠、绿色节能、能力开放的信息化基础设施。而随着大规模可再生能源的接入，以及规模的不断扩大，交直流混合系统呈现出高维度、多主体的运行特征，若仍采用传统集式云端服务架构，则易引发高延迟、云爆炸等问题。因此，如何充分发挥分布式边云协同架构的潜力，研究满足和适应高维度、多主体交直流混合互联系统计算需求的协调控制方法，将是未来交直流混合系统运行调控研究的重点。

参 考 文 献

［1］蒲天骄，陈乃仕，王晓辉，等. 主动配电网多源协同优化调度架构分析及应用设计［J］. 电力系统自动化，2016，40（10）：17-23.

［2］孔力，裴玮，叶华，等. 交直流混合配电系统形态、控制与稳定性研究［J］. 电工电能新技术，2017，36（9）：1-10.

［3］Boroyevich D, Cvetkovi'c I, Dong D, et al. Future electronic power distribution systems-A contemplative view［C］. in Proc. 12th Int. Conf. Optim. Elect. Electron. Equip., 2010, pp. 1369-1380.

［4］Liang Z, Guo R, Li J, et al. A high-efficiency PV module-integrated DC/DC converter for PV energy harvest in FREEDM systems［J］. IEEE Transactions on Power Electronics, 2011, 26(3): 897-909.

［5］Kakigano H, Miura Y, Ise T. Low-voltage bipolar-type DC microgrid for super high quality distribution［J］. IEEE Transactions on Power Electronics, 2010, 25(12): 3066-3075.

［6］Dong L, Wei J, Lin H, et al. Distributed optimization of electricity-Gas-Heat integrated energy system with multi-agent deep reinforcement learning［J］. Global Energy Interconnection, 2022, 5(6): 604-617.

［7］She Xu, Yu Xunwei, Wang Fei, et al. Design and demonstration of a 3. 6-kV-120-V/10-kVA solid-state transformer for smart grid application［J］. IEEE Transactions on Power Electronics, 2014, 29(8): 3982-3996.

［8］Dujic D, Zhao Chuanhong, Mester A, et al. Power electronic traction transformer-low voltage prototype［J］. IEEE Transactions on Power Electronics, 2013, 28(12): 5522-5534.

［9］Wang Dan, Tian Jie, Mao Chengxiong, et al. A 10-kV/400-V 500-kVA electronic power transformer［J］. IEEE Transactions on Industrial Electronics, 2016, 63(11): 6653-6663.

［10］李子欣，王平，楚遵方，等. 面向中高压智能配电网的电力电子变压器研究［J］. 电网技术，2013，37（9）：2592-2601.

［11］Gao Fanqiang, Li Zixin, Wang Ping, et al. Prototype of smart energy router for distribution DC grid［C］. Proceedings of the 17th European Conference on Power Electronics and Applications. Geneva, Switzerland, 2015.1-9.

［12］Lai J S, Maitra A, Mansoor A, et al. Multilevel intelligent universal transformer for medium voltage applications［C］. Proceedings of the Fortieth IAS Annual Meeting, Conference Record of the 2005 Industry Applications Conference. Hong Kong, China,

2005. 1893-1899.

[13] Lai J S, Maitra A, Goodman F. Performance of a distribution intelligent universal transformer under source and load disturbances[C]. Proceedings of the Conference Record of the 2006 IEEE Industry Applications Conference Forty-First IAS Annual Meeting. Tampa, FL, USA, 2006.719-725.

[14] Madhusoodhanan S, Tripathi A, Patel D, et al. Solidstate transformer and MV grid tie applications enabled by 15kV SiC IGBTs and 10kV SiC MOSFETs based multilevel converters [J]. IEEE Transactions on Industry Applications, 2015, 51(4): 3343-3360.

[15] Haileselassie T M, Uhlen K. Impact of DC line voltage droops on power flow of MTDC using droop control [J]. IEEE Transactions on Power Systems, 2012, 27(3): 1441-1449.

[16] Wang W, Barnes M. Power flow algorithms for multi-terminal VSC-HVDC with droop control [J]. IEEE Transactions on Power Systems, 2014, 29(4): 1721-1730.

[17] Leon A E, Mauricio J M, Solsona J, et al. Adaptive control strategy for VSC-based systems under unbalanced network conditions [J]. IEEE Transactions on Smart Grid, 2010, 1(3): 311-319.

[18] 裴玮, 杜妍, 李洪涛, 等. 应对微网群大规模接入的互联和互动新方案及关键技术 [J]. 高电压技术, 2015, 41 (10): 3193-3203.

[19] Van Hertem D, Ghandhari M. Multi-terminal VSC HVDC for the european supergrid: obstacles [J]. Renewable and Sustainable Energy Reviews, 2010, 14(9): 3156-3163.

[20] 陈树恒, 党晓强, 李兴源. 基于广义注入电流节点模型的配电网潮流计算 [J]. 电力系统保护与控制, 2013, 41 (6): 19-24.

[21] 王成山, 孙允勃, 彭克, 等. 微电网交直流混合潮流算法研究 [J]. 中国电机工程学报, 2013, 33 (4): 8-15.

[22] 叶芳, 卫志农, 孙国强. 含 VSC-MTDC 的交直流混合系统的改进潮流算法 [J]. 河海大学学报: 自然科学版, 2011, 39 (3): 338-343.

[23] Acha E, Kazemtabrizi B, Castro L M. A new VSC-HVDC model for power flows using the Newton-Raphson method [J]. IEEE Transactions on Power Systems, 2013, 28(3): 2602-2612.

[24] Baradar M, Ghandhari M. A multi-option unified power flow approach for hybrid AC/DC grids incorporating multi-terminal vsc-hvdc [J]. IEEE Transactions on Power Systems, 2013, 28(3): 2376-2383.

[25] Beerten J, Cole S, Belmans R. A sequential AC/DC power flow algorithm for networks containing multi-terminal VSC HVDC systems [C]. Power and Energy Society General Meeting. 2010. 1-7.

[26] 孙充勃，李鹏，王成山，等. 含多直流环节的混合结构有源配电网潮流计算方法 [J].
电力系统自动化，2015，39（21）：59-65.

[27] 杨艳红，裴玮，邓卫，等. 计及换流站运行方式的交直流混合配电系统潮流计算方法
[J]. 高电压技术，2016，42（7）：2149-2157.

[28] 齐琛，汪可友，李国杰，等. 交直流混合主动配电网的分层分布式优化调度 [J]. 中
国电机工程学报，2017，37（7）：1909-1917.

[29] 李鹏，华浩瑞，陈安伟，等. 基于二层规划模型的交直流混合微网源荷储协调分区优
化经济调度 [J]. 中国电机工程学报，2016，36（24）：6769-6779.

[30] 王守相，陈思佳，谢颂果. 考虑安全约束的交直流配电网储能与换流站协调经济调度
[J]. 电力系统自动化，2017，41（11）：85-91.

[31] 张释中，裴玮，杨艳红，等. 基于柔性直流互联的多微网集成聚合运行优化及分析 [J].
电工技术学报，2019，34（5）：1025-1037.

[32] 张学，裴玮，范士雄，等. 含多端柔性互联装置的交直流混合配电网协调控制方法 [J].
电力系统自动化，2018，42（7）：185-191.

[33] 张学，裴玮，邓卫，等. 含恒功率负载的交直流混联配电系统稳定性分析 [J]. 中国
电机工程学报，2017，37（19）：5572-5582.

[34] 陆晓楠，孙凯，Josep Guerrero，等. 适用于交直流混合微电网的直流分层控制系统 [J].
电工技术学报，2013，28（4）：35-42.

[35] 蒲天骄，刘克文，陈乃仕，等. 基于主动配电网的城市能源互联网体系架构及其关键
技术 [J]. 中国电机工程学报，2015，35（14）：3511-3521.

[36] 蒲天骄，刘克文，李烨，等. 基于多代理系统的主动配电网自治协同控制及其仿真 [J].
中国电机工程学报，2015，35（8）：1864-1874.

[37] 赵争鸣，冯高辉，袁立强，等. 电能路由器的发展及其关键技术 [J]. 中国电机工程
学报，2017，37（13）：3823-3834.

[38] 董雷，王春斐，李烨，等. 多时间断面电–气综合能源系统状态估计 [J]. 电网技术，
2020，44（9）：3458-3465.

[39] 司佳. 含电力电子变压器的交直流混合配电网状态估计及运行优化研究 [D]. 天津：
天津大学，2020.

[40] 司佳，穆云飞，肖迁，等. 基于 PET 控制特性的交直流混合配电网状态估计 [J]. 电
力系统及其自动化学报，2020，32（12）：1-6.

[41] 刘阳升，林济铿，郭凌旭，等. 基于自适应核密度估计理论的抗差状态估计 [J]. 中
国电机工程学报，2015，35（19）：4937-4946.

[42] 贾宏杰，司佳，穆云飞，等. 基于自适应核密度的含 PET 交直流混合配电网状态估计
[J]. 天津大学学报，2021，54（7）：754-762.

［43］ 董骁翀，张姝，李烨，等. 电力系统中时序场景生成和约简方法研究综述［J］. 电网技术，2023，47（2）：709-721.

［44］ 董骁翀，孙英云，蒲天骄. 基于条件生成对抗网络的可再生能源日前场景生成方法［J］. 中国电机工程学报，2020，40（17）：5527-5536.

［45］ 王新迎，李烨，董骁翀，等. 基于变分自编码器的主动配电网多源-荷场景生成方法［J］. 电网技术，2021，45（8）：2962-2969.

［46］ 黎静华，韦化，莫东. 含风电场最优潮流的 Wait-and-See 模型与最优渐近场景分析［J］. 中国电机工程学报，2012，32（22）：15-24.

［47］ 李洪裕，董骁翀，王新迎，等. 考虑数据隐私保护的可再生能源场景生成框架［J/OL］. 电网技术：1-9［2023-08-09］.

［48］ 董骁翀，孙英云，蒲天骄，等. 一种基于 Wasserstein 距离及有效性指标的最优场景约简方法［J］. 中国电机工程学报，2019，39（16）：4650-4658+4968.

［49］ 董雷，孟天骄，陈乃仕，等. 采用马尔可夫链-多场景技术的交直流主动配电网优化调度［J］. 电力系统自动化，2018，5（42）：147-153.

［50］ Tibshirani R, Walther G, Hastie T. Estimating the number of clusters in a data set via the gap statistic［J］. Journal of the Royal Statistical Society, 2001, 63(2): 411-423.

［51］ Romisch W. Stability of stochastic programming problems［J］. Handbooks in Operations Research & Management Science, 2003, 10(3): 483-554.

［52］ Xiaochong D, Yingyun S, Sarmad Majeed M. Scenario Reduction Network Based on Wasserstein Distance with Regularization［J］. IEEE Transactions on Power System, 2023, early access.

［53］ 胡丽萍. 多功能电力电子变压器运行策略优化组合［D］. 北京：华北电力大学，2019.

［54］ Pinto R, Rodrigues S F, Bauer P, et al. Comparison of direct voltage control methods of multi-terminal DC (MTDC) networks through modular dynamic models［C］//Proceedings of the 14th European Conference on Power Electronics and Applications (EPE). Birmingham: IEEE, 2011: 1-10.

［55］ 阎发友，汤广福，贺之渊，等. 基于 MMC 的多端柔性直流输电系统改进下垂控制策略［J］. 中国电机工程学报，2014，34（3）：397-404.

［56］ Haileselassie T M, Uhlen K. Impact of DC line voltage drops on power flow of MTDC using droop control［J］. IEEE Transactions on Power System, 2012, 27(3): 1441-1449.

［57］ Dierckxsens C, Srivastava K, Reza M, et al. A distributed DC voltage control method for VSC MTDC systems［J］. Electric Power System Research, 2012, 82: 54-58.

［58］ Dong L, Li J, Pu T, et al. Distributionally robust optimization model of active distribution network considering uncertainties of source and load［J］. Journal of Modern Power

Systems and Clean Energy, 2019, 7(6): 1585-1595.

［59］ 胡丽萍，孙英云，王春斐，等. 基于广义下垂控制的电力电子变压器运行策略优化组合［J］. 电力系统自动化，2020，44（3）：40-48.

［60］ 董雷，孟天骄，陈乃仕，等. 采用马尔可夫链-多场景技术的交直流主动配电网优化调度［J］. 电力系统自动化，2018，42（5）：147-153.

［61］ 郭世琦. 含电力电子变压器的交直流系统优化调度方法研究［D］. 天津：天津大学，2019.

［62］ 郭世琦，穆云飞，陈乃仕，等. 含电力电子变压器的交直流混合分布式能源系统日前优化调度［J］. 电工电能新技术，2019，38（2）：44-51.

［63］ 尚学军，戚艳，郭世琦，等. 计及不同主体的含 PET 交直流混合微网双层优化调度［J］. 电力系统及其自动化学报，2020，32（4）：51-56.

［64］ 张涛，穆云飞，贾宏杰，等. 含电力电子变压器的交直流配电网随机运行优化［J］. 电网技术，2022，46（3）：860-869.

［65］ 陈乃仕，明捷，于汀，等. 分布式电源高渗透率交直流主动配电网运行控制策略［J］. 电力建设，2016，37（5）：57-62.

［66］ 孟繁星，孙英云，蒲天骄，等. 考虑区域自治能力的主动配电网分层优化调度［J］. 电力系统自动化，2018，42（15）：70-76.

［67］ Zhang T, Mu Y, Zhao J, et al. Distributed OPF for PET-based AC/DC distribution networks with convex relaxation and linear approximation［J］. IEEE Transactions on Smart Grid, 2022, 13(6): 4340-4354.

［68］ Gomez F P, Lasdon L, Engquist M. Nonlinear optimization by successive linear programming, Management Science［J］. 1982, 28(10): 1106-1120.

［69］ Yang Z, Zhong H, Bose A, et al. Optimal power flow in AC-DC grids with discrete control devices［J］. IEEE Transactions on Power Systems, 2017, 33(2): 1461-1472.

［70］ Dong L, Zhang T, Pu T, et al. A decentralized optimal operation of AC/DC hybrid microgrids equipped with power electronic transformer［J］. IEEE Access, 2019, 7: 157946-157959.

［71］ 董雷，明捷，蒲天骄，等. 主动配电网三相电压优化及校正控制方法［J］. 电力自动化设备，2017，37（1）：35-40.

［72］ 翟灏，卓放，易皓，等. 基于 SVG 的电网多节点电压不平衡综合抑制方法［J］. 电力系统自动化，2017，41（12）：40-47.

［73］ Araujo L R, Penido D R R, Carneiro S, et al. A three-phase optimal power-flow algorithm to mitigate voltage unbalance［J］. IEEE Transactions on Power Delivery, 2013, 28(4): 2394-2402.

[74] 董雷，张涛，蒲天骄，等.含电力电子变压器的交直流配电网电压不平衡优化抑制方法［J］.电网技术，2018，42（11）：3609-3615.

[75] 陈卉.基于模型预测控制的主动配电网多时间尺度优化调度研究［D］.北京：华北电力大学，2016.

[76] 肖浩，裴玮，孔力.基于模型预测控制的微电网多时间尺度协调优化调度［J］.电力系统自动化，2016，40（18）：7-14.

[77] 董雷，鲁丹丹，陈乃仕，等.含柔性直流装置的主动配电网优化调度研究［J］.电力建设，2016，37（5）：41-49.

[78] 董雷，明捷，孟天骄，等.基于模型预测控制的含柔性直流装置的主动配电网电压控制［J］.电力建设，2018，39（7）：123-128.

[79] 董雷，陈卉，蒲天骄，等.基于模型预测控制的主动配电网多时间尺度动态优化调度［J］.中国电机工程学报，2016，36（17）：4609-4616.

[80] 刘燕华，张楠，张旭.考虑储能运行成本的风光储微网的经济运行［J］.现代电力，2013，30（5）：13-18.

[81] 赵冬梅，张楠，刘燕华，等.基于储能的微网并网和孤岛运行模式平滑切换综合控制策略［J］.电网技术，2013，37（2）：301-306.

[82] 张楠.风光储微网系统的控制与优化运行研究［D］.北京：华北电力大学，2013.

[83] 何国庆，许晓艳，黄越辉，等.大规模光伏电站控制策略对孤立电网稳定性的影响（英文）［J］.电网技术，2009，33（15）：20-25.

[84] 刘纯，黄越辉，张楠，等.基于智能电网调度控制系统基础平台的新能源优化调度［J］.电力系统自动化，2015，39（1）：159-163.

[85] 李鹏，黄越辉，许晓艳，等.风光储联合发电系统调频控制策略研究［J］.华东电力，2013，41（1）：144-147.

[86] 董雷，明捷，于汀，等.分布式电源高渗透率交直流主动配电网运行控制策略［J］.电力建设，2016，37（5）：57-62.

[87] 许晓艳，黄越辉，刘纯，等.分布式光伏发电对配电网电压的影响及电压越限的解决方案［J］.电网技术，2010，34（10）：140-146.

[88] 蒲天骄，陈乃仕，王晓辉，等.主动配电网多源协同优化调度架构分析及应用设计［J］.电力系统自动化，2016，40（1）：17-23+32.

[89] 蒲天骄，王晓辉，李志宏，等.基于云计算的电网培训仿真系统架构及关键技术［J］.电网技术，2016，40（8）：2533-2540.

[90] 徐慧.信息系统集成技术与开发策略的研究［J］.苏州大学学报（自然科学版），2003（4）：39-46.

[91] 刘韬，楼兴华.SQL Server2000 数据库系统开发实例导航［M］.北京：人民邮电出版社，2004.

索　引

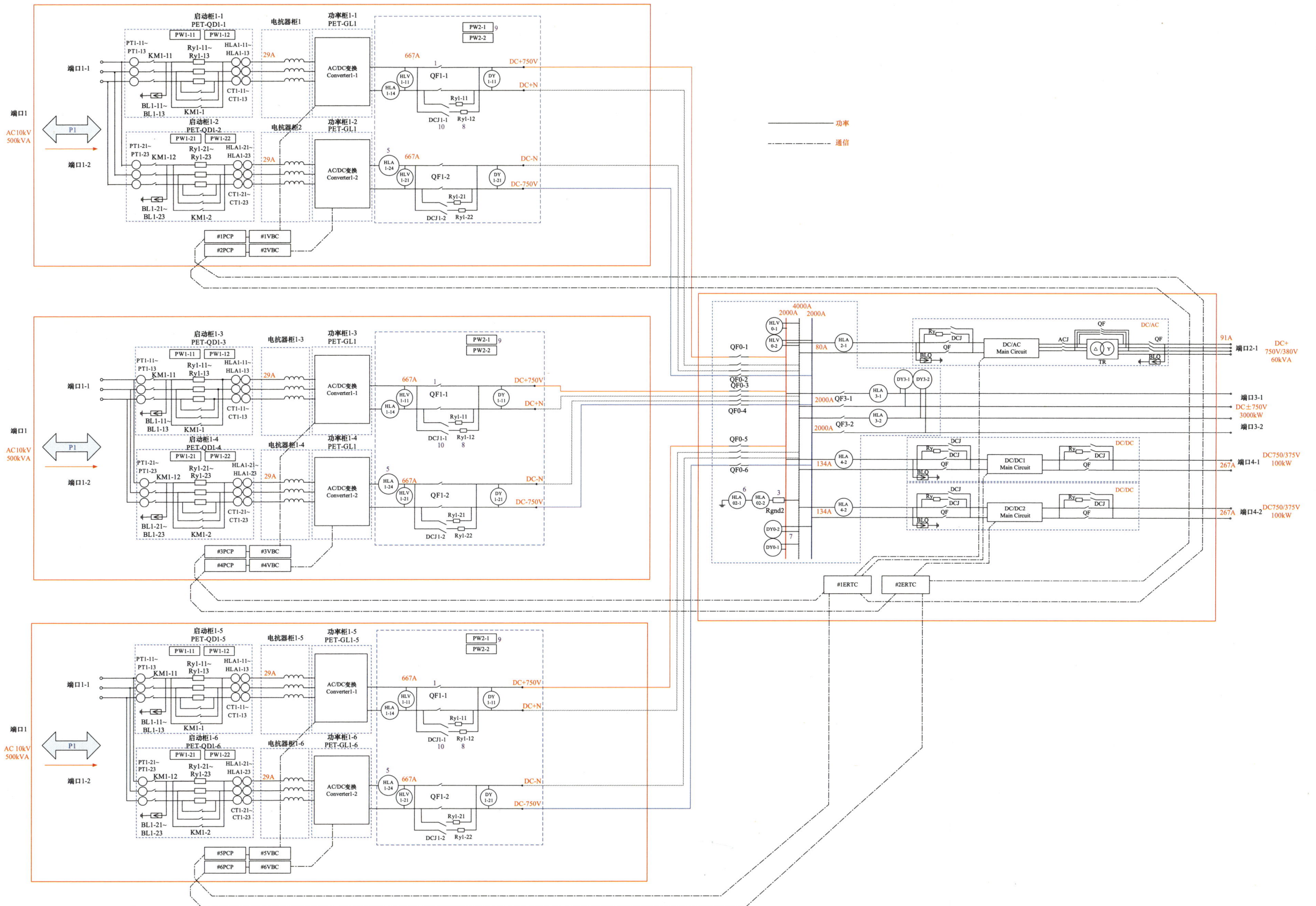

图 6-12　电力电子变压器整体配置